U0182179

科学文化经典译丛

工程帝国
19 世纪英国技术文化史

ENGINEERING EMPIRES
A CULTURAL HISTORY OF TECHNOLOGY IN NINETEENTH-CENTURY BRITAIN

［英］本·马斯登　　［英］克罗斯比·史密斯　著
王唯滢　郭　帅　余蓓蕾　译

中国科学技术出版社
·北　京·

图书在版编目（CIP）数据

工程帝国：19世纪英国技术文化史 /（英）本·马斯登，（英）克罗斯比·史密斯著；王唯滢，郭帅，余蓓蕾译 . -- 北京：中国科学技术出版社，2024.3
（科学文化经典译丛）
书名原文：Engineering Empires：A Cultural History of Technology in Nineteenth-Century Britain
ISBN 978-7-5236-0491-5

I.①工… Ⅱ.①本… ②克… ③王… ④郭… ⑤余… Ⅲ.①科学技术—技术史—英国—19世纪—英文 Ⅳ.① N095.61

中国国家版本馆 CIP 数据核字（2024）第 041717 号

First published in English under the title
Engineering Empires: A Cultural History of Technology in Nineteenth-Century Britain
by Ben Marsden and Crosbie Smith
Copyright © Ben Marsden and Crosbie Smith, 2005
This edition has been translated and published under licence from Springer Nature Limited.
北京市版权局著作权合同登记　图字：01-2023-5350

总 策 划	秦德继	
策划编辑	周少敏　孙红霞　李惠兴	
责任编辑	孙红霞　张晶晶	
封面设计	中文天地	
正文设计	中文天地	
责任校对	邓雪梅	
责任印制	马宇晨	

出　　版	中国科学技术出版社
发　　行	中国科学技术出版社有限公司发行部
地　　址	北京市海淀区中关村南大街 16 号
邮　　编	100081
发行电话	010-62173865
传　　真	010-62173081
网　　址	http://www.cspbooks.com.cn

开　　本	710mm×1000mm　1/16
字　　数	342 千字
印　　张	25.5
版　　次	2024 年 3 月第 1 版
印　　次	2024 年 3 月第 1 次印刷
印　　刷	河北鑫兆源印刷有限公司
书　　号	ISBN 978-7-5236-0491-5 / N·321
定　　价	118.00 元

前　言

　　几年前，我们在肯特大学历史学院的同事（资深的历史研究学者）建议下，准备为"历史入门"系列撰写一部技术简史。笔者在面向本科生和研究生开展的科学、技术和医学史教学工作中，越发认识到学术界对英国在 1760—1914 年的主要科学技术文化史议题缺乏当代视角的学术性介绍。

　　即使是像唐纳德·卡德韦尔（Donald Cardwell）的《丰塔纳技术史》（*Fontana History of Technology*，1994）这样的重要研究，也未能与近期的一系列史学创新显著结合。卡德韦尔的叙事并非唯一一项有明显"辉格史学"特征的科技史研究。这种历史是服务于胜利者的历史，即以当下作为研究过去的准绳与参照，忽略那些历史中的"失败""死胡同"或未被选择的路径，除非它们可以用来提醒人类那些傲慢曾滋养出怎样的愚蠢（巴特菲尔德在 1931 年的著作中曾做出过经典论述 ① ）。辉格式的技术史将"进步"和"改进"视为理所当然，史学家的叙事倾向将进步归因于英雄主义的"先驱"或先知，称赞其"超前于时代"，因为他们富有预见性地为"我们今天所知道的'先进'技术成就奠定了基础"。

---

① 英国著名史学家赫伯特·巴特菲尔德（Herbert Butterfield）在 1931 年撰写了《历史的辉格解释》（*The Whig Interpretation of History*），提出了"辉格式的历史"（又称"历史的辉格解释"）。这一术语指的是 19 世纪初期，一部分辉格派历史学家，从辉格党的利益出发，用历史作为工具来论证辉格党的政见，依照现在来解释过去和历史。——译者注

在这种叙事框架中，某些具体技术间的关联或互动价值不受重视；女性从业者的缺位和技术的男性主义问题被无视；技术史成为书写胜利的历史；历史争论简化为有关发明与应用优先级问题的争论；通常情况下技术被仅仅解释为"应用科学"（science applied）；对实践与物质层面细节的重视超过其文化意义。

总之，帝国历史学家在技术与殖民历史关系研究中更为推崇丹尼尔·黑德里克（Daniel Headrick）的《帝国的工具》（The Tools of Empire，1981）。在这种史学研究路径下，位于帝国发展前哨的"热切的帝国主义者"缺乏"制造征服工具的工业……从而需要英国的技术进步"，供应商们成了"帝国工具的缔造者……比如来自伯肯黑德的钢铁造船商莱尔德家族（Lairds）；比如军火制造商，他们向帝国主义者提供了执行帝国意志的所需装备"。因此，许多为帝国主义者服务的技术创新，对 1860—1880 年这20 年的发展产生了深刻影响。在这种视角下，技术可以对以往史学家们依赖政治、外交、商业动机框架进行诠释的事件做出解释。这些"技术解释"声称以蒸汽船为代表的创新"从经济和人力方面都降低了在海外渗透、征服和开发领土的成本……正是新技术的流动降低了 19 世纪帝国主义的执行成本，从而使欧洲各国人民和政府都能支持这种海外行动"。

福布斯·门罗（Forbes Munro）的《海事企业与帝国：威廉·麦金农爵士及其商业网络（1823—1893）》（Maritime Enterprise and Empire. Sir William Mackinnon and his Business Network, 1823–1893，2003）一书同样采用了《帝国的工具》框架，使用了"需求""发展""应用"和"影响"等语言表述。麦金农是英属印度轮船航行公司（British India Steam Navigation Company）的创始人，该公司从 19 世纪下半叶开始统治了印度洋贸易。门罗认为麦金农是为数不多的"推动了航行动力从风力到蒸汽过渡的先驱船东"，直接服务了帝国扩张的需求。这个因果模型可以表述为："蒸汽船拥有技术领先的钢铁船体，连同不断创新的航海发动机推进系统、船体设计，以及船上和码头货物装卸机械系统，为英国船商和经理们带来了巨大收益，也可以说，它们推动了'帝国的增长与发展'。"

这种史学研究方法很少承认的是，新技术的出现往往是历史发展过程中的问题导向或文化偶然性造成的，而非仅仅来源于"馈赠"。因此，本书的一个核心目标在于突出那些在漫长的 19 世纪里成就了帝国技术演进的各种文化偶然事件。在此仅举一例，笔者讲述了 19 世纪 60 年代，曾在利物浦—曼彻斯特铁路做学徒的阿尔弗雷德·霍尔特（Alfred Holt）——深受上帝一神论宗教文化浸染，与伊桑巴德·布鲁内尔（Isambard Brunel）等同时代设计师对船体尺寸、速度和豪华程度的重视不同，他更为关注燃料的经济性，从而设计出了用高压复核发动机驱动的长途海洋蒸汽船（第三章）。

技术史学家和其他关注技术的史学家的研究工作已经相当成熟，尤其是 20 世纪 80 年代以来，科学技术的文化史研究经历了诸多史学重建，例如，托马斯·P. 休斯（Thomas P. Hughes）在《电力网络》（*Networks of Power*，1983）中阐释了技术系统理论；露丝·施瓦茨·考恩（Ruth Schwartz Cowan）的《给母亲更多的工作》（*More Work for Mother*，1983）一书在科学技术史研究中引入性别议题；约翰·施陶登迈尔（John Staudenmaier）的《技术的述说者》（*Technology's Storytellers*）和其他学者重新评价了技术成功或失败的政治意义。但这些新方法在技术史研究中的实际应用很大程度上仍局限于程序化的研究陈述，其中最富有开创性的当属维贝·E. 比克（Wiebe E. Bijker）、托马斯·P. 休斯和特里弗·平奇（Trevor Pinch）主编的《技术体系的社会建构》（*The Social Construction of Technological Systems*，1987）；在重要文献的汇编中，最富实用性的是唐纳德·麦肯齐（Donald MacKenzie）和朱迪·瓦克曼（Judy Wajcman）编写的《技术的社会形塑》（*The Social Shaping of Technology*，1985，1999），国际技术史学会（Society for the History of Technology）的官方杂志《技术与文化》

（*Technology and Culture*）是最有影响力的期刊。

本书意在使更广泛的受众了解这些技术史上的洞见。本书涉及的主要研究包括了勘探与测绘、牵引动力、蒸汽船和电报技术。在历史的语境下展示了1760—1914年帝国扩张中科学和技术呈现的复杂性和动态交互性，以回应那些认为技术史单独作为一门学科过于偏狭的指控，并且尝试提出些新颖的、可能引发争议的观点。

感谢以下同人对本书的支持。感谢帕尔格雷夫出版社的编辑卢恰娜·奥弗莱厄蒂（Luciana O'flaherty）的耐心帮助；感谢在肯特大学、利兹大学和阿伯丁大学学习科学哲学和文化史的我们的学生；感谢我们曾经和现在的同事：阿伯丁大学的雷纳·布勒默（Rainer Brömer）、彼得·麦卡弗里（Peter McCaffery）、艾伦·斯图尔特（Allan Stewart）、大卫·迪奇伯恩（David Ditchburn）、赛思·库宁（Seth Kunin）、利·克莱顿（Leigh Clayton）、约翰·里德（John Reid）和伊丽莎白·哈勒姆（Elizabeth Hallam）；肯特大学的同事伊恩·希金森（Ian Higginson）、菲利普·沃尔斯滕霍姆（Phillip Wolstenholme）、安妮·斯科特（Anne Scott）、亚历克斯·多尔比（Alex Dolby）、夏洛特·斯莱（Charlotte Sleigh）和大卫·特利（David Turley）。还要特别感谢乔恩·阿加（Jon Agar）、威尔·阿什沃思（Will Ashworth）、雅库普·贝克塔什（Yakup Bektas）、安娜·卡内罗（Ana Carneiro）、吉利恩·库克森（Gillian Cookson）、科林·迪瓦尔（Colin Divall）、艾琳·法伊夫（Aileen Fyfe）、格雷姆·古迪（Graeme Gooday）、阿玛莉亚·哈吉夫热内亚杜（Amalia Hatjievgeniadu）、科林·亨普斯特德（Colin Hempstead）、弗兰克·詹姆斯（Frank James）、约恩·莫根尼斯（Eoin Magennis）、詹姆斯·马森德（James Massender）、大卫·米勒（David Miller）、西蒙·谢弗（Simon Schaffer）、克莱尔·泰勒（Claire Taylor）、乔恩·托珀姆（Jon Topham）和史蒂夫·伍德豪斯（Steve Woodhouse）。克罗斯比·史密斯仍然一如既往地感激诺顿·怀斯

（Norton Wise）。感谢阿伯丁大学、剑桥大学、肯特大学、格拉斯哥大学、利兹大学、伦敦大学学院、大英图书馆、土木工程师学会、利物浦中央图书馆（档案馆），以及默西塞德郡海事博物馆档案馆和苏格兰国家图书馆的图书管理员和档案管理员为我们提供了宝贵的帮助。感谢阿伯丁大学神学、历史和哲学学院对插图和索引的专项资助。

本·马斯登在工程学、学术工程和技术文化史方面的研究始于英国国家经济与社会研究委员会（Economic and Social Research Council, ESRC）的支持（得到了克罗斯比·史密斯的指导）。该研究在英国国家学术院和英国皇家学会的资助下得以深化拓展。他在布鲁内尔大学和皇家科学技术史研究中心宣讲了一些关于布鲁内尔的内容。感谢图标图书出版公司（Icon Books）的乔恩·特尼（Jon Turney）和西蒙·弗林（Simon Flynn）纵容他沉湎于对瓦特的研究。他将这本书献给他的父母——帕特·马斯登（Pat Marsden）和丹尼斯·马斯登（Dennis Marsden）。

克罗斯比·史密斯感谢英国国家学术院和利华休姆信托基金（Leverhulme Trust）的慷慨支持，使其在技术文化史方面的拓展性研究（特别是对亨利·亚当斯的研究）成为可能，感谢艺术与人文研究委员会的大型资助计划对维多利亚时期的海洋蒸汽船文化史深度研究项目的支持。他把这本书献给了他的母亲多琳（Doreen）和已故的父亲杰克（Jack）。

本·马斯登　阿伯丁大学

克罗斯比·史密斯　肯特大学

目　录

导　言
19 世纪悠久的技术、科学与文化

可以断定，铁路、蒸汽船和电报是我们在帝国贸易事业中最强大的武器。

——查尔斯·布莱特（Charles Bright）肯定了 19 世纪
三项技术系统对大英帝国商业的基础性作用（1911 年）[1]

历史学中的技术学科

工程师是帝国的缔造者，他们作为政治和经济帝国活跃的代理人，凭借自身在物质技术领域持久的信誉和专业知识网络建立并扩展了个人的商业帝国。本书的研究目标在于由内而外地重新审视帝国大型技术发展的文化建构。全书从分析勘探、测绘和测量的一系列状况开始，调查和研究了动力技术（特别是蒸汽技术）在轮船、铁路和通信系统（主要是电报）发展中的演进与应用。

本书的所有研究对象都产生于 1760 年前后到第一次世界大战爆发之

间的"漫长的 19 世纪",它们的起源和发展根植于并且反映出英国的不同文化背景。为了便于比较,我们在研究中也对比了法国和北美的相关情况。贯穿全书研究,我们希望从三种历史类型中汲取灵感,它们分别是技术史、科学史和文化史。很多研究者和读者认为三者之间存在很大差异,而笔者不以为然,我们认为对于技术历史的讲述往往因受众不同而采取不同的范式。

例如,最引人入胜的是通俗技术史,然而它们总是表达重复老套的主题:物质技术的狂飙突进,某个英雄人物战胜了困难或击退了保守主义的阻挠,富有远见的工程师过着远超其所处时代的道德生活。这些作品受到了维多利亚式文学的潜移默化,渲染着玫瑰色的浪漫主义,对已经逝去的帝国的"黄金时代"进行考古式的编目。在全球化、标准化及合成材料成为主流的今天,它们会关注本土文化遗产中一些古雅的特质,比如抛光的黄铜和涂刷清漆的木材;关注易于理解的、以工艺为基础的即时性技术,而不是像现代电子耗材那样的黑匣子。这样的叙述里往往充斥着"狂热"的帝国主义者、粗暴的未经教化的工匠、愈加庞大的蒸汽船、路线和为机车设计的飞速发展的铁路,以及维多利亚时代作为互联网"先驱"的电报。也许因为这些读物风格简约直接,读起来令人轻松愉悦,它们经常出现在人们的咖啡桌或床头柜上,但往往仅能带来慰藉而难以引发思考。

与之相对的是我们选择深挖技术背后的经济商业历史,关注可量化的宏观问题和更为深远的影响(特别是金融方面的):蒸汽机的产量、生产商、有无特许使用费,以及它们对社会产生了哪些可估量的影响;建造船只的载重量和运载的货物品类、数量;新铺设的铁轨里程及其对运河航运利益的影响;电报信息的数量、速度及其对股东的回报情况。尽管类似的相对经济效益[2]问题不应被忽略,但我们最关注的并不是用数据去绘制企业、区域或国家在那些被视为"既有的"技术上的经济轨迹(诸如生产、消费、开发)。恰恰相反,我们的兴趣聚焦于一些定性的、局部的或间接性的问题，包括技术的起源、演变甚至湮灭，它们鲜能直接产生经济方面的影响。

本研究之所以关注技术的"塑造"过程，是因为我们希望可以超越技术史中"考古研究"的误区。这类作品通常出现在参考文献中或作为有启发性的例子，其研究范式重视细节[3]，比起设计工艺更具有广泛意义的"外部"含义或使用模式，它们更加关注的是"内部的"动力、材料结构，以及设计的特异性：比如气缸的精确尺寸、螺旋桨的螺距、华丽设计的火车头、别致的电报机键钮等。在本书研究中，我们关心这些独特性是否能够与更宏大的事件或时代发展趋势联系起来，也可以称其为"背景"，特别是"社会背景"。

一项成熟的技术史研究应当汲取其他流派（通俗的、经济学的、考古的）在研究历史长河中的各种技术方面的优势，同时也认清其缺陷，将社会背景的丰富性和流动性作为一种讲述和解释的框架。因此，我们能够理解为何高效的蒸汽机替代了那些被谴责为废物的陈旧机器，改良的电报可以用于解决城市公共秩序问题，装备齐全的蒸汽船折射出一种深受长老会①成员支持的有序道德经济学，贯通大陆的铁路能够真正地建构和联结一个国家。

然而，这其中似乎存在某种悖论。社会背景的一部分必然与语言、文本和文字有关，然而"技术"这个词的起源并不久远。正如科学史家非常熟悉的，威廉·惠威尔（William Whewell）在 19 世纪 30 年代创造了"科学家"（scientist）这个词，但在几十年时间里它都没能成为被大众广为接受的说法。迈克尔·法拉第（Michael Faraday）及其同时代的人更喜欢使用"哲学家"（philosopher）这个称呼，其隐含的意思是相对公正、系统的，但不确切指向对自然现象原因进行推断。[4]同样，在 1855 年，爱丁堡的乔治·威尔逊（George Wilson）教授需要花好大力气做出冗长的解释才

---

① 长老会，基督教的新教三个原始宗派之一。——译者注

能使他新开的工业博物馆的游客们明白"什么是技术"。[5]惠威尔、威尔逊等许多学者的宣讲活动提醒我们必须在研究中对各位历史代理人所使用的术语（"行动者"类别）及术语间的细微差别保持敏感。[6]也就是说，我们必须运用当时的那些话语而不是强行使之顺应现代语境，否则就失去了那些术语原有的时代性和丰富内涵，难以理解其演化过程，更糟的是可能会强行赋予其本不应有的特质。

事实上，一种可能的情况是自然地将"科学"和"技术"分离开来，就像"科学"与"宗教"之间那样做出清晰区分。仅仅使用"技术"与"科学"是基于这样的假设：二者皆有完备的定义且相关内涵在漫漫历史长河中经久未变，这也同样提出了如何理解二者间关系的问题，在某种意义上要像区分科学和宗教间的关系那样。[7]对于专业学者而言，尽管二者有不同的研究对象和研究方法，"技术史"和"科学史"是密切相关却又截然不同的"镜像"学科，正如一位学者将"科学"和"技术"本身描述为"镜像的双胞胎"（mirror-image twins）那样[8]。

对两种学科加以区分更加方便且富有价值，特别是在美国，这种区分有利于引导更多学者像对待科学史那样认真对待技术史（以及工程学的历史）研究。但要对"技术"做出本质主义的定义（无论是威尔逊还是其他学者），是很难概括出其在历史演变中不断更迭的主体与类别的。边界可能存在于科学与土木工程（出现于18世纪晚期的英国）或科学与"实用工艺"（在19世纪中期工程与科学形成"工程科学"的联盟前最接近技术的词）之间。[9]作为历史研究者，我们尽量避免以当代视角去界定二者的边界，而是通过尽可能多的尺度去分析其在实际语境中的差异。"工匠"詹姆斯·瓦特（James Watt）坚持他作为"哲学家"（或科学家）的身份；蒸汽船的推广者与自然哲学学者密切合作；19世纪铁路的倡导者将铁路视为"实验"；电报的主要代理人宣称电报是实验电学的重要部分。我们研究的历史对象本身能够反映出科学与实用工艺间界限的转移与竞争。

技术与文化

　　前文概述的历史研究流派——通俗的、经济学的、考古的或者技术"本质主义"的技术史——往往并不在意我们所关注的中心议题。我们认为文化层面的历史颇为重要，为洞悉技术史提供了更多视角与可能性。尽管对技术史进行文化性的拓展提升了研究的复杂性也引发了颇多争议，但文化史的一个可行性定义是研究在不同的历史与文化语境下去建构（或生产）和传播（或复制）各种意义。[10] 文化史学家关注宏大的方面：关注权力；关注实践、过程与偶然性经验；关注空间与区位；关注公共性或私有化；关注阳春白雪（精英文化、学术文化）和下里巴人（通俗文化、民间文化）的区别；关注精英文化和通俗文化的融合与再创作[11]；关注口头、书面或视觉层面的知识表达、构成和传播的方式[12]；也关注文化的记忆与纪念模式。文化历史研究注重文物用于传达或表达上述含义的方式，特别是展览、博物馆或其他精心策划的展示形式。[13] 事实上，科学的历史同样愈发关注实践和物质层面反映的问题。因此，将文化、科学和技术的历史加以融合研究成为一种现实的选择。因为研究对象不应仅仅是物质层面的历史，也应包含社会的、知识的和工程层面的产物。[14]

　　本书研究尤为强调一系列结合了文化历史范式又符合技术史研究需要的关键词，意图使技术作为文化的一部分而不是将其从文化中剥离出来，也将技术研发视为动态发展的实践，而不是只关注产品本身。研究承认历史发展的偶然性，我们同样关注那些偶然或意外造成某种成功或失败的历史对象，且将这类技术作为研究的重点。在这一方面代表性问题相当突出，使我们认真审视在工程世界中私有的或公共的、精英文化和通俗文化之间的特殊关系。从戏剧化的意义上来讲，我们密切关注权力相关的问题，但也不仅仅将权力视为一个孤立的物理变量或经济变量。当工程师们建立帝国时，他们竞相争夺文化上的权威，必须建构起一套全新的关于"信任""可靠性"和"信心"的网络；他们希望聚合、联结起一套覆盖广阔地理空间强劲有效的系统；工程研究领域的实验旨在以科学和实用工艺有效结合并繁育出富有竞争力的产品，在一定程度上破坏了开发系统的稳定性，引人审视技术与科学间的关系。

由此，我们认为研究历史中的技术在更广泛意义上属于文化研究的一部分。当代学生能够理解技术与文化是相互关联的，学术领域的旗舰期刊《技术与文化》（*Technology and Culture*）就是一个印证。人们通常认为对技术与文化做出明确区别具有相当多的好处，特别是在明确两个问题的优先性时格外有用："技术产生文化"还是"文化催生技术"？如果将技术视为文化的产品其实不妥，反之亦然，我们更喜欢探析技术与文化的相互促进与转化——二者参与到彼此的生产中，并为之赋予更丰富的意义。[15]

当我们谈及技术史如何成为一种文化的历史时，我们所探讨的是技术在多大程度上被文化塑造及在何种程度上塑造了他们所处的文化。[16]这种相互塑造并不只是常见的经济学问题。在此我们引入一个有用的概念"解释的灵活性"（interpretative flexibility）：不同的社会群体依据本土的或个体的需求可以对技术的效用做出不同的解释或赋予其不同的意义。例如，比克和平奇在著名的"安全自行车"案例研究中，分析了现代自行车如何通过功能的、形式的改良实现更好的稳定性与安全性，从而取代了像"一分钱自行车"（Penny Farthing，英国自行车公司）那样的传统竞品。这项研究表明，一项技术最终以特定的形式及特定的意义稳定下来，既是一桩社会事件也是一桩物质事件。[17]

因此，我们的雄心是研究那些与技术相关的预测、创造、扩张，以及稳定等实践，而并非仅仅关注技术的"最终产品"或者那些放下合法性争议的空洞的想法和理论。我们接受历史的偶然性，不会假设某些项目和技术必然会取得成功，特别是那些最终被证明在长远意义上讲相当成功的技术。我们不会编造故事去展示特定技术的成功是必然的，也不会将某些失败归于上天注定，而是认真检视环境中偶然情况导致技术的其他可能性如何被排除（结果上被称为"失败"），从而揭示事件的发展很可能有其他走向。

此外，我们感兴趣的是技术进程在其所处时代的解释。我们当然意识到了技术的发展变化并非缺乏指引或盲目的，工程师和技术的"设计者"显然具有他们的意图和雄心，他们往往投机取巧，有些人甚至是疯狂的机会主义者。但我们不会滥用后见之明去评判那些雄心勃勃的意图，以及那些想象中的用途的正确与否。我们发现历史中的发明者经常会多方押宝，宣称自己发明的技术具有多重用途，结果却发现其至多存在一种用途，甚至没有什么效用能够得到认可与应用。因此，工业设计中某些"有用的东西"或一些日常用品涉及的技术起初可能是为了应用于其他领域。[18] 我们也必须尊重那些没有实现预期的技术，历史学家没有权利抹去当时的相关争论。

一项技术成功或失败，既与其承载的社会价值相关，也与其内在的物质价值密切相关。露丝·施瓦茨·考恩关于简陋的家用冰箱的经典研究便是印证：煤气冰箱失败了，电冰箱最终大获成功。[19] 对电动汽车的深入研究显示，在某些方面，电动技术就逊色于内燃机技术。[20] 如果说历史学家们直到近期之前都厌弃技术失败，那么现在他们对失败的兴趣提升了，尤其是意识到工程师们清醒地接受失败的普遍性并从中吸取了教训。[21] 即使是塞缪尔·斯迈尔斯（Samuel Smiles）这位堪称西方成功学之父的作家也提出了相似的问题："为什么失败没有像成功那样被普鲁塔克之类的传记作家书写？"[22]

关于 19 世纪的失败技术，我们无须回顾得太久远。为帝国的钢铁蒸汽船制造可靠的罗盘就不是个简单的命题。[23] 譬如对带有单独冷凝器的瓦特发动机而言，就有无数竞争对手意欲取代蒸汽在所有工业场景中的应用，但他们最终都没能实现书面上或演示中所宣称的那些优势。[24]铁路领域的创新者鼓吹大气系统能够终结昂贵的机车，然而这项技术几乎在没有喘息的情况下就被淘汰了，从未获得商用机会。[25]或许最引人注目的例子是电报（第五章），特别是其在潜水艇中的应用，一场深海灾难使失败的技术受到空前关注，然而它成为 19 世纪 60 年代信息文化变革中的核心要素。

所有这些技术，至少在短期内，同时支持两极化的解读——注定"成功"或注定"失败"——表现为技术的倡导者熟练地使用相对精准的，甚至更近乎思想驱动的陈述。这种技术成果的代表包括：横跨大洋实现帝国权力的蒸汽船；消解了空间与时间障碍的铁路；作为和平缔造者的跨大西洋电报，它们联结起了新旧世界。维多利亚时代的艺术与音乐领域取得了空前的成就，其背后至关重要的是它们最大程度上利用了印刷的功能与便利性。传播技术推进了媒介的繁荣发展，同样引发我们关于公共的或私有的、精英文化或通俗文化的思考：当代精英研究机构，使工程研究演化出许多专业化的分支，新兴印刷技术和铁路网络的繁荣使各种科学与实用工艺的信息加速且更为广泛地传播给受众。

与科学家相比，工程师往往存在一种特殊的情况，当他们在合适的时间向合适的对象发布技术产品时，往往会将过程中的各种产品清零。要试图梳理清楚某种新型蒸汽动力轧机、一条"试验性"铁路或一艘即将下水的大型蒸汽船的繁复技术创造过程绝非易事。马修·博尔顿（Matthew Boulton）和布鲁内尔都清醒地认识到了戏剧化的讲述可以产生更佳的效果；像瓦特和霍尔特（第二章至第三章）那样清醒的发明家同样希望他们的作品能够为自身立传。这些代表性技术在很大程度上能够展现当时文化的缩影，在面向公众宣传和推介新技术时往往与文化因素紧密结合。科学史学家指出这种展示的背景或场景，以及受众的构成，都可能引发认知问题。[26]展示新技术本身至关重要，但如何做好展示，管理同样重要，管理不当可能会被等同于操纵，从而引发信誉及诚信的质疑。

当时的工程师会参考他们在科学领域的同侪，为了巩固自身权威性并扩大其系统影响力（在科学领域或技术领域的），尽可能平衡实验创新性（充满风险但对技术发明者而言能够带来荣誉）与依赖既定路径系统的程度，从而尽力解决信任问题。史蒂文·夏平（Steven Shapin）发现在有价值的知识系统的建构和维持中，一些信任和权威形式不再可见。他指出，自 17 世纪起，科学从业者和辩护者将信任和权威性作为阻碍科学知识制造和发展的障碍，知识应该从个体对世界的理性探索中而来，依赖他人的观点可能会导致走向错误的道路。"对某种知识的辩护的可信度及辩护者的可靠程度可以成为独立的变量，在相加、分解和比较的基础上形成基于信任的可靠判断。"相反，夏平的研究指出，看似排除了信任因素的采信机制，实则是"建立在对可信赖的信息源的信任之上"[27]。

夏平的观点源于对 17 世纪科学史的研究，但似乎尤其适用于当代，工程项目可信度的重要性对大众来说往往是不言而喻的。我们所挑战的传统假设，其一是"对技术的信任"独立于对人类行动者的信任；其二是"道德方面的信任"与对承诺行动的信任仅在个人和商业层面相关。正如夏平强调的，这些信任形式（关于传播和行动的）促进大众形成了对世界的认知系统，从而形成了信任的状态，并且与"协同机制密切相关"。[28]特别是关于钢铁蒸汽船（第三章）这样的承诺行动，提出了有待后续章节探讨的问题。这些研究显示某些历史中的行动者因得体的行为及良好的品德（所谓的"绅士"品质——然而工程技术领域绅士行为并不能为相关人士赢得全面而广泛的信任）而备受信赖，而对工程师本人的质疑会削弱公众对其推广的技术的信任。

案例研究发现，对于失败技术的研究，"信心""信誉"影响可信度的问题，不只是现代历史学家所关心的。现在，回顾一下查尔斯·巴贝奇（Charles Babbage）在 1832 年关于英国制造行业及贸易中的信心、信誉和资本间密切关系的论述。在巴贝奇看来，"信誉"产生"信心"，一家企业的信誉与资本紧密相关，资本实力雄厚的企业即使有较低的信誉也有更强的承担失败风险的能力。英国作为一个拥有古老贸易传统的国家，比其他竞争对手更具优势的是英国商人拥有良好的信誉。这种信任导致合作双方较少需要复杂的书面合同，也较少需要中间人去评估和担保货物的质量，整个市场环境就相对自由。[29]

大多数工程师更加关心的是如何拓展获得的信任，从而将技术推广和应用于更广阔的地域空间。事实上，近代技术史和技术社会学研究中最有影响力的方法是分析"网络"的精进演化或工程"系统"的设计与主张。使用这种方法的一个典范是托马斯·休斯在《电力网络》中对 19 世纪和 20 世纪初电力能源分配系统的研究。休斯认为工程师的工作环境同时受到社会、政治、法律和物质条件影响，只有在解释物质问题的同时更好地解决社会和政治领域的问题，才能实现他们拓展大型技术系统的雄心。随后，休斯的研究吸收了社会建构的理论方法从而培育出一套富有活力的技术研究框架——"技术系统的社会建构"[30]。简而言之，作为历史学家，将技术视为包含各种异质性元素的复杂系统，使我们拥有质疑和叙事的能力，从而赋予其社会环境视域下的丰富意义。

在本书的研究中，我们追踪了历史上的行动者作为系统的建设者是如何应对各种困难和阻碍的，他们并不是总能成功克服障碍（尽管经常利用媒体压制反文化的声浪）。我们分析了经济地理学家如何利用全球殖民冒险获得的大量数据定义和推广他们偏好的系统；热力工程师优化专用发动机部件的生产和组装，为了给起初影响甚微的产品打开国际市场而招募同盟；随着船体更加坚固，船组成员更加可靠，航运巨头布局了国际、国内港口网络；像布鲁内尔那样的铁路工程师未曾止步于连接城市与郡县，构建了连接铁路、公路和海洋的交通网络；海底电报技术将新旧大陆紧密联合为一体，建构了连接现有国家体系的跨国通信系统。为探知历史行动者是否清楚地认识到其所构建的系统，甚至系统织就的系统，我们只需回顾本章序言中查尔斯·布莱特的论断，比起其他技术组合，铁路、蒸汽船和电报共同组成了帝国贸易事业中最强大的武器。

构建、稳定和维持系统的有效技术手段包括实施标准（无论是技术的、实践的还是社会层面的标准）的强制普及，以及测量文化的发展。[31]我们讨论了"制图主义"（chartism）的兴起，即多面手们试图减少自然或技术方面原因导致的大量的绘图错误，依据一种绝对标准定义相关技术（第一章）。我们研究了蒸汽机营销如何驱动工程师将机械的不确定性减少到可接受的范围内的各种努力（第二章）。推广使用经度作为标准，奠定了测量定位的基础，推动了海洋探索；关于英国铁路轨道标准的争论，对系统建造者的野心和权力而言是切中要害的；产生于电报文化的电力标准定义了电力工程师的新专业主义（第一章、第四章、第五章）。

我们的研究包括了许多实现标准化的尝试，以及为提高技术稳定性和推广应用潜力而制作的有关技巧的例行程序，通常是受过良好训练的代理人和专业仪器的相互作用共同提升了这些技术：要使船的罗盘更好地工作，需延长人与机器的磨合时间；充分训练一批全新的"蒸汽工程师"，即为了避免人工错误或人员疲劳问题引进了全自动机器，从而使发动机实现了长时间的自动运转；为解决海外管理问题建造起了庞大的新型蒸汽船；为铁路系统的有效运转校准了时间；新型电报工具的广泛使用使电报更加方便易读，推动了全球电报系统的快速发展。这些标准化项目构成了工程帝国的核心。

建立惯例（强调可实现性、可预测性和合理化）具有创造性张力，因而是技术性创新的重要观念，往往（不总是）与男性工程师的雄心相联系，会在公共领域引发热烈的辩论。标准化进程是巩固技术地位和排除竞争对手（例如，建立铁路轨道标准排除掉了一些竞争运营商）的有效手段，但包括布鲁内尔在内的富有创新性的工程师都认为它也会为工程技术和实用工艺发展设置障碍（第四章）。如果某一技术领域存在大量的规定和管理构成的模板，那么相关技术如何能够冲破层层障碍而更加精进呢？标准化系统的鲁棒性（如一条界定轨距的标准）为社会及技术系统在物质层面增强了动力或者说是惯性。其条件是如果没有决定性的技术选择，将会降低工程试验的生存能力。对技术加以限制取悦了一类赞助商，但这些限制针对的是激进的技术改进。

在我们的案例研究中能够看到工程师努力应对工程试验的种种紧张局面：可能是一台试验中的热力发动机，一项新兴实验中的海洋交通设计，交通试验中第一条清晰呈现的铁路，陆地电报作为一种新兴的电学实验，跨大西洋的海底线路堪称有史以来最大的电学试验。这样的"试验"通过宣讲使技术的文化更具"科学性"；实验强调创新性和富有预见性的进展；在某种程度上会导致一些偏离预期的安全问题，甚至导致失败；但除了极少数成功案例，急于实验并不能保证获得赞助商的信任与支持。传统与实践经验保证了其可靠性，实验诉诸科学的或者有科学支撑的语言；然而我们的案例研究同样显示出那些表面上建立在科学之上的技术的脆弱性。[32]

后文的案例研究可以呈现技术文化的主要方面，其启发性在于研究案例所使用的技巧和方法可以较为轻易地"转换"到其他案例研究和历史背景中。更重要的是，它们影响到了更宏大的19世纪帝国历史的编史问题。经典的历史研究往往将大英帝国的强大归因于政治、军事胁迫、宗教或文化方面的偶然性和必要性等因素；而其他帝国历史研究认为这种研究框架缺乏对工具性要件的关注，不过，即使是这类编史研究也将这些工具视为"既有的"。我们将针对其展开论述，正如前文所言，任何技术都不应被视为既有的，而是被文化塑造而成的并且同样塑造了文化。我们的研究试图揭开"蒸汽动力""蒸汽船""铁路"和"电报"的黑箱，解释这些"帝国的工具"并非一种工具性的给定产品，而是通过展览、实验及标准化等过程构建起了不同的但服务于帝国建设的动力系统。由此，我们关注的技术不仅对帝国的建立、维持和塑造至关重要，它们同样也受到了不限于政治的、军事的帝国背景因素的塑造。除此之外，它们也是由那些不仅关注自身商业帝国并且关心英国帝国主义前景的活跃的技术代理人塑造而成的。

第一章
对国家至关重要的目标：
勘探、测绘和测量

　　我已经提到英国科学促进会的影响可能产生的结果，即填补地图上英国在印度和加拿大属地的空白。然而，英国或任何其他国家能够为（地磁学）这一科学分支提供的最重要的服务是填补南半球尚存的空白，特别是南半球那些具有主要磁学意义的地区附近，这一点毋庸置疑。这只能通过海军航行来实现，因此其他国家很自然地将注意力投向英国。从地球本身及其各种关系来看，地磁学理应是我们所居住的星球物理历史中最重要的一个分支；令人宽慰的是，完成我们对地球表面磁力分布的认知，将被我们的同辈和后人视为海洋民族的光荣事业和国家的伟大成就。

——罗德里克·默奇森在英国科学促进会发表的绘制

地磁图对国家有重要意义的演讲（1838 年）[1]

著名地质学家、科学大师罗德里克·默奇森（Roderick Murchison）

的这段演讲反映出至少自 18 世纪以来，欧洲文化精英已经普遍认同测绘的必要性。从帝国权力的角度看，"地图尚存的空白"——特别是在当时英国的领土上——意味着帝国的"掌控"是不完整的，控制权（如果有的话）仍然在其他势力手中，而以西方"理性"和"秩序"为形式的"文明"尚未引入到这些地区。在默奇森看来，当时还处于起步阶段的英国科学促进会（British Association for the Advancement of Science，BAAS）可以且应当成为确保英国称霸陆地和海洋的主要代理人，尤其要"填补南半球仍然存在的空白"。

18 世纪下半叶，詹姆斯·库克（James Cook）船长的 3 次太平洋远航为英国公众打破了南方大陆的未解之谜。库克熟练地使用航海仪器，精确地绘制航海图，在长期被其同胞们视为广阔空间但在任何地图上都是空白地区的海岸和海洋上建立了几何秩序。这种对精确"科学"知识的追求见证了欧洲社会的重大文化转变，迎来了被史学家（至少是为了方便）称为"科学革命"（17 世纪）和"启蒙运动"（18 世纪）的历史时期。在英国，新的文化价值观既存在于宫廷赞助项目中，也更广泛地存在于绅士文化里，这种文化出现在辉格党及其追随者、大都市学术团体，以及越来越多的地方文学团体和哲学团体中。[2]

传统上，与哥白尼、伽利略和牛顿等欧洲"伟人"紧密联系的"科学革命"更大的贡献在于推行了一套植根于欧洲社会的新的文化价值观。通过有地位的人合理实施、规范操作科学实验，利用《自然之书》（*Book of Nature*）中的观察产生的信任取代了对古老智慧的信任。在英国，这些价值观也体现在英国的特定机构中。英国内战后，社会、政治和认识论的斗争旷日持久，在查理二世复辟君主制期间成立的英国皇家学会（1660 年）和格林尼治天文台（1675 年）通过掌控商业繁荣的大都市建筑空间及社会空间，获得了持久的文化权威。[3]

复辟王室意在利用那些通过可靠研究方法得到的博物学、自然哲学和天文学的新发现来获取声望。17世纪早期，弗朗西斯·培根（Francis Bacon）在《新亚特兰蒂斯》（*New Atlantis*）一书中对这种新知识的成果及其对人类的巨大作用进行了展望，提出"知识就是力量"的经典格言。到17世纪末，光荣革命中的辉格党人已经全然接受这些新科学。他们特别推崇温和的圣公会神学，利用其巩固教会和国家的权力，将"上帝创造的知识"作为社会和政治秩序的基础，从而构筑起一个防止社会倒退的堡垒，避免再次陷入早期英国内战的混乱和16—17世纪欧洲的宗教狂热。[4]

德国哲学家伊曼努尔·康德（Immanuel Kant）曾被问及他是否生活在一个已经启蒙的时代，他回答说并非如此；相反，他生活在"启蒙时代"。启蒙运动本身难以定义，在与康德同时代的哲学家看来，启蒙运动本身似乎是一个历史过程，其特点是新科学不断涌现，它们主要从17世纪的数学和实验科学中汲取灵感。最重要的是，这是一个以地图和图表为载体的探测时代。[5]

当代哲学家米歇尔·福柯（Michel Foucault）指出了知识与权力在空间中的嵌套关系。在他看来，用"地区""领域"或"领土"等地缘政治语言表达的空间，为理解权力和知识之间的可能关系提供了线索："一旦知识能够从区域、领域、植入、移位和换位的角度来分析，我们就能理解知识如何作为一种权力发挥作用，并传播权力的效果。"此外，诸如"领域"这样的政治战略性术语，也显示了"军队和政府如何在物质土壤和话语形式上彰显权力"[6]。

雅克·雷维尔（Jacques Revel）有关法国国家领土的研究为我们了解领土与政治权力控制的关系提供了绝佳案例。与福柯的抽象的空间话语相比，雷维尔的论述深深体现在法国政治史当中。到1300年，法国近乎成为一个特定的地理区域，它被形容为"完美的花园""无形的领土""居民誓死也要保卫的家园"[7]。但是，一个国家对领土的控制并非永久且牢固的。因此，在接下来的5个世纪里，政府当局试图在国家秩序内了解并控制各个地区，构建地区间的同一性。

1789 年，旧制度随着法国大革命的终结而终结。雷维尔注意到，有两种截然不同的统计调查法在旧制度存续的最后一个世纪里被广泛应用。第一种方法是用记录的历时性数据（例如，人口、产量和价格）来评估发展情况和趋势。政府经常在全国范围内推行这种调查。相比而言，第二种方法尽可能地反映自然，对一个地方的各个方面进行详尽描述，试图建立起这些变量间的关系。在空间上，一个地区特有的"自然志"和其他地区的自然志相并列，形成一幅拼贴画集合。这些调查通常由启蒙运动的相关人物推动和开展，他们为了公众的利益行动，声称拥有独特的"田野经验"："一个由旅行家、地质学家、经济学家、农学家、医生、低级别行政官和地方知名人士自发组成的网络。"[8]

法国大革命刚结束，新政权就将两种调查方法结合起来加以充分利用。一方面，人口普查为共和国提供了关于国家物质和人力资源的统计信息，以便在危机时刻迅速做出决策；另一方面，新秩序的意识形态致力于统一不同地区人民的多样性。因此，具有"系统性甚至是百科全书式"的描述性调查，"由中央发起，地方实施"。这种公共调查的倡导者试图鼓励将区域多样性过渡为国家统一。然而，随着中央集权和专制制度日益加强，地方合作很快让渡于国家特权。肯·奥尔德（Ken Alder）的研究发现，革命政权引入了公制度量衡，试图以统一性取代地方习俗与传统。[9]

在谈到地图作为法国领土的另一种呈现形式时，雷维尔指出地图兼具实用与象征价值。对绘制者和使用者而言，地图是权力的一种形式，是"传递政治意图的首选手段"。因此，地图绘制"与君权的认定不可分割，划定领土是君主的首要事务"。事实上，国王不再需要为测量领土而旅行。官方测量员、工程师和皇家地质学家发挥作用，无论战时还是和平时期都能"为君主的野心提供全新的视觉支持"。[10]

"启蒙运动"将测量和绘制地图的实践引入帝国，特别是海洋帝国的建立过程。[11] 在英国和法国，格林尼治和巴黎的天文台掌握测绘工作的核心，其首要任务是为国家准确测定经度。英国资助了如英国"皇家天文学家"这样的权威，其头衔与"皇家方舟"这样的国家象征前后呼应。"皇家方舟"常用来命名皇家海军最负盛名的战舰，而"皇家天文学家"则是赋予经度测定专家的美誉。这些天文学家推动了启蒙运动对探测、测量和地图测绘的重视，提供了值得信赖的有效知识，为英国、法国及其竞争对手舰队（包括海军和商船）安全穿越凶险海域提供帮助。

文明世界皆知的格林尼治

1875 年后，格林尼治天文台在全国范围内规范了标准化和集中化的时间，以便更好地服务商业和帝国版图的扩张。通过主要由英国控制的水下电报线网络不断扩张（第五章），到 19 世纪末，格林尼治时间已然应用到大英帝国的大部分地区。1884 年，格林尼治标准时间成为国际公认的世界时区的基础。[12]

因为某些"自然"特性，格林尼治天文台并没有标记本初子午线。在华盛顿举办的国际子午线会议上（1884 年），为了统一时间和经度的本初子午线，代表加拿大的英国人、加拿大太平洋铁路公司的首席工程师桑福德·弗莱明（Sandford Fleming）（第四章、第五章）用一张表格展示：全世界 72% 的商业航运船只使用格林尼治作为本初子午线，剩下 28% 的商用船只则采用了 10 条不同的本初子午线。事实上，全世界约有一半的船只都挂有英国商船旗，按照惯例均使用将格林尼治所在经线视为 0 度经线的航海图。尽管在理论上选取一条独立于任何国家和帝国的子午线极富吸引力，但实践结果均指向了格林尼治。最终，会议以压倒性投票支持以格林尼治为本初子午线，法国和巴西投弃权票，法属圣多明戈投反对票。[13]

约瑟夫·康拉德（Joseph Conrad）的小说《密探》（*The Secret Agent*,

1907）生动展示了天文台在维多利亚帝国后期近乎神圣的意义。作者通过一个名叫弗拉基米尔的"外交官"的角色，讲述了一场意图摧毁以本初子午线为象征的格林尼治天文台的邪恶阴谋。英国当局容忍各种推翻大陆专制制度的革命分子，弗拉基米尔对此深感愤怒，于是策划了一场挑衅英国中产阶级的恐怖袭击，迫使他们对这些危险的革命分子采取行动，并这样告诉他的"密探"：

> 如今大众的偶像既不是皇室也不是宗教。因此，我们不用攻击皇宫和教堂。今天人们最崇尚的神圣偶像是科学……（中产阶级）坚信科学基于某种神秘的方式成了他们获得物质的丰裕源泉。这次攻击必须震慑到那些对上帝的无故亵渎行为。你认为攻击天文台怎么样？几乎整个文明世界都知道格林尼治……炸掉本初子午线穿过的地方一定会引起满城风雨……去炸掉本初子午线。[14]

皇家天文台在 19 世纪末成为英国时间校准的权威机构，于是不言而喻地掌控了英国国内和世界贸易、交通、商业及工业领域的权威时间校准机构。经过一系列偶然过程，天文台反而成为英国海上财富和权力的最有力象征之一。早在 1673 年，由查理二世任命的学会开始研判在海上测量经度这一提案的价值；学会成员包括英国皇家学会会长和海军指挥官布龙克尔勋爵（Lord Brouncker）和英国皇家学会的管理者罗伯特·胡克（Robert Hooke）。1674 年，国王批准成立了皇家委员会，在现有委员会成员中增加了国王的首席测量官克里斯托弗·雷恩爵士（Sir Christopher Wren），来研判另一项关于经度的提案。同时，英国皇家学会计划在伦敦桥上游的切尔西建造一个天文台。乔纳斯·穆尔爵士（Sir Jonas Moore）为新天文台建设提供资助；他曾同塞缪尔·佩皮斯（Samuel Pepys）等人在基督公学（Christ's Hospital）建立了皇家数学学院（Royal Mathematical

School），提供航海知识的培训。作为年轻天文学家约翰·弗兰斯蒂德（John Flamsteed）的资助人，穆尔推举其成为切尔西天文台的观测员。[15]弗兰斯蒂德后来成为首位皇家天文学家，他说服了国王，使其认识到用天文数据测定经度的紧迫性（据弗兰斯蒂德后来描述），国王坦言自己"不愿剥夺船长和水手所能得到的神助，要使航行更加安全"。于是，这个国家资助的新天文台获得了皇家批准。[16]

雷恩是新天文台的建筑设计师。新天文台选址在格林尼治皇家公园，高耸的地势使新天文台在商业航运日渐繁忙的泰晤士河上远望可见。[17]但航海家和国家最关心的问题仍是能否准确测定海上经度，特别是在海难接踵而来导致船只和人员损失惨重的时候。为了回应海军船长、商船指挥官和伦敦商人的请愿，议会于 1714 年通过了《经度法》（*Longitude Act*），规定"对发现海上经度测定方法的人予以公开奖励"。该法案授权委员们，即后来的经度委员会，给予发明者高达 2 万英镑的奖金。法案同时坚持，在支付奖金前，任何提议的方法都"应该在海上进行试验，要发现其可行有用"。这项试验被称为"实验"，通过从不列颠群岛到西印度群岛的一个港口的越洋航行进行验证。航行目的地将由权威的委员决定，其中包括海军上将、三一学院院长（掌管全英国的灯塔）、英国皇家学会会长、皇家天文学家，以及牛津大学和剑桥大学的数学教授们。[18]

18 世纪中期，天文学家、制图师和航海家已经熟练掌握了计算经度的数学方法。1776 年，根据皇家天文台数据首次编制的《航海年鉴》（*Nautical Almanac*）提供了精确的月球和恒星位置表，供精通数学的船长（主要是海军军官）在海上确定经度。如果有人能发明一套让普通人也能使用的图表，就能赢得奖金。随着时间推移，该奖项最终授予了仪器制造商约翰·哈里森（John Harrison），他发明的天文钟可以使航行者在各种海况中精准判断时间（第二章）。[19]由此，制造可靠航海仪器和科学仪器的贸易在 18 世纪以伦敦为中心繁荣起来，从而大大促进了新一代精密天文钟的制造，使其更加便于携带上船，并往往被保存在船长房间这一最佳空间里。[20]

　　库克在第二次太平洋航行中使用了天文钟计时法测定经度，使这种计算方法变得实用，乃至 19 世纪在深海商船船长间普及开来。航海家们根据太阳的位置来确定所在地的正午时间，并根据天文钟获知格林尼治标准时间，计算得出一个时差，每小时相当于本初子午线以东或以西 15°（24 小时相当于经度线绕地球 360°）。然而，新系统并没有使航海人独立于格林尼治时间航行，它不仅取决于仪器的可靠性，还取决于航行开始前是否在设备上准确设定格林尼治时间。[21]

　　19 世纪 30 年代，在约翰·庞德（John Pond）担任皇家天文学家的最后几年里，海军部的上议院委员们（天文台的掌权人）宣布：

　　　　从此以后，每天在平均太阳时的下午 1 点，将从格林尼治皇家天文台东侧塔台的杆顶投下一个球。只要看到球落的瞬间，所有在临近河段行驶及停靠在码头的船只都有机会调整和校准航海天文钟。[22]

　　由伦敦莫兹利父子与菲尔德（Maudslay Sons & Field）工厂工程师制造的这一装置，进一步增强了格林尼治的权威性。气势恢宏的皇家海军建筑群，将河上航行者的视线缓缓引向天文台本身。由于在可见视线外没有其他即时通信手段，其他地方的船只可以在利物浦和格拉斯哥等港口的当地天文台进行类似的检查和校准。[23]

　　1835 年，剑桥大学数学家乔治·比德尔·艾里（George Biddell Airy）被任命为皇家天文学家，这给格林尼治带来了新的规则制度。艾里对自我的认识颇有传奇色彩。他在自传中写道，他在剑桥大学以数学荣誉学位甲等考试第一名的成绩通过评议（1823 年）："我作为专业考试第一名首先被授予学位，空前热烈的掌声响彻评议会大楼。我被带到副校长面前，掌声和欢呼声引发的骚动持续了数分钟,一度使学位授予仪式无法继续。"[24]

在艾里的领导下,天文台成了名副其实的工厂,并有完整的劳动分工,员工被安排分组进行观察、记录复杂的计算工作,但报酬很低。正如历史学家 E. P. 汤普森(E. P. Thompson)在 1967 年的经典研究中指出:英国新的时间纪律文化标志着从传统任务导向型劳动(譬如收获——劳动目的是完成任务而不是衡量所花费的时间)向计时型劳动(时间意味着金钱)转变,从而也实现了从农村经济向工业资本主义的转变。艾里自己的生活也有着很强的纪律性,剑桥大学至今还留存着他使用的一套庞大的归档系统,每一封进出信件都归置于特定槽位。[25]

皇家天文学家艾里的职务和身份充分显示了皇家天文台在维多利亚时期的权威与日俱增。19 世纪 40 年代陆上电报线网络建设和随后几十年里的水下电报线网络建设(第五章),使格林尼治时间实现了向泰晤士河以外区域的即时传输,扩张了天文台及其领导者的权力。到 1847 年,利物浦和曼彻斯特铁路公司的秘书亨利·布思(Henry Booth)希望政府推动批准一项授权全国使用统一时间的议会法案(第三章、第四章)。布斯对自己能否赢得皇家天文学家的支持表示怀疑,于是以印发小册子的形式向议会和大众呼吁,提出结束不同"地方时间"(传统的日晷读数)引发的混乱,尤其是铁路时间表的冲突(第四章)。[27]然而,并非所有人都支持"进步"事业。例如,1851 年,《钱伯斯爱丁堡期刊》(*Chambers's Edinburgh Journal*)发表了一篇题为"铁路时间侵略"的讽刺文章,阐述了坚持"真实"时间而不是"铁路时间"的理由。文章最后告诫人们:"要坚定地对抗煽动,团结地坚守旧时间的秩序,如有必要,要抵制这种武断的侵略。我们的战斗口号是'要么有太阳,要么有铁路!'"[28]

然而,与当地东南铁路公司的合作意味着艾里确实在 1852 年通过一条从格林尼治到最近的刘易舍姆火车站的线路实现了天文台与电报网络的联通。时间信号从天文台的天文调节电子钟通过自动电磁机制(避免了人工失误）和陆上电报网络，传输到重要的公共场所，如新的议会大厦、皇家交易所、位于斯特兰德的电力电报公司办公室，以及俯瞰肯特郡东南端丘陵锚地的海滨城市迪尔。从而使很多长途航行的船只仅以这一时间作为出发和到达的参照时间。在后两个地点，电磁机制会自动触发放出时间球。出于天文合作目的，电报时间信号网络还跨越海峡，连接格林尼治和巴黎天文台。[29]

在 19 世纪，格林尼治天文台的建设者们成了时间的象征者和管理者，从而约束了整个国家、帝国和"文明世界"，即大英帝国和全世界的各项实务领域。错综复杂的电报和时间信号系统代表着格林尼治标准时间对整个资本主义社会的商业、铁路和日常生活的控制。因此，艾里在 1853 年记录道："皇家天文台默默保障了这个繁忙国家大部分地区的商业准时运转，我深感满意。"到 1865 年，他再次强调自己的想法："国家天文台的职责是促进……精确时间知识的传播，这在目前确实是一个非常重要的问题……在英国的铁路上，我们总能获得正确的时间，但在法国和德国的铁路上就不一样了，那里的时钟经常出现大错误。"[30]

格林尼治时间已经不仅仅是格林尼治当地的时间。到 1872 年，所有英国邮局都必须依据格林尼治时间运营。8 年后，格林尼治时间成了全国的"法定时间"。到 1884 年，它已经成为全世界时间的参照标准。[31] 此外，规范的航海活动也采用格林尼治时间，以确保英国船只，特别是蒸汽船，可以把那些四处分散的、孤立的殖民地和前哨站纳入更紧密的帝国体系。在技术发明者看来，维多利亚时代的机械文化呈现出一种普遍的、客观的特征。在这种阴影下，个体和本土时间文化如同作家康拉德虚构的无政府主义者及其反对本初子午线的阴谋那样，表现出一种无力感。但康拉德最著名的小说《黑暗之心》（*Heart of Darkness*，1899）却以一种戏剧化的方式表明，19 世纪西方体系包括时间在内的秩序和控制，对世界大部分地区所给予的权威和权力，实则非常有限。[32]

英国科学促进会和"制图主义"的兴起

18 世纪 70 年代末,约瑟夫·班克斯爵士(Sir Joseph Banks)被任命为英国皇家学会会长。班克斯对皇家学会的掌控一直持续到他 1820 年去世,刺激了年轻一代科学工作者在伦敦成立新的专业科学协会(特别是 1807 年成立的地质学会和 1820 年成立的天文学会),以挑战英国皇家学会的垄断地位。[33]新一代还致力于改变皇家学会的贵族式领导,但遭到了强烈反对。在《对英国科学衰落及其某些原因的思考》(*Reflections on the Decline of Science in England, and on Some of its Causes*,1830)一书中,查尔斯·巴贝奇批判了英国皇家学会的小圈子统治,但这只是加深了巴贝奇等激进派与守旧派之间的矛盾,后者中有许多人并不从事科学实践工作。不久后,英国皇家学会的科学活跃分子、来自剑桥大学的约翰·赫歇尔(John Herschel)未能当选会长,改革派继续在其他地方采取行动。或许,英国皇家学会被称为"科学界的上议院"是很恰当的,因为对其批评者来说,它的根基与其说是功绩,不如说是社会关系和地位。[34]

英国科学促进会是科学改革者对英国皇家学会内部改革失败的最终回应。英国科学促进会于 1831 年在约克郡(被认为是不列颠群岛的象征性地理中心,却没有大都市文化的那种偏见)成立,处在以 1832 年《大改革法案》(*The Great Reform Bill*)为标志的年代。随着辉格党执政,进步政治力量开始对抗以国家垄断和东印度公司(第三章)等传统机构为代表的陈旧弊政。英国科学促进会与辉格党保持一致的意识形态,其发起人强调政治包容和宗教宽容,尽管实际上大多数核心"科学绅士"在宗教上都是自由圣公会教徒,在政治上却是辉格党人或温和的保守派。其中有一个成员——化学家约翰·道尔顿(John Dalton)来自贵格会,但几乎可以肯定的是,协会里没有天主教徒、犹太人或资深托利党人。虽然成员众多,但只有核心成员精心管理着协会。这些"高级神职人员"包括地质学家威廉·巴克兰（William Buckland）、亚当·塞奇威克（Adam Sedgwick）、罗德里克·默奇森、剑桥大学的博学者惠威尔、天文学家艾里和苏格兰自然哲学家詹姆斯·大卫·福布斯（James David Forbes）。其中大部分人与牛津大学和剑桥大学有联系，或是在此读过书或是担任教职工作。[35]

尽管英国科学促进会远非一个"民主"机构，似乎（在其发起人看来）相当于科学领域的下议院，而下议院本身也很难称得上是民主机构，因为被允许在大选中投票的人口比例非常小。[36]一段时间里，英国科学促进会每年在不同省会城市和城镇召开年会，包括牛津、剑桥、爱丁堡、都柏林、利物浦，甚至爱尔兰的科克都曾经举行过会议。会议选址通常为学术中心、省会和港口城市，不过协会也宣称爱好工业，于是 1839 年来到伯明翰开会，并在 1842 年多少有些不情愿地来到动荡的制造业城市曼彻斯特。在利物浦、曼彻斯特、格拉斯哥和纽卡斯尔等地，绅士化的文学和哲学协会继承了启蒙运动中科学知识带来的"进步"遗产，积极宣传本地传统、科学领袖和领先的技术文化，在吸引英国科学促进会来到这些城市的过程中发挥了主导作用。[37]

从英国科学促进会会议的等级结构和以往发表的报告可以看出，其制度同样存在中央集权的非民主化的特征。协会分成了几个很有名的分部，其中 A 分部（数学和物理）具有领先地位，诸如艾里、惠威尔和赫歇尔这样的领袖人物作为权威出席会议（图 1.1）。B 分部（化学）有志于在定量科学中获得较高地位。C 分部（地质学）因默奇森、亚当·塞奇威克和查尔斯·莱尔（Charles Lyell）等绅士地质学家的威望和影响力而拥有较高地位，他们中许多人在塑造协会的过程中发挥了重要作用。在等级制度最底端的是 G 分部（机械科学），它处于从属性地位，宣称要"应用"A 分部的规律和理论，并利用这一策略与工程师实操的机械艺术保持距离。G 分部于 1836 年在布里斯托尔召开的会议上成立，尽管得到了包括海军建筑师

图 1.1　科学绅士们：1846 年英国科学促进的"数学分部"（A 分部）在南安普敦聚会
资料来源：*Illustrated London News* 9（1846），p. 184，is licenced under CC By 4.0.（Courtesy of the University of Aberdeen.）

约翰·斯科特·罗素（John Scott Russell）在内的多位杰出工程师的支持，但在 19 世纪 40 年代中期仍艰难维持。[38]

　　英国科学促进会的第一份报告强调"为了便于收集地理分布数据用于分析，将分散在帝国各省的哲学协会合并为合作联盟"对科学大有裨益。[39]英国和整个帝国中分散各地的地方科学协会将在英国科学促进会的保护下统一运作，协会的科学绅士们将充分利用其高超的专业分析技能和数学特长去分析收集的数据。"益处"在于，"知识进步"可以与提高"科学"的社会文化地位相结合；换言之，科学知识对大英帝国乃至现代英国的繁荣与权力不仅有帮助，而且很有必要。通过科学"发现"或技术"发明"，对知识本身的追求将提高国家的威望，而"改善"人类处境的前景将引导国家提高对整个帝国范围内的科学探索的支持力度。个体层面的"科学家"（惠威尔于 1833 年创造了这一术语）当然也能够在这种全新的帝国科学文化中有巨大的职业发展。[40]

　　英国科学促进会早期科学实践的一个特点是在全球范围内收集定量数据。在通常情况下，英国科学促进会的科学绅士们用地图或图表的形式来呈现研究数据。天文学家约翰·赫歇尔就因在好望角绘制了南方星空图，加之其父亲威廉的声望而获得了该领域的权威地位。他认为这一时期"制图主义"的风靡，指的并不是心怀不满、流离失所的工匠或"制图主义者"对社会秩序的威胁，而是指当时从天文学到政治经济学所有学科中流行起来的图表制作。"制图主义"不仅对陆地和海洋分布进行有序绘制，还对地球磁场、潮汐流动、气象现象与国民健康和疾病情况进行绘制——这在政治日益混乱的危险时期，成了英国科学的一个决定性特征。事实上，尽管我们现今总把"贝格尔"号的航行和查尔斯·达尔文（Charles Darwin）的工作和生活紧密联系在一起，这次航行的主要目的却是为英国海军部测量和绘制南美洲南部的海岸线和航道。[41]

　　英国科学促进会成立的同时，英国的自然哲学家们愈发坚信，旧的科学调查的定性传统并不完备。量化分析取代口头描述成为物理科学新秩序的特征。[42]赫歇尔的《自然哲学研究初论》（*Preliminary Discourse on the Study of Natural Philosophy*，1830）有力地阐述了定量调查研究的意义。他写道："在所有允许使用数字或测量的情况下，无论是衡量时间、空间还是任何种类的数量，最重要的是精确的数学表达。忽略这一点，我们将首先陷入感官的错觉中，继而导致最严重的错误。"他强调，精确数字是"科学的灵魂"，它提供了衡量"理论真实性和实验正确性的唯一标准，或至少是最好的标准"。例如，或许得益于安托万·拉瓦锡（Antoine Lavoisier）及其追随者不懈的努力，化学才摈弃了早期定性化学的"错误和混乱"，成为一门"卓越的定量科学"。与此同时，赫歇尔强调要对测量数据制定更方便的标准，即对所有研究者都适用的永久标准。[43]这一时期的科学绅士们提倡精确测量和科学知识的健全发展，二者相互依存。

　　海军部在水文学家、海军上将蒲福（Beaufort）的领导下，制作了约1600张全球海洋和海岸的精确航海图。英国科学促进会的绅士们则同时制作了潮汐图、天气图和地磁图。这些"对国家至关重要的目标"有资格获得政府资助。科学家们认为这些研究对帝国的未来安全、福祉和威望至关重要。具备了在船上精确测定经度的能力后，默奇森这样的科学绅士认为，英国在全球其他地区进行地理探索、精确绘制出世界各地的海岸和岛屿已毫无障碍。与海军部关系密切的三一学院等机构推动建造了灯塔和其他导航标志，确保英国在从肯特海岸到中国海岸的空间里都有自己的标记。人们常常把迈克尔·法拉第与伦敦阿尔比马尔街皇家学院里雅致的演讲厅联系在一起，却不知道他在英国灯塔的运作方面发挥了关键的科学咨询作用。[44]

1833 年，英国科学促进会把第一项研究基金"拨给了潮汐观测与潮汐表制作的研究，该研究由贝利（Baily）、约翰·卢伯克（John Lubbock）、乔治·皮科克（George Peacock）、惠威尔主持"，后两位是知名的剑桥科学绅士。会议进一步建议，"协会应努力在大不列颠和爱尔兰沿岸开展系统的潮汐观测"[45]。早在 1832 年，蒲福就曾写信给约翰·卢伯克："没人比我更清楚获得数据建立潮汐表的迫切性，我认为这是一个国家层面的目标，政府应该找像您这样合格的人，才能抓住机会。"在爱丁堡召开的英国科学促进会会议（1834 年）上，协会初级秘书、来自爱丁堡大学的新任自然哲学教授福布斯满意地报告说，但凡"有对国家重要意义的目标，协会都履行了敦促政府资助科学的承诺……根据海军部的命令，潮汐委员会提议的观测已经在英国海岸的 500 多个（海岸警卫队）站点开展"。接下来的若干年，英国科学促进会向惠威尔拨款近 1000 英镑，向他的学生卢伯克拨款超过 550 英镑，用于潮汐研究。

惠威尔的"潮汐学"成了英国科学实践的一个完美典范。在理论高度上，"潮汐学"从属天文学，是科学中的"女王"，剑桥大学的数学精英们竭尽忠诚地服务于她。在实践层面上，普通人员在上级要求下，严格观察、测量和记录这些数据。结果以视觉形式呈现，同潮线将所有在相同时间涨潮的地方串联起来，为计算奠定了坚实的几何基础，从而编制准确的潮汐表，这对于一个岛国帝国的高效运转和商业安全至关重要。惠威尔在之后很长一段时间里，受潮汐委员会的监督，利用机械化的潮汐预测器辅助实现了帝国各港口、河口的潮汐表测绘，为所有船只的安全航行提供了重要保障。[46]

　　气象学也是一个对国家极其重要的学科。福布斯在好友和顾问惠威尔的支持下，为1832年的牛津会议准备了一份长长的"气象学报告"。报告指出，这门科学发展仍处于不成熟和分散的状态，但他坚信"大不列颠和爱尔兰有五六个由学术团体或政府主持的数据记录系统，它们将提供所需的大量正常数据，从而得到大不列颠和全球其他地区温度、气压和湿度等相关的量化数据"。在气象学涉及的许多物理学分支中，最重要的是热学：

> 　　气象学中没有哪一部分不受其影响；自然界中似乎没有任何物质能不受这种微妙元素的影响。虽然它难以捉摸，但由于我们掌握了如此精确的手段来研究它的许多规律，便会惊讶地发现，人类甚至是科学界对它在自然经济中的重要性的认识有多么不完善。如果在没有热学知识的情况下研究气象学，犹如在没有密钥的情况下破解密码。[47]

　　福布斯的研究议程逐渐有了实质性进展。电工威廉·斯诺·哈里斯（William Snow Harris）和惠威尔等人都在研究自记式风速计，这些仪器可以在无须人类观察的情况下记录下风的特征。赫歇尔及其助手根据气压测量结果，将大气压力波绘制成图表。在普利茅斯船坞工作的斯诺·哈里斯获得英国科学促进会的资助，从事每小时测量温度的研究。到1840年，他已经通过温度计、气压计和湿度计记录了约12万条数据。当英国科学促进会在1842年收购了位于邱园的前皇家天文台时，用于气象学、大气电学和地磁学的自记式仪器为该组织在各地的活动提供了一个稳定的活动核心。[48]科学界的绅士们因此促进了气象学，把它像潮汐学一样当作海洋国家的直接关切，而不是一门纯粹的科学。

磁力十字军与船舶磁性

然而，无论潮汐学还是气象学，对国家的重要性都不及地磁学。惠威尔认为地磁学是最重要的学科之一，他对绘制地球磁性图，特别是靠近地球磁极地区的磁性图的绘制赋予了极为崇高的意义，并将这一运动称为"磁力十字军"（The Magnetic Crusade）。绘图者们认为，增进对地球磁场的全面了解对改善航行是必要的，这一"制图主义"的典范不仅获得了国家的高度重视，也是 19 世纪国家资助的最昂贵的科学考察观测项目之一。[49]

"磁力十字军"的故事是个人野心、机构和团体政治、竞争与合作、高层政治，以及国家利益的综合体。它的目的是在帝国范围内建立由各个天文台组成的观测体系，来观测地球磁场的变化特征。例如，航海家和自然哲学家很早就知道指南针指向磁北。然而，磁北相对于北极星所指示的"真北"而言，位置并非恒定不变；磁北与真北间的区别是"磁变"，并且随着时间推移，似乎遵循一条围绕北极旋转的路径。因此，测量工程的一个目标是准确地绘制出这种磁场变化，基于最新信息为海军提供更为精准的航海图。但是，这项远大目标需要向南极周围派遣船只来实现，以调查南极周围海域的地磁情况。[50]

地质学家默奇森（英国科学促进会总秘书长之一）在纽卡斯尔会议（1838 年）上发表讲话，发出了最新的也是最成功的呼吁。他提出在南极海域进行磁学观测考察。与早期游说政府的尝试不同，这次游说活动借力科学界绅士，特别是赫歇尔和惠威尔在高层的影响，还借助了英国科学促进会和英国皇家学会的权威。本章序言所引用的默奇森的言论，将测绘与皇权联系起来。19 世纪 30 年代，这位绅士地质学家在田野工作中，将他的志留纪岩层系统研究扩展到全球各地，包括沙皇俄国在内的新领域。[51]至此，在海军部航海图和磁力观测站的基础上，他预测英国通过联合海军、陆军和"科学家"的力量，有望维护其全球海上霸权的地位。

默奇森也明确表示，英国科学促进会的政策是要"特别注意"，"除了属于国家利益或荣誉的事情，以及只能通过国家手段实现的事情，不向政府提出任何要求"。他断言，英国科学促进会的重要作用是向立法者推广最为关键的科学项目，因为繁忙的立法者无暇在众多项目中做出选择。[52] 新的科学精英即科学绅士们，今后将成为科学事务中国家重要目标的仲裁者。在维多利亚时代早期，英国科学促进会已然成为掌权者的一个重要组成部分。

英国皇家学会的成员爱德华·萨宾（Edward Sabine）上校［是巴贝奇在《科学的衰落》（*Decline of Science*）中对英国科学进行尖锐批评的对象］精心筹划了磁学研究的游说工作，成就了詹姆斯·克拉克·罗斯（James Clark Ross）在 1839—1841 年的南极探险，花费了海军部超过 10 万英镑的经费，建立起了一个配备精密仪器覆盖全帝国领土范围的固定磁力观测站网络。后者主要由东印度公司、陆军部、海军部和（印度）特里凡得琅（Trivandrum）的王公与奥德国王资助。萨宾有效地掌控了自己的磁研究帝国，将数据处理工作安排在伍尔维奇，主要是以图表的形式呈现地球的磁特性，并能在特定的时间和地点获得磁参数。[53]出生于格拉斯哥的年轻律师、刚从剑桥大学毕业的阿奇博尔德·史密斯（Archibald Smith）进行了大部分复杂的数学分析工作（还需考虑船只磁性对精密仪器的影响）。史密斯后来做了一本通用手册，以方便分析船舶的磁性，通过罗盘各点的磁偏离表对船舶磁罗盘读数进行校正。[54]

19 世纪 30 年代起，铁壳船（特别是默西河畔伯肯黑德的莱尔德家族建造的莱尔德船）引发了航海中的新问题。许多莱尔德船主要为亚洲和非洲河流上的帝国建设者服务，尤其是以蒸汽为动力的铁壳河运船有很强的多功能性，能够征服湍流，拖拽沉重的驳船，不受风力和天气的影响，在最难通过的水域施展所有征服性本领。[55]但是，如果没有切实可靠的方法来中和这些铁船的磁性，它们似乎就没有希望成为传统航海木船的竞争对手。

1838年7月，海军部指派艾里全权负责开展磁学实验，研究在格林尼治上游德特福特的钢铁蒸汽船"彩虹"号上开展。通过识别罗盘上的各种磁干扰效应（导致约50°的误差），艾里引入了固定磁铁和铁质校正器来抵消干扰。在两次航行至安特卫普后，船长在报告中告诉艾里："我对罗盘的准确性感到非常满意，并且确信装置将继续保持精准。我特别注意到，从出发到终点间的每一站，罗盘的方位都是准确的。"[56]

我们现在知道，这种乐观主义并未在实践中得到证实。就在"彩虹"号实验4年之后，默西赛德郡的2名可靠的铁船建造师发现了一些可能威胁整个钢铁造船业未来的问题。托马斯·杰文斯（Thomas Jevons）在铁器贸易方面有一定兴趣，曾在默西塞德郡建造了一些最早的铁船；而约翰·莱尔德的伯肯黑德造船厂未来成功与否，则在很大程度上取决于这些铁船是否可靠（第三章）。但在19世纪40年代早期，这种可靠性难以建立，正如杰文斯对莱尔德所讲：

> 有几个人向我表示，由于铁质船舶及其货物难以投保，钢铁造船业的进步受到了极大阻碍。我希望你能在12月8日星期四下午1点，来我在新码头的账房会见几位朋友，讨论此事并想出一些办法来消除当前人们对铁船的偏见。[57]

艾丽森·温特（Alison Winter）研究了皇家天文学家和前捕鲸船长、福音派圣公会传教士威廉·斯科斯比（William Scoresby）之间关于铁船磁性观点的冲突。她提出了一个颇具争议的基本的历史性问题：要解决这类问题，什么样的人值得信赖？这事关公共部门的信誉——船长、船主、商人、托运人、乘客、工程师、承保人、科学机构，以及维多利亚时期大不列颠海域中的其他重要文化群体。温特表明，宗教和道德地位对个人的公共信誉十分重要。例如，斯科斯比在宗教和科学生活中展现出了"一个值得信赖的宗教、科学和航海人物"的形象，使其在中产阶级受众间颇有声望。[58]

1854年，英国科学促进会在利物浦召开的会议上，斯科斯比对皇家天文学家在铁质船舶上进行罗盘校正的"科学"方法发起的猛烈攻击达到了高潮。恰逢不久前，从利物浦驶往澳大利亚的铁帆船"泰勒"号在爱尔兰海岸遇难沉没，造成约290人丧生。[59]斯科斯比的批判对于在科学界树立和谐公众形象并以此为荣的协会而言是难以接受的，因为它由艾里这种祭司般的人物统治着。的确，当年的英国科学促进会主席哈罗比伯爵（Earl of Harrowby）在大会上的演讲结尾讲道，利物浦是"科学的传教士"，因为"她有船只和商业机构，因为她的进取精神、她与每一片土壤和气候的联系……采纳原始事实和材料，通过科学讨论产出加工后的结果"[60]。现在，斯科斯比质疑这些科学实践者的可信度——火力集中在艾里作为皇家天文学家和英国科学促进会精英成员的权威性上，他之所以如传教士般努力，也正是有赖于此。

在G分部的听众看来，斯科斯比凭借其船长的威望和直接经验发表的这番演讲，对于铁质船舶的发展前景构成了严重威胁。他首先抱怨说，自己对于铁船和罗盘相关问题的观点要么没有被接受，要么就是被"从事铁船罗盘校正和罗盘运转的科学绅士主体"所否定，只有"杰出的数学家"阿奇博尔德·史密斯除外。他还抱怨道，他面向A分部的发言因为时间限制而被缩短了，暗示英国科学促进会的巨头们可能试图压制他的观点。然而，G分部听众们的态度却截然不同。这次演讲吸引了大量关心海洋事务的公众（第三章），他们对"泰勒"号悲剧产生的重大生命损失产生共情。当然，《利物浦水星报》（*Liverpool Mercury*）对这次演讲进行了详细报道。《泰晤士报》（*The Times*）于1854年9月30日在题为"煤坑里的哲学家"的报道中指出，艾里教授也许是明智的，他的实验室已经搬到泰恩赛德（Tyneside）最深的煤矿，准备实施钟摆实验测量地球密度。[61]

斯科斯比把他的信誉建立在个人经验基础之上，特别是应对海上大风大浪的实际经验。他用福音派观点将自然，尤其是海洋，解释为天主无限力量的表达。它彰显了神的全知全能，展示了上帝之道凌驾于堕落者和犯错者之上的不可估量的优越性，迫使人类承认只有上帝而非人类科学才是绝对可信的。[62]用安德鲁·亨德森（Andrew Henderson）船长的话来说，海洋作为上帝力量的体现，包含着"暴力和愤怒的元素，它们常常压倒理论，摧毁机械科学"（第三章）。这些观点几乎无法在英国科学促进会的领导层，特别是 A 分部的科学家中引起共鸣。[63]

相比之下，自由派长老会教徒和一神论者有点瞧不起通过实验"咨询"甚至"交叉检验"自然，以期利用人造物品与自然机制的和谐来"模仿天意"的行为（斯科特·罗素原话）。[64]虽然斯科斯比用实验向观众展示了铁的磁性如何经严重冲击而改变，但他的目的不是设计罗盘校正系统，而是为了表明这种努力根本就是错的。因此，他向船长们提出了以下建议（引起了观众热烈的掌声），强调了被救赎的基督徒的道德责任：

> 警惕的目光不要停，
>
> 观察也别错过；
>
> 注意指南针的变化，
>
> 接近危险的地方要小心；
>
> 人人要担起责任；
>
> 最重要的是，要靠神圣的上帝。[65]

斯科斯比的观点引起了利物浦船舶工程师和造船师约翰·格兰瑟姆（John Grantham）礼貌但有说服力的批评（同样刊登在《利物浦水星

报》），他对"斯科斯比博士的精彩言论"感到担忧。正如他已经在 A 分部交流过的那样，这些言论对利物浦交易所产生了"最有害的影响"：

> 他们尊贵朋友的发言也有一定程度的偏颇，这可能危及国家最重要的原则。现在，它对我们商船的福祉至关重要，如果证明铁船不能安全航行，将严重打击当代最伟大的一项技术进步，尤其是蒸汽船的使用。这件事在斯科斯比博士手中就更加危险了，因其众所周知的经验、能力和才能，使他的观点有如此重的分量，以至于变得加倍危险……斯科斯比博士说，他的讲话在 A 分部被缩短了，当时他正试图进行补救。他（格兰瑟姆）则表示当天没有听到斯科斯比提出明确的补救方法。[66]

　　格兰瑟姆随后抓住了媒体提供的机会，为铁船胜过木船进行了有力的辩护。他声称，备受关注的铁船事故掩盖了"木船事故中造成损失的生命总数"，木船事故死亡人数的比例要高得多。因此，他敦促利物浦的"商界……不要让自己被特定的、引人注目的事件影响……而是要看看那些已经建造并安全运行多年的大量铁船……"[67]

　　利物浦航运界当然有斯科斯比的支持者。约翰·托马斯·陶森（John Thomas Towson）被誉为"船长和副船长的科学检察官"，自 1851 年以来他一直是利物浦文学与哲学协会的会员。他站出来表示自己"与格兰瑟姆先生一样有机会观察铁船上罗盘的工作情况，从未见到铁船上的罗盘在长途航行后还处于合适的校准状态"。他强调"没有人比他自己更加相信铁船进步对国家商业发展的重要性"，但他始终认为目前铁船上不可能存在绝对精准的罗盘。[68]

　　罗盘偏差产生的原因和解决方案上的分歧，体现了英国科学促进会内部团体与个人争夺科学权威的紧张关系。例如，绅士圈子的反对者认为这些精英没有什么海洋经验，他们难以令人信服的原因在于缺乏实践经验，而仅依靠理论和不切实际的知识。同样，具备航海经验的人对于A分部提供的"实验"船只保持高度怀疑，如斯科特·罗素的"利维坦"号（Leviathan）（后来的"大东方"号，第三章）。此外，曼彻斯特实验哲学家詹姆斯·普雷斯科特·焦耳（James Prescott Joule）这样的中产阶级绅士也感到相当紧张，他"拒绝乘坐铁船航行"并记录下他对"'利维坦'号在下水过程中一些错误做法"的观察。[69]

工程项目的实验主题往往是船舶、铁路和电报——三者在本书各章中反复出现。一方面，主要参与者可以很轻易地援引"科学"及其实践者的权威，作为使新项目合法化的一种方式，使投资者和广大公众（新技术的潜在用户）受益。因此，一个项目可以因"科学"和"进步"而推广。另一方面，未经测试的"实验"计划——挑战经过检验的做法和传统——有很高的风险，并可能威胁到公众对整个技术的信任（第三章至第五章）。G分部尤其偏好兜售一种"机械科学"的意识形态，即应用于实验工程的科学——特别是A分部的科学。正是这种意识形态让斯科斯比感受到专横与傲慢，艾里就是一个例子。

艾里个人的傲慢甚至使他与"磁力十字军"及其领袖，特别是与萨宾和阿奇博尔德·史密斯产生了距离。从19世纪40年代中期开始，刚被任命为格拉斯哥自然哲学（物理学）教授的威廉·汤姆森（William Thomson）与史密斯围绕铁船的磁性及其对罗盘的影响展开通信。史密斯的方法获得了这位格拉斯哥教授的信任。他们还得到了海军部的认可，最终获得了一块金表作为奖励。然而到了19世纪70年代，特别是1872年史密斯去世后，汤姆森开始将船舶的罗盘问题作为自己的研究方向。他把自己120吨的双桅帆船"拉拉露哈"号（Lalla Rookh）当成一间漂浮的实验室，开展导航仪器的试验和测试。他研究并得出了磁力罗盘运转的理想理论条件和实现理论条件的实用技术。研究结果在汤姆森的专利罗盘中得到了实质性体现。[70]

　　这个仪器实际上不仅仅是一个罗盘那么简单。它是一个自成一体的技术体系，有精心组装的部件，每个部件都有特定的用途。轻巧的卡片本身（标记罗盘上的点）被固定在一组平行磁针上，能够在波涛汹涌的海上保持稳定，而不需要液体介质的阻尼作用。两个大的软铁球固定在罗盘两侧，中和了铁船的"感应"或"瞬时"磁力的影响。一系列可调节位置的条形磁铁中和了船的"永久"磁性。所有这些磁铁组件整齐地摆放在红木罗盘仓里，只有船长和罗盘校正专家才能进入。尽管汤姆森的系统似乎对艾里的修正方法进行了再改进，但他避免了艾里的科学精英主义。艾里认为船长愚蠢到根本不懂科学的磁铁系统，更不用说校正了。相反，汤姆森认为这套系统需要经常调整，才能充分考虑到船舶磁性的任何变化（例如，在进入干船坞之后和出发长途航行之前的情况是不同的）。[71]

　　1876 年年初，汤姆森将一个原型机寄给了艾里。艾里轻描淡写地说："它不行。"汤姆森用同样轻蔑的话否定了艾里的意见，"皇家天文学家的意见也不过如此"。[72]汤姆森很快获得了专利，并在同年将第一个商用罗盘安装在伯恩斯家族（G. & J. Burns）的一艘跨海峡蒸汽船上。伯恩斯家族与丘纳德蒸汽船公司关系密切（第三章），不久后汤姆森的公司就在丘纳德的轮船上安装、测试并获准用这个专利罗盘作为标准导航仪器。包括半岛和东方航运公司（Peninsular and Oriental Steam Navigation Company, P&O）、英属印度公司、城堡航运公司、联合轮船公司、格伦航运公司、希尔航运公司、克兰航运公司和白星航运公司等在内的其他帝国航线紧随其后。是否采用新罗盘系统通常有赖于每个船队高级船长的支持，尽管有时船长和船主都会抱怨这个系统太过科学，或者更糟糕的想法是，威廉爵士在用船主宝贵的船只开展试验。但是，克莱德造船厂的声誉让新罗盘获得了值得信赖的口碑（第三章）。伦敦和利物浦的代理商在争取商船精英信任的战斗中也发挥了重要作用。然而海军部直到 1889 年之前，一直在抵制汤姆森的营销努力。[73]

汤姆森在格拉斯哥建立了一家工厂，用于生产罗盘和其他仪器，还包括用于在高速航行中探测深度的测深机。而且，与史密斯仅仰仗于海军部授予的金表不同，汤姆森的社会和经济地位不断攀升，成为第一个进入上议院的科学家，并于1892年被授予拉格斯的开尔文男爵。罗盘的产量从1880年的150个左右上升到1892年和1893年每年500多个的产量峰值。到1907年开尔文去世时，这家格拉斯哥的公司已经向全世界的商船船队和海军舰队提供了超过1万个罗盘。但到了20世纪，英国皇家海军放弃了开尔文的干卡专利，以新型液体罗盘取而代之。这种罗盘在海上表现得更加稳定，尤其是在发射重炮时。[74]

锤子兄弟

约翰·赫歇尔在1830年写道："就其研究对象的规模与崇高性而言，地质学的科学规模仅次于天文学。"他指出，与天文学一样的是，地质学的进步依赖于观察数据的不断积累，但与天文学不同的是，地质学的实践者几乎还没有开始这种积累。正如前面我们所看到的，英国科学促进会也把地质学放在部门排名的前列，即便不是仅次于天文学的地位。[75]

罗伊·波特（Roy Porter）和马丁·雷德威克（Martin Rudwick）分析了19世纪初地质学实践的社会结构。在第一个层面，矿区的省级学术团体为共同关注的实用地质学问题举办了论坛。泰恩河畔的纽卡斯尔文学和哲学协会（成立于1793年）汇集了众多英国最重要的煤田所在地的社团成员。他们的活动以实用地质学和矿井安全为主，成员跨越宗教、职业和阶级的界限，有一神论者、圣公会教徒、矿主、商人、医生和煤矿勘探者。同样，康沃尔皇家地质学会（Royal Geological Society of Cornwall，成立于1814年）也为本地贵族阶层以下的人士提供了共同的活动平台。深层的资源密集型铜矿和锡矿的开采需要各种专业知识（从蒸汽动力工程到采矿技术），这意味着经济和实际问题压制了教派和政治纷争的干扰。[76]

在第二个层面，从18世纪后期开始的工业化和城市发展为新技能，像土地测量、运河建设、煤矿勘探勘察、排水、矿物分析、采石和土木工程等提供了市场。这些技能的实践者在某种情况下试图效仿有学问的职业（法律、医学和教会），并通过成立新的学会和出版相关出版物来增强可信度，从而将自己与传统工匠区分开来，后者的技能以学徒制的方式代代相传。这些"务实的专业人员"在19世纪地质学发展中发挥了主导作用。一方面，他们关注的是岩层而不是化石本身、地球起源或地形等问题。威廉·史密斯（William Smith）是众多专业人士之一，他们利用自己的实际测量技能对岩层进行详细研究。另一方面，这些务实的专业人员强调详尽、细致的观察，反对推测性的理论研究。然而，他们与第三个层次的"绅士地质学家"的不同之处在于，其主要目的还是提升适应市场需要的技能。[77]

伦敦地质学会的早期成员包括银行家、出版商和实业家。这些仅包括男性的自由职业和有闲阶层的绅士代表们往往将有用知识作为口头谈资，而并不真正关心地质学知识的直接实用价值及其对个人的回报。但他们也不算是等闲之辈。绅士式的专业化日益成为该学会的会议特色。会议在空间安排上类似于下议院，"前排"精英专家在作为"议长"的主席带领下主导会议进程。事实上，有时争议性议题会导致成员们分坐于房间的两侧。不过，与贵族式的英国皇家学会不同的是，"后排议员"在宣读论文后也加入了激烈讨论。[78]

充满活力的地质学会及其不断壮大的专家队伍建立了一系列新的都市科学学会（包括1820年的英国皇家天文学会和1830年的地理学会），学会成员都是雄心勃勃的科学家，他们向专制的英国皇家学会中老旧的思想发起挑战。同时代的人普遍认为地质学会是当时最为活跃、最具创新精神的科学学会。查尔斯·巴贝奇一直是皇家学会中最严厉的批评者，他在

1830 年写道，地质学会"在追求一门年轻的科学，拥有年轻人的所有活力、朝气与热情，并且在一项最困难的试验中获得了成功，那就是在会议上对所宣读的每篇论文的主题进行口头讨论"[79]。到 19 世纪 30 年代，该学会已经培养出一群强大的、杰出的绅士地质学家，每个人都有能力捍卫他们的个人声誉，同时也因共同实践而团结起来，准备重塑英国的科学领域。[80]

田野调查是绅士地质学的主要特征。田野科学与"有男子气概"的追求（类似于狩猎和射击），以及旅行和见证自然奇迹的"浪漫"冲动完美结合在一起，譬如，探访西西里岛的埃特纳火山或苏格兰西部的芬格尔山洞。绅士地质学家与当地有识之士交往并向他们学习，向下层人士（如采石工人）或地位不高的采集者（偶尔是女性）支付报酬，以获取岩石或化石标本，并聘请当地工匠（如船夫）协助他们进行地质勘探。地质学家每天要走大约 20 英里[①]，不携带望远镜等复杂仪器。他们往往只携带一个装有地质锤、指南针、测距仪、酸试剂、放大镜和笔记本的基本工具包。[81]

地质学会成立早期，科学家们主要关注的问题是岩石的结构序列。他们把注意力放在空间排布而非时间排布上，避免了关于地球起源与年龄的推测性问题，也避免了大多数理论性问题。局部层面上，横断面（譬如，面向大海的悬崖绝壁）显示了地层的垂直层序和倾斜方向；柱状剖面（譬如，从矿井垂直下降所见）展示了地层的序列和厚度。然后可以利用岩石类型等"物理标记"建立起不同地点之间的相关性。[82]

例如，如果两个地方的石灰岩都很常见，那么它可以作为一种标记，以便在上面或下面绘制其他岩层。砂岩在一些地方可能位于石灰岩之上，而在另外一些地方则位于石灰岩之下，促成了"旧红砂岩"（下面）和"新红砂岩"（上面）的区别，而石灰岩和新红砂岩之间可能存在煤层。具有一

① 1 英里 ≈ 1.61 千米。——译者注

定特性的岩石化石越来越多地被用来作为标识。地质学家因此明确了可视化的地层表征，并很快将其合并为一套序列，可以在全球任何地区使用。同时，围绕分类方案产生的领土分歧往往在交战者之间引发激烈的优先权之争，也反映出试图在地壳上强加秩序所引发的问题（图1.2）。[83]

不过，年轻的地质学还是随着工业化英国的采矿、采石和工程实践一起蓬勃发展。地质学最初由大都市的绅士地质学家推动和控制，后来也开始受到制图主义风潮的影响。与天文学和物理学一样，地质学的绅士们，如剑桥大学地质学教授亚当·塞奇威克和数学教师威廉·霍普金斯（William Hopkins），都提倡精确观察与测量的价值。塞奇威克在1833年于剑桥举行的英国科学促进会会议上说："我所理解的科学是指所有能够简化为测量与计算的学科。所有属于空间、时间与数字范畴的事物都应该归

图1.2　1846年，英国科学促进会的领军人物就英格兰南海岸的地质学问题发表演讲，这艘蒸汽船为其提供了理想的场地

资料来源：*Illustrated London News* 9（1846），p. 185，is licenced under CC By 4.0.（Courtesy of the University of Aberdeen.）

入我们的调查研究范围。"[84]

这样的限制既可以排除，也可以中和存在潜在争议的科学（包括民族学和农业科学），因为它们可能会引发争议，容易造成分裂宗教或政治的影响。[85]事实上，准确的观察和测量帮助剑桥确立了地质调查风格。1836年，霍普金斯在写给约克郡地质学家、英国科学促进会秘书约翰·菲利普斯（John Phillips）的信中强调，在地质问题上，他对普通的观测人员没什么建议。地质学需要的是"精确的观测者"，"如果你能让人们清楚地认识到，每一个精确的观察无论多么有限，都有其价值，而不精确观察的危害不仅仅是无用"。他所担心的是，目前"很少有地质学家拥有良好的几何眼光，对空间关系没有清晰的几何概念"[86]。

1832年，新成立的辉格党政府拨款 300 英镑，用于根据地质学特征给德文郡比例尺为 1∶100000 的地形测量图进行着色。3 年后，在绅士地质学家威廉·巴克兰（William Buckland）、亚当·塞奇威克和查尔斯·莱尔的支持下，亨利·德拉贝什（Henry De la Beche）开始每年领取由国家发放的 500 英镑的薪金。1836 年，德拉贝什准备穿越布里斯托尔海峡勘测南威尔士的煤田，他的工作团队由 4 名全职助理和 1 名古生物学家约翰·菲利普斯组成。到 1845 年，议会通过了《地质调查法》（*The Geological Survey Act*），巩固了德拉贝什在地质学领域的地位，也扩大了他的权力，使其掌握了爱尔兰地质调查局的控制权，也扩大了工作团队的规模。该法案表明，政府致力于推动不列颠群岛的全面地质测绘工作。[87]与 19 世纪三四十年代对陆地磁性学、潮汐学和气象学的研究一样，大不列颠地质调查局将精确制图与具有国家意义的重要目标联系在了一起。

勘测局的国家意义在于，它能为一个不断扩张的工业和商业帝国提供服务，而这个帝国越来越多地依靠陆上和海上煤炭提供动力（第二章至第四章）。事实上，其早期经济目标已经从康沃尔锡矿开采发展到蒸汽经济的核心：因产品的高热值而闻名的南威尔士煤矿。1848 年，德拉贝什和里

昂·普莱费尔（Lyon Playfair）发表了《适用蒸汽海军的煤炭的第一报告》
（*First Report on Coals Suited to the Steam Navy*），以回应英国海军部希望在
全球范围内获得煤炭的愿望，因为蒸汽开始为战舰提供动力。[88] 到 19 世
纪中叶，地质学家们拥有了新的权力。他们绘制了英国广阔的原材料仓储
地图，预言了帝国分布广泛的前哨地区在未来良好的经济前景。没人能够
比德拉贝什的继任者罗德里克·默奇森爵士更为准确地预见了这一趋势。

　　默奇森征服帝国甚至征服世界的雄心壮志，来源于他新近作为领衔绅
士地质学家从事的地质地图绘制的工作。默奇森的家族拥有苏格兰西北部
高地的土地。默奇森在拿破仑战争结束后开启了军旅生涯，苏格兰贵族的
自信和英国军人的纪律推动他开展个人地质事业。19 世纪 30 年代，默奇
森在威尔士边境发现了已知最古老的含化石的岩层。他根据曾经居住在该
地区的古老而好战的不列颠人部落"志留人"而将其命名为"志留纪"。这
位新的"志留之王"以非凡的能量将该岩层划分体系扩展到英国其他地区
和世界各地，从而形成了不朽的著作《志留纪系统》（*The Silurian System*，
1839）。[89] 志留纪地层主要包括海洋无脊椎动物，没有陆地植被，成为
默奇森判断矿藏资源的一个有力工具，即一个基准线——低于这个基准线
就无法找到煤炭。因此，他可以向其他地质学家推销这些专业知识。例
如，不建议在需要煤炭但不可能存在煤炭的地区耗资进行投机开采活动。
同样，地质学家也知道哪些古代沉积岩层中可能富含金属矿石。[90]

　　在 19 世纪 40 年代初的两次行动中，默奇森征服了俄国。他在长途跋
涉中进行地质勘探和测绘工作，将志留系从波罗的海延伸到白海，从莫斯
科延伸到乌拉尔山脉。志留系再次成为领土相关问题，同时也是评估和提
高帝国财富的工具。在默奇森看来，对后者至关重要的是煤炭，它是"所
有商业国家的发动机和仪表"。他断言，如果没有煤炭，任何当代民族都不
可能变得强大，无论在制造业还是"海军军事艺术"方面。俄国在煤炭资
源上似乎很匮乏。在这些调查期间及以后，默奇森基于研究提出了有关可

开采金矿的理论，认为只有志留纪岩层出现的地方才能发现金矿。根据该理论，他在19世纪40年代中期预测了澳大利亚存在金矿。19世纪50年代早期的"淘金热"印证了这一理论的正确性。[91]

1835年，以大都市为中心的矿业学校和实用地质博物馆在伦敦西部的南肯辛顿区正式开放。自19世纪30年代末以来，默奇森一直是国家矿业学校（这在拥有较深矿藏的大陆国家早已成为一种特色）的鼎力支持者。他后来将这所学校称为"英国有史以来第一座从地面升起的宫殿，完全致力于推动科学进步"。默奇森凭借他与皇家地理学会的强大关系，指导未来的探险家们为博物馆收集标本，而学校实验室则为分析海军的海外煤炭样本和外国、殖民地与印度事务处的矿物提供了必要的设备和技术。[92]

默奇森作为帝国地质学家发挥的一个重要作用是委派最优秀的毕业生到殖民地进行地质调查研究，或在英国影响力与日俱增的地方担任采矿工程师、化验师或冶金师。默奇森的地质帝国不仅延伸到了英国控制的安蒂波迪斯群岛、加拿大、印度和非洲，还扩展到了世界上那些有时被称为"非正式帝国"的地区：中东、南美洲等。德国地质学家利奥波特·冯·布赫（Leopold von Buch）曾打趣说："上帝创造了世界，罗德里克爵士则安排好了一切。"[93]

"我们幸运地拥有质量上乘、数量丰富的煤炭，它们成为现代物质文明的重要源泉，这一点日渐明确。"这席话是利物浦（后来在曼彻斯特）政治经济学家威廉·斯坦利·杰文斯（William Stanley Jevons）的著作《煤炭问题》（*The Coal Question*，1865）的开篇，然而这本书也引起了政府最高层对英国未来财富的忧虑。"它是火源，也是机械运动与化学变化的源头。因此，煤炭是现今时代工业生产中几乎所有重要进步或发现的主要媒介。所以可以断言，煤炭掌控了这个时代——这是煤炭的时代。"[94]然而，杰文斯的看法却十分悲观：

　　（我的目的是）反思我们工业状况的一系列变化，这些变化想必是因为煤层逐渐加深、燃料价格上涨造成的。我们不可能像现在这样长期保持进步。我给出了惯常的科学理由，认为煤炭定会为其富有的拥有者带来巨大的影响和好处；而我也表明，我们现在使用的这种宝贵资源比其他所有国家加起来还要多。但是，我们不可能长期保持如此特殊的地位；我们不仅必须在本国范围内做出一定限制，而且必须认识到其他国家的煤炭产量会与我们的产量非常接近，并最终超过我们。[95]

　　杰文斯做出判断的基础是"杰出地质学家们"的意见。这些不知名的权威"熟知我们的地层有什么，习惯在伟大的科学研究中以审视和启迪的眼光来看待漫长的时间，他们很早以前就痛苦地认识到，我们的主要财富极其有限"。随后，杰文斯引用了时任英国科学促进会主席、泰恩赛德的实业家威廉·阿姆斯特朗爵士（Sir William Armstrong）在"煤炭贸易发源地"纽卡斯尔年会（1863 年）上发表的新观点，为这个说法增加了分量。阿姆斯特朗估计，按照目前的消费增长速度，英国现有的全部煤炭只能维持 200 多年。他认为，在煤炭资源完全耗尽之前，"其他国家，特别是煤炭拥有量高我们 37 倍的美国，将能以更低廉的成本开采煤炭，在各个市场上取代英国的煤炭"[96]。

　　到 19 世纪 90 年代，这些对英国未来财富与权力的焦虑已经有了新的形式，以大西洋彼岸社会先知们的著作尤为突出。在 1895 年的畅销书《论文明与衰亡的法则》（*On the Law of Civilization and Decay*）中，布鲁克斯·亚当斯（Brooks Adams，美国第二任总统的曾孙，第六任总统的孙子）提出，历史上帝国的兴衰可以用自然能量的集中和分散来解释，这种自然能量包括煤炭、文化与种族。在美国迅速崛起成为世界上最繁荣的国家时，很多观点预测大英帝国将要衰落，布鲁克斯和他的兄弟亨利借用开尔文勋爵的能源物理学观点，宣称技术发展将使美国在当代世界中实现财富与权力的集中。现代经济实力的基础，以及最终政治力量的基础，是靠能源（尤其是煤炭）来供应生产和创造财富的。[97]这告诉我们，"煤"在19世纪第一工业帝国形成的过程中发挥了根本作用。

第二章

权力与财富：蒸汽文明中的
声誉和竞争

众所周知，铁和火是机械工艺的支柱和生命之源。在英国，也许没有哪个工业部门可以不依赖它们而存在。如果现在剥夺了英国的蒸汽机，剥夺它的煤和铁，就会切断她所有财富的来源，完全摧毁她的繁荣道路，使这个拥有巨大权力的国家变得微不足道。相比之下，被她视为财富主要来源的海军的毁灭或许都算不上灾难。

——萨迪·卡诺（Sadi Carnot）在巴黎撰文，评估蒸汽机
对英国权力和财富的意义（1824 年）[1]

苏格兰道德哲学家亚当·斯密（Adam Smith）在《国民财富的性质和原因的研究》（*An Inquiry into the Nature and Causes of the Wealth of Nations*，1776，以下简称《国富论》）中断言，"劳动是衡量所有商品可交换价值的真正标准"。因此，劳动是理解国家财富的关键，因为"一国国民每年的劳

动是最初供应他们每年消费的全部生活必需品和便利品的来源"。此外，一个国家的财富一方面受"国民在一般劳动过程中表现出来的技能、熟练度和判断力"（斯密著名的"劳动分工"）的制约，另一方面受"从事有用劳动和不从事有用劳动的人数的比例"的制约。斯密颠覆了托马斯·霍布斯（Thomas Hobbes）在 17 世纪提出的"财富就是权力"的论断，实际上将"有用的劳动"或"动力"作为国家和帝国"真正"财富的基础。[2]

在 18 世纪，特别是在苏格兰启蒙运动中，"劳动"或"工作"被分为有用或生产性劳动和无用或非生产性劳动。对亚当·斯密这样的政治经济学家来说，生产和制造可销售的商品属于前者；为贵族绅士工作的仆人的劳动属于后者。因此，前者等同于财富的生产，而后者则助长了游手好闲。在信奉加尔文主义的苏格兰，这些划分反映了传统的长老会对有用工作道德价值的肯定和造成闲置与浪费的无用工作的否定。[3]

这一时期，"劳动""做功"和"动力"越来越多地与人和动物以外的发动机联系在一起。常见的水车和风车效率问题的长期争论的焦点是：如何通过机械手段最好地利用风力或水力？对这一问题的回答不仅关系到做一件事的能力，还关系到整个生产的经济性。瓦特熟识的工程师约翰·斯米顿（John Smeaton）对水车的类型进行的分析颇为有名。斯米顿关注的问题是上冲轮和下冲轮哪个最高效，一个理想的或完美的水车可以抽出与驱动它水量相同的水——尽管实际中的发动机无一能做到这点，但抽水量（乘以抽出的高度）与耗水量的比率可以简单地衡量效率。对"做功"（将重量提升到一定高度）的工程测量，成为 18 世纪相关工程师实践的一部分。

虽然在 18 世纪末和 19 世纪初的英国，驱动磨坊和工厂的非人或非动物的动力有很大一部分来自水，并通过水车来驱动，但热力发动机的推崇者很快就抓住了其广泛的优越性。水车在空间上的位置总是固定的，而且用途有限，而蒸汽机可以从矿井中抽水、在港口吊运货物，还能在新兴工厂中为工具提供动力，进行敲打和重塑。蒸汽动力应用于专业工具，能够提升劳动的速度、精度或节省人力。19 世纪 20 年代，外国观察家萨迪·卡诺及其政治激进派圈子里的同侪注意到了拿破仑战争后法国工业的落后状况，发现了蒸汽机所具备的特性：

> 它们似乎注定要在文明世界中引发一场伟大的革命。热机已经在开采矿山、驱动船只、开凿港口和河流、锻造钢铁、制造木材、碾磨谷物、纺纱和织布、运输沉重的货物……似乎有一天，它必将成为一种普遍的动力来源，并在这方面取代动物、水和风。与动物能相比，热机具有经济性的优势；与其他两种动力相比，它具有不受时间或空间限制、且能保持不间断工作等的宝贵优点。它不仅仅是一个强大而便利的动力源，而且更加易于使用、便于运输，取代了之前已被使用的机器；在采用热机的地方，它迅速刺激了技术的改进，甚至还催生出其他全新的技术。[4]

固定动力的价值随着工艺机械化和劳动分工的加深而上升——典型的例子是 18 世纪后期纺织业的机械化，先是织布机，然后是纺纱机。亚当·斯密把相同人数情况下工作量的大幅增加与劳动分工联系在了一起。他将这种增长归因于三种不同的情况。第一种情况是"将每个人的业务减少到单一的简单操作"，有助于"提高所有特定工人的灵活性"。第二种情况是劳动分工，即某人的职业生涯中始终在固定地方进行单一的简单操作，有助于"节省其从一种工作转移到另一种工作中通常会浪费的时间"。相比之下，"每一个乡村工人都养成了懒散和漫不经心的习惯……他们每半小时要更换一次工作内容和工具，并且几乎每天有 20 种不同的手动操作方式……这使他们几乎总是闲散和懒惰……"这一原因导致工人能够完成的工作量大大减少。第三种情况是"大量机器的发明简化和节约了劳动，使一个人能做许多人的工作"[5]。

亚当·斯密认为这些机器发明的起源和改进与不同种类的代理有关。许多机器"在劳动分工最细的制造业中使用，最初由普通工人发明，他们每个人都从事一些非常简单的固定操作，自然会尝试寻找更加简便、更容易操作的方法"。在选取典型案例时，他选择的不是某些可以加速或取代人类劳动的新机械技术，而是选择了提供主要动力来源的"发动机"：

> 在最早的热机操作中，通常会雇用一个男孩来交替打开和关闭锅炉与气缸间的连通装置，这取决于活塞上升或下降的情况。其中有一个贪玩的男孩注意到，如果在打开这个连通装置的阀门手柄上系上一根绳子然后将绳子连在机器的另一个部位，阀门就能够在没有他的帮助下自动开关，从而使他可以自由地与伙伴们玩耍。自从这台机器发明以来，最大的改进之一就是以这种方式被一个想减少自己劳动的男孩发现的。[6]

此外，那些目的不在于使用机器而是制造机器的人也推动了技术发明。这些"机器制造者"形成了一种"特殊的行业"，"贸易工具的制造本身已成为……一种重要的生产"。最后，还有一些"改进"是由"那些被称为哲学家或投机者的人推动的，他们的工作不是做具体的事情，而是观察每一件事"，而这个行业会越来越受到劳动分工的影响。

在《国富论》的早期草稿中，斯密用"真正的哲学家"的美誉来称呼有创造力的"艺术家"（工匠），而不论其"名义上的职业"是什么。因此，"只有真正的哲学家才能发明热机，是他首先想到要通过自然界中从未被充分利用过的力量来产生如此巨大的效果"。他指出，此后，许多"从事制造这种神奇机器的低级'艺术家'，可能会想出更多恰当的办法来利用（这台机器的）力量，甚至超过原本杰出的发明者"[7]。

在《国富论》（或实际上在草稿版）中，斯密没有提及热机的"杰出发明者"。考虑到他对使用热机这一传统的认可，我们可以相当肯定的是，他没有将发明热机的荣誉给予自己在格拉斯哥学院的老同学詹姆斯·瓦特。这位道德哲学家对数学和科学的兴趣使其保持了与医学教授威廉·卡伦（William Cullen）和约瑟夫·布莱克（Joseph Black）的亲密友谊；他以前的学生、后来的爱丁堡自然哲学教授约翰·罗比森（John Robison）是瓦特的挚友；斯密曾与瓦特在狭窄的中世纪学院因空间问题直接进行交锋，当时瓦特致力于为"大学、特别是为科学教授们制造数学仪器"，他首次尝试通过增加一个独立的冷凝器来提高现有热机的经济性。因此，斯密可能将当时卑微的瓦特视为"工匠"。作为一个"真正的哲学家"，瓦特确实发现了运用蒸汽力量的"更恰当的方法"[8]。

半个世纪后，从一个被英国击败国家的角度来看，萨迪·卡诺认识到蒸汽塑造了帝国的权力与财富。他清楚地指出了"创造"热机的功劳在哪里："萨弗里（Savery）、纽科门（Newcomen）、斯米顿、瓦特、阿瑟·伍尔夫（Arthur Woolf）、特里维西克（Trevithick）和其他一些英国工程师才是热机的真正缔造者。"不过，卡诺最关心的事情不是将功劳归于谁，而是如何从大自然馈赠的燃料中"开发"能源。他在开篇就告诉读者，"大自然提供了无处不在的燃料，赋予我们在任何时间、地点都能产生热量的手段，以及通过热量产生的动力"，"热机的目的就是开发这种动力，使其为我们所用"[9]。

卡诺在《论火的动力反思》（*Reflexions on the Motive Power of Fire*，1824）中提出了一个问题，即对热机的改进是否有限度。"理论上存在一个无论如何都无法超越的极限值。"卡诺将康沃尔的泵送发动机视为发动机经济性的最佳范例，认为它在迄今所有蒸汽机中（在给定煤炭量的条件下）产生的功最大。[10]此类发动机使用了明显高于以前蒸汽发动机的压力，且采用了两级膨胀。高压蒸汽首先在一个小的高压气缸中膨胀，然后通过一个较大的低压气缸完成膨胀（后来被称为复合发动机）。卡诺在阐述热机动力理论时，还提出一个问题，即"是否存在比蒸汽更适合的物质来利用火的动力"[11]。这个问题一直困扰着卡诺后来的读者们，特别是英国的一批科学工程师和自然哲学家，他们曾试图用空气动力取代蒸汽动力。蒸汽机的设计最初出现在詹姆斯·瓦特在18世纪晚期的专利中，后来又发生了巨大的变化，即使在其全盛时期，人们也不认为蒸汽机是产生动力的必然形式。事实上，在卡诺写完《论火的动力反思》之后的几十年里，利用稀有物质或无处不在的自然力（如电磁力）的发动机，均有取代蒸汽机的可能性。

功与财富：瓦特的完美蒸汽机

1736年，詹姆斯·瓦特出生在克莱德海港的造船重镇格里诺克，他的一生深受家乡海洋文化的影响——这种文化将航海和测量的有用数学与反对浪费奢侈、追求朴素的苏格兰长老会思想融为一体。作为商人、造船商和船商之子，他在1753年或1754年前往格拉斯哥，1755年前往伦敦——一个技术更为集中的城市——在那里接受数学仪器制造的训练。1756年，他回到格里诺克尝试从事仪器制造与商业经营，但在1757年再次搬到格拉斯哥，以利用那里更多的商业机会。此时的瓦特继续为克莱德海港的航海者提供望远镜、指南针，特别是象限仪等设备，同时将目光转向了利物浦、伦敦和布里斯托尔等港口周边更大的市场。他有一个外号叫"赛马师"的兄弟在那里充当他的代理商。18世纪60年代，他成为代尔夫特陶器商的技术顾问和投资人，进入了格拉斯哥新的工业领域。1759年，瓦特与约翰·克雷格（John Craig）成为合伙人。瓦特作为数学仪器与乐器的制造商和零售商，为至少十几个工匠和学徒提供了工作，而作为"商人"的他，也发展起了一系列的商业活动，包括从1763年起开了一家大型商店，销售从鞋扣到开瓶器等在内的所有商品（有时由他的妻子玛格丽特负责）。[12]

总的来说，这些企业构成了理查德·希尔斯（Richard Hills）所称的"瓦特的小帝国"[13]。

对瓦特而言，格拉斯哥学院的环境和城市的商业街道一样，都至关重要。他的母亲阿格尼丝·缪尔黑德（Agnes Muirhead）与格拉斯哥学院的人文教授乔治·缪尔黑德（George Muirhead）是亲戚。亨利·德鲁（Henry Drew）和乔治·贾登（George Jarden）在学院扮演了"实验室管家"的角色。[14]他们中的一个——很可能是贾登——大约于1754年在格拉斯哥培训了瓦特。自然哲学教授罗伯特·迪克（Robert Dick）安排瓦特为伦敦的约翰·摩根（John Morgan）做了9个月的学徒。1756年秋天，学院为瓦特提供了工作，让他修理刚从牙买加金斯敦运来的为新天文台定制的天文仪器。1757年，他获得了一份"大学数字仪器制造师"的永久工作，进入了一所古老但富有活力的大学：这所学校的教授，特别是自然哲学和医学领域的教授，组成了一个新兴的科学团体，以支持苏格兰农业、工业和商业发展。比如，迪克的继任者约翰·安德森（John Anderson）为校外的技术工人们举办了"非长袍"（不穿古典绅士教育服装）讲座，化学家布莱克则通过贷款支持瓦特的商业投资。[15]

瓦特希望从常规业务中获得最大利润：生产象限仪这样的仪器时，他和助手通过工作流程的标准化、特殊工具的使用和大规模生产来降低成本，增加销量和提高利润。[16]然而，由于在大学校园里有一个作坊，瓦特就像德鲁和贾登一样被要求做一些临时工作，修理和制作教授们在实践和理论课演示中所需的仪器设备。安德森和布莱克就是他这项无利可图的工作的客户。但这项工作也带来了其他好处：使瓦特接触到了格拉斯哥的天才学生约翰·罗比森，后者在1759年鼓励瓦特利用蒸汽驱动的马车赚钱。[17]

1757年8月，罗比森发表了一份改进纽科门大气蒸汽机的设计方案。他着迷于利用自然界的巨大力量来替代动物驱动机器的前景。风车和水车是常见的动力来源，用于抽水、研磨和任何需要旋转运动的工具。[18]但从 17 世纪开始，工匠和自然哲学家就开始利用蒸汽作为动力源了。在早期的英国皇家学会，像罗伯特·胡克和法国的胡格诺派教徒丹尼斯·帕潘（Denis Papin）这样经验丰富的成员利用蒸汽进行了符合培根经验主义的实验（最著名的是后来的"消化器"或压力锅），用以证明学会的合法性。帕潘认识到，一个充满蒸汽的容器迅速冷却，会产生真空，而后大气压力会对其产生作用，从而提供动力。在 18 世纪 10 年代，他大胆地提出要为英国皇家学会提供一个能推动一艘 80 吨船只的"火力引擎（热机）"。[19]

托马斯·萨弗里（Thomas Savery）同样发现，提出要求比实现它们更容易。他提议用两种方式开发蒸汽动力：创造真空（将冷水注入充满蒸汽的容器中，形成空隙后从低处吸水）；将蒸汽作为压力源（通过管道将水推动向上）。尽管像威廉三世和皇家学会成员这样的精英资助人已经见证过该设备的演示，萨弗里也在《矿工之友》（*The Miners' Friend*，1702）一书中吹嘘其发明对工业发展的重要性，但这种偶尔发挥作用的发动机更常见于乡村住宅而不是深深的矿井。不过对发明者来讲，这几乎不是什么问题，因为他在 1698 年注册了"矿工之友"专利，且专利保护期因 1699 年的议会法案延长到了 1733 年，从而使萨弗里垄断了这个"利用火力抽水"的机器。专利的宽泛条款导致其他竞争者要么支付高昂专利费用，要么就要与其合作。[20]

胡克的朋友、达特茅斯的钢铁商托马斯·纽科门（Thomas Newcomen）就是其合作者之一。他与萨弗里一起工作，也与萨弗里专利的"所有者"一起合作。[21]1712 年，纽科门设计的全尺寸发动机已经在达德利（Dudley）伯爵的煤矿上运转了。纽科门发动机的"建造者"之一是伦敦的牛顿主义自然哲学家约翰·西奥菲勒斯·德萨居利耶（John Theophilus Desaguliers）。他在《实验哲学教程》（*A Course of Experimental Philosophy*，1734—1744）中描绘了这种发动机，这是一部有关实用机械技术的插图汇编，包含了实用牛顿科学。[22] 纽科门发动机主宰了深藏在康沃尔郡海底的锡矿和铜矿开发，因为开采需要不断抽水。像斯米顿这样的哲学工程师持续"改进"纽科门发动机的燃料消耗问题，在不同背景下推进的应用，使其在很大程度上成为一种"试验性技术"[23]。

18 世纪 50 年代后期，当罗比森和瓦特开始考虑动力问题时，格拉斯哥地区还没有大型的纽科门发动机。到 1760 年，格拉斯哥学院才有了一台纽科门发动机模型。事后，罗比森称"每件事在瓦特手里都变成了科学"，在学院从事修理工作可能在经济上无利可图，但每天与科学教授及像罗比森这样的人打交道，却为他带来了其他回报。[24] 即使罗比森不在，瓦特也在 1761 年或 1762 年试验了帕潘的煮锅；瓦特在 1763—1764 年的冬天应安德森的要求修理了纽科门发动机模型。格拉斯哥附近的第一台全尺寸发动机架设于 1763 年到 1764 年之间（在谢特尔斯顿）。安德森从 1760 年起就一直尝试修复纽科门模型，但本地发动机的安装让瓦特的工作更加紧迫，也增加了安德森学生的兴趣。无论怎样，这项工作虽然仅仅是一系列类似任务中的一项，瓦特及其同时代的人却把它视为关键事件，认为它影响了带有独立冷凝器的蒸汽机的发明。[25]

瓦特观察这台机器时，发现它很快就用光了一个小锅炉供给的蒸汽，仅仅几个冲程后就停止了运转。瓦特的任务是使模型发动机在每个冲程中使用更少的蒸汽，从而延长工作时间，问题就在于如何实现这一点。也许模型运行效果不好是因为它太小了，可能是它的气缸比全尺寸发动机更快地凝结蒸汽（取决于表面积），也可能是它将热量传递到大气的速度更快或花费的时间更长（取决于缸壁的厚度或材料）。基于对原始模型的实验，他尝试建造了其他模型（用木制而非铜制的气缸，使热量更快地传递到大气中；用更大的气缸），但问题仍未得到解决（木材无法承受蒸汽的冲击），他回归传统材料，测量了气缸壁内和通过气缸壁流失的热量，并且（用那口著名的锅）量化计算了冷凝一定量的蒸汽所需的水量；这个数量令他惊讶，于是他转向布莱克寻求建议。[26]

瓦特渐渐相信自己能创造出所谓的"完美发动机"[27]。根据他的计算，这种发动机每冲程只使用一个气缸，不像纽科门发动机需要4个气缸；而且冷凝后的真空度也是完美的。我们可以在斯米顿对完美水车的研究中发现类似的设想，而实际的水车可以对照这些标准来衡量；在约翰·哈里森为解决经度问题而制造出完美航海天文钟（第一章）的案例中也有类似的优化机械的理论标准。希尔斯认为，斯米顿于1759年在英国皇家学会宣读的研究报告是罗比森提供给瓦特的众多技术文章之一；此外，罗比森在1761年返回格拉斯哥之前，曾在西印度群岛参加海军关于哈里森天文钟的实验。[28]瓦特在1796年写道："为了制造完美的蒸汽机，气缸的温度必须与进入气缸的蒸汽温度保持一样高，且蒸汽应该被冷却到100华氏度① 以下，从而发挥出其全部能量作用，要将这一条视为一个公理。"[29]难点就在于如何满足这两个似乎相互排斥的条件。[30]

1765年春的一个星期日，漫步于格拉斯哥绿园的瓦特突然想到一个极其简单的主意。纽科门蒸汽机有一个气缸会进行加热—冷却—再加热的循环，浪费了大量的蒸汽。瓦特意识到，由于蒸汽是柔性的，它会涌向低压的空间。他所要做的就是用一个单独的容器形成真空，并在蒸汽和容器之间打开一个通道，利用气泵就能够做到这一点。瓦特利用解剖学使用的黄铜注射器做了一个简单的气泵模型，证明了该方案的可行性。[31]由此，瓦特为蒸汽机设计了两个气缸。第一个气缸用于容纳蒸汽，且一直保持高温；第二个作为"分离式冷凝器"，始终处于低温状态。第一个气缸的蒸汽在第二个气缸被压缩，从而形成一个真空（图2.1）。[32]瓦特用一个气泵把蒸汽从热气缸吸到冷气缸，这一改进解决了纽科门蒸汽机的能量浪费问题。18世纪90年代，罗比森讲述了他初次见到瓦特"完美发动机"的

---

① 1华氏度≈17.22摄氏度。——译者注

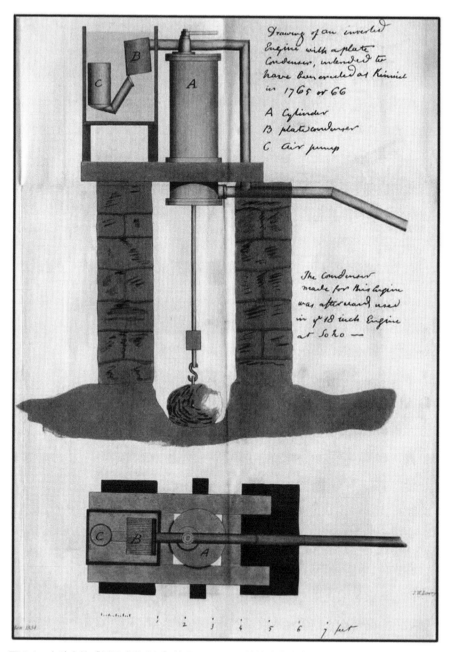

图 2.1 实验中的"倒置式发动机"草图，展示了瓦特的分离式冷凝器和气泵，1765 年

资料来源：J.P. Muirhead, *The Origin and Progress of the Mechanical Inventions of James Watt*. 3 vols. London：John Murray, 1854, p. iii, plate 1, is licenced under CC By 4.0.（Courtesy of the University of Aberdeen.）

情形：

> 我毫无拘束地走进瓦特先生的客厅，发现他坐在火炉前，端详着放置在膝上的一小只锡制水箱。我们谈起上次见面时说到的有关蒸汽机的事。这时，瓦特先生一直望着炉火，把水箱放到椅子腿边。他看向我并欢快地说道："你不必再为那件事费神了，我现在已经造出了一台不会浪费一点蒸汽的发动机……"……总之，我毫不怀疑瓦特先生确实造出了一台完美的蒸汽机。[33]

有关约瑟夫·布莱克在瓦特的发明中发挥的作用，已经有很多讨论。作为一名化学讲师，布莱克推导出了两个公式（潜热和比热[①]），为瓦特提供了理论词汇来描述热如何在现实热机和理想热机中的传递，这包括纽科门模型蒸汽机和他自己制造的蒸汽机。"潜热"是指某种物质（如液体）在达到沸点时所吸收的热量，它不会导致温度计记录的温度发生变化。布莱克从 1762 年开始讲授冰融化成水所需的热量；1764 年 10 月，他测量了水达到沸点后变成蒸汽所需的热量，甚至请瓦特做更精确的实验。[34] "比热容"是指当某种物质的温度在一定范围内升高时所吸收的热量，热量的大小因物质而异。

传统观点认为，只有在布莱克的帮助下，特别是在其"潜热"理论公式的帮助下，瓦特才能够发明分离式冷凝器。尽管布莱克、罗比森和瓦特是合作伙伴，但他们对各自在理论科学和分离式冷凝器发明中所起的作用有不同说法。布莱克在 1803 年出版的讲义（该讲义由罗比森编辑出版）中直接表示，是他本人建议瓦特改良了蒸汽机，对公共利益做出了巨大贡献。

---

① 潜热（latent heat）指单位物质从一种物态变为同温度的另一种物态所需吸收或放出的热量。比热（specific heat）指单位质量物体改变单位温度时吸收或放出的热量。——译者注

罗比森称这篇文章是献给布莱克"最杰出的学生"的，坚称他（瓦特）的改进得益于从布莱克那里获得的指导和信息。然而，出于商业考虑，瓦特谨慎而又模糊地解释说他并非布莱克的学生。[35]事实上，他求助于布莱克是为了对实验中的具体现象做出一般性解释，瓦特的那些实验是为了理解纽科门模型和他自己的实验发动机的实用性。在瓦特看来，发明带有分离式冷凝器的蒸汽机靠的不只是布莱克传授给他的科学思想。[36]

物理学家大卫·布鲁斯特（David Brewster）继德萨古利耶斯之后编辑了约翰·罗比森的《机械哲学体系》（*System of Mechanical Philosophy*，1822）一书。瓦特在其中给出了自己的观点。这本大部头的书梳理了蒸汽动力从萨弗里、纽科门到瓦特本人的发展历程。[37]瓦特称他的实验测量了若干变量：不同物质的比热容（与水相比）；蒸汽的体积（还是与水相比）；燃烧1磅①煤蒸发的水量；温度超过水沸点后蒸汽的弹性；给定比例的纽科门蒸汽机每冲程所需的蒸汽量；纽科门蒸汽机气缸每冲程压缩蒸汽所需的冷水量（这一实验显示，蒸汽能将6倍于自身重量的水加热到212华氏度）。当他跟布莱克提起这一事实时，教授向他解释了潜热理论；但正是瓦特独立发现了这一特殊事实，支撑了布莱克的理论。这一现象本身（没有任何理论解释）表明，蒸汽中存在一种惊人的热源；尽管布莱克帮助瓦特理解了这一现象，但他的解释并未使瓦特产生分离式冷凝器的想法；相反，瓦特发明分离式冷凝器的动机源于冷却和加热气缸造成的浪费，即使潜热概念不存在也不会有什么影响。正如瓦特本人所言，我们最好将瓦特理解"背压"的（水的沸点在低压中下降的事实，因此只有降低温度才能获得良好的真空）实验视为更为宏大事业的一部分。我们不应该将瓦特的发明视为实用技术依赖于科学解释的案例，而应该接受这样一种真相：用瓦特自己的话来说，是布莱克的提议为他展示了"正确的推理模式，以及规范的实验模式"[38]。

---

① 1磅≈0.45千克。——译者注

"不仅要建造自己的发动机，还要有自己的工程师"：创造蒸汽文化

瓦特敏锐地认识到，要将纽科门蒸汽机改造升级成为大型蒸汽动力，首先要把自己重新塑造成一名机械工程师，然后让自己成为一个蒸汽工程师和蒸汽的拥护者。这种自我塑造与新蒸汽机的研发同步进行，前者积累和运用各种面向全社会的宣传手段，后者则整合了所有现存的技术材料、实践经验和理论解释。蒸汽机的发明是为了完成某些特定任务的、可靠的、声誉良好的技术。工程师和发动机开始象征光明的前途：瓦特及其盟友在研发、推广发动机作为（矿井和磨坊生产中）可靠实用的机器的过程中，努力营造了蒸汽工程师掌握丰富哲学知识的良好声誉。[39]

瓦特也认识到，有必要培养或者训练一批工程师，他们要掌握蒸汽工程新文化所需的特殊技能。那些经过使用纽科门发动机训练的工程师往往比新手表现得更糟糕："当我开始建造新的发动机时，发现那些习惯于安装以前发动机的工人或工程师相当固执己见，我只能解雇他们，除了要建造自己的发动机，也要培养自己的工程师。"瓦特在 1765 年秋决定要学习设计、安装和维护普通蒸汽机的实用技能。[40]瓦特将自己塑造成蒸汽工程师的过程推动了他与约翰·罗巴克（John Roebuck）的合作。

1765 年年底，克雷格的去世导致"瓦特的小帝国"失去了主要投资者，面临着崩溃的危险。约瑟夫·布莱克向瓦特介绍了罗巴克作为资助人。[41]当时的罗巴克通过为苏格兰亚麻工业生产漂白剂积累了财富。1759 年，罗巴克和塞缪尔·加伯特（Samuel Garbett）创立了卡伦公司，其掌握的大型铸造厂的资源为瓦特将冷凝发动机从理论模型发展到现实应用提供了支持。1765 年 1 月，该公司开始为康沃尔郡的发动机市场生产气缸和管道，并继续供应蒸汽机部件（包括锅炉板），业务主要集中在苏格兰地区，但也覆盖其他地区。[42]罗巴克在金尼尔庄园附近租用的煤矿也需要高效的抽水

机。他还希望用焦炭而不是木炭来炼铁。这为瓦特提供了在金尼尔制造全尺寸发动机的机会。此外，罗巴克也提供了安装"普通发动机"（纽科门发动机）的机会。[43]

瓦特通过与运河测绘员罗伯特·麦凯尔（Robert Mackell）合作进行纽科门发动机的实验，修理和改造了纽科门发动机，了解对手的情况，同时也为他自己的发动机及作为设计者和建造者的身份赢得了"口碑"：1770年，一位满意的顾客因瓦特改造的纽科门发动机的成功而"高兴得发疯"，因为它比邻居家的发动机好用多了。[44]具有讽刺意味的是，在罗巴克的普通发动机上进行的实验表明（至少在一篇回顾性的评论中），大型纽科门发动机就像理论模型一样，"严重浪费燃料和蒸汽"；直到19世纪10年代，罗巴克还在继续改进大气发动机，抱怨它们的气缸做得很糟糕。[45]但是纽科门发动机的文化依然活跃。18世纪70年代和80年代，约翰·斯米顿对大气发动机进行了系统性改进，最终制造出一种比18世纪早期纽科门发动机效率高一倍的发动机。这类大气发动机不仅被蒸汽动力取代，也是蒸汽机的竞争对手（1733—1781年，至少有223台在工作）。[46]1785年，一位安装了瓦特发动机的矿山经理对特许权使用费、延迟交货和劣质铸件等纠纷心怀不满，决定安装一台斯米顿的改进型发动机。[47]这一次瓦特显然没能维持其发动机的声誉，由此为反对者打开了大门。

在金尼尔研发的实验发动机前景良好，足以说服罗巴克为瓦特的发动机提供专利资助，条件是让罗巴克赚取2/3的专利费。这就是著名的1769年1月5日的专利，即"降低热机中蒸汽和燃料消耗的新方法"。瓦特在设计专利方案时咨询了同事和朋友，但没有咨询专业律师，所以专利的文本描述了很多具有分离式冷凝器的发动机相关的科学原理，却没具体说明一种或多种实用机器的信息。该专利列出了保持气缸温度的蒸汽夹套原理，至关重要的分离式冷凝器和空气泵，以及其他能够减少蒸汽消耗的实用细节。曼斯菲尔德法官于1778年的判决确定了瓦特专利的有效性，那之后雷同专利申请很容易被推翻，因为详尽的专利"说明"使得有能力的工匠可以像专利人一样制造或应用这项发明。但在 1769 年，这种情况并不多。如果瓦特扩展了相关条款，就说明它们已经具有弹性了。从 1795 年开始，瓦特蒸汽机的专利权使用期限延长至 1800 年，促使瓦特对专利法案进行了全面评估，并就法案改革提出了自己的主张。[48]

实际情况是，在这项专利获得批准后，瓦特和罗巴克对几乎所有使用分离式冷凝器原理的机器都拥有合法的垄断权；结果便是竞争对手遭到起诉，在理论上被压制住了。罗巴克为瓦特提供设备和资金继续支持他研究发动机，尽管有受到保护的专利，瓦特仍秘密地进行这一工作。罗巴克提供的资源使瓦特得以试验气缸发动机的替代品，例如，"蒸汽轮"。其设计目的是直接提供旋转动力——这是纽科门的工程师基恩·菲茨杰拉德（Keane Fitzgerald）等人从 1758 年就开始试验的东西。[49]瓦特探索了许多不同的途径，直到 1770 年春天才成功使分离式冷凝器独立工作。但到 1770 年 6 月，罗巴克破产了，瓦特的"发动机试验"也停止了。至于发动机的价值，正如瓦特告诉博尔顿的那样："债权人都认为这台发动机一文不值。"[50]

正因如此，瓦特于 1770 年 9 月提醒他的朋友威廉·斯莫尔（William Small），称发动机试验结果是"不确定的"。他想象自己变得"灰头土脸"而无法养活妻儿。另外，与当时关键的交通革命（运河）相关的工作也在召唤着他。大约从 1766 年起，苏格兰商人就提议修建一条横跨苏格兰的运河，连通东部的福思和爱丁堡到西部的克莱德河和格拉斯哥，并把它列为重要议程。詹姆斯·瓦特起初担任该工程的土地测量员，后来又自称为"工程师"。为穿过格拉斯哥东部煤田的福思和克莱德运河勘测路线，需要伦敦方面通过必要的法案提供支持，瓦特从 1770 年起在芒克兰运河担任兼职驻地工程师，工资 200 英镑。1770 年春天，他在斯特拉斯莫尔运河开展勘测——这些活动是瓦特靠关系获得的合同，为他提供了及时的收入（他信任"身边的人而不是陌生人"）。是这些人把瓦特带出了格拉斯哥的作坊，现在又把他从金尼尔的"不确定的"蒸汽机试验中拉了出来。[51]

　　在此期间，瓦特与苏格兰的联系逐渐松动。他曾作为学徒在伦敦学习，到英国购买股票、招揽生意，与其他仪器制造商交朋友，最后还去游说议会。1767 年夏天，瓦特带着约翰·罗巴克的一封信来到伯明翰，正是这封信让瓦特有机会在秘密的但与其关系密切的月光社（Lunar Society）见到了伊拉斯谟斯·达尔文（Erasmus Darwin）和威廉·斯莫尔。除了诗人、植物学家和医学家达尔文及在阿伯丁受训的自然哲学家、医学家威廉·斯莫尔（月光社的推动者），月光社的成员还包括陶器商乔赛亚·韦奇伍德（Josiah Wedgwood）、玻璃制造商詹姆斯·基尔（James Keir）、化学家约瑟夫·普里斯特利（Joseph Priestley）、钟表制造商约翰·怀特赫斯特（John Whitehurst），以及教育家、运输专家理查德·洛弗尔·埃奇沃思（Richard Lovell Edgeworth）。[52]正如我们在前文（第一章）所说，18 世纪成立了许多科学和技术协会，其中许多协会公开了他们的活动和议程。皇家学会的宗旨是为科学发声，而较少为整个英国的实用艺术发声；但是，地方的"文学和哲学"社团和后来的专业协会则各自迎合了特定城市社区的需求，尤其是那些对皇家学会盛行的业余绅士风气感到不满或被排斥在外的利益团体，而当时的皇家学会业已衰落。[53]瓦特年轻时也参加过读书会，[54]现在则受到月光社这一神秘组织的欢迎并获准加入。

　　这是一个只有十几个知识分子和商人组成的团体。成员主要是财力雄厚的男性，他们为科技发展提供支持、投资、建议和联盟。这些自称为"同谋者"的人每月组织的非正式聚会成了自然哲学和实用艺术信息的"交换所"。[55]在这里，科学和工业协同推进，例如，在化学（特别是陶瓷和染色）、机械、仪器制造和运输（特别是运河）等可以将两者区分开来的项目里。达尔文和韦奇伍德一同为修建运河进行游说，支持特伦特河、默西河和"大干线运河"等的修建[56]，这样韦奇伍德的产品就可以进入世界市场；普里斯特利和韦奇伍德用专门的实验仪器（如陶艺生产需要的标准高温计）来交换产品和工艺方面的化学专业知识。在这个组织中，瓦特也是一名化学家，他和基尔一起尝试从海盐中提取碱。布莱克和罗巴克于1765年或1766年发起这项行动，拥护者们认为它和蒸汽机一样有前途，但实际上后者于1770年被搁置在了金尼尔。[57]在这个社团里，个人利益和国家利益并不冲突。

1775年斯莫尔去世后，马修·博尔顿成为月光社的重要人物。[58]博尔顿拥有伯明翰的索霍工厂，他于18世纪60年代初将这个父亲留给他的锁扣工厂改造成了当时最先进的高度机械化工厂，雇用了多达600人生产精钢"玩具"和五金。博尔顿热衷于寻找一种可靠的动力来源，不能像水那样受到季节变化的影响。他与当地的金融家、政治家、城镇名流和实业家都有广泛的联系。1767年夏天，瓦特在达尔文和斯莫尔的带领下参观了博尔顿的索霍工厂，博尔顿、斯莫尔和达尔文对蒸汽机的前景产生了浓厚兴趣。[59]1769年，博尔顿试图邀请瓦特成为他在伯明翰的"邻居"。他在信中写道自己渴望充当"助产士，帮你减轻负担，把你的孩子带到这个世界"。博尔顿申明了两个理由："出于对你（瓦特）的爱和对这个绝妙的赚钱计划的热忱。"[60]第三个理由也许是瓦特作为出色的热机制造者所建立的"声誉"，大大提升了这项刚在金尼尔启动的计划的可信度。[61]此时的瓦特实际上已经放弃研发自己的发动机了，维修纽科门发动机的有偿工作分散了他对"孩子"付出的时间和精力。1773年，运河业务逐渐衰落，瓦特在芒克兰的工资失去保障，也没有获得新工作的迹象。在这种情况下，博尔顿坚持要在伯明翰支持瓦特的事业，重启发动机的研究，这看起来很诱人。瓦特于1774年5月到达伯明翰，金尼尔的发动机也被拆卸，包装好并转运到伯明翰。[62]

众所周知，尽管罗巴克的卡伦工厂应用了金尼尔发动机，其主要问题是活塞和气缸配合不好。瓦特通过博尔顿联系了约翰·威尔金森（John Wilkinson），他是约瑟夫·普里斯特利的妹夫和铁器商。威尔金森在北威尔士的伯沙姆新近购置了一个制造大炮的镗孔厂，并对其进行改造，为纽科门发动机制造极为精确的气缸。[63]与罗巴克一起工作时，瓦特一直无法找到能满足其要求的蒸汽气缸：比纽科门标准蒸汽机气密性更强的气缸。一旦威尔金森制造出能够满足瓦特苛刻要求的气缸，博尔顿和瓦特就有了成立公司的基础。

博尔顿和瓦特在计算成本时发现，通过一项新的议会法案来延长原有专利权比重新开始更有意义。但是把问题移交给议会，可能会让反对该法案的人发声——反对者很多且不限于矿业利益集团，他们宁愿使用高效抽水机，因为这样便无须向博尔顿和瓦特等人支付额外费用。博尔顿向建立伯明翰实验室时帮助过他的人求助，而瓦特则更为从容地向他在工程工作中结识的苏格兰知名人士寻求背书。这是一个成功的组合——两人促成了专利延长法案，将专利的有效期延长到 18 世纪末。从一开始，英国的统治精英就对新兴的发动机表示赞同和祝福。[64]

宣传蒸汽：展览、专家和出口

蒸汽机的影响是巨大的。博尔顿和瓦特在 1775 年正式达成合作伙伴关系。随着专利有效期延长到 1800 年，他们对投资的回报有充分预期。1775 年到 1785 年，他们把大部分时间都花在了推销和销售发动机上，博尔顿负责融资、组织和销售，瓦特主要负责设计创新，并在 1781 年、1782 年和 1784 年获得了几项附加专利。[65]

1769 年 12 月，博尔顿拒绝了罗巴克的提议——仅在沃里克郡、斯塔福德郡和德比郡推广瓦特的发明获利。博尔顿的计划是"造福全世界"。[66] 1775 年，为了建立自己的商业帝国，博尔顿和瓦特通过他们信任的熟人对外联络：到 1776 年，位于蒂普顿（基尔化工企业的所在地）的布鲁姆菲尔德煤矿主有了一台泵式发动机；不久之后，约翰·威尔金森的铸造厂有了一台发动机；另一台早期发动机则服务于斯特拉特福德的一家酒厂——据说被一名由约翰·斯米顿灌醉的工程师破坏了。[67] 不管其行为是为了破坏发动机还是一个工程师的声誉,这个故事都表明了通过公开展示和管理口碑来进行有效营销的重要性。月光社成员对这样的场景很熟悉:游客们对于斯塔福德郡韦奇伍德的"伊特鲁里亚"花园、基尔的化工厂和博尔顿的索霍工厂倍感惊奇。[68]正如基尔后来描述的:

> 参观索霍工厂在上层社会、富裕阶层、有名望的外国人,以及所有能接触到它的人中间成为一种时尚……博尔顿先生的朋友一再劝说他减少或放弃这种奢侈的义务。不过,不论在当时花大量时间去满足别人的好奇心有多不方便,博尔顿后来颇有收获。他结识了诸多在英国地位显赫、有影响力和知识渊博的人,在数次向国会提交专利申请时得益于这些人的良好影响力。[69]

博尔顿和瓦特在索霍工厂放置了一台新型泵式发动机,作为"矿业投机者的检验样本"向潜在客户进行展示。[70]由于康沃尔是最主要的市场,他们积极拉拢康沃尔的矿主。这里的深矿井需要像纽科门蒸汽机那样的抽水机,但康沃尔人更青睐经济型发动机,因为那里的煤炭供应不足。甚至有研究报告对不同的、高效的(以当代术语而言)机器所消耗的燃料进行比较。[71]博尔顿和瓦特向康沃尔的矿主提供了他们的发动机,作为对标准纽科门发动机的改进,排除了斯米顿研制的高效发动机;他们要求矿主们根据与纽科门发动机相比节省的燃料费用来支付报酬,而不是简单地卖出发动机(这对矿主来说是没有吸引力的资本支出)。瓦特的发动机再次被纳入纽科门文化的原有结构中,即使它本身正在取代纽科门文化。

除了改进支付方案,博尔顿和瓦特还建立了施工(安装)、维护(发动机)和培训(工程师)制度。客户要到他们推荐的供应商处购买发动机的零部件(博尔顿和瓦特公司通常只提供精密阀门),然后由博尔顿和瓦特公司的员工负责组装,以确保机器平稳、经济和高效地运行。18世纪70年代后期，博尔顿和瓦特经常离开伯明翰到各地现场监督施工——1778 年他们让月光社的朋友詹姆斯·基尔管理索霍工厂（尽管基尔不相信蒸汽生意会成功）。[72] 后来，他们的公司制作了发动机维护时间表的说明手册，将原本随机的做法变成常规。瓦特提到的"建构"工程文化的一部分，在 18 世纪 90 年代具体化为"蒸汽工程师必须知道的要点"——这份说明手册以"作为科学的力学定律"开篇，实际问题固然也相当重要，但应在科学定律之后再行讨论。[73]

到 1775 年，博尔顿和瓦特已经获得了有效动力，但其应用仍然受限：需要先抽水，然后在高炉中"送气"。商业家博尔顿预测到工厂对动力的需求将会上升，而更谨慎的瓦特则试图让发动机在功能上，而不是空间上实现通用。为了使蒸汽机在纺织工业中得到普遍应用，从而取代水力，瓦特提出并解决了一系列技术问题：制造一个"双向气缸"发动机，这样两个冲程都能提供动力（同时也节省空间和材料）；推动发动机进行旋转（圆形）而不仅仅是往复（前后）运动。

为了解决这些问题，在 18 世纪 80 年代，瓦特发明了"太阳与行星"齿轮联动装置，以回应另一位工程师申请将曲柄应用于蒸汽机专利的投机行为，该技术将前后运动转化为旋转动力。瓦特实现了至关重要的"平行运动"，使活塞的上下冲力在推和拉的过程中都能产生动力：他非常自豪地认为这一发明是几何学在实际机械中的体现（后来被纳入"运动学"科学中）。[74] 在蒸汽机中，"调速器"的广泛应用也与瓦特有关，蒸汽机可以通过它调节工作速率（这种"自动"装置已经应用于磨坊中）。阿拉戈（Arago）后来称赞调速器是"令当代制造业惊艳的秘密法宝"，由于有规律的运动，"它可以像锻造锚那样轻松地刺绣薄纱"。面对那些认为轻柔运动意味着失去动力的人，他回应说："'噪声大，工作少'这句名言不仅适用于道德世界，也符合力学公理。"[75]

此外，瓦特形成了一套"指示系统"（indicator diagram）[与约翰·萨瑟恩（John Southern）一起开发〕，旨在为原本仅熟悉马力和水力的新晋蒸汽动力纺织厂主提供一份可靠的、容易理解的、持久的新蒸汽机的动力记录。[76]指示系统的关键是一套记录发动机数据的机制，不需额外的人力干预。因此，指示系统的推广更有助于宣传蒸汽机的价值：既是经济的工厂动力，也是能够自我报告的可靠机器。

随着这些元素被整合到一个可靠的双向旋转发动机中，博尔顿热切地希望这种新的动力应用于"造钱"（确切地说，应用在蒸汽驱动的铸币机中）和制作面包。在索霍工厂的"玉米磨坊试点"进行试验后，合伙人们在泰晤士河南岸精心规划并投资了著名的阿尔比恩面粉厂。[77]这个项目启动于1782年（当时旋转发动机获得了专利），并于1784年获得特许经营权，成为蒸汽工业的展示窗口：塞缪尔·怀亚特（Samuel Wyatt）为其设计了宽敞的建筑；博尔顿和瓦特提供了50马力①的蒸汽机动力；广泛的铸铁结构和瓦特创新的平行运动；每个发动机能够同时驱动6对磨盘，并为雄心勃勃的年轻磨工约翰·伦尼（John Rennie）设计的、从苏格兰引入的装载、提升、筛分和修整机器提供动力（图2.2）。瓦特评价该磨坊："没有任何一幢建筑能够与其便利性和能量匹敌。"这一项目使博尔顿和瓦特进入了都市工程的精英阶层，在伦敦建立的面粉厂使博尔顿关于"国家目标"的宣言更有说服力。[78]

这个磨坊戏剧性地反映了公开展示所带来的好处和声誉上的危险。1786年3月的一系列试验吸引了大批围观群众和有权势的见证者，皇家学会专断的主席约瑟夫·班克斯爵士就是其中一员（第一章）。年轻的班克斯是推动科学与政府关系的关键人物。作为一名自然历史学家，他研究并支持棉花生产、纺纱和织布的机械化；他已经在自己的格雷戈里煤矿安装了瓦特的泵式发动机，并沉迷于各种能够扩展其庄园（被视为帝国的缩影）经济潜力的动

---

① 1马力≈735.50瓦。——译者注

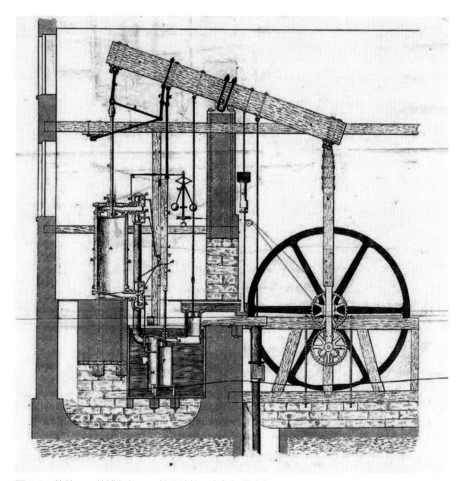

图 2.2　伦敦工厂的博尔顿和瓦特设计的双向气缸蒸汽机
资料来源：John Robison, *A System of Mechanical Philosophy. With Notes by David Brewster*. 4 vols. Edinburgh：John Murray, 1822, p. ii, plate v, is licenced under CC By 4.0.（Courtesy of the University of Aberdeen.）

力改进。[79] 无论在国内外，这都可能是"公司的强有力广告"：到18世纪90年代银行推动了蒸汽工业在全英国的发展；博尔顿和瓦特为拟建同类工厂的外国政府提供建议。但创新的成本也是高昂的，博尔顿和伦尼在私下里连续几个月报告有零件损坏、做工较差和危险生产行为的情况。[80]

众所周知，1791年3月，面粉厂在纵火的谣言和"暴民的狂欢"中被焚毁，这一展示活动也随之失败。[81]同年，普里斯特利被赶出他的房子和实验室，博尔顿和瓦特将索霍工厂的雇员武装起来以应对暴民。[82]毫无疑问，有些人已经预见到这些比当地风力和水力磨坊更靠近海港的新兴磨坊工厂即将形成垄断。博尔顿有雄心壮志为新发动机做广告，并为磨坊的特许经营权争取支持，这激励他和伦尼将磨坊包装成一个公共景观。但瓦特在这一问题上与他产生了分歧，瓦特更想"让它变成一个神秘的地方"，而不是徒有"商业的外表"。瓦特在 1786 年 4 月对博尔顿说："听说有很多人只是出于好奇就被允许进入阿尔比恩磨坊，我感到无比痛苦。"[83]瓦特在信中提到，这么做除了严重浪费博尔顿的时间，磨坊的恶劣条件"对工程师来说更可能是弊大于利"；如果参观者看到了糟糕的管理状况，"公司的信誉必将受损"。身处伯明翰的瓦特听说他们被"有正经常识的人视为虚荣和鲁莽的冒险家"，"当我们谈论我们能做什么，要么被解读为能力不足，要么被认为在空口吹嘘发展前景"；作为一个清教徒，他一想到要参加"AM的假面舞会"就大为震惊。博尔顿和月光社的成员们愿意在特殊情况下向游客敞开大门，而瓦特则介意保障工程的声誉："应该避免所有引人注目的事情，我们专注于事业就好。"也许，瓦特忘记了贵族关系在博尔顿 1769年延长专利法案中所起的重要作用，他责备了伦尼对宣传的热情："公爵、勋爵和贵族不会成为他最好的客户。"[84]

1775—1795 年，博尔顿和瓦特不直接生产完整的发动机，而是将客户委托给他们特许的位于英格兰中部地区的承包商，比如约翰·威尔金森就拥有依照图纸铸造和锻造大部分零件的技能和资源。[85]索霍工厂关键贡献在于调速阀。熟练的发动机安装人员接受瓦特的培训后，按照印刷的说明手册工作，建造出完整的发动机。因此，合伙人的关键作用首先是设计，然后是协调分布在全国各地的专业技术人员。瓦特的角色至关重要，他是当时纽科门发动机的众多改良者之一。他送来了准备在卡伦工厂铸造零件所用的图纸。[86]

博尔顿则希望用一种完全不同的方式来确保发动机的声誉。他在1769年2月写信给瓦特，提出发动机的成功需要"大量的钱，非常精确的工艺和广泛的通信"。此外，"保持发动机声誉"的关键不是将其建造交给分散的和经验不足的工程师，而是创建一个中央"工厂"。在那里，博尔顿将"建设完成发动机所需的一切必要设施"，培养"优秀的工人"，提供只有在大规模生产情况下才能负担得起的"优秀工具"，从而"用各种尺寸的发动机为全世界服务"。这些发动机既便宜，又具备"很高的精度，它和其他发动机的差别就像仪器制造商和铁匠制造的仪器精度差别一样大"[87]。良好的声誉、精确的工艺、专业技能的集中和规范、投资生产工具提高人力劳动的效率，以及表现影响力和信誉的通信网络，这些都是博尔顿对发动机的设想——从首次展示到在数量上占据世界市场。

在这一事件中，瓦特对这些引人注目的系统建设计划避而不谈，可能是因为他偏爱从事咨询工作而不是直接参与管理。这是一个"信誉"的问题，瓦特在18世纪70年代担任运河测量员时就热衷于确保自己的"信誉"，他知道通过这项工作会使雇主"信任我"。直接监督人员和施工更容易遇到问题，甚至造成个人的不体面。例如，在芒克兰运河上的工作使瓦特厌恶"争吵和与讨价还价"，以及对他管教"工人"。所以，他担心自己因为缺乏"经验"而被揭穿，担心因工作中的"不合时宜"而"丢脸"。于是，他向朋友斯莫尔吐露道：

> 我宁愿面对一门上了膛的大炮，也不愿结算账目或做交易。总之，当我和人打交道的时候，我就会发现超出了自己的能力范围；对一个工程师来说，改造大自然，忍受大自然并战胜它的苦恼已经足够了。[88]

由于过分担心影响个人声望，而且不愿靠近施工中的土木工程，瓦特不适合直接负责大型工厂的日常管理，也不适合管理那些不守规矩的员工，甚至不适合直接生产蒸汽机。

事实上，直到 1795—1796 年博尔顿和瓦特接近退休时，他们的儿子马修·罗宾逊·博尔顿（Matthew Robinson Boulton）和小詹姆斯·瓦特（James Watt junior）才建立了索霍铸造厂，专门制造完整的发动机。历史学家埃里克·罗宾逊（Eric Robinson）的研究呼应了瓦特的观点，"父辈们不仅制造了机器，也锻造了人"[89]。按照达尔文、埃奇沃斯和普里斯特利的教育计划，他们的继承人将被培养成具有严谨数学思维和熟练组织能力的"工业领袖"（这是后来卡莱尔的用词）。瓦特培养他的儿子成为既能当制造商也能当工程师的人才。为此，孩子必须具备良好的写作能力，不浪费纸张，不搞无谓的仪式（为业务做好准备）；必须会画画；必须有实践经验（在木工和威尔金森铸造厂）；除了会计技能，他还应该掌握数学、自然哲学和化学的技能。他在日内瓦和弗莱堡（著名的矿业学院所在地）巩固了古代和现代语言；由于瓦特的名气越来越大，小瓦特需要在当地与有影响力的人交朋友，并通报有用的创新点。他必须遵从瓦特关于"早起、骂人、节约、健谈、喝酒、给小费和支付账单"的建议。[90]小说使人心不在焉，戏剧腐蚀道德；而击剑教会了小瓦特控制身体的能力和在人群中表现自己的能力。

小博尔顿也被培养得自由而有风度。他摆脱了自己的外省口音，说话口齿流利，还像小瓦特一样出国留学，做好父亲的代理人。他衣着得体但不炫耀，没有赌债，守时、整洁、诚实、勤奋、会跳舞、会骑马和有礼貌地交谈；小博尔顿只要听他父亲的话，就可以表现出那些对实验室、工厂和账房都至关重要的清晰、有序和精准的品质。[91]他们将在新世纪到来时接管企业，制造出完整的发动机，并经过工业培训，做好比父辈们更大的生意。[92]

在整个 18 世纪 80 年代和 90 年代，博尔顿和瓦特的公司都在与"盗版"行为做斗争，以保护他们的利润不受盗版侵害。盗版者按照他们的设计使用或制造发动机但不支付溢价，或者制造的发动机侵犯了 1769 年专利（1775 年更新）。[93] 蒸汽文化的发展既培养了创新者，也为盗版者创造了新的机会。像威廉·赛明顿（William Symington）（第三章）这样的工程师，就曾接受过瓦特发动机安装的训练，在 1784 年他熟练地提出了一种规避瓦特专利但能够制造替代发动机的方案。[94] 从内部获取发动机相关知识的制造商偶尔会冒险对专利进行仿冒。在索霍铸造厂以外生产发动机零件的一个后果就是让外界机械工程师对发动机的构造了如指掌。令人意外的是，连约翰·威尔金森都在制造和销售完整的发动机，他能够提供和瓦特发动机一样的最为关键的精密气缸。[95]

一些被认为侵权的创新者的情况则更为复杂。人们往往会得出这样的结论：如果说这些工程师制造的发动机与瓦特的发动机有什么区别的话，那就是前者比瓦特的分离式冷凝器发动机效率更高；更令人担忧的是，博尔顿和瓦特申报的专利内容非常模糊，如果发生争议，他们很难在庭审中获胜。这让博尔顿和瓦特陷入了困境：起诉直接侵权的发动机制造者相对容易；起诉那些"改进"发动机形式的人会导致更多人质疑专利的有效性。尽管如此，博尔顿和瓦特还是坚持下去了。最终，他们打赢了所有官司，获得了巨额侵权补偿款。

具有讽刺意味的是，就像萨弗里在 1698—1733 年通过其专利阻止发动机设计创新一样，这些被普遍认为是推动工业革命的发动机的发明者本身也可能造成机械工程的衰退。[96] 瓦特本人在 1785 年写道，要准备"停止发明新事物的尝试，也不尝试任何有失败风险或执行困难的事。让我们继续做我们所能掌握的事，其余的留给年轻人吧，他们既没有钱，也不担心失去声望"[97]。显然，无论是从财务角度，还是从已有发明带来的声誉角度来看，发明是高风险的；已经成功了就没有必要冒着影响声誉的风险，启动新的未经证实的冒险。这种立场持续影响到了公司内部的创新。瓦特的助手威廉·默多克（William Murdoch）在 1784—1786 年极力劝阻他不要开发蒸汽动力车，尽管瓦特想让这位最忠诚、富有才华的助手噤声，他还是"决心试试上帝是否会创造一个关于蒸汽动力车的奇迹"[98]。40 年后，铁路工程师发现了利用蒸汽驱动的其他方法（第四章）。

博尔顿和瓦特在进行这些斗争的同时，也努力发展了国内甚至国际的蒸汽机市场。他们在 1775 年之后的 10 年中，安装了 100 多台发动机，在接下来的 10 年里又安装了 180 多台。[99] 其有效营销策略是先满足国内现有需求：到 1785 年，有 21 台泵式发动机被运至康沃尔。另一个策略是鼓励贵族客户（如不关心价格问题的那不勒斯国王）高调"改进"国外的公共工程，即使这样也有发明权被侵犯的风险。例如，巴塔维安实验哲学学会（Batavian Society of Experimental Philosophy）成员在 1776 年还不能在鹿特丹的运河上使用纽科门发动机，而在 1786 年获得了为期 15 年的在低地国家使用瓦特发明的许可。博尔顿和瓦特在法国和西班牙都获得了类似的"特权"，并与美国、普鲁士、比利时和奥地利（或波希米亚）进行了协商。瓦特利用了他在科学领域的关系，博尔顿则重新利用了他在议会的关系，接近有影响力的人物（包括西班牙国王），并在关键的公共工程中投放发动机广告。他们试图通过代理，向其他国家的用户提供发动机，这些人负责防止瓦特发动机被其他国家的人生产，但这种试探性的协议取决于国际信任，而这种信任是缺乏的。正如博尔顿所说，"当一个人选择了一个合作伙伴，这个伙伴就拥有了毁掉他的能力"。国际盗版行为与国内的盗版行为一样严重，并且更甚，而且诉诸法律的机会更少。特别是在 1810 年之后，伦敦、利物浦和布里斯托尔港口的代理商充当了越来越多国际订单的中介。[100] 在西印度群岛的种植园里，蒸汽动力也成了殖民地商业和电力的重要组成部分。

因此，蒸汽动力的传播和输出需要专业的营销和技艺高超的助理。瓦特在这一方面几乎没有什么经验，但博尔顿了解并且关心广告，利用欧洲的代理商网络可以让产品变得流行，从而卖给对经济性不感兴趣的贵族，并且流向大量的公众。至于对熟练助手的需求，博尔顿和瓦特可以向威廉·默多克和约翰·萨瑟恩这样的人寻求帮助，他们熟悉发动机制造、安装和维护的"隐性知识"。蒸汽工程的实用知识是通过亲身实践发展和直接经验传播的。因此，在采矿工程师乔治·赛明顿（George Symington，威廉·赛明顿的亲戚）于邓弗里斯郡安装瓦特抽水发动机之前，选择和瓦特的一个"安装工人"用另一台已有的发动机工作；之后，威廉·默多克在1779年监督完成安装的最后阶段。[101]

在博尔顿精心策划的出口发动机交易中，合作伙伴有一个至关重要的补充资源，那就是熟练的机械师。对于声名显赫的发动机，他们派出了地位匹配的人：小詹姆斯·瓦特监督西班牙的第一台发动机；一个伦敦重要代理人负责南特的一家玉米磨坊；一个值得信赖的索霍区机械师则负责安装那不勒斯国王的发动机；博尔顿的侄子（按照博尔顿的指点，得体地穿着天鹅绒，带着2000英镑的销售预算）负责向圣彼得堡造币厂推广发动机。接受过索霍工厂培训的机械师在海外享有的地位和高薪导致很多人出走，这些外派人员选择了在国外发展技能和建立自己的商业帝国。[102]

向文化迥异的环境转让技术也是如此，尤其是面向那些缺乏系统的物资供应、运输和专业技术基础设施的国家输出技术，而这些系统和基础设施往往需要由英国的蒸汽文化滋养而成。[103]要使蒸汽成为一种强大的、国际化的帝国财产，意味着技术文化的输出，以及螺母和螺栓，或阀门和气缸的输出。瓦特太清楚这一点了——因为他收到了外国政府（法国、俄国）的邀请，在一个能充分利用其创新功绩的环境中重新开始，为帝国的建设者和其他国家的特使谋取利益。约翰·罗宾逊于1770—1774年在圣彼得堡定居，指导叶卡捷琳娜大帝的海军造船和航海。因此，即使是瓦特的朋友也卷入了这场18世纪的人才流失，这威胁到了大英帝国建设的能力。

取代蒸汽：来自"气体""热量"和电磁的竞争

蒸汽的力量在推崇者的努力下改变了制造业和运输业的许多方面，人们很难反驳实用技术"进步"的光辉。这种"进步性"的典型表现是蒸汽机取代了大气发动机，蒸汽取代了畜力、水力和风能。正如卡诺所预言的，随着蒸汽的不断发展，会引发人们对被蒸汽取代的担忧。卡诺关心的不仅是蒸汽驱动的热机，而且非常了解那些正在研究蒸汽机竞品的工程师。事实上，这些工程师们将他的评论解读为对相关研究和挑战的许可。[104] 蒸汽文化引发了关于进步的讨论。在当时，谈论、包容甚至鼓励有关蒸汽统治地位的言论是有限的。

例如，瓦特在月光社的朋友伊拉斯谟斯·达尔文声称可以用一种新型的垂直风车为陶匠韦奇伍德提供动力。[105] 关于机器可以无休止地生成力量的幻想并没有随着牛顿科学的出现而减少。[106] 从 19 世纪早期开始，新的工程期刊上充斥着关于"永动机"的新闻，宣称"永动机"能够不花费用就自行运转和产生动力，进而会对强劲稳健的经济产生威胁。在不积极鼓励的情况下，伦敦的《力学杂志》（*Mechanic's Magazine*）还是接收了一些工程研究者提交的文章，这些人坚信已经找到无成本利用重力或其他自然力量的方法。[107]

关于探索动力的其他可能性的机器的研究占据了一个有限的区域，但这些小规模的实验展示或者大规模商业投资都并未持久。马克·伊桑巴德·布鲁内尔和儿子伊桑巴德·金德姆·布鲁内尔曾花费很长时间研制一种发动机。对老布鲁内尔而言，这是对过去冒险的合理延伸。他自 19 世纪初以来一直在研究利用气泡水［卡尼亚尔·拉图尔（Cagniard Latour）的"浮力"机器］[108]、热空气（19 世纪 10 年代）和蒸汽（19 世纪 20 年代）开发热机。[109] 这种新的所谓的"燃气发动机"的工作物质是"碳酸气"

（二氧化碳）。[110]

布鲁内尔父子像瓦特一样也经常与杰出的科学人物进行讨论。他们与伦敦皇家研究所的顶尖学者展开交流，如迈克尔·法拉第。法拉第于 1823 年 3 月在导师汉弗莱·戴维（Humphry Davy）的指导下进行实验，将气体（和其他物质）液化；戴维注意到液体转化为气体只需要很少的热量，并推测这可能是热机的基础。[111]同皇家学会的关系使马克·布鲁内尔能够随时接触到这两位人物。1823 年 5 月，布鲁内尔见到了戴维，两人一起探讨使用"碳酸气"作为"动力"的问题。两个容器内装着压缩气，可由水交替加热和冷却；从每个容器引出的膨胀管接入装有活塞的动力缸的顶部（或底部）；当一个容器中的气体被冷却，而另一个容器中的气体被加热时，活塞就会产生压力差，从而驱动这个"差分机"。

压差能够达到约 35 个大气压，远远超过了固定蒸汽机的压差，这似乎能够产生一种可以取代蒸汽机的发动机。但是，如何容纳高达 65 个大气压的高压是一个关键的技术难点，相当于瓦特的气缸蒸汽密封时所面临的问题；布鲁内尔认为法拉第在选用高质量的炮铜金属部件前，应该先考虑用"铁镍合金"制作容器的可能性。[112]布鲁内尔父子进行了为期两年的密集实验，直到 1833 年才有了零星进展。年轻的小布鲁内尔在当时以大胆且努力而闻名，他常将自己置于危险的工作环境中。尽管鲜为人知，伊桑巴德·金德姆·布鲁内尔清楚地看到这个发动机可能为他带来自小渴望的财富和声誉——这个项目作为他的"空中楼阁"之一，可能"完全取代蒸汽动力"。[113]

布鲁内尔与皇家学会和法拉第关系密切，这对于扩大他的发动机的名声颇有裨益，这一发动机被视为可靠的伦敦精英科学的实用转化。1823 年，马克·布鲁内尔拜访法拉第后，法拉第在很长一段时间内持续参与他的发动机项目。[114]布鲁内尔发动机项目取得了"压力泵"（1823 年 9 月）的进展[115]，进行了一个阶段性展示来"证明"一组管路在压力下容易泄漏

（1824年2月）。[116]1824年4月，这个"证明装置"已经发展到45个大气压，但显然还不足以使气体凝结。[117]基于一段时间的修正，法拉第将在1824年的圣诞节见证一个更有把握的装置。[118]最终，布鲁内尔在1825年1月中旬把家和设备一同搬到了黑衣修士桥附近，宣称"经过过去四周每天不断地修改和试验后，终于成功试验出了轻巧结实的容器"[119]。

尽管法拉第看到布鲁内尔信心满满、一心一意地稳步推进项目，但私下里，伊桑巴德却被他父亲主导的声名狼藉的泰晤士河隧道工程（从罗瑟希德到沃普），建设贝尔蒙西码头的计划，甚至还有"横跨巴拿马运河"等工作分散了精力。"气体引擎"研究令他"非常焦虑"，即使获得了投资者相当大的支持，但他认为其进展只是"还过得去"，仅仅是"可能会成功的"众多宏伟项目之一。他为养家努力维持生计，没有马车、马或男仆，"只有两个女仆"。布鲁内尔需要暂时脱离"关于15英里/小时的蒸汽船的空中楼阁"和拥有"一大笔财富为自己建一栋房子"等更多宏伟的计划，选择安于"一幢小房子"和"一辆小马车"的想法，并且担心如果他父亲去世或者隧道工程失败，他可能会"走上穷途末路"。[120]

1825年6月，实验者们已经掌握了解决填料失效和充注到96个大气压后零件会爆裂的问题的方法，他们成功压缩了气体。[121]这项花费了1250英镑的试验成了从理论上的"验证装置"向大规模的"差速式发动机"转变的关键。[122]和瓦特一样，马克·布鲁内尔也获得了专利（1825年7月在英国获得了专利，随后在爱尔兰和法国也获得了专利），标志着从验证性装置向大规模试验的过渡。[123]他在专利中宣称改进发动机的原理源于法拉第，实际上也可以追溯到英国皇家学会，1823年他在那里公布了研究成果；但该专利更多地描述了实用发动机的细节。动力来自充油气缸内上下运动的双功能活塞；圆柱体的每一端都通过一根管子连接到另一个"压力容器"，里面一半是油；另一根管道连接每个压力容器的顶部和一个装有液化气体的圆柱形容器；密闭的管子将穿过那个容器。当热水通过第一个液—气容器的管子，冷水通过另一个液—气容器的管子时，就会产生一个压差，这个压差通过油以液压形式传递到工作缸，从而抬高活塞；倒转的水流会迫使活塞向下。在曲柄的帮助下，产生旋转动力——正是工厂里的机械所需要的动力。

当商业权利有了保护，对新发动机的广告宣传活动就开始了。马克·布鲁内尔的朋友兼传记作家理查德·比米什（Richard Beamish）声称，"燃气机可预见的好处强烈地激起了科学界和商界的希望"[124]。如果其所言为真，一部分原因是法拉第在 1826 年 2 月为英国皇家学院的高雅成员举办的"晚间演讲"上展示了它。马克·布鲁内尔为法拉第准备了专门制作的图纸和一份专利说明书，包含对其功能的详尽解释。[125] 法拉第一上台，就强调了老布鲁内尔"3 年的努力"，讲述了英国皇家科学院实验室作为成功液化气体的最初地点所发挥的作用，以及布鲁内尔的目标，即"一种在功率和用途上可以与蒸汽机媲美的发动机"。发表在《科学季刊》（*Quarterly Journal of Science*）上的报告详细描述了在保持"完全安全"和"没有一次事故"的情况下机器所产生的巨大压力（120 个大气压）和大量的冷凝气体（"一品脱半"），以及组装一个冲程为 4 英尺 ① 的大型发动机的计划。[126]

这些背书，特别是法拉第的演讲，提升了人们对新的机械动力的信心，这源于它与精英实验科学超乎寻常的密切联系。对布鲁内尔而言，发动机的工作仍在继续，其他项目却在浪费时间：随着河水从泰晤士河上游涌进泰晤士河隧道，"大钻孔"工程停止了，直到 1835 年才重新开始。在此之前，伊桑巴德继续为父亲推动其他项目，并且更多地关注自己的使命。但在助手威瑟斯的帮助下，他继续燃气发动机的研究，该设备被船运输到罗瑟希德废弃的隧道工程中："我现在在罗瑟希德继续做燃气发动机的实验——过去 6 个月一直在装仪器！""这个研究可行吗？我余下生命的

---

① 1 英尺 =0.3048 米。——译者注

1/40——多么美好的生活，梦想家的生活——总是在建造空中楼阁，我浪费了多少时间啊！"[127]

即使到了 1824 年，布鲁内尔仍在考虑所研发的新动力是否适用于船舶发动机，并与 1822 年马克获得专利的 V 形框架蒸汽机展开有力竞争。1832 年，尽管海军部与布鲁内尔的关系并不愉快，但鉴于多年的合作颇有成效，海军部也表现出了对燃气发动机的些许兴趣。1832 年 9 月，勋爵专员们被说服开展相关研究。[128] 其中，以冷凝气体作为机械制剂可行性为目标的委员会由两名化学家和杰出的土木工程师约翰·伦尼（阿尔比恩磨坊的约翰·伦尼家族的年轻成员）组成，法拉第本人却拒绝参加。他向海军部第二秘书约翰·巴罗（John Barrow）提议，作为该原理的"发现者"，他的特殊身份可能会影响公正性，因此最好先由委员会提交报告，随后他再提交一份独立的评估，同时他也意识到对"仪器"的详细调查可能会揭示出"一些哲学观点，他更倾向于对这些观点展开深入探讨"。[129] 在这种情况下，布鲁内尔的业绩受其与贵族赞助者的关系，以及法拉第本人偏好的共同影响，最终筹集到了 200 英镑，"帮助布鲁内尔获得一个实际结果"。布鲁内尔夫妇总共投入了 15000 英镑的自有资金。[130]

1832 年年底，燃气发动机、伊桑巴德的伍尔维奇码头和克利夫顿吊桥在竞争中推进。三者的共同点是投资后没有快速的回报，发动机的成功不仅依赖于科学知识到实用机器的应用，也取决于经济原因，这一点越来越显著。测量燃料消耗的结果已经让矿主们相信瓦特的发动机超过了纽科门机器的经济效益，瓦特在 18 世纪 80 年代仍坚持继续对蒸汽的特性开展实验。在 1832—1833 年的冬天，马克·布鲁内尔利用新筹措的资金开展了长期的实验，"仔细而准确地"测量经反复提纯的碳酸液体或气体的压力和温度，以明确燃气发动机可能产生的经济性，主要目标是向法拉第提供气体潜热的数值。[131] 伊桑巴德·布鲁内尔得到的结论是令人沮丧的，"燃料在经济性方面优势不足，近 10 年来为这一项目投入的所有时间和费用都浪费了。因此，它必须消亡，我所有的美好希望也会随之消逝、崩溃、随风飘逝，别无他法"[132]。比米什恰当地总结了这个冒险性的但最终成了一种浪费的故事：

> 这一巧妙的理论曾赋予人们极大的希望，并被预言为实用机械学进入新时代的前兆，最终却发现它根本无法实现那些经济条件，从而也无法实现相应的商业价值。[133]

当然，瓦特无法评价燃气发动机，因为法拉第的液体实验是在他去世后几年才进行的。但瓦特确实知道应尝试利用大气中普遍存在的物质，而非液态"碳酸气"这种罕见的、形态极端的物质。[134]这些试验起源于罗伯特·斯特林（Robert Stirling），他在加尔斯顿庄园的一个附属车间里担任牧师。斯特林于1816年为该发动机申请了专利，但他在教会的影响力却没有帮助这种实际的工程提高可信度。后来，他的兄弟詹姆斯·斯特林在邓迪铸造厂继续进行商业化实验。作为一名专业的工程师，他负责管理该铸造厂。实验的想法是使用一个圆筒对空气进行加热和冷却，同时让"节电器"这一特殊装置在其中来回移动。这个装置的命名反映了这款发动机的目的，即和瓦特的发动机一样，旨在从根本上减少燃料的消耗。

瓦特一直是一个狂热而专注的书迷。1817年，他曾抱怨这种习惯最终损害了他的视力，迫使他放弃了校阅"科学杂志"，这使他对后来的热能工程实验一无所知。当他看到、听到关于新型"空气发动机"的草图或口头描述时，也只能给予微弱的鼓励。他很想知道空气相较于水的优势，有人告诉他空气能更好地实现"运动的目的"，因为在偏远地区很难携带或找到水。此外，斯特林的目标是"通过阻断热量传播并仅在需要使用的时间来利用这些热量，从而节约燃料"，据说这就是节电器的功能。瓦特对此不以为然，声称"在斯特林先生将发动机安装在轮子上并沿路行驶之前我不会发表任何意见。斯特林先生会发现，推广使用之前还有许多困难需要克服，正如我的发明所经历的那样"[135]。年轻时的瓦特肯定会赞同节约燃料的想法，但疲惫而衰老的瓦特却并不看好这个激进的发动机能与博尔顿和瓦特公司进行竞争，因为这个公司仍然由他儿子和博尔顿的儿子经营。但是到了 19 世纪 40 年代，詹姆斯·斯特林坚称他的发动机优于蒸汽发动机。由于在邓迪进行了大规模、长期的实际演示和广泛宣传，欧洲机械工程师和自然哲学家对热空气作为蒸汽的替代品产生了浓厚的兴趣。[136]

斯特林兄弟对他们的发动机所做的保守而又似是而非的描述，根本无法与约翰·爱立信（John Ericsson）的老练相媲美，后者在技术上的才华和自我推销的夸张程度远远超过了同时代的伊桑巴德·金德姆·布鲁内尔。[137]19 世纪初，爱立信从瑞典来到英国，急于探索机械和热能工程方面极富挑战性的项目，比如他的"火焰发动机"或"组合式旋转蒸汽机和水轮"。[138]《力学杂志》的编辑非常欣赏他，但他的项目是否超越了大胆合理的创新，达到超出幻想而令人无法接受的界限，这一点尚未明了。爱立信将是雨山机车试验的一个重要竞争者（第四章），他极具争议的"热量发动机"在 1833 年 4 月获得了专利，当时布鲁内尔夫妇刚刚放弃了燃气发动机的研制，致使国内公众和熟练工程师之间产生了分歧。1834 年年初，老布鲁内尔在当时的内政大臣斯宾塞伯爵的陪同下考察了这一发动机。他认为该发动机行不通，其原理是虚假的，这一结论导致爱立信与当时的布鲁内尔一样没有获得政府的资助。[139]然而，爱立信的许多支持者认为，取代蒸汽发动机的将是热量发动机，而非燃气发动机或其他任何冒充最优动力的发动机。如果爱立信的说法是真实的，即它可以在消耗少量燃料的情况下运转，且燃料消耗远远低于蒸汽或者根本无须燃料，那么它怎么不可能取代瓦特发动机。毕竟爱立信的发动机配备了一个与斯特林的节电器相当，被称为"再生器"的装置。据媒体广泛报道，爱立信称这个装置具有重复使用热量（卡路里）的功能，不像蒸汽机在每个冲程后都会浪费热量。[140]然而，这种无消耗发电的"诱人"可能性违背了卡诺的理论主张，即从一定量的热量中产出的功率是有限的，随着这一主张被广为宣传，削弱了爱立信在实用工程师和科学人士中的信誉。

　　爱立信没能说服英国人相信他的发动机确实能够达到宣传的节能程度，也许是因为 1834 年 2 月 14 日，法拉第在英国皇家学会星期五晚间的讨论中展示了爱立信的发动机，就像之前展示燃气发动机一样。这次的展示上众说纷纭，而爱立信本人也没现场促进达成有利于自己项目的共识。他面临着与布鲁内尔家族一样的问题，其他项目（蒸汽船的螺旋桨）分散了他的精力。1835 年 8 月，当他欠邦德街裁缝和其他人的债务达到了 12000 英镑时，他在道德和经济上的诚信都受到了严重质疑，对于他在实践和哲学方面敏锐程度的评价标准也受到了灾难性打击。[141] 人与机器之间命运的联结是如此刻意而紧密，热量发动机的声誉也随着其推崇者的名声一同跌入谷底。最终，爱立信离开英国前往北美，在那个没有传统束缚的地方，更有利于激发其灵感。

　　爱立信坚持热量实验的时间远远超过了瓦特和布鲁内尔父子。1853 年，在申请英国专利 20 年后，爱立信宣称为重达 2000 吨、长 250 英尺的远洋船"爱立信"号配备了他研制的发动机，计划利用热量横渡大西洋，这充分彰显了他的野心。他的计划迅速传至大洋彼岸，并在工程领域的传统（尤其是土木工程师协会）会议上进行了详细讨论。当时与会人员刚刚开始研究建造远洋航行的大型铁船，但他们已经意识到了新势力及其主导的航运帝国是相当危险的。此时的布鲁内尔面貌一新，成了大胆的且极具争议的"大西部铁路"（第四章）的工程师、大型远洋轮船的建造者，以及巨大的蒸汽动力船舶"大东方"号（第三章）的设计者，并战略性地安装了爱立信的发动机作为探索永动机的尝试。遗憾的是，当爱立信的船沉没后，评论家们否定了爱立信的发动机，认为它需要至关重要的实用证明。当时，他的船只试验结果存在争议，没有应工程师的要求进行长航程前必要的试验。[142]

船舶沉没通常会导致建造者陷入信心崩塌的状态，爱立信却展现出了惊人的坚韧，奇迹般地坚持了下来。与那些顽固的怀疑者的预言恰好相反，在接下来的 10 年里，热量发动机作为小型、混合型的动力装置重新出现，用途广泛，易于运行和维护，使用安全并且操作成本低。尽管爱立信最初希望它们能成为主流船用动力，但实践证明它们更适用于美国的印刷贸易，为机械化和大量印刷服务。颇具讽刺意味的是，爱立信对自我宣传相当狂热，而且他与布鲁内尔一样爱好操纵媒体。在爱立信的晚年，他在美国之所以受到广泛欢迎，主要源于其技术在军用机械领域的应用，特别是他在内战时期生产的"监视器"系列船只，以及他关于太阳能的"远见卓识"。但在 19 世纪 50 年代，他还没有关注太阳，而是向大气寻求利润、权力和声誉。[143]

自 1859 年起，马萨诸塞州热量发动机公司的贸易宣传对爱立信的热量发动机不吝溢美之词，称其为"人类的智慧赋予其种族的最伟大的恩赐之一"。因此，纽约的《印刷商》(Printer) 杂志如此宣扬其对热量创新的看法：

> 这种关于蒸汽热量的创新最终达到了完美的境界，不久将在机械艺术的各个部门取代蒸汽机，因为这些部门都需要更强大的发动机。[144]

这本杂志称风和水是"不可靠的、流动的力量"，蒸汽"虽然更加稳定但也很危险"，并伴随着"许多危机"。但是，爱立信的推介者声称，"常见的大气"正在驱动"无害的、可控的、稳定且普遍的发动机"，实用艺术的进步中充斥着大胆但短暂的实验（燃气发动机只是其中一个例子），也许这个问题更加敏感，热量发动机公司强调，爱立信的发动机"不再是实验品，而是完美的、实用的机器，它们每日在众多领域中发挥作用，并取得了稳固的成效"。

尽管动力工程设计者最终关注的是经济问题，但他们深知人们是否会采用新型机器也受到其他因素影响。热量发动机比蒸汽机更经济（据推广者称，它只需要使用后者 1/3 的燃料），也有很多观点认为它对技术、维护、保险和供货制度进行了有益的修正。根据瓦特等人的要求，蒸汽机需要受过理论和实践培训的专业工程师组成的既定权威群体来操作，而热量发动机（更民主）则是"纯粹的孩子般的"领域。在斯密关于"火力发动机"的回顾中讲到，这种"人类发明的最简单的机器"是由"办公室的一个男孩""一个学徒"和一个仓库搬运工负责的。尽管高压蒸汽有助于提高经济效益，瓦特从实验早期，就一直担心高压蒸汽会引发事故。布鲁内尔家族面临的则是管道爆裂问题，通过使用一个充满非高温空气的低压热量发动机，这些问题便迎刃而解了。热量发动机的"危险程度没有高于普通炉子"，而且成本低廉。[145]对于蒸汽工程师而言，从 19 世纪 20 年代末起，无论是在工厂还是在客运和货运铁路上（第四章），都面临着如何确保充足的水供应的难题。而热量发动机则不需要，正如一位热机狂热者的评论所言："它为我们省去了一名工程师，节省了燃料，并且免于身体部位被炸掉的风险。"[146]

这本小册子的大部分内容都试图论证这些优点的可信度，几乎达到了令爱立信的宣传人员"抗议"的程度。书中有一些小型单动和双动发动机的插图（由调速器调节，可旋转动力传输到皮带驱动的机器上），令人信心十足。在南格罗顿有一幅版画，绘制了巨大的多层厂房与一条客运、货运蒸汽铁路线相邻，也许这颇具讽刺意味。

有清单显示，到 1859 年，已经建成了 100 台或更多的热量发动机，它们的气缸尺寸从 8 英寸①至 32 英寸不等，服务于从波士顿到巴尔的摩、从辛辛那提到古巴、从牙买加平原到普罗维登斯的公司和个人客户。

---

① 1 英寸 =0.0254 米。——译者注

如果这些证词可信，那么当时这些发动机在各行各业的多样化应用性甚至会令最顽固的工业评论家感到惊讶，当时这些发动机甚至能在货物仓库中移动起重设备。驱动"双缸"和"锄缸"印刷机的是热量而不是蒸汽或电磁。这种印刷机每小时能印刷数千份报纸，因而被《美国人的观念》（ *Yankee Notions* ）、布鲁克林《每日摘要》（ *Daily Transcript* ）、巴尔的摩《价格报》（ *Price Current* ）、《辛辛那提报》（ *Cincinnati Press* ）和《奥格登斯堡民主党报》（ *Ogdensburg Democrat* ）等报社抢购一空。追赶潮流的人发现，瓦特利用蒸汽从塞纳河抽水到凡尔赛宫的计划在法国大革命的动荡中失败了，[147]但爱立信的发动机却出现在众多追捧新奇事物的绅士们的乡间住所，用来驱动家用水泵。尽管当时的火车站仍配备着燃煤蒸汽机，但热泵最终取而代之（这种热泵完成同样的工作只花费蒸汽机一半的时间）。就在"爱立信"号沉没5年后，佩勒姆的J. A. 罗纳尔兹（J. A. Ronalds）推出了一艘由爱立信发动机驱动的50英尺桨轮游艇，将其命名为"卡路里"号。据报道，36英尺高的"玛丽·路易斯"号在哈得孙河上游60英里的旅程中，平均时速达到7英里，一位紧跟风尚的波士顿绅士随即订购了一艘由螺旋桨驱动的70英尺高的热量发动机游艇。

驱动这些发动机的并非昂贵的煤或焦炭，而是低档的燃料，它们能驱动发动机服务于"工业的所有形式"，像制革、橱柜制造、电线加工、车床和铸造工作、咖啡研磨、烟草加工、裙子生产和玻璃切割等行业。爱立信发动机既能用于顺势疗法药房，也同样适用于种植园。这些自发性的使用证明了，热量能够提供"普遍适用的力量，只需要有限的、经济的、安全的、独立的和自我管理的动力"[148]。它在美国国内的发展似乎证明了那些预测它会失败的传统人士是错的。如果人们相信爱立信如他在南格罗顿的盟友们吹嘘的那般，那么他的发动机除了一个方面之外在其他方面都不受限制，而这一方面就是蓄热器的出现使人们悄悄放弃了发动机不使用燃料的不切实际的想法。

对永动机的幻想流行于 19 世纪 30 年代，随着爱立信的试验再次被提出，清醒的英国工程师们则认为它太过夸张。谨慎推动改进斯特林发动机的人刻意与这种"热情"和不确定的言论保持距离。在这些富有理性主义的工程师中，有些人并不喜欢爱立信和布鲁内尔对其作品进行的浮夸宣传与作秀，他们在铁路与远洋班轮的蒸汽动力技术方面不乏经验，较为突出的有詹姆斯·罗伯特·内皮尔（James Robert Napier）和麦夸恩·兰金（Macquorn Rankine）。内皮尔来自一个活跃于格拉斯哥和伦敦的家族，他因在机械工程和海洋工程方面取得的成功而闻名（第三章）。他对格拉斯哥学院的自然哲学研究转化为实际回报的想法特别感兴趣。从兰金的言论和工作中也可看到这一点。1855 年，兰金从土木工程师（铁路、测量和电报）转为土木工程和机械学会的主席，在这一职位上，兰金教授运用"工程师的科学"在"理论与实践"的世界之间架起了一座和谐的桥梁，尽管很多人认为这是不切实际的思想及未经训练的行动，但兰金却将其视为个人使命。[149] 在实践和技术领域，他是一个无所不包的吸收者，同时也是一个高产且日益权威的产出者，在应用力学、热机、机械工程、土木工程和造船方面推出了一系列不朽的、深奥的教科书。兰金当时在科学领域的声誉并不那么稳固，这主要受他在 19 世纪 40 年代末 50 年代初对热力学这门新科学探索的影响。[150]

然而，兰金对热力学发动机（或热能做功的发动机）新的理论阐述很少受到他人质疑。其理论从总体上阐释了该发动机（利用蒸汽、空气和其他物质）的原理，曾令 19 世纪 20 年代的卡诺和 19 世纪 40 年代的威廉·汤姆森都感到震惊。在公开场合，兰金对未来实用发动机设计的最佳路线表达了一般的甚至是漠然的意见，他认为这是一种对实际发动机的完美程度近乎宗教般的追求。这种完美并不是由瓦特的标准来衡量的，而是需要靠现在的热力学和能量科学确定其发展极限。私下里，兰金相信热力工程的未来在于詹姆斯和罗伯特·斯特林发明的热空气发动机，这是出于理论上的考虑，而非受到詹姆斯·斯特林在邓迪的公开演示或爱立信在纽约的滑稽表演的影响。正如他在1853年2月跟内皮尔所说的那样：

> 毫无疑问的是，如果爱立信船长的船舶能够成功穿越大西洋，那么公众舆论将明显转向支持空气发动机，从而提升对该发动机的需求。就像航海的情况那样，在所有缺乏燃料或水的地区，机车也许最终将取代蒸汽发动机。[151]

内皮尔和兰金相互成就，就像博尔顿和瓦特一样，只是他们在技能、资源和抱负方面的精确分工有些不同。内皮尔拥有资金、机械专业知识、大量的技术资源，在兰金的悉心指导下，内皮尔期望将发动机应用于航海。兰金有技术、理论和预处理技能，但他缺乏资金，希望找到一个盟友直接开发这种发动机，并研究了如何"改进"斯特林发动机。与瓦特经历形成神奇呼应的是，兰金可能是通过与格拉斯哥学院的联系，获得了斯特林兄弟存放在那里的发动机模型，并且应用于他的自然哲学课教学，在教授生涯早期他便得到了威廉·汤姆森的赞扬。汤姆森则直接将斯特林与瓦特相提并论，并夸大了他与已经成名的格拉斯哥学院的关系。像博尔顿、瓦特一样，内皮尔和兰金也从事实验性发动机的工作、处理专利问题，以及寻找赞助者和客户。像布鲁内尔家族一样，内皮尔和兰金利用他们不断扩张的社会关系网络（主要来自英国科学促进会）来调动航海领域人士对二人成果的关注和热情（第三章）。

这些事件具有历史讽刺意味的是，最终能够成为新的科学正统的，是改革和重组19世纪物理学帝国的"能源科学"（它掌握在兰金的手中）。它获得了威廉·汤姆森和詹姆斯·焦耳的支持，他们预测空气发动机注定要成为"完全取代蒸汽机的新动力"。此外，它还可以抑制爱立信这样的工程师的狂热，以免他们的言论和对媒体的操纵破坏公众的信任，致使空气发动机项目遭遇无法挽回的失败。但是，它没能以足够快的速度和足够低的成本来应对热空气发动机的新技术所遇到的具体实际困难，也未能在海洋蒸汽机的创新中促使英国支持者继续推进开发（第三章）。

与燃气发动机和空气发动机同期开展实验研究的还有另一种自然动力，人们一度认为它会挑战蒸汽的地位。1820 年，哥本哈根的专家汉斯·克里斯蒂安·厄斯泰兹（Hans Christian Oersted）证明了载流电线能产生磁场效应。1824—1825 年，威廉·斯特金（William Sturgeon）发明了一种带有软铁芯的"电磁铁"，面向公众展示了其惊人的力量，颂扬工人的艺术才能而非哲学家的永恒原则。[152]斯特金的《电学、磁学和化学年鉴》（*Annals of Electricity, Magnetism, & Chemistry*）及《实验科学卫报》（*Guardian of Experimental Science*）广泛宣传了自 19 世纪 30 年代中期欧洲和美国兴起的各种机器，来回答人类是否可以像利用蒸汽那样利用电和磁的力量来制造动力。[153]

俄罗斯帝国的多尔帕特大学（今在爱沙尼亚的塔尔图）教授赫尔曼·冯·雅各比（Hermann von Jacobi）坚信厄斯泰兹的"发现能为现实中的机械师提供一份新的职业"[154]，就像瓦特的蒸汽事业也为他们提供了堪称典范的职业轨迹那样。这意味着该技术能够培养出熟练的电工，同时能够将演示模型（雅各比称为丰富了"物理柜"的"有趣的玩物"）转变为大型发动机。此外，为了与蒸汽竞争，它需要制造出满足工厂所需的旋转动力的发动机。普林斯顿大学的教授约瑟夫·亨利（Joseph Henry）制造了最早的电磁发动机，它有"一根悬挂在中心的横梁，并以蒸汽机横梁的方式有规律地振动"[155]。雅各比一开始使用的是"直线运动"装置，到1834 年制造了第一台"持续原始圆形运动的磁力机器"，像瓦特的蒸汽机一样避免了对连接机器造成"伤害和破坏性的振动"。雅各比通过"通讯器"解决了旋转运动问题。[156]尽管其表述稳重冷静，谨慎地建立于先进的电气科学基础上，但雅各比也指出了这种"新型移动器"更具安全性、简单性和经济性，认为这些品质使其拥有了优于蒸汽的绝对优势。[157]

1836 年 10 月，斯特金介绍了一款"用于转动机械的电磁发动机"，声称他在 1832 年秋就制造了这款发动机，并于次年 3 月在伦敦莱斯特广场附近的西方文学和科学协会展出。在随后的演示讲座中，这台发动机"激发了人们强烈的好奇心"，斯特金用它来牵引马车、"铁路车厢"、锯木头和抽水，"其动力规模与我们看到的大型蒸汽机驱动机器的动力规模别无二致"，由此引发了其与蒸汽机的比较。[158] 1837 年 4 月，尽管该发动机仍处于"较为粗糙的状态"，没有做好公开亮相的充分准备，但它已经实现了蒸汽机所具备的两个关键指标，即"通过电磁的力量驱动船只和火车车厢"。[159]

1835 年 7 月，在美国未受过正统教育的佛蒙特州铁匠托马斯·达文波特（Thomas Davenport）用电磁铁实现了旋转运动，于 1835 年 7 月向亨利教授展示了这一机器，获得了一份保证其发明者身份的原创性证书。为了让这项发明跳出学术研究框架走向实践应用，达文波特向兰塞姆·库克（Ransom Cook）求助，后者为其提供了机械专业知识、广告技巧（"以最有效的方式将对象呈现在公众面前"），激励他在美国申请机器专利（1837 年 2 月），并试图确保在欧洲获得专利权。[160]《富兰克林学院学报》（*Journal of the Franklin Institute*）重新刊印了该专利，暗示达文波特很贪婪（该专利涵盖了"磁力和电磁力的运动原理，以上述方式在特定机器中的应用，或其他基本相同的原理"）[161]，并通过欧洲"杰出的哲学家"的相关实验报告和 1833 年伦敦《力学杂志》上相关机器的报告来削弱他的原创性主张。但是耶鲁大学的教授本杰明·西利曼（Benjamin Silliman）认为，达文波特发明的是"极简和高效的电动机"。斯特金作为《电学、磁学和化学年鉴》的编辑和电磁学的竞争者，了解工厂对动力的渴求，这一点使达文波特成了"应用直流电技术产生旋转运动方法的发明者"。[162]

达文波特的工作获得了广泛关注，特别是在报纸和在纽约出版的一本 94 页的小册子中，概述了机器的历史，回应了其相关正面报道，并将其置

于科学背景中 [摘自玛丽·萨默维尔（Mary Somerville）]。但西利曼认为记者们缺乏警惕性，斯特金则担心英国人（那里也展示了达文波特的发动机模型）对"著名机器"形成了"错误观念"。[163]西利曼关注的焦点是，记者们的吹捧是否会阻止人们资助"这项有趣的研究"，并允许必要的"坚持不懈的实验"继续下去。[164]电磁发动机的发起者及其盟友在合理报道与破坏信心的热情之间如履薄冰。

为了缓和倡导者大胆主张的负面影响，做出更为谨慎、值得信赖的评价并且获得资金支持，西利曼为科学领域（已由亨利代表）提供了新的许可。作为一名非利益相关的观察员，他亲自检查了达文波特的两台发动机，通过直接可靠的观察戳穿了一些记者鼓吹为奇迹的行为。达文波特技艺纯熟的助手伊斯雷尔·斯莱德（Israel Slade）将第一台机器（带永久磁铁）运送到纽黑文供西利曼检视，西利曼称其为"哲学仪器"，并称赞它达到了"令人惊叹的美丽程度"，但他仍然担心大规模推广后其功能存在局限性。1837年3月，托马斯·达文波特亲自拜访了西利曼，并向他展示了第二台机器（通过使用电磁铁突破了尺寸限制），西利曼对此印象更加深刻。没过几天，他便匆忙地发表了结论，即电磁确实可以产生低成本、无限期的旋转运动，而且其极限尚未可知。他的结论是，"应该秉持热忱的态度，以正确的科学知识、机械技术和充足的资金为辅，对其进行研究"。针对科学和艺术，应做"善于发现的女仆"，那么人们将得到"丰厚的回报"。[165]显然，西利曼关心的是建立大众的信任，而达文波特却是在进行资本化运作。

斯特金在对公众的讲座中演示了用电磁马达来完成蒸汽的工作，达文波特和库克则致力于实现更大规模的效果。1837年12月，他们制成了一台"强度惊人"的车床，可以钻穿与自身实际尺寸相似的铁、钢或木材。[166]他们在纽约进行了实验，设计了一台可以驱动内皮尔印刷机的机器，富兰克林研究所的编辑称，这将是对机器价值的真正考验。一家股份制电磁协会的经营者向"热心公益的个人"筹集资金,以便为"人类的利益"而"开展实验"。[167]达文波特在纽约举办展览,推广他的机器,并与政府人员接触,让总统见证了一个电磁马达的成功。达文波特很谨慎,他"不愿被视为狂热者",但他预测"不久之后,通过两个电热磁铁的简单作用,就可以制造出能够驱动最大机器的发动机,并且其成本远低于蒸汽机"[168]。评估这种动力是否能"取代蒸汽",关键问题在于大型发动机的"经济性",但目前来看,"操作电磁装置的成本将大大低于蒸汽装置"[169]。

还有人推测,即使是在小规模应用中,电磁发动机在许多方面也可与蒸汽机相匹敌,仅相当于"一个成年人力量的发动机将与蒸汽机发挥同等价值"。因此,假设燃料成本低于一个人的劳动成本,那么它将"在经济方面产生同样甚至更大的作用,该仪器的现状正是如此"。新的发动机只有在作业时才会消耗燃料,它可以完成那些对于蒸汽机而言过于笨重的工作,它也不需要专业工程师的熟练操作,并可以随时为"我们的车床、磨刀石、洗衣机、搅拌器、圆锯和其他一系列东西"做好准备,"满足农民、机械师和管家的各种需求"。他将其与新修的铁路相提并论,并断言"我们将无法忍受缺少这种新动力的生活,就像我们现在不能忍受 10 英里/小时的慢速旅行一样,因为我们已经将其视为人类生活的一种痛苦"[170]。

19 世纪 30 年代中期掀起的铁路狂热才刚刚消退(第四章),评论家就发现国际上兴起了追求发展电磁发动机的热潮。斯特金的《电学、磁学和化学年鉴》印证了这一点,其本身也助力了电磁发动机的推广。年轻的詹姆斯·焦耳也参与其中,并于 1838 年 1 月开始为"能驱动任何机器"的发动机做广告宣传。[171]到 1839 年 5 月,他承认自己和其他电工一样,确信电磁将"最终取代蒸汽来驱动机器"。[172]在新动力的捍卫者之中,最著名的学者是泰勒博士,他于 1841 年向英国公众宣讲了德国、俄国和美国的电磁发展,它们不仅影响了作为新型动力的蒸汽,而且也威胁到了其作为帝国象征的重要地位:

　　蒸汽对国家和个人等所有关系都产生了巨大而有力的影响，它促进了相距最遥远的国家之间的交往，并对帝国的面貌产生了无可否认的影响，其效果与先前人类思想所产生的任何发明相比都难以估量。特别是对英国来说，它起到了巩固其权力的各种要素的作用，并通过消除空间和时间的界限，使英国这一帝国的各个地理部分如此接近，它使成员的所有血管都浸润了新的生命和活力，并赋予其手臂以神经力量，从而使帝国的统治能够长期持续下去。"蒸汽"即将被取代，这一点很难说。[173]

　　直到 1841 年，泰勒将蒸汽描绘成一种改变国家和个人关系的力量，蒸汽在船舶和铁路上的应用消灭了空间和时间的界限，并分散了"庞大的大不列颠帝国"，人们认为这是陈词滥调。但泰勒以人们熟悉的概念为基础，宣称电在蒸汽赋予帝国这个巨大的有机体生命力的过程中，是有利的促进因素，它"使各个巨大的组成部分的所有血管都浸润了新的生命力和活力"，并赋予其"手臂以神经力量"。[174] 然而，这种力量很危险且成本高昂，并且完全依赖于燃料供应，经常面临相应燃料短缺的困顿，因而存在致命的缺陷。

　　电磁发动机作为一个新生物，它翘首以盼要为庞大的帝国机构提供动力，不仅要驱动车床、印刷机、工厂和锯木厂（在巴伐利亚已有一个由电磁驱动的工厂），还包括新的电磁船和电气化铁路。1837 年，雅各比与俄国政府合作，"将电磁学应用于机械工作，特别是船舶驱动方面"。1838 年 9 月，1 艘高达 28 英尺的大帆船配备了和蒸汽船一样的桨，由电磁发动机提供动力。船上装有 320 对电池板，因而甲板上留给 14 名乘客的空间很小。这艘船在逆着涅瓦河的水流中前进时，其行驶速度达到了 3 英里 / 小时。[175] 雅各比想在此基础上再接再厉，建造一艘更大的船，并为其组装一台额定功率不少于 50 马力的发动机。

1837 年 6 月，梅努斯的罗马天主教学院备受争议的自然哲学教授卡伦已经建造了自己的电磁发动机。他相信，通过"实验"，这个发动机"可以成功应用于各种机械工作"。卡伦计划制造一台功率最高达 2 马力的发动机，并以每小时 7 英里或 8 英里的速度驱动车厢前进。随着英国铁路系统的不断完善，以及规划者对爱尔兰路线的计划（第四章），卡伦的实验表明，"一台与金斯敦铁路上的蒸汽机一样强大的电磁发动机"的制造成本可能为 250 英镑，重量不超过 2 吨，每年的使用和维护费用低于 300 英镑。由此可以看出，电磁驱动铁路车厢的费用还不到蒸汽动力火车的 1/4。[176] 1841 年，工程师斯托雷尔（Stoehrer）与一家新成立的德国铁路公司达成协议，该公司使用他的电磁发动机"驱动一列载有核定数量乘客的火车，从莱比锡行驶到德累斯顿"。他坚称，该动力系统的总成本为 6 先令，而蒸汽发动机通常要耗费 5 英镑。基于这些经费测算，英国"坐拥最庞大的实验资本却对如此重要的问题无动于衷，令斯托雷尔十分惊讶"[177]。

一位来自英格兰或是苏格兰的年轻电工曾向铁路资本家提出过类似问题。经过"多年持续的努力"，罗伯特·戴维森（Robert Davidson）获得了阿伯丁国王学院工作人员的支持，尤其得到了帕特里克·福布斯（Patrick Forbes）的青睐。福布斯在得知雅各比的实验后，于 1839 年 10 月写信给法拉第，称其为"我们的同胞"，当时后者已经拥有 1 台小型车床和 1 辆足以容纳 2 人的电动车。福布斯本人和约翰·弗莱明（John Fleming）教授都曾亲眼见过这两台设备。福布斯关注戴维森的实验进展已有两年，他断言戴维森一定会创造出"非常有用、高效且极其简单的动力"。这番言论肯定了这位工匠的价值与可靠性，如同亨利在美国给达文波特的证明一样。[178]

《钱伯斯爱丁堡期刊》的一名记者（可能是罗伯特·钱伯斯本人）对戴维森在爱丁堡圣安德鲁广场的演示和其"传单印刷机"的印象深刻，因此他请戴维森来"安装驱动印刷机器的设备"。记者说，在这里"这款可以取代蒸汽动力的发动机已经有了巨大的市场需求"，这款安全、小巧、易于管理、可与雅各比发动机相匹敌的机器大致拥有类似"一个成年人的力量"。[179]
1839 年，戴维森的赞助者向"铁路业主"而非印刷商发出呼吁，如果让他
继续"默默无闻地消沉下去"将是"对我们国家和同胞的侮辱"，铁路公司
应该资助一家公司来改进该实验，使发动机能够投入"大规模"使用。《阿
伯丁宪法报》（*Aberdeen Constitutional*）抨击了作为外国人的雅各比的各项
成就，并称戴维森的机器现在已被成千上万的民众见证为"完善机车动力
系统的必需品"：

> 如果一个公司成立的目的是为了贯彻这一原则，那么我们将
> 没有丝毫的怀疑，但在短时间内，这里将没有一台能使用的配备
> 磁性螺旋桨的机车。而且，考虑到铁路上每天发生的事故量，人
> 们更加希望它可以取代蒸汽机。[180]

戴维森再一次出现在皮卡迪利的埃及大厦。在苏格兰皇家艺术协会的赞
助下，他在那里举办了一场题为"作为移动动力的电磁"的展览。在那里，
人们只要花 1 先令（12 岁以下儿童为 6 便士），就可以看到在环形铁路上载
有乘客的机车发动机、印刷机（为展览印制传单）、车床和锯木机，更不用
说庞大电磁铁和新的电报机了（第五章）。1842 年，戴维森的小型机车"伽
伐尼"号以 4 英里的时速沿着新建的爱丁堡—格拉斯哥铁路行驶。[181]

这种说法预示着蒸汽将从当前的工业、新的蒸汽船和蒸汽铁路事业中
华丽谢幕，但回顾西利曼关于吹嘘会破坏信心的警告，其他推动者努力将
电磁发动机纳入精英科学的理论和实践研究中，从而约束了浮夸的言论。
近期卡诺对热力发动机的做法也是如此。1840 年 8 月，在英国科学促进会
的格拉斯哥会议上，雅各比阐述了电磁发动机的重要性、他所推动的电磁
动力船取得的进展和用"基于科学"的"合法"调查来取代许多"单纯的
试验"和"无规律的尝试"。雅各比和西利曼一样，想要驯服那些善于外交

辞令的电磁推动者，但他们的本意并非要为电磁学发展按下暂停键。雅各比认为"电磁机器未来的使用和应用"是"非常确定的，迄今为止在机器制造中盛行的试验和模糊的想法，现在终于臣服于精细而明确的法律"，符合自然界在因果问题上的典型情况。[182]

焦耳曾"对电磁终将取代蒸汽"充满希望，但他现在接受了雅各比的实用科学发现，即此类发动机仍受到旋转速度的限制。1841年2月，焦耳没有向曼彻斯特的听众道歉，尽管他的发明"既没有驱动船只和马车，也没有驱动印刷机"。他坚称"我的目标一直是先探索出正确的原理，然后推动其指导实践发展"。从原理和实际测量的角度出发，焦耳将电磁发动机的可能负荷（以每提升一定高度所消耗的锌的磅数）与康沃尔发动机的蒸汽效率进行了对比，他认为这种新发动机成为"经济性动力"的可能性很小。事实上，他现在断言这种发动机只能用于"非常特殊的用途"[183]。

如果说蒸汽曾代表着进步，那么它同样预示着某种可能性——即使不是气体、热量或电磁，也会有其他动力取代蒸汽。令人意外的是，蒸汽奇迹般地幸存下来并继续蓬勃发展。蒸汽持久的韧性源于蒸汽文化的不断创新，创新往往与谨慎原则相冲突。谨慎是瓦特在18世纪80年代早期完成狂热发明后所坚持的原则，它对于保持商业信誉而言很有必要。因此，相比于卡诺，瓦特并不热衷于引进高压蒸汽机，在1801年他的第一个专利失效后，特雷维西克引进了高压蒸汽机。[184]相反，瓦特更喜欢低压，他很少利用蒸汽的膨胀作用（在压力下降的同时，固定数量的蒸汽膨胀推动活塞）或"复合"的可能性（高压蒸汽在一个小气缸中推动活塞，然后转移到一个更大的气缸中产生更多功）。

卡诺笔下的另一位主人公阿瑟·伍尔夫，在1804年为复合发动机申请了专利，之前他在等待瓦特合法垄断时代的结束。1811年，伍尔夫像动力工程领域的许多推动者一样，声称他的发动机只需要用一部分燃料（准确地说是1/3）就能完成瓦特发动机同等的工作量，因此这款发动机极大提升了蒸汽动力的经济效益，并开启了大自然的燃料库。康沃尔矿区 1815 年的报告证实了该发动机的惊人效率，像博尔顿希望瓦特能够做到的那样，达到了最高精度，建成后像陈列室的装饰品一样完美。尽管如此，到 19 世纪 20 年代，人们发现伍尔夫的发动机比单缸发动机更难维护，有关其价值的激烈讨论也随之而来。[185] 如果说当时还不清楚复合发动机能否取代瓦特发动机，那么到 19 世纪 50 年代，特别是 60 年代，航海工程师们实现了复合发动机在远洋汽船中的作用（第三章）。

　　因此，蒸汽机挑战者一度失败的原因之一在于，一些改良后更适合生产环境的蒸汽机取代了传统蒸汽机，提升了其经济性、耐用性等。这种坚韧的开拓精神使文学界有充足的时间将瓦特重塑为 18 世纪的科技英雄，他在工业的机械化进程中扮演了重要角色，英国经济实力崛起所依赖的蒸汽动力正是源自他。

动力崇拜：构建蒸汽的圣像

　　在整个 19 世纪，瓦特和蒸汽机逐渐成了视觉图像、实物演示和文字的宣传热点，甚至连印刷商都广泛宣传他生前的 6 幅肖像画 [创作于 1793—1815 年，作者之一包括艺术家亨利·雷伯恩爵士（Sir Henry Raeburn）]。此外，与瓦特的发明相关的画像也被广泛传播，就像牛顿与苹果的画像一样经典。[186] 例如，R.W. 巴斯（R.W. Buss）的一幅作品反映了对瓦特的想象：年轻时的瓦特在消磨时间时凝视着茶壶，旁边有一位并不赞成他的年长女性注视着他。[187] 一些维多利亚时期的画像，如詹姆斯·E. 兰德（James E. Lander）的《瓦特与蒸汽机》（*Watt and the Steam Engine*）也塑造了类似的形象，或者描绘瓦特 20 多岁时在工作室里努力研究格拉斯哥学院的纽科门模型时的样子。[188] 在 19 世纪的最后 30 年，正值明治时期的日本，一幅关于瓦特"发现"了分离式冷凝器的原理的印刷版画风靡于日本的各大学校，用于激励年轻的日本企业家，显然这幅作品的影响力颇为广泛。[189]

由弗朗西斯·钱特里（Francis Chantrey）爵士制作的瓦特半身像，更是充斥于科学与工程领域各种具有纪念性的场景。小詹姆斯·瓦特积极推动父亲的半身像在伦敦皇家学会顺利展出，另一尊瓦特半身像则被送到了法国巴黎科学院。为了纪念瓦特，小詹姆斯还在位于汉兹沃思的家中铸造了一座雕像，并在格拉斯哥大学树立了另一座雕像。格里诺克的居民也自发地订购了瓦特雕像，将其放置于瓦特捐赠的图书馆里。公众募捐的资金促成了一座宏伟的坐姿雕像的安置，该雕像由钱特里制作的半身像扩建而成，其复制品成了瓦特纪念馆的一部分（带有布鲁厄姆的题词），进入了威斯敏斯特教堂，安置于格拉斯哥毗邻商业区的乔治广场，也传播至利兹等富裕的蒸汽动力纺织品生产中心，尽管其过程颇具争议。[190]

在早期铁路建造者的内部叙事中（第四章），或电报界主要人物发行的小册子（第五章）里，瓦特的朋友及赞助商们书写并影响着关于蒸汽机及其所谓发明者的早期舆论，从而确保了"瓦特发明"的主导地位。[191]在这一时期，人们对动力的崇拜与日俱增，对于"机械"或"装置"抱有矛盾性心理，一方面它是国家财富的来源，另一方面又象征着一种精神破产，意味着"蒸汽"和"瓦特"被赋予了诸多不同的价值。

蒸汽史学发展于极端反标签主义的环境中。瓦特在 1796 年写了《一个简单的故事》（*A Plain Story*），概述了蒸汽机的起源，瓦特最初将书稿提交给了专利律师。[192] 1797 年，爱丁堡的《大英百科全书》（*Encyclopaedia Britannica*）收录了作为瓦特主要盟友之一的约翰·罗比森有关"蒸汽"和"蒸汽机"的文章，证实了瓦特作为蒸汽革命性改进先驱的重要地位。[193]当理查德·菲利普斯（Richard Phillips）将这篇文章纳入他的著作《公众人物》（*Public Characters*，1802—1803）时，他向瓦特本人请求批准和修改。[194]正是因为瓦特后来修改了罗比森对"蒸汽"和"蒸汽机"的描述，使其对手们对蒸汽机的贡献被淡化了。在伦尼的敦促下，小詹姆斯·瓦特收集了瓦特的传记素材，并于 1823—1824 年在麦克维·内皮尔（Macvey Napier）更新的《大英百科全书》中发表了讣告，捍卫了父亲的声誉。即使是约翰·法里（John Farey）于 1827 年（瓦特去世后）出版的关于蒸汽机的权威著作，也反映了作者对瓦特在世继承人的亏欠。[195]

瓦特于 1819 年去世，如果说他的离世产生了什么影响，那便是赞美的声音愈发强烈。1824 年 6 月，科学、商业、政治和军事领域的人士聚集一堂，为瓦特的公共纪念碑募捐。这是一个非同寻常的共识，从工匠教育的倡导者到"工业革命"时代的经济自由主义者纷纷响应。[196]英国皇家学会主席汉弗莱·戴维爵士赞扬瓦特发展了"高深的科学"，称他的地位比肩阿基米德，并且从他身上看到了"知识实际效用"的典范。瓦特"增强了人类探索外部世界的动力，提升并增加了人类生活的便利和乐趣"[197]。罗伯特·皮尔（Robert Peel）认为瓦特的发现给他带来了"直接的个人利益"，也为"这个国家的纺织业"（"我们国家财富的来源"）赋予了"新的活力与精神"，瓦特能够获得"热烈的掌声"也就不足为奇。皮尔想立一座纪念碑，作为"人类尊严的普遍证明，因为这些发现使人类变得崇高，它既能使成千上万的人享受舒适生活，又能扩大帝国的疆域、壮大帝国的力量"[198]。后来，亨利·布鲁厄姆（Henry Brougham）将这些评论提炼成纪念碑文，为最终伫立在威斯敏斯特教堂的纪念碑增添光辉。他评价瓦特道："他展现了人类智慧的理想；他是物理学研究的先行者；他改良了蒸汽机；武装了人类；使虚弱无力的双手变得力大无穷；他是最伟大的科学家之一；他施恩于全世界。"[199]

除了引发科学、制造业、文明和帝国的变革，蒸汽机的广泛应用也为战争带来了激动人心的胜利，确保了国家的稳定，抵御了他国的威胁。英国首相利物浦勋爵断言，蒸汽机意味着"军事战役甚至是整场战争的成功"，不再取决于风向。蒸汽机已经成为"推动伟大文明事业的、道德的、难以抗拒的杠杆"，贸易委员会主席赫斯基森（Huskisson）坚称，如果没有瓦特的发明，就不可能维持刚刚结束的对法战争的巨额开支。同样，议员詹姆斯·麦金托什爵士（Sir James Mackintosh）也认为，正是瓦特的发现才"使英国能够经受住她所参与的最艰巨和最危险的冲突"[200]。因此，萨迪·卡诺并非唯一一个将蒸汽力量视为影响英国商业和军事力量核心的人。

社会评论家托马斯·卡莱尔（Thomas Carlyle）对瓦特的评价则较为矛盾。他对有关实际效用的说法持怀疑态度。在公开赞扬瓦特的大会召开后不久，托马斯·卡莱尔便将这位工程师与马库斯·布鲁图斯（Marcus Brutus）做比较，布鲁图斯自然比索霍区的瓦特品德出众，但"就其效用而言，蒸汽机能让恺撒死上 500 次"。[201]卡莱尔于 1829 年在《爱丁堡评论》（*Edinburgh Review*）发表题为"时代的象征"（*Signs of times*）的文章中写道："在任何意义上，我们崇拜并追随力量，某种意义上它是一种物质的追随。"卡莱尔认为他所处的时代"不是一个英雄的、虔诚的、哲学的或道德的时代，而是一个机械至上的时代"。这是一个"机械的时代，无论外在还是内在皆是如此"。"现在没有什么事情是直接由手工完成的，一切都是按照规则和精心计算运转的。"手工技艺已被机械所取代，"活生生的工匠们被赶出自己的作坊，从而为速度更快的机械工匠腾出空间"，织布工人的手指被"铁手指"所取代，甚至连船帆和船桨也屈服于机械动力，"人们靠蒸汽横渡海洋，伯明翰的'火王'号早已造访了'神话般的东方'"[202]。

卡莱尔含蓄地指责了"火王"号和所有其他"机械时代"的代表，因为它们对人类的神秘、诗意和精神方面的破坏并没有延伸到詹姆斯·瓦特身上。在同一篇文章中，他提到瓦特父子利用"大自然的免费馈赠"，并非通过制度或其他形式的社会机制，在"不起眼的壁橱"和"车间"里同牛顿和开普勒一起推动了科学的发展。写到"制图主义"，他这样描写瓦特："手指发黑，眉头紧锁，在他的工作间中寻找火的秘密。"然而，詹姆斯·瓦特卓越的"创造天分"与其发明应用的矛盾性的分野，并没有对 19 世纪的动力崇拜者造成很大困扰，他们仍自由地推崇瓦特的名字，就像先人们尊崇圣徒一样。[203] 事实上，对瓦特生平的主要赞誉并非来自英国，而是法国，体现在巴黎科学院常任理事弗朗索瓦·阿拉戈 1834 年 12 月发表的讲话中。阿拉戈在准备这篇"有史以来最重要的悼词"的过程中，拜访了索霍工厂，与统计学家詹姆斯·克莱兰（James Cleland）博士一起参观了格拉斯哥港，意外地发现那里的瓦特纪念碑并没有建在瓦特开展实验的房子里（已不幸被拆除），而是建在了当时正在作业的蒸汽机边。[204] 阿拉戈除了与瓦特的熟人和朋友们交谈，还经常与小詹姆斯·瓦特通信，两人在巴黎面对面地探讨了悼词文稿。[205]

　　1834 年秋天，阿拉戈向瓦特的亲友打听他们"熟悉的瓦特的轶事"，来"说明瓦特早期的天赋"，他们欣然提供了一手资料。小詹姆斯·瓦特转述了詹姆斯·吉布森（James Gibson）信中讲的故事，是由简·坎贝尔（Jane Campbell）告诉吉布森的，而这些故事又是从简的姑妈玛丽昂·坎贝尔（Marion Campbell）处听来的。作为瓦特童年的朋友，玛丽昂在他们相识 50 年后写下了这段故事。在其叙述中，瓦特是一个擅长讲搞笑故事的孩童，也是一个崭露头角的问题解决者。他可以用数学计算出炉膛和墙壁所占的面积。当然，这个故事并"没有完全"复述玛丽昂·坎贝尔所说的，"不过事实是一样的"，瓦特"关于蒸汽的力量与弹性的最初想法"，可以追溯到一个无聊的孩子看着蒸汽从沸腾的茶壶中冒出并凝结在一块组合板上。后来，小詹姆斯·瓦特要求阿拉戈放弃吉布森信中的修饰，而是采用玛丽昂的原始口述文本。这样一来，阿拉戈的叙述中加入了水壶，但限制了其与发明的联系。[206]

　　事实上，阿拉戈笔下的瓦特也并非完美无缺，他曾在 18 世纪 60 年代屈服于"资本家愚蠢的短视"，放弃了研制运河工程的发动机，差点使人类错失蒸汽带来的好处。[207] 显然，是他的妻子从"疲惫、灰心和厌世"中拯救了一个公认只有两种爱好的人。[208] 否则，瓦特的生活将会乏味沉闷到需要向习惯了丰富多彩内容的听众道歉。相反，他的生活则充斥着辛勤劳动、"极其细致的实验"研究，以及沉思，而且"坦率""简单""向往正义"和"不竭的仁慈"是装点瓦特形象的"调味剂"。[209]

当瓦特与那些代表"利益集团"、古老传统的"顽固派"和对国家或个人荣誉故作骄矜的"嫉妒者"做斗争时，他需要采取严厉行动的意识才被彻底唤醒。[210]在阿拉戈看来，瓦特并不是萨弗里的传承者。被矿主们无视的萨弗里只能将发明应用于乡间别墅和花园，瓦特是不幸被忽视的法国民族英雄帕潘的合法继承人。瓦特的工作证明了那些来自"社会各阶层"的无名小卒也在蒸汽机诞生和将"英国国家权力提升到前所未有的高度"中发挥了自己的作用，这不仅仅是勋爵人家的专属，尽管瓦特因"出身"寒微而错失了贵族身份。[211]

阿拉戈塑造了瓦特"物理学家"的形象，就像瓦特自己所做的那样，他把这种声誉当作商业成功的关键。[212]作为爱丁堡皇家学会（1784年）和伦敦皇家学会（1785年）的会员[213]，瓦特使用一枚刻有眼睛图案和"观察"二字的印章，强调他随时准备改进所看到的一切，成为像亚当·斯密一样的"观察家"。[214]阿拉戈将瓦特列于物理学领域蒸汽机改进阶梯的顶端，视瓦特的成就高于英雄亚历山大。这位初出茅庐的物理学家童年时对水壶的观察表明，他和牛顿一样，通过"持续不断的思考"取得了伟大的成就。他对水的复合性质的清晰陈述，与牛顿在光学研究中对实验事实同样深刻且无可争议的阐释一脉相承。他也像培根一样，总是用事实来武装自己，他既是一个学习者，也是一个观察者。他的工作室不是鲜有人至的楼阁，在"某种程度上像个学院"，向所有人开放。人们可以在那里讨论艺术、科学和文学的所有问题。[215]

阿拉戈声称走遍了英国，走访了一百多个不同阶层和政治派别的人，询问他们如何看待"瓦特对英国的财富、权力和繁荣所产生的影响"。[216]他得到的回答与1824年6月的演讲相呼应，人们纷纷强调瓦特在抵御外敌从而维护英国的"独立和民族自由"方面发挥了至关重要的爱国作用。[217] 瓦特的仁爱并非直接体现在参与军事行动上，而是通过他的发明在战争背后的财富积累方面发挥作用。阿拉戈还指出，自亚历山大大帝起，军事指挥官们更为尊崇的是思想。小詹姆斯·瓦特提供了从索霍区和其他地方售出的发动机数量的数据，从而使人们能够进一步具象化地了解他在维护国家繁荣方面做出的贡献。这些数据同样证明了瓦特非凡的创造力和管理能力：

> 他是 600 万乃至 800 万劳动岗位的创造者。这些劳动者勤奋刻苦、不屈不挠，无须权威来镇压骚乱，而且他们每天的劳动报酬仅为半便士。瓦特凭借他杰出的发明，为英国提供了开展激烈战争的支持手段，否则在这场斗争中，她的民族性将岌岌可危。[218]

阿拉戈所描绘的瓦特的形象是如此辉煌、鲜明，以至于他认为有必要对那些比卡莱尔更激进的人做出回应。那些人坚称瓦特的发明是"邪恶的工具"，会导致"社会灾难"[219]，认为机械只是将"繁荣"集中在资本家手中，而它带来的好处能否超越"工人阶级"被剥夺工作、休闲和自主权？阿拉戈以几何学为灵感进行了归谬法论证，从经常重复的"用机器代替手工劳动的实验"中得出总结，回应了那些 1830 年在英国高呼"打倒机器"的言论。对阿拉戈来说，以蒸汽为动力的机械是一种可以促进平等的巨大力量，给穷人带来了迄今为止只有富人才能享受到的福利。[220] 阿拉戈看到瓦特蒸汽机帮助人们"深入地下"，清理"宽敞的长廊"，获得"取之不尽的矿物财富"；将固定海上船只的"巨型电缆"和"透气的、带有花边的纱布"拧成一团；排干沼泽灌溉焦土；使以前在瀑布脚下更易获得的电力（指水力发电）出现在了"城镇的中心"。工业集中发展，生产的产品会更便宜，人口会增加，人们将"衣食无忧，安居乐业"：

如果把蒸汽机安装到船上，它将取代三到四倍的划船的人力并发挥百倍的功效，我们的祖先曾把最繁重的船上劳动作为对最严重的罪犯应受的惩罚之一。在几蒲式耳①煤炭的帮助下，人类可以克服各种障碍，使平静、逆风，甚至风暴中的航行都变得轻盈。蒸汽机在铁路上疾驰，比最好的赛马还要迅速，况且赛马只能载着单个骑者，而蒸汽机要承载成千上万的旅客。[221]

阿拉戈以更加热切的宣言结束了他的演讲："我将毫不犹豫地宣告我的信念，当蒸汽机已为我们提供了无尽的服务并且实现了它承载的所有奇迹时，人们应满怀感激地谈论这个属于帕潘和瓦特的时代和他们的伟大成就！"[222]

---

① 蒲式耳（bushel）为计量单位，像中国传统的斗、升等计量单位，该单位只用于固体物质的体积测量，1蒲式耳在英国等于8加仑，相当于36.3688升。——译者注

第三章

对蒸汽船的信念：让铁质
蒸汽船值得信赖

蒸汽船快速可靠的导航系统可以被看作是热机带来的一个全新进步。因此，我们已经能够在大洋彼岸和新旧世界的江河上建立迅速定期的通信，能够穿越以前几乎无法穿越的荒凉地区，并将文明的成果带到世界各地，否则这些地区在未来许多年里都将是未知的神秘世界。从某种意义上说，蒸汽航行使相距最远的国家走到了一起，使世界各国联结起来，近得好像处于一国之内。在缩短所需时间的同时缓解了航行导致的疲劳、不确定性和危险性，我们不是实际上大大缩短了距离吗？

——萨迪·卡诺在后拿破仑时代的法国写下了蒸汽航行

对 19 世纪世界的潜在影响（1824 年）[1]

卡诺对蒸汽船文明和启蒙力量的乐观评价，为维多利亚帝国时代的海上蒸汽这一宏伟篇章书写了一段恰当的序言。然而，30 年过去了，他对蒸汽动力船能够"减少航行危险性"的信念变得空洞。对于跨越大西洋的蒸汽船和从利物浦出发的铁制帆船来说,1854 年都是灾难性的一年。1854 年3 月 1 日,由克莱德河上的托德和麦克格雷格公司于 4 年前建造的,现在属于利物浦雄心勃勃的英曼航运公司拥有的"格拉斯哥市"号铁质螺旋蒸汽船,载着约 480 名乘客和船员离开母港前往费城,却永未抵达。与柯林斯和丘纳德航运公司慷慨补贴的木桨蒸汽船相比,这艘船被视为技术进步和经济发展的典范,无可比拟。6 个月后,她同公司的伙伴"费城"号从利物浦出发开始了首航,但在纽芬兰的赛斯角附近搁浅,导致英曼公司只剩下了一艘船。1854 年 9 月 27 日,在利物浦新建的新古典主义的、华丽的圣乔治大厅里,英国科学促进会召开了会议,当天柯林斯航运公司的蒸汽船"北极"号在赛斯角附近与一艘小型法国蒸汽船相撞后沉没,预计有 350 余名乘客和船员丧生。[2]

1874 年,海事保险巨头伦敦劳埃德保险公司提供了并不乐观的统计数据,丝毫不能抚慰那些因蒙受损失而悲痛的人。当年注册的 11569 艘 100吨以上的英国船只中,有 593 艘(约 5.1%)船只失联,其中 281 艘(约2.4%)由于天气原因造成的"天灾"在海上沉没或消失,剩余的 312 艘(约 2.7%)则主要是由于航行失误搁浅或碰撞而遭受损失。[3]

1850 年,英国拥有 330 万吨帆船和 167398 吨蒸汽船;到 1860 年,帆船的总吨位上升到 410 万吨,蒸汽船上升到 452352 吨;1870 年,帆船吨位达到了巅峰时的 450 万吨,蒸汽船为 110 万吨;1874 年蒸汽船上升到190 万吨。[4]尽管这些数字表明了 1850 年至 1874 年对蒸汽船的投资量明显增加,帆船总吨位的持续上升也表明了这种技术的持久性。在这一时期,蒸汽船的规划者也认为蒸汽船并不一定优于帆船,尤其是在长距离远洋航行上。确如他们所言,在 19 世纪的最后几十年里,人类建造了更大的钢壳帆船,即"风帆船"——非常适合运输笨重的低价值商品,例如,煤炭、谷物或硝酸盐。直至第一次世界大战前,帆船在这些贸易中都是蒸汽船强有力的竞争对手。[5]

学术界和大众对远洋蒸汽船航行历史的描述，都是以渐进式"发展"（经济和技术）为依据的，认为其发展是必然的。在这种观点下，"健全"的技术和管理成为制胜关键，反之将会失败。因为从本质上而言，这正是事物发展的规律。特别是在 19 世纪中叶，铁和蒸汽通常被认为给航运业带来了一场壮观的革命，包括商船和海军，对欧洲帝国产生了重大影响。[6]根据近年来科技文化史的新标准，本章以一种历史学的叙述方式挑战这些传统的假设，将经常被忽视的"失败"与英雄式的"成功"故事相结合。

威廉·肖·林赛（William Schaw Lindsay，1816—1877）在去世前不久出版了四卷本《商船和古代商业史》（*History of Merchant Shipping and Ancient Commerce*），这是一部不朽的作品。林赛出生于苏格兰的艾尔，他平生所受的教育大部分来自舅舅威廉·肖，后者是当地联合长老会的一名牧师，后来林赛继承了他的牧师名"威廉·肖"。[7]20 岁时的林赛已在海上工作了 5 年，并成为桑德兰一艘帆船的船长。后来他自然而然地成了船主，并在 19 世纪 50 年代的一段时间里成为由蒸汽动力辅助的铁制帆船的倡导者。这种帆船可以顺利进出港口并确保在海上平稳行驶。在担任泰恩茅斯和北希尔兹的议员期间（1854—1859），他为取消国家对海上贸易的所有限制而奔走呼号。在 1864 年从船主职位退休后[8]，他以撰写航运史的形式表达了自己的主张：

> 追溯航海的起源；详细说明世界各贸易大国的商船达到目前完美状态的众多步骤；记录那些使航海家能够毫无顾虑且准确无误地穿越海洋的科学和艺术发现；详述人类的智慧和技能所取得的胜利，从而使其能够藐视各种因素；记载那些因航海发现而造福人类的英雄的名字；或为国家间的交往提供极大的便利，这些于我而言是最令人满意的任务。[9]

这种对辉格党商船史信仰的表白，融合了维多利亚帝国时代海上贸易的深刻承诺。林赛希望"通过前人遗留给我们的大量知识，为海上贸易留下比提尔或迦太基更长久的记录，大不列颠的文明进步和广泛的殖民地财富，会使她在海上的卓越地位和商业成就比曾经著名的腓尼基人更持久"。[10]

除了记录发展（尤其是英国商船的发展），林赛还希望"对未来灌输有用的经验"。尽管他以"目前的完美状态"来描写商船，但他仍希望他的读者，尤其是船主、造船师和商人等身处航海圈的读者，能够认识到"失败"仍然是历史记录中的污点，"完美的船舶"只是一种理想，而非现实：

> 建造完美的船是一个最高级的问题。近年来，数学家们持续关注这一问题，海军建造师不断将知识、技能和策略投入其中，但无论我们这个时代的船比祖先的船高明多少，至今仍没有完全成功的典范。建造安全、高效、动力足、可获利且经久耐用的航海发动机和蒸汽锅炉也绝非易事。持续不断的失败证明了残酷的事实：仍有许多困难要克服。此外，在水中推动船只的方法也表明，流体力学至今还没有完全解决流体阻力的问题。最后，如何将所有这些结合起来，以达到预期的最佳效果，是一项更为艰巨的任务，即使联合海军建造师、机械师（工程师）和水手的技能，也未攻克这一难题。若我们想保持当前领先的航海地位，就必须为完善我们的蒸汽船而继续努力。[11]

"大不列颠"号是这种完美船只的早期候选方案，正如林赛在 1876 年回顾道："19 世纪 40 年代初，仍有许多人不相信铁质材料适合建造船只，甚至还有更多人不相信螺丝钉的价值。因此大西部轮船公司的董事们提前迈出的这第二步在科学界引发了诸多讨论，对'大不列颠'号的最终命运产生了许多不好的预感，然而这些预感都被她颠覆了。"[12] 后来的航海史学家们把这艘船说成是远洋汽船技术的一个时代标志。当时的建造师们也成功让媒体加入这场超级赞美中。例如，《伦敦新闻画报》（*The Illustrated London News*）称赞这艘船"具有无与伦比的广阔船身，加上材料和构造的特殊性，其完工必然会成为工程和机械技术史中的一个重要事件"[13]。

布里斯托尔的威廉·帕特森（William Patterson）是布鲁内尔木桨蒸汽船"大西方"号的建造者，他花了超过 5 年时间建造了"猛犸"号（"大不列颠"号起初的名字）。1843 年，有媒体报道称这艘船由阿尔伯特亲王命名，为了美观，她的桅杆和烟囱（但没有发动机）被放置在原位。但正如同时代的一位观察家指出的那样，"报纸上说她的命名本要由亲王向船上掷香槟酒完成，但实际情况是迈尔斯夫人尝试这样做时，因肢体笨拙或情绪紧张未能成功打破瓶子，而是不小心将其投入水中，因此这艘船根本没有被成功命名，这也许是不祥之兆"。1845 年，这艘重达 3200 吨的由螺旋桨驱动的六桅铁制蒸汽船最终问世。[14]

然而，"大不列颠"号创造了一个未获利润损失惨重的失败传奇，遑论达到完美。这艘本能容纳 360 名乘客的船在利物浦到纽约的首航中仅有 60 人乘坐，航程花费了漫长的 15 天时间，随后的几次航程也几乎没有提速。1846 年 9 月，"大不列颠"号的第五次航行在邓德拉姆湾的沙滩上搁浅，船体中部漏水，在布鲁内尔搭建的广泛防护措施的保护下，一直苦苦支撑到 1847 年 8 月。船只搁浅的原因仍存在很大争议，如果航行错误是由于大量的铁材料对罗盘造成磁干扰所致，那么人们就更加怀疑铁船的耐用性（第一章）。另外，铁船的支持者强调铁质船体耐用性极强，可承受长达 11 个月的海浪冲刷。[15] 但事实上，这艘船内部的状况，正如其船主的财务状况，早已被爱尔兰海沿岸的冬季大风吹垮了。利物浦的代理商以建造成本 1/5 的价格购买了这艘船，并在 1850—1852 年安装了新的机器和设备。与她早年的景象相比，"大不列颠"号大约完成了英国到澳大利亚的 32 次往返航行（大约每年一次）。19 世纪 80 年代，它到了只能使用风帆的地步，沦为福克兰的一个仓库。1970 年该船最终到达布里斯托尔进行修复。[16]

蒸汽网络系统

在 19 世纪最初的几十年里，跨海峡旅行可能是一种漫长而曲折的折磨。例如，在 1812—1814 年，格拉斯哥大学的一名本科生在一艘小帆船上度过了 4 天，小帆船将石灰石从爱尔兰北部运到克莱德的钢铁厂，从邓恩郡的农舍到学校这短短 100 英里的路途中充满着不确定性，听任风和潮汐的袭击。[17]

其实从 18 世纪末，造船者一直在英国、法国和美国的河流和运河上进行蒸汽动力"实验"，这一术语为这些冒险赋予了科学地位。苏格兰矿业工程师威廉·赛明顿就是一位经验丰富的"蒸汽船"实验者，他在 1801 年获得了邓达斯勋爵（Lord Dundas）的资助。作为最近横跨苏格兰低地的福斯和克莱德运河工程的主要股东，邓达斯出资在"夏洛特·邓达斯"号运河船上安装了一台单缸蒸汽机［结合了瓦特的双重反应装置和詹姆斯·皮卡德（James Pickard）的连杆和曲柄］，并将曲柄连接在桨轮的轴上来驱动尾轮。这艘船能够在运河上顶着强风拖动 2 艘 70 吨的驳船，抵御强风，成为宣传蒸汽力量的一次实质性演示。布里奇沃特公爵（Duke of Bridgewater）对此印象深刻，他为此定购了 8 艘类似的船只，遗憾的是，布里奇沃特公爵在购买协议细节敲定之前骤然离世，这笔订单也随即失效。林赛认为赛明顿后来的贫困与 1801 年的蒸汽船专利纠纷事件存在一定联系。[18]

美国成立之初，大型河流系统促使约翰·菲奇（John Fitch）、约翰·考克斯·史蒂文斯（John Cox Stevens）和奥利弗·埃文斯（Oliver Evans）等人提出了建造能够逆流而上的船只的设想。[19] 美国土木工程师罗伯特·富尔顿（Robert Fulton）在见到了"夏洛特·邓达斯"号后，从博尔顿和瓦特公司（第二章）订购了一台蒸汽机，并从伦敦订购了一台锅炉。随后，富尔顿从纽约的查尔斯·布朗公司订购了一个木制船体，将发动机和锅炉安装在了"克莱蒙特"号上。1807年8月，"克莱蒙特"号沿着壮阔的哈得孙河从纽约驶向奥尔巴尼，以平均每小时约5英里的速度在大约32小时内完成了约150英里的航程。他在《美国公民》（*American Citizen*）报纸文章中写道："这种船对我们国家非常重要，实验的成功使我无比坚定这一信念。"[20]尽管竞争和嫉妒使富尔顿"一贫如洗、伤心欲绝"地离世了（根据林赛的描述），但他在北美的自然河道上开创了乘坐豪华河船旅行的新风尚。[21]

50年后，富尔顿的首次载客航行在美国被赋予了近乎神话般的意义，查尔斯·弗朗西斯·亚当斯在《北美评论》（*North American Review*）中写道："即将到来的1867年8月7日，是罗伯特·富尔顿的蒸汽船从纽约到奥尔巴尼航行60周年纪念日。"他声称，每个人都读过这个故事，并分享了这艘小蒸汽船航行的兴奋之情，它是"未来商业海运和海军的先驱"。亚当斯坚持认为，这是一个可以与"发现美洲大陆的著名前夜"相媲美的故事。[22]

然而在苏格兰，亨利·贝尔（Henry Bell）建造了一种蒸汽船，虽然它主要服务于克莱德河上的航行，但很快就被认作海上蒸汽时代开始的标志。直到18世纪的最后25年，克莱德河在很大程度上仍然是苏格兰的一条浅水鲑鱼河，它穿过格拉斯哥这座苏格兰西部古老的商业和教会中心，这里坐落着中世纪的大教堂和大学。在那之前，人们只能通过驳船到达格拉斯哥，而且这些船只有在潮汐条件优越时才能从格拉斯哥港向上游航行。1668年，在河段下游约15英里处建成了格拉斯哥港，它成了该镇与英属北美殖民地及加勒比帝国进行远洋贸易的门户。18世纪70年代，通过建造与水流成直角的石制防波堤，这条河的两端最终被连接起来，形成了新的河岸，并通过大规模人工疏浚将旧的浅滩变成了没有船闸的运河，从而加强了对河流的人工限制，但依赖风和潮汐航行的深海船只抵达该镇之路依旧艰难。[23]

贝尔用 1812 年被发现的壮丽彗星来命名他的蒸汽船，后来，在列夫·托尔斯泰的《战争与和平》（*War and Peace*，1865—1868）中，这颗彗星"预示着各种恐怖事件和世界末日"，且它与拿破仑向莫斯科进军的厄运相契合。[24]"彗星"号（Comet）蒸汽船的出现同样被认为具有预言性质，预示着英国海上蒸汽帝国的发端，但这种预言并不能担保未来的成功。贝尔曾在苏格兰东海岸的博纳斯造船厂当学徒，定居在克莱德河北岸的海伦堡。他于 1803 年试图推动英国、美国和欧洲其他国家政府支持蒸汽船的项目，但都没有成功。最后他在 1808 年建成了海伦堡浴室，为格拉斯哥注重健康的商人阶层服务。与此同时，可能是由于贝尔与美国政府的联系，富尔顿与贝尔建立了通信联系。富尔顿敦促贝尔拜访了米勒和赛明顿先生，从而获得他们最后一艘蒸汽船的图纸和描述，以便转交给富尔顿。贝尔后来争辩说，这些信件促使他"开始建造一艘蒸汽船，为此做了很多模型才满意"。[25]"彗星"号的部分设计是为了方便他前往海伦堡的公司，格里诺克的约翰·伍德（John Wood）为它建造了 40 英尺长的木制船体，锅炉由格拉斯哥的大卫·内皮尔（David Napier）的卡姆拉奇铸造厂建造，配备了贝尔设计的 4 马力发动机，由一个垂直气缸桨轮驱动（图 3.1）。[26]

受克莱德浅滩问题的困扰，"彗星"号缺乏足够的动力。一位乘客后来回忆说，由于"逆风引起的波浪"，从格里诺克到鲍林（位于福斯和克莱德运河西部入口处）的 10 英里路程足足花了 4 个小时。退潮致使船无法继续前进，乘客被迫通过步行来完成前往格拉斯哥的旅程。在另外一些情况下，"当小型蒸汽船能源耗尽时，乘客们通常要通过转动飞轮来帮助她前行"。[27]

林赛还注意到克莱德河上的"敌对势力对蒸汽船的偏见"，这些反对者很可能是那些靠在河上划桨或驾驶浅水船谋生的水手们。尽管报酬微薄，

图 3.1　亨利·贝尔的"彗星"号是蒸汽动力历史的标志之一
资料来源：George Williamson, *Memorials of the Lineage, Early Life, Education, and Development of the Genius of James Watt*. Edinburgh：Constable，1856，facing p. 234，is licenced under CC By 4.0.（Courtesy of the University of Aberdeen.）

贝尔还是启用了蒸汽船，"'彗星'号在苏格兰到爱尔兰的海岸做了几个月的观光船，在天气允许的情况下能够航行至英格兰海岸，生动地展示了蒸汽船航行优于其他运输方式的地方，因而使许多人萌生了敬畏和崇拜之情"[28]。如是，"彗星"号在国内水域完美印证了蒸汽船所具有的巨大海上潜力。

　　大卫·内皮尔曾是一名铁匠，在"彗星"号作为载客蒸汽船小获成功后，内皮尔曾经的技能在船用发动机开始流行的时代发挥了极大作用。1815年，他的蒸汽船开始在泰晤士河上航行，但遭到了当地水手和驳船工人的激烈反对，比当年克莱德河上的反对更甚。[29]1816 年，内皮尔建造了他的第一台船用发动机，并在 1818 年制造出了重达 90 吨、32 马力的"罗布罗伊"号（发动机由他自己制造，木制船体由邓巴顿的丹尼制造）。这艘船成为连接克莱德河和贝尔法斯特的第一艘蒸汽船，开辟了英国乃至世界上首条跨海峡航线。克莱德与利物浦之间、霍利黑德与都柏林之间的航运联系也在短短一年内启动。蒸汽船在这些航线上迅速取代了帆船，成为运载乘客和邮件的新型工具。后来，这一新技术再未遭到水手的反对。[30]

1821年，内皮尔在格拉斯哥开了一个造船厂，他的表弟罗伯特接管了铸造厂。1823年，造船厂为当地的桨式汽船"莱文"号制造了一台侧杠杆发动机，至此，船用发动机声名鹊起。当时侧杠杆发动机已成为跨海峡汽船的标准，例如，马恩岛汽船公司的汽船广泛应用了该技术。罗伯特·内皮尔也通过为航运公司提供船用发动机而获益。罗伯特遵循格拉斯哥的商业社区中心秉持的长老会价值观，努力工作、发挥功效并遵守安息日的传统。罗伯特与企业家乔治·伯恩斯（George Burns）（格拉斯哥一位著名牧师的儿子）开始了密切合作，伯恩斯很快投入跨海峡蒸汽船航线网络的建设中，将其延伸到爱尔兰、利物浦和西岛等地区。[31]

约在1824年，乔治·伯恩斯和詹姆斯·伯恩斯兄弟成为利物浦的马蒂和塞克斯通公司在格拉斯哥的代理，在两个港口之间经营着6艘帆船，从而卷入格拉斯哥和利物浦之间的沿海贸易中。同为苏格兰人的乔治·伯恩斯和休·马蒂（Hugh Matthie）最初的会面是很有意义的。尽管在代理权方面遇到了激烈竞争，但当马蒂意外地赶来与他会面时，伯恩斯拒绝放弃参加当地公民活动。在推迟到第二天的会面中，马蒂说竞争对手的公司得到了"最具影响力的人的轮番推荐"。然而，他给伯恩斯的临别赠言却是："个人能力是最重要的，代理权将授予我们能得到的最好的、最有能力的人。"在会面建立起信任并表现出不屑于讨好大公司的态度之后，伯恩斯赢得了代理权。不久后，伯恩斯公司收购了塞克斯通公司烟草业50%的股份。[32]

乔治·伯恩斯在格拉斯哥布鲁米洛港口亲眼见证了"彗星"号启航顺流而下。他住在贝尔的海伦堡浴场时，还了解到1820年"彗星"号在西海岸的失事情况，其持股的蒸汽船"艾尔"号在5年后与第二艘"彗星"号相撞后沉没，70人因此丧生。然而，尽管蒸汽船存在诸多不利的迹象，伯恩斯还是在 1829—1830 年用 3 艘船开通了他自己的格拉斯哥至利物浦蒸汽船服务。极富个人特色的是，他起初不顾大众迷信，宣布在星期五从利物浦和格拉斯哥开船，以避开在安息日航行。但当商业原因导致要在星期六出发时，他认真考虑了马蒂玩笑似的提议，同意让牧师随船出航。因此，布鲁米洛港口流传起对其的调侃，称第二次这样出航的船主是"在蒸汽教堂里航行"。福音派的伯恩斯似乎将蒸汽船项目视为一种神圣的"召唤"，与年轻人被苏格兰牧师"召唤"或牧师被不同教区的"召唤"相类似。[33]

不过，另一个苏格兰人大卫·麦基弗（David MacIver）给伯恩斯在爱尔兰海的风险投资带来了困扰，前者建立了颇具竞争力的利物浦—格拉斯哥航线。麦基弗决心打破伯恩斯对蒸汽船的垄断，利用格拉斯哥棉花中介富商詹姆斯·唐纳森（James Donaldson）的资金及罗伯特·内皮尔的工程支持，成立了格拉斯哥市蒸汽船公司。麦基弗本人还曾立下豪言，"如果可能，他将把伯恩斯家族赶出大海"，后来他告诉乔治的妻子简，为了战胜伯恩斯家族，他本人"在利物浦和格拉斯哥之间往返多次，甚至亲自下到发动机室监督锅炉烧制，以保证万无一失"。然而，由于无法与伯恩斯的声誉和利润相抗衡，麦基弗最终同意了乔治·伯恩斯的提议，按照麦基弗 2/5、伯恩斯 3/5 的收入比例合并了船队。这一安排得到了尊重，并在伯恩斯、麦基弗及其兄弟查尔斯、詹姆斯·唐纳森和罗伯特·内皮尔之间建立起了坚不可摧的新的信任关系。1839 年，来自新斯科舍省的陌生人塞缪尔·丘纳德（Samuel Cunard）也加入了这个团体。[34]

深海中的利维坦

19 世纪上半叶大多数时间里，远洋贸易完全依赖于帆船。对于同时代的人来说，当时在所有海域里最好的、最快的帆船不属于英国，而属于美国，尤其是在美国从缅因州到纽约东北部的沿海各州。例如，黑球航运公司拥有的快速的、可靠的帆船，统治了北大西洋的客运和邮政路线。19 世纪 40 年代，美国人建造和拥有的第一艘快船在为伦敦市场运送中国茶叶时，建造者和船员的技能遭遇了新挑战。实际上，这些令人引以为傲且获利颇丰的船只第一次启动了全球航行，它们载着乘客和货物从美国东北海岸出发，经合恩角至加利福尼亚，再从旧金山驶向中国的内河河港，然后载上新一季的茶叶，经好望角驶向伦敦，通过西行横跨大西洋完成史诗般的绕地球航行。[35]

英国造船商主要集中在格里诺克和阿伯丁，他们用从印度和东南亚殖民地运来的柚木等耐用硬木建造快船，以此对抗美国快船业的冲击。硬木船体与美国的软木船体相比更不易漏水，因而能够更好地保护精致的、珍贵的茶叶箱。1856 年，由格里诺克的苏格兰人建造的"群岛之主"号在中国到伦敦的航程中战胜了两艘速度最快的美国快船，因此该船的性能给公众留下了深刻印象。1866 年，由格里诺克的罗伯特·斯蒂尔（Robert Steele）建造的 3 艘英国快船（"太平"号、"羚羊"号和"赛里斯"号）在同一天抵达伦敦，"太平"号险胜，这次航程也被称为"运茶大赛"。1869 年，邓巴顿建造的新船"卡蒂萨克"号，一艘拥有铁制船架和柚木船体的快船，也加入了这些备受瞩目的快船行列。[36]

设计者、建造者、船长和船员对新一代长距离快船拥有强大的自信，对其进行了广泛的宣传。但对比之下，远洋蒸汽船的前景却充满着不确定性，就铁质远洋蒸汽船而言，最近的研究已经开始挑战 1845—1914 年新技术不可阻挡的"进步"的假设。[37]远洋贸易航线上的铁质蒸汽船倡导者——约翰·斯科特·罗素、伊桑巴德·布鲁内尔和威廉·费尔伯恩（William Fairbairn）等人——经常与当时的科学风尚步调一致，尤其是在英国科学促进会的年会上。在那里，倡导者们将铁质蒸汽船作为人类科学知识和技术所取得的象征性进步来推广。[38]但在持反对意见的人眼中，铁质蒸汽船具有特殊性，它容易搁浅，可能会带上所有乘客和船员一起沉没，还有可能吸收大量资本却不给受骗的股东回报。另外，由于磁的特殊性，铁很有可能影响磁质罗盘导航的可信度（第一章），但木质蒸汽船的情况也好不了多少。1852 年，皇家邮政蒸汽船公司建造的重量超过 3000 吨、造价超过 10 万英镑的"亚马逊"号成了当时最大的木制商船。然而在首航时，该船因桨轮轴承过热而引发了火灾，在大西洋的强风吹拂下，船体连同船上的乘客和邮件一起被焚毁了。[39]

早期蒸汽船的设计者、建造者和所有者都梦想着名利双收，但业绩却不尽如人意。1819 年，美国的"萨凡纳"号利用风帆辅助蒸汽动力横跨了北大西洋。但是，当时没有乘客足够信任这项新技术，来见证这项可能具有划时代意义的航行。事实上，甚至连詹姆斯·门罗（James Monroe）总统也没被说服，拒绝为国家的骄傲和进步来体验从查尔斯顿至萨凡纳的短暂航程。直至 19 世纪 30 年代末，投资者才有信心考虑订购定期客运和邮政服务。第一艘专门建造的大西洋蒸汽船，即布鲁内尔的"大西方"号，成功实现了其设计者将大西部铁路向西延伸至大洋彼岸的雄心壮志（第四章）（图 3.2）。[40]

事实上，美国人朱尼厄斯·史密斯（Junius Smith）博士于 1835 年成立的英美蒸汽轮船公司是业已存在的竞争对手，它比大西部蒸汽轮船公司早了几个月，实际资本更是其拟议资本的 2 倍。由于这个项目获得了伦敦和伯明翰铁路公司的前主席艾萨克·索利（Isaac Solly）的支持，有他的信誉作保，众多投资者购入了其股票。伦敦的建造商柯林和杨（Curling & Young）赢得了建造"英国女王"号的合同，这艘船比布鲁内尔的船重 500 吨左右，其命名是为了纪念维多利亚女王即位。然而，当格拉斯哥的发动机制造商破产后，该公司也失去了短暂的领先优势。罗伯特·内皮尔同意以更高的价格接手合同，但条件是该公司必须租用"天狼星"号这艘跨海峡的蒸汽船填补空缺，确保其第一条横跨大西洋蒸汽船服务的所有权。最终，这艘船仅比几天后出发的"大西方"号早几个小时到达了纽约。姗

图 3.2　1846 年，伊桑巴德·布鲁内尔的木桨蒸汽船"大西方"号在大西洋风暴中挣扎
资料来源：*Illustrated London News* 9（1846），p. 273, is licenced under CC By 4.0.（Courtesy of the University of Aberdeen.）

姗来迟的"英国女王"号在 1839 年 7 月启航，但事实证明它的航速始终比"大西方"号慢。而后一个更大的伙伴——2400 吨的"总统"号也在 1840 年加入了这项服务。1841 年 3 月，这艘已有 6 个月船龄的世界上最大的蒸汽船，载着 136 名乘客和船员从纽约驶向利物浦，据说受飓风和海浪影响没能抵达目的地。公众忧心忡忡地关注和等待了几个星期，由此也降低了对新技术的信任。最后，蒸汽船在北大西洋上的首次海难直接导致了英美蒸汽轮船公司贸易的立即终止。[41]

　　与此同时，《泰晤士报》在 1838 年报道，英美蒸汽轮船公司与伯肯黑德的约翰·莱尔德签订了建造一艘铁制蒸汽船的合同（第一章）。虽然这艘船从未建成，但该报道可能影响了大西部公司的决定，其选择了投资创新和风险都十分巨大的项目：建造"大不列颠"号。[42]

　　对布鲁内尔的整个项目、特别是"大不列颠"号的批评比比皆是。亨利·布斯是利曼铁路（第四章）的秘书，也是自 1822 年以来该公司的主要推动者，他在机械领域的贡献在新成立的利物浦理工学院学会（Liverpool Polytechnic Society，成立于 1838 年，成立目的是"鼓励有用的艺术和发明"）中得到了体现。该学会的主要目标包括"各种机械工程"，并宣称其对利物浦发展具有重要意义，"在建立现代铁路的工作中，特别是精彩的机械动力展示方面，利物浦发挥了突出的作用，这个港口很有可能在几年内成为引人注目的蒸汽航行中心"。该学会的成员，包括布斯本人和铁制造船师出身的主席约翰·格兰瑟姆在内，都对铁制船体、螺旋桨和高压蒸汽的经济性抱有共同的热情。1844 年 3 月，布斯向该学会提交了一篇题为《论蒸汽航行的前景》（*On the prospects of steam navigation*）的论文，文章风格和内容带有极高的地方热忱。[43]

首先，他总结了一系列关于浮体（代表船）的实验结果，这些浮体在一根穿过滑轮的绳索的牵引下，在 40 英尺的水槽中移动了不同的距离，绳索的另一端连接下降的重物。这些实验是同阿尔弗雷德·金（Alfred King，利物浦煤气厂的工程师，布斯认为他拥有"众人皆知的机械装置和细节方面的准确性"）一起完成的，目的是研究提高船只速度所需的动力。[44]

其次，他强调建造船舶必须有一个"精确的目标"，对于"像英国这样一个伟大的商业国家来说"，"最伟大的愿望"应该是"在一周内将商业邮件袋从利物浦运到纽约"。然而，"我们为实现这一至关重要的目标几乎无所作为"。他的解决方案是基于"精确的"模型实验得出的结论，即更大的长度与横梁比例将提高蒸汽船的速度，由于"动力在船体下面（与上面的桅杆和船帆不同，增加了船体的稳定性），船速稳定且均匀"。此外，铁还"增强了船只的强度和硬度，木材建造的船很难保证这一点"[45]。

然而，布斯的结论是，相较于布鲁内尔"大不列颠"号的设计，要想使船舶兼顾高速（用于运送邮件）和运输大型货物，几乎是不可能的：

必须牢记，船舶只是用来完成一项任务的工具，它的动力效率取决于所使用的工具的形式，而非尺寸。从机械构造方面而言，蒸汽航行中最重要的是经济实惠，让工具拥有相应的机械结构，让其动力与能力相称，但我不明白为什么1000吨重的蒸汽船无法像3000吨的利维坦一样高速通过水面。更大的船只或许可以同时实现大货运量和高速行驶，但这将花费高昂的成本，而且在目前的讨论中，速度才是我们的目标，而非货运量。[46]

对布斯而言，随着蒸汽船的规模和建造成本逐年增加，"大型蒸汽船的运营费用"成了"最严重的、最令人焦虑的问题"。事实上，布斯指出，"如果没有政府的合作和援助，能通过投资获取合理回报的蒸汽邮轮公司将少之又少"。为了抵制这种不断浪费国家财富和煤炭的趋势，布斯竭力主张"应该发现一些新的经济因素"[47]。

因此，布斯劝说利物浦的大众从机械的角度来看待蒸汽船的问题，并以经济的方式处理这些问题，将蒸汽船视为具有特定目标的工具，并寻找新的经济元素。正如后文将要提到的，年轻的学徒阿尔弗雷德·霍尔特在跟随爱德华·伍兹（Edward Woods，利曼铁路常驻工程师、理工学院成员）进行了为期5年的学徒训练后，将这些恳求铭记于心。[48]

1854年，应当地著名的利物浦文学与哲学学会的要求，英国科学促进会年会回到了利物浦举办，铁质蒸汽船成了国家和当地的重要事项（第一章）。大家质疑艾里罗盘方法的可靠性，其实只是不够信赖大型远洋蒸汽船的一个表现。英国科学促进会的领袖试图为新的铁质蒸汽船提供科学授权，认可它是水动力学和材料强度的新实验与数学科学的产物。威廉·费尔伯恩（他的重型工程活动曾一度延伸至泰晤士河的铁船建造）和约翰·斯科特·罗素（著名的海军建筑师和现任泰晤士河造船师）在英国科学促进会中发挥了尤其重要的作用，无论是在专注于数据收集及增减的委员会工作方面，抑或是在公众舞台上。[49]

就面向公众方面而言，斯科特·罗素曾在新开放的圣乔治大厅向聚集在一起的默西塞德郡的公众发表讲话，其中包括公民领袖、商人、托运人和船主，这是利物浦作为现代雅典的象征。北面的入口大厅分配给了机械科学部，"将主席的桌子放在一楼靠近入口的位置，并在前面的台阶上安排座位，就像顶尖剧院那样"。一般而言，A 分部（天文学和物理学）是英国科学促进会科学体系中的中流砥柱，而 G 分部（机械科学）却如同无名小卒。但事实上，该港口著名的人文和商业报纸——《利物浦水星报》却几乎逐字逐句地报道了 G 分部的情况。罗素担任分部主席，费尔伯恩和布斯担任副主席，这样的阵容安排也确实能够使"机械科学"在这一场合获得权威与关注，另外该部门委员会还包括伯肯海德的著名铁制造船师约翰·莱尔德、纽卡斯尔的液压机械和军备制造商 W.G. 阿姆斯特朗（W. G. Armstrong）与威廉·斯科斯比（第一章）。[50]

主席一开始就告诉大家，该分部"收到了几乎前所未有宝贵和重要的出版物"，在不同时间依据主题对它们进行了划分和研究。第一天的会议，主要是"阅读所有关于船舶、航海，特别是蒸汽航行方面的重要文件，利物浦港对这一主题自然是最感兴趣的"[51]。然而，由于主席本人就是有史以来最大的铁质蒸汽船的建造者，他很快成了人们关注的焦点。

听众里，不乏许多女性前来听斯科特·罗素的演讲："关于海军建造和蒸汽航行的进展，包括东方蒸汽航行公司一艘大船的通报。"主席一到达便被协会和部门官员请求提及"该协会的历史与机械主题有一定程度的关联"，并通过解释目前正在泰晤士河上建造的大船的情况来说明这一进展。因此，主席在讲话中自信地将英国科学促进会与他在泰晤士河畔的米尔沃尔船厂正在建造的"利维坦"号（后被命名为"大东方"号）联系起来。[52]

罗素主席首先回顾了他作为海军建筑师长期以来所倡导的变化，即不再使用缓慢而笨重的船体（其最大横梁宽度约为其长度的 1/3），转向快速船体（其最大横梁位于船尾，船头有一条精细的空心凹线）。这些借鉴于美国和英国快船的线条，是由像他一样通过实验不断"咨询"和"追问自然"的人实现的。[53]

他还对布鲁内尔早期船舶的批评者进行了嘲讽，迪奥尼修斯·拉德纳（Dionysius Lardner）等人曾怀疑布鲁内尔"大西方"号的可靠性，该船是丘纳德公司早期木桨蒸汽船的典范。这些人后来又批评了"大不列颠"号，他们将其搁浅归咎于设计而非船长，当地船主当然不可能支持这样的言论。现在，这艘尚未命名的巨型蒸汽船，长 675 英尺，宽 83 英尺，"将取代体积较小的船只，能够在往返澳大利亚的航程中携带足量的煤炭，在煤炭开支方面可以节省大量资金……除了储存煤炭，这艘巨大的'利维坦'号还可以装载 6000 吨货物、600 名头等舱乘客和 1000 名二等舱乘客"[54]。

设计平面图显示，这艘船并非一艘传统的船，而是一台能够生产动力的巨型机器，如同一个有 5 个烟囱的工厂，每个烟囱都能排出 5 组熔炉所产生的废气，四周都能储存大量的煤炭。布鲁内尔本人认为这艘船是"一种新型机器"，因而需要一个新的指挥官"专门关注整个系统的总体管理"[55]。然而，斯科特·罗素在英国科学促进会的讲话总结中，没有引用工厂的意象，而是以上帝和科学之名来增进这一项目的权威。因此，他也提到"这些惊人的发现不仅出现在造船业，而且出现在科学的每一个分支上"。最后他热情地呼吁听众"遵循真理，并尽最大努力去完成上帝的伟大作品"[56]。

在随后的讨论中，其他的"绅士科学家"都表示支持"利维坦"号的事业。费尔伯恩特别表示，当布鲁内尔先生亲自向他展示图纸时，他便打消了对该船纵向强度的怀疑："从这些图纸和该船的建造原理来看，可以毫不犹豫地信任该船的稳固牢靠，并相信她能够实现目标。"事实上，费尔伯恩的米尔沃尔船厂（现在斯科特·罗素船厂的一部分）曾对跨越北威尔士梅奈海峡的不列颠大桥的缩小版进行了实验测试，该桥由罗伯特·斯蒂芬森（Robert Stephenson）提议建造，它特意设计了顶部和底部带有蜂窝结构的箱形截面梁，以便为重型铁路交通提供最大支撑（第四章）。"大东方"号采用了相同的"大梁"设计，在水线以下采用蜂窝状的双层底部，这种设计与普通船只（无论木制或铁制）的传统骨架（龙骨）、肋骨（横向框架）和船皮（木材或板材）形成鲜明对比。[57]

其他听众普遍赞同斯科特·罗素的观点，一位名为韦伯斯特的先生赞扬了英国科学促进会在为大型远洋蒸汽船提供科学权威方面的积极作用："这些原则……在15年前或20年前就已经在学会的物理分部得到了充分讨论，如果成员们知道他们的书籍所传播的那些在分部讨论过的知识，现在已经被船舶建造者和商人变为现实，并且产生了令人震惊的结果——即现在跨越大西洋就像乘火车去爱丁堡一样方便，那一定很有趣。"[58]

然而，利物浦大会上G分部积极倡导的海洋主题也引发了争论，舞台中央相继出现了不同的声音。这种分歧既与斯科斯比和艾里关于罗盘校正的争议产生了共鸣（第一章），也在G分部的舞台上戏剧化地展现了关于实验和数学科学在海军建筑中的作用的大辩论。因此，在G分部最后一天会议中，当身患疾病的主席已无法继续主持会议时，会上出现了强烈的争论。《利物浦水星报》报道了安德鲁·亨德森船长题为"关于远洋汽船和快船及其描述性测量"的演讲，认为这篇论文"更有价值，因为它所阐述的观点建立在长期经验的基础上，以及对那些压倒性理论数据、破坏机械科学的愤怒因素的了解上"。亨德森追溯了"利物浦造船业的发展，以及进出利物浦港口的船只特点——从虚张声势的短途帆船到今天著名的邮轮"，他还指出了"它们的缺陷和即将引入的改进措施"。他也对当时水上航行最负盛名的快船和蒸汽船的相对速度、吨位、长度和宽度进行了比较和论证。但他认为斯科特·罗素先生的"现代方舟"无法"结合远洋汽船所有的必要品质"，因为它的体型实在太大了。[59]

在《英国科学促进会报告》（*BAAS Report*，1854）中发表的一篇较长论文摘要中，亨德森开宗明义地强调，"海上的实际经验必须被视为应用科学来作为改进航运的唯一指南"。作为对比，他还指出，"当前最大最长的船是泰晤士河上的梅尔（Mare）先生为半岛和东方航运公司建造的'喜马拉雅'号，它重达 3528 吨，长宽比约为 7.41，长度为 341 英尺，宽度为 46 英尺"。他补充道，"据《圣经》记载，诺亚方舟在公元前 2340 年的洪水中启航"，它重达 11905 吨，长宽比为 6∶1。"现代方舟"号的吨位几乎是这个数字的 2 倍，达到了 22942 吨，长宽比为 8.19∶1，它的长度是"喜马拉雅"号的 2 倍，需要"额定匹为 2600 马力的发动机"来驱动。[60]

亨德森船长对"利维坦"号持怀疑态度，他认为尽管"这艘船承诺的速度、经济性和舒适性"引起了公众的广泛关注，但"很少有人考虑它在大海里的安全问题、航行能力和海浪对超长船只的影响"。他声称自己曾见过从波峰到波谷足足 50 英尺高的海浪，航行在这样波涛汹涌的海面上，如果船上的机器发生任何故障，这种尺寸的船只会面临失控的风险。他还援引了斯科斯比博士的权威论述（第一章），其调查显示"大西洋的波浪在大风中的高度可达 43 英尺"，并估计"大西洋上寻常的大风也能产生 25 英尺高、200 英尺宽的波浪"。此外，他还列举了在这种海洋条件下遇难的 3 艘美国汽船的情况：

> "前者"号失踪了。"范德比尔特"号落入波谷被海浪无情地击中，所有弦墙和甲板上的房屋都被席卷一空，扑灭了船上所有的火。"旧金山"号是一艘开往加利福尼亚的大型蒸汽船，它在湾流中遇到了西北大风被卷入波谷，随后该船陷入瘫痪、失控，部分船员及 150 名乘客被冲下了船，甲板也被烧毁了，船只完全失控而无法航行。[61]

这些批评揭示了维多利亚时期工程项目的高度争议性，但就海事技术而言，"大东方"号的确是 19 世纪最具争议的项目。1851 年年底，布鲁内尔在图纸上构思了这艘"大船"，并于次年说服东方蒸汽船公司（P&O 在远东和澳大利亚航线上的潜在竞争对手）着手实施这一项目。布鲁内尔和斯科特·罗素相识于 1836 年布里斯托尔的英国科学促进会大会。1854 年 2 月，这艘"大船"在罗素的船厂逐渐成形。[62] 尽管斯科特·罗素作为海军建筑师早已声名鹊起，但在造船业他还是一个新人。当曼彻斯特著名的工程师威廉·费尔伯恩经营的铁船制造厂遇到瓶颈时，罗素于 19 世纪 40 年代中期接管了该厂。在建造这艘"大船"之前，罗素已经建造了约 15 艘船，这些船重量均不超过 1500 吨，包括为罗伯特·斯蒂芬森建造的 2 艘双桅帆船（第四章）。他的皇家赛艇舰队身着镶嵌着镀金纽扣的马甲，加上连体服和高帽，保证其绅士风度和声誉广为流传。[63]

技术史学家们运用大量笔墨描述了布鲁内尔和斯科特·罗素之间充满矛盾的关系。在林赛看来，他与二人生逢同一时代，因而也是一位见证者，他对他们的功绩描述如下：

> 布鲁内尔先生首先提出了这一构想并传达给斯科特·罗素先生，即提议建造一艘足够大的、能够携带最长航程所需的所有燃料的蒸汽船，罗素也与布鲁内尔研讨了这样做的优势。布鲁内尔提出使用 2 套发动机和 2 个螺旋桨（桨和螺旋）的设想，并采用不列颠大桥的顶部和底部的蜂窝式结构，这种构造致使"大东方"号与当时其他所有船只迥然不同。罗素在过去 20 年中根据"波浪线"原理从事船舶建造工作，"大东方"号的模型和总体结构与其建造的其他船舶别无二致。[64]

敲定"大船"的具体特征（如蜂窝状结构或船体形式）是一回事，将项目从纸面理论设想变为现实则是另外一回事。项目开始时，罗素和布鲁内尔都享有很高的公众信誉，罗素是当时英国最杰出的海军建筑师，布鲁内尔的"大西部铁路"（第四章）和早期建造的 2 艘船为其赢得了公众赞誉。但由于布鲁内尔和罗素之间不断互相猜忌，加之公众对该项目的信心不断下降，"大船"项目几乎在每个阶段都无法达到预期目标。例如，在 1856 年施工期间，布鲁内尔曾向罗素提出"关于'库存'的情况"，有 2400 吨的铁需要说明下落。相互间的不信任确实延伸到对船舶重量的估计上，导致预估重量与实际情况相差 1000 吨，这一误差对侧向入水的计算而言至关重要。然而，当布鲁内尔向董事会报告所谓的差额时，他对造船商说了谎，导致斯科特·罗素的绅士信誉遭到质疑。[65]

1857 年夏天，在"大船"即将入水时，布鲁内尔陪同工程师罗伯特·斯蒂芬森和船主林赛对该船进行了彻底检查。林赛在回答布鲁内尔所问的对于这艘船的看法时，他说："她是我见过的最坚固、最精良的船舶，的确是一件了不起的机械作品。"布鲁内尔认为林赛的意见毫无新意，执着地继续发问："如果她属于您，您会让她从事哪个行业？"显然，林赛的回答不是布鲁内尔想听的：

> 把她变成一个展览品或诸如此类对大众有吸引力的东西，因为她作为一艘船永远无法产生大量收益。把她送到布莱顿，在海滩上挖一个洞将其船尾泊于其中，如果装饰得当，她可以成为一个码头，她的甲板会成为一条灯火辉煌的长廊，船舱可以是一个壮观的盐水浴场，她的二层甲板将变为一家豪华酒店，有餐厅、吸烟区和跳舞的沙龙等。她将对伦敦人产生神奇的强大吸引力，会有成千上万人向她奔涌而来。[66]

几年后，林赛回忆起这次会面时称，"斯蒂芬森笑了，但布鲁内尔却无法原谅我"。事实上，在该船建造之前和建造过程中，船主所面临的大部分工程和商业方面的质疑都来自"对商业失望的预测，而这种失望是对高速和漫长航程中无须重新装船的奢望，将导致……"[67]

　　这个项目的初衷似乎是开启全球运输的新时代，但疑虑很快改变了大众对它的看法。当成千上万的投机者和新闻界都等待它入水时，"大东方"号却仍停留在陆地上。广大公众目睹了一系列严重计算错误的发生，经过近3个月的额外工作和原船主破产后才得以补救。1859年9月，这艘船在没有进行一系列常规试验的情况下出海航行了。布鲁内尔为该船设计和安装了5个烟囱，连接用于预热锅炉水的水箱，但航行时第一个烟囱下方发生了爆炸，滚烫的水导致锅炉房里的5名司炉丧命。在媒体开展后续调查报道期间，身患重病的布鲁内尔也去世了。[68]随后，该船各项事宜的延误接踵而至，前往纽约的首航也推迟到了1860年6月。这次航程有418名船员，但仅载有35名付费乘客。第二年，该船乘客人数慢慢增长到400多人，但在离开利物浦两天后，一场大风造成舵机和2个桨轮发生故障，致使"大船"在海面上任凭海浪摧残长达48小时。[69]这些意外和失败导致其无法实现预期，进一步导致公众无法恢复对该船的信任。在大西洋电报电缆项目中，"大东方"号证明了其价值，只是与设计之初预期的用途已然大相径庭（第五章）。

克莱德建造的船舶

　　1836年，大卫·内皮尔离开克莱德河，在泰晤士河畔建立了一个船厂，与费尔伯恩前一年在道格斯岛建立的铁制造船工厂距离很近。正如前文所言，约翰·斯科特·罗素在19世纪40年代中期加入他的苏格兰同乡，为了建造"大东方"号，他还收购了费尔伯恩的船厂和内皮尔船厂的一部分。由于莫兹利父子与菲尔德公司和约翰·佩恩父子公司等已经成为海上蒸汽机的建造者，比起克莱德河，泰晤士河在这一时期似乎更有可能成为英国最先进的铁制船舶建造中心。[70]因此，在19世纪30年代，克莱德在铁制船舶制造方面的崛起并非必然。

然而，罗伯特·内皮尔仍然坚守在格拉斯哥，他的职业生涯始于铁匠和磨坊主，很快因其生产的可靠船用发动机声名鹊起。在包括苏格兰当时最著名的传教士和神学家托马斯·查默斯（Thomas Chalmers）在内的文化网络中，内皮尔建造的船用发动机完美传递了长老会勤劳、简单、可靠和节约的价值观。基于沿海蒸汽船的实践经验，内皮尔用发动机制造了2艘蒸汽游艇，在北方游艇俱乐部举办的比赛中赢得了前两名。富裕绅士赞助者的体育文化促成了这种实际示范，如果船只表现超过预期，能够极大地提升设计师或工程师的可信度；同样，如果发生事故，也不会产生像商业船只那样强的破坏性风险。[71]

到19世纪30年代中期，内皮尔从古老的东印度公司那里获得了一份权威合同，即承担"贝瑞尼斯"号的设计任务。该船是东印度公司最早建造的两艘蒸汽船之一，自1837年起承担了从孟买到苏伊士的重要邮件的运输任务。东印度公司享有高度特权，代表英国皇室有效地统治着印度，在1813年之前垄断着与印度的贸易，在1833年之前垄断着与中国的贸易。在批判者看来，东印度公司长期与"迂腐"等词语联系紧密，但该公司本身也长期受到新一代功利主义改革家的影响，如印度总督威廉·本廷克勋爵（Lord William Bentinck）等人，他们的目标包括抨击腐败行为，通过"理性"的功利教育来培养"当地的中产阶级绅士"。从传统的"东印度人"号，即经过好望角运载珍贵货物往返印度的大型帆船，到邮政蒸汽船的改变，构成了"改进"新秩序的一部分。[72]

在履行这份合同的过程中，内皮尔甚至将自己的社交网络扩展到了伦敦的东印度公司秘书詹姆斯·梅尔维尔（James Melvill）。与此同时，内皮尔获得了制造世界上最大的蒸汽船"英国皇后"号的发动机合同，也得到了他本人的第一份来自海军部的船舶发动机合同，自此名声大振。1841年，他在高湾建立了一个铁船制造基地。他也有能力激励年轻的工程和造船人才，这意味着整整一代克莱德造船师的卓越工艺都与内皮尔工厂息息相关，如威廉·丹尼（William Denny）、约翰·埃尔德（John Elder）、詹姆斯、乔治·汤姆森（George Thomson）和A.C.柯克（A.C. Kirk）。[73]梅尔维尔已经熟识加拿大新斯科舍省的商人兼船主塞缪尔·丘纳德，后者自19世纪20年代初以来一直在哈利法克斯基地担当东印度公司的代理人，享有整个英属北美地区的中国茶叶分销权。当丘纳德来到英国推广跨大西洋的蒸汽船公司，并获得了海军部的邮件运输合同时，当时掌权的梅尔维尔将他介绍给了内皮尔。丘纳德无视英国合伙人关于在克莱德河上建造船舶可能将无功而返的负面警告，很快加入以格拉斯哥为中心的不起眼的伙伴关系，为英美蒸汽轮船公司（后被称为丘纳德蒸汽船公司）提供资金和技术。最重要的是，这一伙伴关系最终为他赢得了邮件运输合同，这令布鲁内尔的大西部公司非常恼火。[74]

　　丘纳德家族的祖辈出身于贵格会，对英国有着强烈的忠诚，他们在美国独立战争后从美国移民到了新斯科舍省。然而，塞缪尔的父母参加了圣公会教会，他本人的妻子与苏格兰长老会颇有渊源。[75]塞缪尔在波士顿学习了船舶经纪业务，并于1815年左右建立了连接哈利法克斯与纽芬兰、波士顿和百慕大的包船服务，他的商业网络范围广泛，涉及了捕鲸、土地开发、钢铁厂、运河项目、伐木、渔业和煤矿等不同行业，因而他在诸多领域都颇有权力和影响力。丘纳德于1839年2月抵达英国，当时他已经参与了一个跨大西洋的蒸汽船项目。为参加最近公布的政府合同的竞标，他的合同承诺每月用蒸汽船将皇家邮件从英国港口运到哈利法克斯，然后再转道纽约。[76]

　　丘纳德的计划是先与造船商达成协议，然后在造船合同在手的情况下，向政府争取邮件合同，因为他知道包括布鲁内尔的大西部公司在内的两个竞争者都未能满足政府对于运输频率的严格要求。他还得到了首相墨尔本勋爵内阁中颇具影响力的成员兰斯当勋爵和诺曼比勋爵（Lords

Lansdowne and Normanby）的支持。但他与内皮尔最初的接触可能是格拉斯哥商人威廉·基德斯顿（William Kidston）促成的，后者在回克莱德发展航运和船舶业务前曾在哈利法克斯度过了人生的大部分时间。[77] 1839年2月，丘纳德向基德斯顿公司提出了如下要求：

> 我需要1到2艘300马力、约800吨重的汽船。有人告诉我约翰·伍德（John Wood）先生（格拉斯哥港的造船师）和（罗伯特）内皮尔先生是很值得尊敬的建筑商，因此他们应该能履行所达成的任何协议。您能不能问问他们，能否从现在起12个月内为我提供各方面都能满足出海需求的船，以及大概需要多少钱？有人告诉我，内皮尔设计的"伦敦"号是一艘好船，但我还没有见过它。我希望他们为我建造最好的船，能够通过海军部彻底的检验。我希望拥有一艘朴素且舒适的船，无须无谓的花销来哗众取宠，我更青睐舱内采用朴素的装饰，这样可以节省大量的费用。如果这几位先生能够满足我的愿望，那么我将即刻前往格拉斯哥与他们进行必要的会面。[78]

不久后，丘纳德和内皮尔会面。他们很快就达成了一项计划，即建造3艘木桨蒸汽船，每艘船可容纳60~70名乘客，造价约为32000英镑。内皮尔对梅尔维尔说："我已为他提供廉价的船只，而且我确信它们是很完美、很坚固的船。"1839年5月初，受益于该协议与政府的密切联系，丘纳德获得了海军部价值每年55000英镑，为期7年的邮件运输合同。这一策略成功的基础是不同利益集团之间达成了信任：丘纳德公司没有筹集任何资金，内皮尔公司没开始建造任何船只，投资者也没有启动各项服务。后来，海军部要求丘纳德提供4艘而非3艘船定期出航，如果出现延误则进行相应的处罚，并以特殊费率运送军队。[79]

英国人对该项目热情不高，见此情形，丘纳德再次北上同内皮尔会面，这次是为了筹集建造 4 艘大型船舶的资金。坦诚的会晤是为了与未来的绅士伙伴建立起信任，内皮尔、丘纳德、乔治·伯恩斯和大卫·麦克维尔 4 人共进了晚餐。[80] 最初的难点集中在海军部对于超过规定航行时间的处罚，但这些问题很快就在内皮尔家（离发动机厂和克莱德河都很近）的早餐会上迎刃而解。出于对内皮尔船用发动机的信任，及其满足海军部对于时间要求的能力，双方达成了合作关系。另外，伯恩斯和麦克维尔获得了大约 19 名其他格拉斯哥商人的支持，组成了"英国和北美皇家邮政蒸汽船的格拉斯哥专有机构，其目的是在英国和某些北美港口之间运送邮件、乘客、货币和商品"[81]。

在几位合伙人的分工方面，内皮尔负责建造发动机，并将船体制造分包给了格拉斯哥港的造船商约翰·伍德。伯恩斯作为格拉斯哥的代理人，一直关注着施工情况。麦克维尔兄弟担任利物浦的代理，在管理每一航次的船舶方面发挥了主导作用，并为船长和高级船员制定了严格的准则。塞缪尔·丘纳德的新斯科舍血统、对奢侈和炫耀的清教徒式的厌恶，以及最重要的是没有宗派主义的教条，对于他个人社交网络的建立发挥了积极作用，在横跨大西洋的项目中汇集了诸多维多利亚时代早期格拉斯哥的投资人。丘纳德本人建立了公司的哈利法克斯和波士顿分部，于 1840 年 7 月 4 日从利物浦开出了第一艘船，恰如其分地将其命名为（尤其是出于对帝国的忠诚）"不列颠尼亚"号。8 年后，该航线首次实现了直达纽约的服务。[82]

尽管丘纳德公司在 19 世纪 50 年代初推出了一对铁制螺旋桨蒸汽船，但海军部更倾向于使用木制桨叶蒸汽船，直至 1856 年内皮尔建造出铁制桨叶蒸汽船"波斯"号后，海军部才有所转变。这艘重达 3300 吨的船的诞生标志着内皮尔位于格拉斯哥的铁制造船厂开始为丘纳德建造蒸汽船。著名的新英格兰季刊《北美评论》在 1864 年评论道："该船使用了最好的材料、最成熟的机械装置和最令人满意的设计，特别是在机械方面，而且其发动机在安装上船之前已经经过多次组装和充分的运动测试。"在服务方面，一切都"保持了最佳的检修状态。一位参观者曾在格拉斯哥附近的一个工厂里看到几个废弃的锅炉因年久失修而被迫'下岗'，表明该公司从来不会等到锅炉爆炸才将其替换"[83]。

这次审查的背景是对美国柯林斯航运公司戏剧性灭亡事件的总结，该公司在1850年前后推出了4艘新船，并得到了美国联邦政府的大量补贴支持。其优异的速度、更高的航海性能和更豪华的内部装饰使大西洋两岸为之赞叹。但仅在成立后的半年内，该公司就损失了2艘船，其中一艘因碰撞而损毁，另一艘则无迹可寻，两艘船的遇难者均超过了500人。《北美评论》将该公司的失败归咎于其在成本方面和追求速度方面的奢侈。对比之下，评论家称赞丘纳德航运公司是安全和可靠的典范："从未领先于时代，但也从未远远落后于时代；从未进行试验，但总是积极采纳任何经过他人充分测试的改进；避免奢侈和吝啬，将所有因素考虑在内，该公司的成功从未被超越。船只的力量、船员的纪律和指挥官的航海技术，决定成败的每一方都能及时展现完美的服务。"[84]

丘纳德公司特别不喜欢对船只进行试验，这也正是其与众不同之处。一方面，正如我们所看到的，内皮尔公司参与由体育精英赞助举办的蒸汽游艇比赛，如果成功他们都能从中获利，即使失败，所带来的财务或道德风险也都可以忽略不计。另一方面，英国科学促进会的G分部在促进实验文化方面做了很多工作，使之成为基于科学的工程实践的组成部分。但由于布鲁内尔和斯科特·罗素是这种文化的海上先锋，其商业对手会很快抓住他们所谓的"失败"并以此作为攻击武器，将其视为奢侈、缺乏清醒和纪律，甚至在商业上无能的证据。[85]罗伯特·内皮尔的声誉，以及他在克莱德培养的造船和工程领域的学徒的声誉——是在提供经过试验和测试的产品基础上发展起来的，因而他们的承诺更可靠。事实上，1874年林赛笔下的克莱德河与半个多世纪前亨利·贝尔描写的截然不同："在河两岸数英里的范围内，巨大的造船厂鳞次栉比，雇用了数以万计的坚韧而熟练的技工。现在，克莱德河沿岸每年建造的蒸汽船吨位比欧洲其他港口（除英国港口）的总和还要多。"[86]

鉴于"可靠性和安全性已被证实"，到 19 世纪 60 年代中期，丘纳德公司的规模已从 1840 年的 4 艘船发展到了近 40 艘船，持续获得了英国政府的邮件合同的支持，该公司的记录印证了这一点。据林赛于 1876 年的判断，在超过 35 年的时间里，"丘纳德公司的蒸汽船在横跨大西洋的多次航行中从未发生过船舶失事、撞击、火灾或任何引发灾难的情况，没有造成危及乘客生命或邮件安全的事件"[87]。确如其言，到 19 世纪下半叶，该公司的安全声誉已成为业内传奇。马克·吐温（Mark Twain）就曾在《纽约论坛报》（*New York Tribune*，1873）上颂扬了其美德：

> 丘纳德公司的人不会让诺亚（Noah）自己当大副，除非他从最低级的船员开始做起，并经受住公司长达十年的考验。该公司让每个管理人员像学徒那样亲力亲为，然后这些人才有被信任和晋升的机会。[88]

意识到蒸汽动力的优势

1854 年在利物浦召开的英国科学促进会会议反映了当时人们对船舶的关注，国家和帝国的财富与食物越来越依赖于这些船舶。科学家、工程师、建造师、船主、建筑商、托运人、保险公司和不同公众之间似乎没有就远洋船舶的最佳设计前景达成一致，无论是在尺寸、速度、材料还是引擎方面。在会议召开的两年多以前，全新的木质蒸汽船"亚马逊"号在海上被烧毁。[89]而近期最先进的英曼线铁质螺旋蒸汽船和铁质帆船"泰勒"号失事的阴影笼罩着这次会议。如前文所说，布鲁内尔和斯科特·罗素的"利维坦"号计划因仅靠规模与科学上的承诺宣称其会克服一切障碍，引发了激烈的争论。

分歧已延伸到了关于动力形式的争论，科学、理论和实验或许能为此提供一些明确的答案，但仍存在很多不和谐的交流。1854 年 4 月底，约翰·爱立信的"爱立信"号"热力发动机"船舶在纽约试航时在浅水域沉没，因此航海蒸汽发动机的预期尚未实现。[90]蒸汽工程师间也存在严重的分歧。他们对两天前柯林斯公司邮轮"北极"号的命运一无所知，纽约工程师托马斯·普罗瑟（Thomas Prosser）还在 G 分部发表了相关演讲："关于使用附加蒸汽，特别是美国蒸汽船'北极'号引进前的一些实验，证明蒸汽优于其他物质的特点，以及在远洋蒸汽船上进一步提升蒸汽应用的建议。"[91]

普洛瑟在论文中对热力发动机的高温和高压进行了明确的区分，这反映出工程师们还没有接受卡诺 - 克拉佩龙的热能动力理论［1850—1851年由麦夸恩·兰金、鲁道夫·克劳修斯（Rudolf Clausius）和威廉·汤姆森重新提出］。[92]普罗瑟认为，"使用蒸汽最大的困难和危险在于高温而非高压，因此，需要最高温度来产生一定压力的介质才是最难处理的，也是最危险的"。他继续说，我们可以从容地谈论空气被压缩到 10 倍的最高压力，因为它温度很低。事实上，"就在昨天，我们尊敬的主席斯科特·罗素谈到了 80000 磅力 / 平方英寸①，这甚至比我目前要求的还多 800 倍"[93]。

普罗瑟研究的问题是"将加压或加热的蒸汽作为减少远洋汽船（尤其是柯林斯航线的船主）煤炭消耗的手段，是否经济实惠、切实可行"。该实验包括以下几步：让部分蒸汽进入炉内的锻铁管，然后让其在进入气缸前与剩余的蒸汽重新结合。后来"北极"号安装了这一装置，但连接失败了，等她返回纽约"这个有趣的问题就可以通过一个规模和费用都不一般的实

---

① 1 磅力 / 平方英寸 =6.895 千帕（kPa）=0.068 大气压。——译者注

验来决定"[94]。

　　然而，普罗瑟认为成功的可能性不大。他对"高压"蒸汽的解释是，在高于大气压 6 磅的压力下，温度过高会导致蒸汽管上覆盖的毛毡燃烧（"正如持续加热缺水的锅炉会烧红"一样），因此这似乎并非"开发蒸汽能量特别有效的方法"。相比之下，普罗瑟建议"在海洋蒸汽船上广泛使用高压蒸汽，使蒸汽在非真空条件下冷凝"。他声称，高压蒸汽的广泛作业较为安全和干燥，不会导致烫伤和湿蒸汽出现。在工作气缸周围有一个蒸汽夹套，"在不增加其他风险的情况下，这种方法很可能会比其他任何'加压蒸汽'系统更加经济实惠"[95]。

　　这篇英国科学促进会的论文是对船用蒸汽机的推广，该蒸汽机在高压下作业，像铁路机车一样排入大气。此外，它还提供了一个有关空气发动机的启示：如果在压力高、温度低的环境下工作的话，这种发动机是安全的。然而，倡导新热力学的学者们对此并不认同，结合他们各自的实践和理论技能，内皮尔和兰金在他们规划的空气发动机中实现了新热力学原则。与普罗瑟恰好相反，高温（严格说是更大的温差）这一要素成为从一定数量的燃料中获得更大经济效益的关键（第二章）。兰金为 G 分部书写了一篇题为《关于让空气发动机发挥优势的方法》（*On the Means of Realizing the Advantages of the Air-engine*）的论文，虽然他因病无法出席，但确保了该论文获得了包括《泰晤士报》在内的全国媒体的广泛宣传，并将其提供给 G 分部。[96]

　　通过表明使用空气作为发动机的工作物质不会带来潜在的致命危险，例如，在高温下使用蒸汽造成的烫伤，兰金的论文揭露了普罗瑟假设的谬误，即高温才是固有的危险，而非高压。在兰金的分析中，高温和高压在任何热力发动机中都是相关变量，即无论采用何种介质，热力发动机的效率都取决于"锅炉"和"冷凝器"之间的温度（或压力）差。但是其危险性会根据介质的性质而改变，例如，湿蒸汽在普通温度下具有易造成烫伤的特性，但在较高温度下的干蒸汽则基本不受此影响。

在英国科学促进会后来的报告中，出现了兰金的摘要全文，而普洛瑟的摘要却仅有 3 行。因此，尽管普罗瑟在现场，兰金还是将其观点成功地渗透到了英国科学促进会中，并在新科学及其空气发动机的承诺方面操纵了媒体。事实上，《泰晤士报》已经在 9 月 30 日发表了兰金摘要的大部分内容：

> 演讲者首先解释了热力机械作用的两个基本定律及其应用，从而确保符合理论要求的发动机能够在给定的温度区间内工作。它表明，由于效率随着这些极限之间距离的增加而提高，所以，在蒸汽温度安全、可控的环境中，安全地使用空气很容易。因此，在安全的前提下，空气发动机的最大理论效率要比蒸汽发动机高得多。例如，在 650 华氏度的温度下，即空气发动机正常工作的温度，蒸汽的压力为 2100 磅力／平方英寸，但空气的压力是可选的，由使用空气的密度来调节。[97]

此外，兰金对"蒸汽机中浪费热量和功率的各种原因"进行了分类。《泰晤士报》并未详细报道这些原因，因为这有待参考兰金完整的论文。在利物浦英国科学促进会召开后的一年，这篇论文在大西洋两岸发表，其中一篇发表在《爱丁堡新哲学杂志》(*Edinburgh New Philosophical Journal*，1855)，另一篇发表在《富兰克林研究所杂志》(*Journal of the Franklin Institute*，1855)，该杂志还刊登了一篇关于在北极地区使用"加压蒸汽"的论文。兰金详细介绍了那些"影响热量消耗与作业弹性物质对活塞的作用之间的关系，换句话说，即发动机指示功率"浪费的原因。他认为浪费的原因共分为五种：第一，"从燃烧的燃料到工作物质的热量传递不彻底"；第二，"热量提取不充分"；第三，"向作业物质传递热量的冲程时期不恰当"；第四，"在提高作业物质温度方面需要热量消耗"；第五，"在冲程期间作业物质所经历的一系列体积和压力变化的安排不充分"[98]。

兰金指出，在实际的蒸汽机中，针对前三种浪费原因的各类改进方法已经在很大程度上得到了实践。管式锅炉（亨利·布斯长期以来一直是其主要倡导者）的燃烧接触面较大，能够有效减少第一种浪费。冷凝技术的改进有助于减少第二种浪费。消除气缸、蒸汽通道和锅炉的传导和辐射则减少了第三种浪费。第四种浪费和第五种浪费密切相关，其解决都需要了解蒸汽在一个完美的发动机中的作用。对于兰金而言，一台完美的发动机就是一台理想的发动机。在这个发动机中，一定量的热量通过一定的温差而得到的功，可以精确地恢复这个温差。这种理想的热机运行非常像一台"完美"的水车，通过一定高度、一定量的水的下降所产生的功，可以用来精确地将该数量的水恢复到其原来的水平。就像瓦特（第二章）一样，完美的发动机可以作为衡量实际发动机的一个标准。[99]

根据这种"浪费"的分类，《泰晤士报》称兰金比较了"蒸汽机的实际效率与它们的最大理论效率，以及通过任何可能的改进，蒸汽机中能够预期达到的最大实际效率"[100]。在英国科学促进会更全面的报告中，他给出了特定质量的烟煤每马力每小时的消耗量，"理论意义上完美的发动机"在"蒸汽机正常的温度限制"区间内工作，消耗量为 1.86 磅，"最大程度改进"的双向做功蒸汽机消耗量为 2.5 磅，"结构良好且作业正常的双向做功蒸汽机平均消耗量为 4 磅"[101]。

《泰晤士报》进一步解释称，兰金同样对空气发动机中热量和功率浪费的原因进行了分类，并将斯特林和爱立信各自在相同温度极限之间工作的空气发动机的实际效率（第二章）与完美发动机的理论效率进行了比较。

斯特林发动机的消耗量为 2.2 磅，而完美发动机的消耗量为 0.73 磅；

爱立信的空气发动机消耗量为 2.8 磅，而完美发动机只消耗 0.82 磅。因此，兰金称"这些结果证明空气发动机实际上已经能够成功地作业了，并且比普通蒸汽发动机需要使用的燃料更经济实惠。事实上，这已经超过了双向做功蒸汽机可能达到的最大限度的经济性"[102]。

特别是，斯特林的空气发动机"经过最终的改进，压缩了尺寸，改进后的机器易于操作，不易出故障，耗油量小，比任何其他蒸汽机需要维修的次数也更少"。此外，对空气发动机的阻力来源于两个方面。首先，它的优势还没有大到能够"促使实用主义者克服他们对用新方法取代长期使用方法的本能性厌恶"。其次，两种类型的空气发动机都被一些人说成是无中生有的例子，即"永动机"。然而在实践中，这两种发动机很明显至少浪费了 2/3 的燃料。因此，我们的目标应该是接近"空气发动机理论意义上的经济程度，即远远超过蒸汽发动机实际的经济程度"。也就是"实现空气发动机的优势"，为了实现这一目标，需要找出并消除造成燃料浪费的最显著、最重要的原因。因此，兰金和内皮尔发布了他们"改良版"的空气发动机，并承认在其建造过程中出现了延误。它具有光明的前景，原因在于它的体积小，在于"节约燃料"和"其重要的、无可争辩的优势：即使空气接收器发生爆炸（这几乎不可能发生），也不会造成伤害，因为其力量不会超出发动机本身的范围，而且热空气也不会造成烫伤"[103]。

然而，建造者最终没有将空气发动机作为远洋船舶动力的解决方案。无论是爱立信、内皮尔还是兰金，他们的空气发动机项目看起来都太像实验，太急于运用未经实践证明的科学理论。爱立信的项目很容易被人视为一场作秀，内皮尔和兰金的信誉远高于他，但即便如此，在面对谨慎的船主的要求时，他们也无法继续维护空气发动机项目。因为他们很清楚，奢侈、不切实际的科学实验会损害他们在公众中的声誉。因此，造船工人和航海工程师们转向了另一类型的发动机，它没有那么激进，扎实地诞生于蒸汽机的实践中，却拥有新的形式。

根据兰金的估计，双向做功蒸汽机的平均耗煤量为每马力每小时 4 磅，对上述浪费原因的关注可以将耗煤量提高到理论意义上最大值的 3/4 或每马力每小时 2.5 磅。1854 年，克莱德建造的一种新的船用蒸汽机，即复合发动机，刚刚开始将消耗量从之前低点的 4 磅或 4.5 磅降至 3.25 磅。它的设计者约翰·埃尔德是兰金的密友，埃尔德曾是格拉斯哥学院工程教授刘易斯·戈登的学生，也加入了海洋工程师和学者网络，该网络还包括威廉·汤姆森、兰金和詹姆斯·罗伯特·内皮尔。自 1821 年以来，埃尔德的父亲一直担任罗伯特·内皮尔工程公司的经理，埃尔德在他的指导下进行了为期 5 年的学徒训练。在英国获得了进一步实践经验后，他于 1849 年回到内皮尔的工厂担任首席绘图师。随后他放弃了内皮尔公司的职位，于 1852 年与一家磨坊主公司建立了合作伙伴关系。[104]

作为伦道夫、埃尔德的合办公司，该公司开始建造船用发动机，并在两年后为重达 764 吨的铁质螺旋蒸汽船"布兰登"号安装了一台由埃尔德设计并获得专利的复合蒸汽发动机，打算用于 1854 年 3 月利物浦的《阿尔比恩报》（ The Albion ）宣布的一项新服务，即在利默里克和纽约之间的航行。"布兰登"号只进行了一次从欧洲到纽约的往返航行，就被英国政府用作克里米亚战争的运输工具。但在 1854 年年底，《北不列颠每日邮报》（ North British Daily Mail ）报道说，"令人欣慰的是，无论是速度还是经济性，该船都达到了工程师的预期"。后来，兰金记录了她的燃料消耗量，为每马力每小时 3.25 磅。[105]

"布兰登"号显而易见的经济性很快就促使人们订购该发动机，以满足太平洋蒸汽航运公司两艘船的需要，该公司在南美西海岸提供的服务正是英国对所谓"非正式帝国"热情的典型体现。在当地缺乏燃料供应的情况下，煤炭必须通过帆船从英国运出。因此，当克里米亚战争对船的吨位提出要求时，太平洋蒸汽航运公司向埃尔德咨询了更大发动机的经济性前景，结果证明沿海桨式蒸汽船"印加"号（290 总吨位）的燃料消耗量仅为每马力每小时用煤 2.5 磅，而更大的航船"瓦尔帕莱索"号（1060 总吨位）消耗量为每马力每小时 3 磅。直到 1869 年去世，埃尔德共为太平洋蒸汽航运公司提供了大约 30 套发动机，建造了 22 艘船（图 3.3）。[106]

图 3.3　对角线复合发动机，由约翰·埃尔德设计，用于瓦尔帕莱索太平洋蒸汽航运公司（1865 年）的小型高压和大型低压气缸
资料来源：*The Fairfield Shipbuilding and Engineering Works. The History of the Company; Review of its Productions; and Description of the Works.* London：Offices of 'Engineering'，1909，facing p. 4，is licenced under CC By 4.0.（Courtesy of the University of Aberdeen.）

　　埃尔德并非克莱德赛德唯一的从事高压船用复合发动机新技术的实践者。尽管格里诺克的斯科特公司一直以悠久、连续的造船历史为荣，其历史可追溯到 18 世纪初，但家族分裂导致 1851 年左右一家新的船厂在一片绿地上建起。该船厂由查尔斯·斯科特和他的小儿子约翰经营，为避免与家族中其他 3 个约翰·斯科特产生误解，他被称为"小约翰"。小约翰（1830—1903）在爱丁堡学院（1841—1846）接受了绅士教育，他与詹姆斯·克拉克·麦克斯韦（James Clerk Maxwell）和刘易斯·坎贝尔（Lewis Campbell）同班，比彼得·格思里·泰特（Peter Guthrie Tait）和爱德华·哈兰德（Edward

Harland）高一年级。斯科特于 1846 年进入格拉斯哥学院学习，那一年威廉·汤姆森被任命为自然哲学教授。[107]

这样的背景决定了斯科特在新船厂做出"科学工程"这一承诺，他几乎从一开始就在管理这个船厂。事实上，在 1857 年 1 月，斯科特推出了一艘"革命性"的新螺旋蒸汽船"忒提斯"号，它配备了格拉斯哥的罗文制造的复合发动机，在 115 磅力 / 平方英寸的极高压力下运行。这艘重达 500 吨的船于 1857 年 5 月开始试航，并于 1857 年 5 月 13 日交付，从现存的信件中可以看出，当时阿尔弗雷德·霍尔特正在船厂监督他兄弟拥有的兰伯特与霍尔特公司的第一艘蒸汽船的完工。3 年后，兰金向内皮尔报告说，他一直在测试"忒提斯"号的发动机的性能，结果为每马力每小时的燃煤量略高于 1 磅。这一结果令人印象深刻，同时也证明了高压蒸汽的经济性。[108]

"忒提斯"号在 1862 年被卖给了地中海的船东，在这之前，它在跨海峡和沿海航线上的运行似乎非常成功，并最终在 1899 年报废。但即使到了 19 世纪 60 年代初，远洋航线上也很少有复合发动机的蒸汽船。P&O 公司的 4 艘蒸汽船，由德普福德的汉弗莱斯、坦南特和戴克斯公司制造，他们创新地采用了复合发动机（在相对较低的 26 磅力 / 平方英寸的压力下运行）。1861—1864 年这 4 艘蒸汽船在苏伊士到孟买的航线上工作，这是该公司通往印度的"跨陆地"航线。[109]

在 19 世纪 60 年代早期到中期，海军部进行了一系列实验，首先是让船只以不同速度跑 100 英里，从而测试泰晤士河畔的"奥克塔维亚"号（采用莫德斯雷的简单发动机）和克莱德建造的"康斯坦茨"号（采用埃尔德的复合发动机）的性能。在给定的马力下，这两艘军舰的经济性几乎相同。1865 年年末，在恶劣的天气下，"康斯坦茨"号在马德拉岛进行了长达1000 英里的试验，这一试验似乎证明了它的经济性。事实上，"奥克塔维亚"号和"阿瑞莎"号（采用佩恩的简单引擎）耗尽了其煤炭供给，并在航行中完成了这段路程。然而，正如我们现在所见，将高压复合发动机引入长距离的海洋贸易的独立尝试已经开始。[110]

煤炭问题

历史学家们通常认为，在蒸汽船能够取代远洋贸易中的帆船，能够在没有昂贵补贴的情况下进行竞争之前，更省油的复合（高压）蒸汽机的必要性是不言而喻的。这种不证自明的情况完全是回溯性的，例如，布鲁内尔根据"科学原理"设计的简单引擎的"大东方"号，足以在所有的海洋中航行，容纳尽可能多的乘客，运载尽可能多的货物，并携带尽可能多的煤炭。无论有无邮政补贴，其在东部的航行都可行且盈利，英国煤炭的低廉价格将是她"成功"的关键。然而，并非每个人都将廉价与"成功"、利润与"经济性"等同起来。1858 年 1 月，曼彻斯特自然哲学家焦耳在给格拉斯哥大学的威廉·汤姆森教授的信中指出，他认为"大东方"号的理念其实是将名副其实的廉价煤炭仓库运往澳大利亚并返回，这是它的根本缺陷。"我计算了一下她满载时的速度，发现它比（丘纳德公司建造的克莱德船舶）'波斯'号的速度要低一些。我认为应该对蒸汽船的煤炭消耗设限，因为这种消耗量正在快速耗尽我们的煤矿"。[111]

到 19 世纪 60 年代中期，兰金在热力发动机经济性方面的工作已经广为人知，威廉·斯坦利·杰文斯的《煤炭问题》也对其进行了引用和讨论。该书基于煤炭供给（英国财富增长赖以生存的能源）[112] 将必然地越来越昂贵这一问题展开讨论，由于可获得的资源已经耗尽，矿井越挖越深，边际资源的供应也越来越少。例如，在《燃料的经济性》一章中，他逐字逐句地引用了《英国科学促进会报告》（1854 年）中兰金的《空气发动机》论文，比较了实际的蒸汽发动机，"改进到最大可能程度"的发动机和理论上完美发动机的燃料消耗量。在杰文斯对热力发动机新科学的解读中：

　　理论进一步指出，实践也部分证实了这一点，即发动机在消耗一定燃料的情况下所做的功与蒸汽进入和离开发动机时的温度差成正比。从这个原则出发，就产生了使用高压和高温蒸汽的经济性，并且这种方式实现的经济效益显著。但在蒸汽船的航行中，对发动机的改进将产生最明显的影响，任何节约燃料、节约储藏空间，以及缩减成本的行为，都会使天平更彻底地倾向于蒸汽，帆船则很快就会沦落到从属地位。[113]

　　正如我们所知，亨利·布斯在 1844 年敦促"应该发现一些新的经济因素"，以取代越来越大的蒸汽船对煤炭的消耗，寻找新的能源取代有限的珍贵资源迫在眉睫。此外，布斯还指出了承诺的汽船经济性的另一个特点，即该船具有特定的目标，而非将所有的目标都集中在一艘船上，例如，"大不列颠"号贪婪地将速度和货运能力相结合。利物浦信奉一神论的船东和商人经常在市中心附近的伦肖街教堂做礼拜，他们的航船核心是遵循尽量减少经济浪费的道德准则。这个"家族"的成员包括杰文斯家族、雷斯伯恩家族、布斯家族、兰伯特家族及霍尔特家族。[114]

　　1864 年年初，伦肖街社区的讨论集中在对中国贸易上。中国贸易主要是因快船之间的茶叶竞赛而闻名，首先是美国的航船，其次是英国的航船，其中包括斯科特和其他克莱德船厂建造的船只。然而，阿尔弗雷德和菲利普·亨利兄弟并没有放弃他们自 19 世纪 50 年代初以来一直沉迷的不稳定的蒸汽船的世界，他们早晚都在谈论蒸汽船，直到找到了一个"我们认为本该属于自己的行业"。1864 年秋天，他们已经确定了与中国进行贸易，"主要是因为茶叶便于运输，就我而言还有一部分原因是萨姆·雷斯伯恩（Sam. Rathbone）与 W.J. 兰伯特（W. J. Lamport）讨论帆船的前景时曾说过'帆船在中国的航行至少是安全的'"。据阿尔弗雷德的回忆，"'那个狂热的人让我说'是不是？"但最重要的是，阿尔弗雷德坚信，"货轮的发动机可以比当时任何人想象得都持久，而且它可以获得更多的收益"，这推动了新的议程。霍尔特家族也可能想到了1863年林赛的辅助蒸汽船"罗伯特·罗威"号在长江上的航行，从汉口装载茶叶运回伦敦，这次航行仅运费就赚了10315英镑。[115]

从19世纪30年代中期开始，布鲁内尔和费尔伯恩等铁路设计师和工程师就打破了铁路和蒸汽船的界限。霍尔特的导师亨利·布斯也已卷入了蒸汽船问题，阿尔弗雷德·霍尔特在利曼铁路的学徒生涯使他掌握了从陆地到海上的土木工程和机械工程技能。1854年，当他将第一艘新船投入海岸服务时，利物浦的商业媒体（尤其是《利物浦水星报》）对英国科学促进会会议上G分部讨论的远洋蒸汽航行的问题和前景进行了深度报道。

霍尔特的声誉迅速崛起，公众认为他是值得信任的，并且是能解决海洋工程问题的人。承诺行动的核心是精细的工程图纸，有些是为林赛等客户设计的。霍尔特通过以下方式大大提高了他的可信度：有自己的工程车间；在克莱德造船的直接经验，这是从林赛的辅助蒸汽船的顾问工程师开始积累起来的；到地中海的航行，他了解了海上蒸汽船的情况和贸易的特征；与克莱德和泰恩的造船商及海洋工程师建立了新的技术、社会和商业关系；最重要的也许是实际展示。最后一种策略是我们在工程领域中普遍采用的策略（第二章、第四章、第五章）。在他最早期的示范中，霍尔特重建了一艘不可靠的沿海蒸汽船"阿尔法"号，然后将整支帆船队抛在了默西河外，令其顺风北上。1854—1863年，他建立了自己的小型汽船队，确保每艘新船都符合他严格的工程标准，以及海上和港口的管理标准。[116]

1864年，霍尔特向股东们传达了他的意图（以第三人称起草）："一旦目前对蒸汽船的狂热消退，能够以合适的价格建造优良的船只，就会有更多的蒸汽船问世并催生新的贸易。（他）希望能邀请那些曾经与他并肩作战的人再次加入。"这种贸易是"一种遥远的贸易，成功或失败都只是取决于燃料消耗的问题"。霍尔特回应了兰金在1854年英国科学促进会会议上提出的、杰文斯在《煤炭问题》中引用的主题，他解释道，"目前使用的蒸汽船发动机极其浪费"。这一点"对工程师们来说早已是显而易见，并且已经进行了许多尝试来改进这一问题，甚至有些已经取得了相当大的成功，但是最好的发动机的最大节约潜力也仅是其实际消耗量的50%"。他宣称，一般来说他"不喜欢实验，也没有在他最新的船队中尝试任何实验，新事物必然会发生事故，因此他不希望冒相应的风险去尝试"。此外，他还表示，希望新船不要安装这种发动机，即"缺乏普通人长途航行成功案例的发动机"[117]。为了避免"狂热"——这与破坏商业信任和信心的"铁路狂热"相呼应（第四章）——并对商业船队的"试验"保持高度警惕，霍尔特开始在布鲁内尔无休止的试验和丘纳德的极度谨慎之间寻找方向。因此，他开始认真界定实验的界限。

霍尔特刚刚卖掉了为西印度群岛提供服务的小型蒸汽船队，但他特意保留了一艘汽船，即"克莱特"号。该船的设计规格非常高，特别是在强度方面，建造的目的是服务于当地的铁矿石和煤炭贸易。霍尔特现在提议"利用从现在到拟议事业的这段时间间隔，做一个性质上值得信赖的实验……。他之所以选择这艘船是因为它的船体很好，而且在他的管理下运营很多年了，对她的能力了如指掌。该船目前的发动机是（普通）简单类型的一个好样本"。和以前的冒险一样，他赢得了前船主的信任，虽然以他们的持股量在经济上发挥作用的可能性不大，却对提高企业的可信度发挥了重要作用。[118]

1864年12月，"克莱特"号安装的复合发动机由霍尔特亲自设计，在利曼铁路的机车上以60磅力／平方英寸的相对高压运行。据报道，汉弗莱斯、坦南特和戴克斯近期在泰晤士河上建造的P&O蒸汽船所用的复合发动机的压力为26磅力／平方英寸，这两个数字形成了鲜明对比。"克莱特"号的实际布置与"阿拉戈"号和"卡西尼"号几乎完全相同，该船由霍尔特设计并由R.&W.霍索恩在1865—1866年为兰伯特和霍尔特建造的。[119]

对承诺行动的沟通最终形成了对实际表现的报告。最重要的是，霍尔特兄弟正是这一性能的见证者。阿尔弗雷德具有巨大的优势，因为他知道自己设计的这艘船最初安装的简易发动机的精确性能。阿尔弗雷德在自传中记录了这一事件："在更换了'克莱特'号的机器后，我们（菲利普、亨利、霍尔特和我）驾驶它去海峡巡航，行程大约两天。这次试验没有留下任何遗憾，发动机运转正常，提高了船只的速度，减少了煤炭的燃烧量，因此本次航程只用 5 吨煤就完成了以前需要 8 吨煤的工作。"到法国的沿海航行，以及到巴西、阿尔汉格尔和澳大利亚的深海航行，都进一步"印证了实验性航行的结果"。霍尔特声称，"'克莱特'号的老式发动机是由我自己设计和画图的，因此我知道其准确的速度、耗煤量和基本性能"，这些描述使这些结果更加可信。他写道："正是基于这一实验，我们建造了'阿伽门农'号、'阿贾克斯'号和'阿喀琉斯'号。"[120]这 3 艘从斯科特公司订购的复合发动机汽船，总投资数额达到了 15.6 万英镑，这个数字令人震惊。[121]

1866 年 2 月 16 日（星期五）晚上，以及此后的几天里，阿尔弗雷德和他的兄弟乔治·霍尔特一到周末便去拜访泰恩赛德的造船师安德鲁·莱斯利（Andrew Leslie），当时他正在建造兰伯特和霍尔特的蒸汽船。根据阿尔弗雷德的记录，星期日早上他们"在沃尔森德（泰恩河畔）附近散步"。他承认"节约燃料"是他"一贯的追求"，通过对当地高炉的审慎观察，他发现"由于不断有熔化的炉渣流出，造成了巨大的热量浪费，我确信这其中的热量本可以转用于某些必要的用途。但使用新燃料来代替旧燃料这一方法更便宜也更容易，尽管其结果只能是无谓地减少我们的煤炭库存"。某种意义上而言，廉价等于浪费，而非经济。正如杰文斯在《煤炭问题》序言中所言："燃料在便宜的地方被浪费；燃料在珍贵的地方，人们才想尽办法去节约它。最好的发动机是康沃尔郡的发动机，或是远洋航行蒸汽船上的发动机。"[122]

　　杰文斯和霍尔特家族转向了一致的利物浦商业文化和一神论文化。此外，杰文斯本人在《煤炭问题》出版和阿尔弗雷德的高压船用复合发动机建造期间，也在利物浦的皇后学院工作。事实上，正如杰文斯从实际和理论意义上的热力发动机中汲取证据一样，阿尔弗雷德似乎对"煤炭问题"非常敏感，也关注他的"不断抱怨"不仅仅与在海洋深处航行的蒸汽船有关。换句话说，努力消除浪费不仅仅是出于降低成本的商业压力，也不仅仅是出于避免在远洋航行中耗尽油舱的物质考虑。对他来说，这是一个普遍存在的道德问题，特别是与伦肖街团体的价值观相吻合，也与英国北部更广泛存在的非传统派（尤其是长老会）社区的价值观相吻合。[123]

　　1866 年 2 月，在泰恩河畔的莱斯利船厂，阿尔弗雷德和乔治在基德船长的指挥下"将（兰波特和霍尔特的）'洪堡'号送入了大海"。阿尔弗雷德显然说服了兰波特先生，他的第一艘蒸汽船是在 1857 年由斯科特公司交付的，该船使用了克莱特公司的大型复合发动机。基德在他的日记中写道："我把它从泰恩河畔的莱斯利造船厂带去直布罗陀，经里斯本返回利物浦。这是对阿尔弗雷德·霍尔特新发动机的测试和试验之旅，兰波特先生认为该发动机是失败的，但霍尔特不这么认为，因此他派我去证明'洪堡'号的发动机是成功的。"在对"洪堡"号发动机性能的不同解读中，阿尔弗雷德的工程权威最终战胜了兰波特对海上蒸汽的怀疑态度。[124]

　　1865 年 11 月，这 3 艘船中的第一艘"阿伽门农"号下水了。霍尔特在 1866 年 1 月中旬发了一封信，向众多托运人宣布他"即将建立一条从利物浦到中国的螺旋式蒸汽船航线"的消息。然而，这封信的内容远远超出了一般意义。它承诺"阿伽门农"号将由米德尔顿船长指挥，"现在已经做好准备，预计在 1866 年 3 月 20 日左右出海"，确切的出海日期"将在我与建造者交付时公布"。他还承诺，"我建议这些船只提供的服务"涉及通过好望角前往毛里求斯的直达通道，从利物浦到毛里求斯的预计航行时间为 39 天。向外航行的过程中将继续在槟城、新加坡市和香港停靠，最后在上海结束，总航程为 76 天。后续还会有其他的港口，但要注意"避免航行时间延长"[125]。

为了使承诺的日程表可信，霍尔特强调，"所有的蒸汽船都是在克莱德建造的，它们动力十足，并且可以在出航和返回中全程使用蒸汽"。除了他们在克莱德建造的船舶和独立航行之外，这些新蒸汽船的设计还体现了"经验得出的每一项预防措施，从而使它们能够安全地运送珍贵货物"。此外，每个船长都"在我手下工作多年，对蒸汽船的照料和航行有着丰富经验"。由此，霍尔特用一种方法总结了他的期望。该方法同样适用于亨利·布斯的利曼铁路，"即建立一条可靠的蒸汽船线路，设定适当的运费，采用安全、可接受的速度来运载货物（以及约 40 名客舱乘客）"[126]。但这些都是承诺，具体的性能报告尚未公布。

3 周后，海洋蒸汽船公司的第一次年度会议在印度大厦举行。2 艘船已经下水（前一天下水的是"阿贾克斯"号），但都还没有准备好开始试验。经理们（阿尔弗雷德和菲利普·亨利·霍尔特）报告说：

> 在这艘 1347 吨的船（"洪堡"号）上对发动机的构造原理进行更长时间的试验，令管理人员对该计划的成功实施感到满意。毫无疑问，进一步的实验会带来细节上的改进，但主要的原则是：用平常燃料消耗的一半就可以获得相同的速度，这一点毫无疑问。[127]

这段话有效地揭开了航运公司官方日记的神秘面纱，这与阿尔弗雷德的个人日记或基德船长的日记不同，它几乎没有记载早期的争斗，也没有显示像威廉·兰波特这样的船主的怀疑态度。

1966 年 3 月底，阿尔弗雷德在日记中记录了他去格里诺克"观看 24 日'阿伽门农'号的发动机试验，试验成功的结果令人满意"。但 5 天后，一切都没有按原计划进行。当这艘船驶入了避风的盖尔洛赫（格里诺克北部）进行海上测试时，它却在靠近高水位的地方搁浅了，并且一直停留在那里，直到下一次潮汐时，减重和拖船才终于帮助它脱险。1966 年 3 月 31 日，这艘新船离开了建造者，前往利物浦进行一夜的试航。霍尔特私下记录说，在出发时，发动机"略微发热，在几个小时内运转状况不太好，但在经过坎布雷山脉（克莱德河向公海延伸的地方）后，这种状况就消失了。在看到加洛韦岛（位于苏格兰西南端）后不久，我们便让她全速前进，于是她立即以10.5节①的速度前进，在试航期间毫不费力地保持着这种速度"[128]。

燃料经济性的问题始终贯穿于霍尔特日记对该事件的记录："通过非常精确的实验，我们发现她在 7 小时 40 分钟内消耗了 6.5 吨煤，即 24 小时仅需消耗约 20.34 吨。据我所知，这个结果是海上任何船只都无法达到的，为此我感到非常庆幸，而且我认为我已经得到了一艘非常棒的船。"这个消耗量大约为每小时 2 磅多一点。然而在北威尔士海岸，领航员却带着一条灾难性的消息上了船，这令人们对新发动机的预期感到挫败：兰伯特和霍尔特的新船"阿拉戈"号几个月前安装了阿尔弗雷德设计的复合发动机，然而"两天前该船只在南堆栈（安格尔西岛西侧）下落不明"。

1866 年 4 月 19 日，"阿伽门农"号已经为她的处女航行做好了准备，这比原先预计的时间晚了一个月。船主和船长彼此非常信任，在出发前几天米德尔顿和基德船长曾在霍尔特家山边的住所吃饭，更加巩固了这种信任。船主一行人，包括阿尔弗雷德的妻子、威廉和菲利普·亨利兄弟及其岳父，陪同船舶沿着默西海峡航行，并乘坐拖船返回。"她走了，这时看起来很好"，阿尔弗雷德记录道，"愿她能成功"。在这个非常重要的时刻，船主和船分离，留下船主在海洋数千英里外心系船只的安全。[129]

1866 年 10 月 24 日，"阿伽门农"号结束了往返中国的漫长航程后，抵

---

① 节（knot）为专用于航海的速率单位。1 节的速度为 1 海里 / 小时或 1.852 千米 / 小时。——译者注

达了泰晤士河，比预期承诺的时间晚了 8 天。该船进入维多利亚码头时，阿尔弗雷德便出发前往伦敦去迎接，他"欣喜万分，认为关于她表现的报告令人非常满意"。怀疑论者可能会将她的"迟到"作为技术失败的证据，甚至朋友们也意识到有关"成功"或"失败"的判断是多么微妙，这种判断将意味着未来商业繁荣与困顿之间的天壤之别。有匿名人士曾寄给阿尔弗雷德一幅漫画，上面描绘了"阿伽门农"号首次返航时的情景，如果该汽船不能履行承诺，阿尔弗雷德就会受到惩罚。[130]

"虽然这条线路的蒸汽船现在是通过苏伊士运河前往中国，但它们之前在好望角航线上的表现也非常出色"，林赛在 1876 年写道，"从利物浦出发直到毛里求斯，长达 8500 英里的路程它们从未中途停止，并且一路都使用蒸汽驱动，迄今为止人们仍认为这是不可能实现的壮举；之后他们前往槟城、新加坡市、香港和上海，虽然这一路没有得到任何政府补助，但他们仍卓越地完成了这些路途遥远的航行"。事实上，自从运河开通以来，"阿伽门农"号从距离上海上游 600 英里的汉口出发，在 60 天内到达伦敦，并且速度领先于其他邮船，这并非特例。因此，只有从阿尔弗雷德·霍尔特时代开始，"这些实际情况才证明了这种发动机蕴含的巨大价值，之后的才逐渐普及使用"[131]。

在林赛的论述中，长途远洋蒸汽船成了史实。事实上，他巧妙地评论了阿尔弗雷德·霍尔特和菲利普·亨利·霍尔特的远洋蒸汽船公司，一方面，传达了值得信赖的承诺；另一方面，也使更多的航海界人士认同这一承诺的兑现。由于家族股东、伦肖街的商人和船主、利物浦托运人和海外代理商，以及收货人都已被承诺的业绩得到兑现这一事实说服，船主们的信誉在商业方面，以及在高压复合发动机远洋蒸汽船的新技术方面，都有了很大的提升。看来，船主的诚信与他们船舶的诚信是相匹配的。在这个因财务和技术不稳定而声名狼藉的行业中，阿尔弗雷德·霍尔特和他的公司在传播可靠知识方面建立起了无与伦比的声望，特别是在商业和机械方面，这涉及远洋蒸汽船的可行性和可信度。

这与布鲁内尔的"大东方"号显然不同，尽管英国科学促进会的精英们的信誉无可挑剔，但"大东方"号的业绩记录过于糟糕，因此很快便削弱了托运人和旅行者对其的信任。但霍尔特家族却以完美的技术给当地投资者和托运人交了一份完美的答卷，他们呼吁以少浪费、可靠性为特征的道德经济，与其他船东奢侈、鲁莽的行为形成了鲜明对比，并且他们能够有效管理技术事故及工程性能。例如，基德曾在日记中记录了"萨拉丁"号在利物浦对面的一次公开搁浅，以及他在指挥"阿贾克斯"号时发生的一系列意外，其中包括在失去螺旋桨后为拖行 600 英里支付了昂贵的费用；因曲柄轴断裂而支付了高昂的打捞费；一次船尾框架的严重损坏；一些航程中的燃料短缺事件；最糟糕的上海维修事件，维修时水流将螺旋桨轴从管道中旋转出来，进而导致该船的沉没。[132] 随着信任度的提高，这些所谓的"事故"并没有破坏公众对蒸汽船的信任，反而被视为未来蒸汽船实践应参考的经验之谈。

"蓝色烟囱"船队赚了钱，队伍不断壮大。例如，"阿贾克斯"号的第 3 次长达 6 个月的往返旅程收益已达到了 12584 英镑，这一惊人的数额是其成本的 1/4。到 1880 年年底，该公司已经接收了约 26 艘船，这些船来自斯科特公司（12 艘）和莱斯利公司（14 艘），每年给股东的红利平均为 15%，这的确是这支无补贴的长途远洋船队可靠性的"实践证明"。这支船队不仅提供定期服务，而且航行的频率也越来越高，它成了海洋上的"铁路系统"。[133]

在对阿尔弗雷德·霍尔特的创业或工程天赋进行回顾时，研究者很少将他自己后来所说的"伟大冒险"的高度偶然性考虑在内。[134] 与中国进行贸易的蒸汽船带来的财富并非必然，因为新技术本身就是不稳定且极具偶然性的，很可能会像"阿拉戈"号等一样以沉船、锅炉爆炸、发动机故障、人员伤亡或仅仅是资本受损而告终。但是，阿尔弗雷德·霍尔特和他的同事们在当地的大环境下，在船东、造船厂、海事工程师、船长等组成的社交网络中工作，在一个信誉远未得到保证的时期，使远洋蒸汽船深受公众信赖。

阿尔弗雷德·霍尔特很少出现在公众视野中，但他却于1877年向土木工程师协会公开发表了一篇历史性的"蒸汽航运过去25年的进展回顾"的演讲。在随后的讨论中，有人质疑他在"该赞扬的地方没有给予赞扬，而且提到了布鲁内尔先生的名字"。他以讽刺的方式回应了布鲁内尔的功劳，"如果只提及'大不列颠'号这艘令人钦佩的船只的话，布鲁内尔先生应该得到极高的赞美，因为他在其中进行了螺杆试验，并完成得很出色。但对于'大东方'号，他（霍尔特）认为尺寸是其主要卖点，从这艘船上可以学到的东西也并不多。考虑到布鲁内尔先生的天赋和他的独特设计才能吸引到的巨大投资，他（霍尔特）唯一感到惊讶的是这艘船竟不过这么大而已"[135]。

结论

传统的大英帝国史对"正式"帝国和"非正式"帝国进行了区分，前者是指英国的统治延伸到政治控制和殖民统治，如在印度和澳大利亚；后者是指英国的商业和科学利益代替了其政治吞并的进程，如在中国或南美洲的大部分地区。维多利亚女王的岛屿分布广泛，其独特之处需要一个修正主义的说法。在这个说法中，帝国不再仅仅被视为不同部分的总和，而是可以通过那些物质的象征系统来更好地理解，这些系统在一段时间内从多样性中获得统一，并成为真正的帝国。维多利亚时代的铁质蒸汽船这样的工程艺术品最能体现出这种空间中的纽带，由于其类铁路的特性，航运公司在地理空间上才真正实现了海洋帝国的统一，英属印度公司、太平洋蒸汽航运公司、半岛和东方航运公司、东方公司、中国航运公司、新西兰航运公司和联邦公司等名称都体现了这种不列颠帝国的统治意识。与航运公司相关的个人名字也是如此，这些公司似乎更像是国家机构而非私人商业公司，如丘纳德、兰波特和霍尔特公司、阿尔弗雷德·霍尔特、埃尔德·登普斯特（Elder Dempster）、布罗克班克（Broklebank）、毕比（Bibby）和布斯公司等。

从19世纪60年代开始，克莱德河和其他北方河流便为帝国的造船厂提供了场地。泰晤士河未能实现预期，其前景因"大东方"号的意外和高成本的恶名而逐渐黯淡。到19世纪60年代末，泰晤士河失去了高级帝国邮轮的市场，并且再也未能恢复其在早期海洋工程方面的卓越地位。但造船厂只是日益复杂的工程系统的中心点，在20世纪，它们也涵盖了建造名副其实的浮动城市的业务。这些"城市"由钢铁打造，由新的蒸汽涡轮机为4个螺旋桨提供数千马力的动力，有电力照明，由精确校准的磁罗盘导航，从而消弭了大量的钢铁影响。北大西洋的大型邮轮是克莱德造船厂最负盛名的作品，制造了各类专业船只为大不列颠和世界海洋经济服务：冷藏船可以将各地的肉类和水果带回家；拖船控制接近目的地的远洋邮轮；疏浚船用于加深、扩大帝国的港口；军舰守卫着贸易路线，以抵御所有的入侵者。

第四章

铁路帝国的建立：时空承诺

从利物浦回来不久后的一次晚宴上（为了亲眼见证利物浦至曼彻斯特铁路的开通），我坐在一位上了年纪的绅士旁边，他是一位知名的伦敦银行家。新铁路系统成了人们的日常话题，很多人都对它表示赞成，然而我的邻座似乎并不同意大多数人的意见……这位银行家说："呃，我不赞成这种新的旅行方式，要是我们的办事员抢劫了银行，他们就能够坐火车以20英里/小时的速度前往利物浦，然后去往美国。"我向他建议，科学可能会补救这种罪行，也许我们可以在罪犯到达利物浦之前发出电报，从而使铁路成为逮捕小偷的可靠工具。

——查尔斯·巴贝奇回忆以"新铁路系统"为中心的谈话，

如何将抢劫银行和科学等各种话题联系在一起（1864年）[1]

1898年，大英帝国最雄心勃勃的铁路工程之一——连接印度洋港口蒙巴萨和乌干达维多利亚湖东岸的铁路，已经停工近3周。在帝国文明前行的这一短暂停顿中，部落的反对和工程问题都没有起到任何作用。然而，在重新开始修建之前，"28 名印度苦力和不计其数的非洲土著"已经因此丧命，原因既不是内部的劳资纠纷，也不是技术故障，而是某种特殊状况，对它的恐惧已经在工人群体中蔓延开来。这一事件满足了国内读者对帝国建设者的英雄故事的渴望。正如那位具有强烈帝国思想的首相索尔兹伯里勋爵（Lord Salisbury）在上议院说的那样，"整个工程停工了 3 周，因为不幸的是，当地出现了一群吃人的狮子，对我们的搬运工产生了兴趣……当然，在这种情况下很难进行铁路建设工作，最终在一位热情的冒险家[负责指挥印度洋海军的 J.H. 帕特森（J.H. Patterson）中校]"的带领下，驱逐了这群严重阻碍铁路建设的狮子。[2] 在那个时代对这一插曲的解读中，帝国臣民的生命安全被忽略了，而人们所关注的是绅士军官的"高尚"行为，他们如何让"钢铁骏马"战胜了"百兽之王"。

这一情节与我们从巴贝奇的《哲学家的一生》（*Passages from the Life of a Philosopher*）中摘录的引言一起，凸显出本章的两个主题。一个主题是，铁路的故事可以被解读为：由 19 世纪早期高度本地化的产物发展到最终在大陆范围内建立起庞大网络。铁路网络的建设使人和货物的广泛运输成为可能，并且服务于国家和帝国建设。在这种语境下，19 世纪 30 年代开通的利物浦至曼彻斯特的铁路（The Liverpool & Manchester Railway，L&MR，简称"利曼铁路"）为后来的铁路建设树立了典范。另一个主题是，通过一系列有争议的历史事件将铁路的故事解读为：无论是利曼铁路还是像英国大西部铁路这样的竞争对手，都没有顺利地成为后续铁路发展的样本。例如，随着轨距趋于标准化，在新科学文化塑造的追求统一性与经济性的语境下，铁路规划师和工程师努力在铁路建造工作尤其是在绘图与测量方面按照标准施工中，实现同质化（第一章）。[3]

我们将在这些主题的基础上，利用具体的研究案例来分析铁路项目的文化塑造。铁路规划师们不只构建了铁路和蒸汽的网络，同时也构建了新的文化系统。这些"系统"包括宏伟的"中央"车站、铁路旅馆、卧铺车厢和各种新奇的辅助设施，这吸引了 19 世纪的旅行者。在庞大的工程、巍峨的建筑和沿途秀丽的风光的影响下，开发商将铁路旅行从一种看似不寻常的和危险的交通方式转变为一种被认可的生活方式。它适合勤劳的公民，对他们而言，节约时间意味着创造更多的财富。因此，早在 1832 年，巴贝奇就在《机械和制造业的经济》(*Economy of Machinery and Manufactures*，1832) 中解释说："快捷的运输方式可以提升国家的实力"：

例如，曼彻斯特的铁路每年要运送 50 多万人；假设每个人在利曼铁路的旅途中节省 1 小时，总共便可以节省 50 万小时；如果每个工作日是 10 小时的话，那么可以节省 5 万个工作日。这相当于在不增加食物消耗量的情况下，为国家增加了 167 个劳动力。同时应当指出，为这一类人提供的时间比为单纯劳动者提供的时间要更有价值。[4]

运动的力量

19 世纪初，私人旅行者和新兴实业家出行时要依靠各式各样的道路，其中一些是收费公路，所有道路在设计时都考虑到了车马与行人的通行，重型机械却并不在设计的考虑范围内。热心的个人与政府机构从公共利益出发，对连接人口中心的道路进行了投资。例如，在 18 世纪的苏格兰，托马斯·特尔福德 (Thomas Telford) 与有抱负的"土木工程师"一起，通过加强交通基础设施建设来促进当地经济发展。延绵的道路穿过坚固的桥梁，为这片任性躁动的土地施加了安稳的保障。[5] 爱尔兰也有公路，但即使是在土地肥沃的北部地区，18 世纪的旅行者们也常常抱怨穿过乡村在集镇汇合的堤道崎岖不平，坎坷狭窄。[6]

从 18 世纪 80 年代开始，英国的马车便被用来运输邮件和乘客，并根据客户支付费用的不同提供差异化服务。到 19 世纪初，马车运输行业制定了严密的时刻表并饲养了专门的马匹，使其能够以 10 英里／小时的速度将尊贵的旅客安全送至目的地。[7] 然而，受到道路状况与马匹耐力的限制，依托水路进行旅行、运输和贸易往往更快，而且更便宜。英国多数传统的人口和贸易中心，如伦敦、布里斯托尔、利物浦、格拉斯哥、纽卡斯尔，都是直接或间接地依托与海港连通的河流而发展起来的。在城市商人的推动下，克莱德河等河流被成功疏浚，可供海船航行，这类改善交通的工程成为"启蒙运动"时期的典范（第三章）。[8]

在因自然地形无法将河流"改良"为运输工业材料的运河的地方，设计者们提出了一个新的解决方案。如果地理条件限制了天然河网的可能性，那么出于商业需求也要建立人工交通系统。实际上，运河跨越了自然边界，根据商业需求对国家进行了分割与重组，按照商业的重要层级对景观进行了改造，加以新的控制。满载着原材料的运河船如同马车拉着货物一般沿着运河驶入；制成品则如潮水般涌向港口和国内外更加广阔的市场。[9]

与大多数传统的英国贸易中心不同，位于英国米德兰兹的新兴制造业城市伯明翰并没有直接的河流通道，更没有入海通道。然而，到 18 世纪末，伯明翰成了繁荣的运河系统的枢纽。宽度为 7 英尺的标准船闸既使得贸易得以进行，也对其施加了一定的限制。作为博尔顿和瓦特（第二章）的故乡，这个繁荣的城市已然成了一个了不起的内陆港口。其中的商人和公民热衷于培育启蒙运动的进步价值观并进行哲学探索。伯明翰的月光社特别热衷于推广运输的"哲学"。像伊拉斯谟斯·达尔文这样的成员常常在路上奔波，他们坐着改良的马车，渴望着高效的道路。他们认识到交通不仅在提升个人舒适度方面起着关键作用，而且在工业与贸易的政治经济中扮演着重要角色。陶器商乔赛亚·韦奇伍德和化学家詹姆斯·基尔将运河视作其系统化的商业活动的一部分，他们积极支持并赞助了运河建设。[10]

詹姆斯·瓦特也加入了米德兰兹的启蒙哲学文化中。尽管起初瓦特只是想用他的蒸汽机挑战纽科门的泵式蒸汽机，但在18世纪七八十年代，博尔顿鼓励他用蒸汽机为工厂提供动力（第二章）。昂贵的饲料成本、马匹的短缺和18世纪90年代英法战争导致的人力短缺都成为机械化的重要推动因素。[11]到了18世纪80年代后期，双动螺旋式发动机配备了调速器，并通过指示系统进行监控，能够产生旋转动力。机械化日益提高的纺织厂和其他工厂越来越多地使用旋转动力，动能供应不再被水力垄断。英国、欧洲大陆、南美洲和印度的工厂主们无不屈从于博尔顿和瓦特及其竞争对手们的各种营销技巧。[12]然而，发明家和哲学家们也提出了新的利用蒸汽的可能性，即蒸汽不仅可以为工厂提供替代动力，也可以成为马车的替代品。

马和人一样，不可能不知疲倦地工作。无疑，比起一匹筋疲力尽的马，由取之不尽、用之不竭的蒸汽驱动的马车更受青睐。全欧洲的哲学家们为此展开了实验。1769年，正当瓦特为独立冷凝器原理申请专利时，军事工程师尼古拉·库格诺（Nicolas Cugnot）试造了一辆蒸汽驱动的三轮机车，这辆车适合在比英国道路更为笔直和坚实的法国道路上行驶。瓦特的助手默多克在1785年发明了一辆实验用的马车以供演示，尽管他的雇主并不鼓励这一做法（第二章）。19世纪20年代，大卫·戈登（David Gordon）成立了一家公司，试图为蒸汽或气体动力机车争到邮件合同。但在19世纪早期的英国，戈兹沃西·格尼（Goldsworthy Gurney）才是鼓吹蒸汽公路马车计划的头号人物。[13]

格尼是一位具有绅士风度的化学家和科学演说家，他在1823年就听说了法拉第的"碳酸气"液化实验，并且像布鲁内尔父子一样（第二章）受到启发，想要创造一种可以取代蒸汽的移动动力。格尼的具体愿望是成功驱动一辆机车。他先是制造了一个以氨气为动力的实验机车模型。很快，他又回到了蒸汽动力上，试验并展示了一台蒸汽驱动的马车。然而没有资本家或工程师对此感兴趣，他决定像瓦特那样把自己塑造成一名工程师。与瓦特不同的是，格尼有足够的资源从零开始组建一个庞大的车间。他在伦敦制造了一辆全尺寸的马车并为每项设计的改进都申请了专利（1825年、1827年、1829年）。这是一个竞争激烈的环境，挤满了蒸汽马车的倡导者与其竞争对手——铁路的支持者们，而当时铁路还未能证明其可行性。反对者质疑蒸汽马车是否能应付普通的道路，是否能跨越陡峭的斜坡，是否能通过狭窄的转角。他们抱怨行驶中产生的噪声、呛人的烟雾及其带来的窒息感。蒸汽马车的倡导者们公开证明蒸汽马车可以跨越山丘和障碍，且（尽可能地）保持安静，不会造成污染；他们将其描绘为一种带有个体特性的私人交通工具（像马车一样）或熟悉的交通工具（设计得像公共马车）。此外就运营和维护而言，它不会受到系统基础设施（比如运河和铁路）的限制。

格尼在伦敦市中心和巴斯热闹的时尚景点，以及在豪恩斯洛兵营的展览活动，引发了更激烈的争论。格尼像博尔顿和巴贝奇（发明了计算机）一样，积极鼓励游客们到他的车间参观，这更加剧了争论。[14]《观察家报》（Observer）、《绅士杂志》（Gentleman's Magazine）、《镜报》（Mirror）、《先驱晨报》（Morning Herald）等媒体都对此事进行了大量报道。虽然并非所有的评论都很正面，例如，巴斯城外的工人抨击这辆机车及其象征的机械化会威胁到他们的工作，但格尼凭借其在萨里学院当演讲者时练习出来的演讲技巧，成功吸引到了有影响力的投资人，并获得了回报。后来成为铁路爱好者的约翰·赫勒帕思（John Herapath）声称这些试验"在唯一毫无争议的基础，即实验的基础上，证明了这项发明的价值"[15]。威灵顿公爵和其他军事家考虑用蒸汽马车来运输部队和军事装备；狄奥尼修斯·拉德纳对格尼的成就表示赞赏，他坚信收费公路不该阻碍他的努力，拉德纳后来成为一名铁路评论家。1828年，詹姆斯·麦克亚当（James McAdam）担心马车会破坏道路，因此他预测收费公路信托公司将征收高额通行费。

随着越来越多坚固大道的出现，投资人开始投资蒸汽马车线路系统。这些人中有一位熟悉综合运输系统需求的东印度公司退休官员，他提供了大量的发展资金，以换取伦敦—利物浦—苏格兰线路、伦敦—布里斯托尔—巴斯线路、伦敦—埃克塞特—普利茅斯线路、伦敦—霍利黑德线路蒸汽马车的运营权。甚至在蒸汽马车被证实有发展潜力之前，蒸汽马车网络就已经被构想出来。1831 年，从格洛斯特到切尔特纳姆的定期班车被设计成布里斯托尔—伯明翰线路的第一段，这显然迫使马车公司在竞争中降低价格。然而很快，与其竞争的蒸汽马车制造商、铁路大亨（见下文）、收费公路信托公司、驿站经营者、马匹饲养行业的从业者，甚至是马车旅馆都在精心策划着反对行动。具有讽刺意味的是，蒸汽马车从实验向日常实践转变引来的众多阻力，将这种新的交通文化扼杀在摇篮中。[16]

蒸汽马车的案例表明，当时人们构想了许多种运输方式，但在 19 世纪初活跃的技术市场上，没有一种方式是注定能够胜出的。其中之一就是缩小工厂中常见的"固定蒸汽机"的体积，使其可以在道路上移动。但是，与其让它成为马车的累赘，行驶在道路上，不如让它在自己的木制或金属轨道上"永久运行"，也就是形成自己的"铁路"；或者按照英国人而不是美国人的说法来讲，就是"铁轨"。在铁轨上短距离移动卡车的做法可以追溯到 16 世纪，当时的小型卡车（被称为"狗"）在德国与英国的矿井中沿着固定的木质轨道移动。18 世纪下半叶，英格兰东北部和威尔士南部遍布着短小耐用的铸铁轨道，它们将煤矿与水路和港口连接起来，从而将煤这一重要燃料送到英国的工厂与家庭中。[17]

为地方实践以外的目的广建铁路线则是另外一回事。这些铁路是为运输矿山、铸造厂和工厂的重型物资或散装材料而建设的。河流与大多数道路代表着长期存在的交通带，与传统资产不同，它们形成了跨越许多边界的细长运输线。事实上，运河规划者已经发现，一条新的运河线路会招致许多既得利益者的反对。因此，如果在工厂和港口之间或两个城镇之间修建一条铁路，至少需要花费大量资金来购买土地，以此来补偿道路所有者、运河管理者和其他土地所有人的既得利益。既得利益者指出噪声、气味和烟雾会对环境产生污染，并认为移动蒸汽技术会带来危险。支持者声称这一技术是安全的，并且预言未来会产生巨大的经济效益。此外，维护这样一条铁路意味着要在周围设置围栏并维持治安，这又是一个昂贵且费时费力的过程。[18]

另外，把蒸汽驱动的机车放在固定铁轨上有明显优势。公路上行驶的蒸汽马车必须设法应付路上的每一个坡道与急转弯，但修路者起初并没有考虑到蒸汽马车出现后的这种状况。不过，蒸汽动力车厢可以在坡度和弯道较平缓的轨道上运行，这样就不需要对其动力进行大幅调整。换句话说，这样的综合系统可以把需要复杂齿轮或制动机制才能应付的陡坡排除在外。

瓦特对高压蒸汽缺乏热情，一个原因是安全问题，另一个原因是他自己的蒸汽机依靠的是低压蒸汽和独立冷凝器作用产生的近真空之间的压差来做功的（第二章）。其他工程师出于不同的动机发明了高压蒸汽机，在与瓦特的蒸汽机尺寸相同的情况下可以输出更大功率，或以更小体积提供同等功率。在英国，高压蒸汽机的关键人物是康沃尔郡的动力工程师理查德·特里维西克（Richard Trevithick）。他通过专业人脉与广泛的宣传活动为格尼和大众所熟知。[19]

当瓦特备受争议的专利于 1800 年到期时，竞争对手可以自由地进行实验，不必担心博尔顿和瓦特的律师对他们进行报复。特里维西克抓住了这个机会，利用自己在高压"水柱"发动机方面的经验，设计并制造了高压蒸汽机。在 1801 年圣诞节前夕，他为一辆公路马车安装了高压发动机，并在陡峭的山坡上进行了试验。由于道路过于险峻，蒸汽机的功率又太小，因此特里维西克转向了在铁制轨道上运行蒸汽马车的实验。这里所说的铁轨与那些已经将英格兰东北部和威尔士的煤矿连接到一起的铁路类似。威尔士一辆这样的蒸汽铁路机车能以 5 英里 / 小时的速度载着 70 人从佩尼达伦钢铁厂抵达 10 英里外的格拉摩根运河。现在的问题是，这种机械组合容易使铁轨开裂；但这并不妨碍特里维西克在 1805 年将更多的铁路机车送往采矿中心纽卡斯尔。[20]

特里维西克想要开拓更广阔的市场。他在尤斯顿广场租了一块地并把它围了起来,伦敦的观众只需付1先令的入场费便可乘坐由"谁能抓住我"号蒸汽机(Catch Me Who Can)牵引的马车进行观光。将这辆车送到首都耗费颇多。他既不是第一个也不是最后一个呼吁公众支持新技术的人。博尔顿和瓦特曾邀请康沃尔的工程师到伯明翰视察新蒸汽机,他们建造了阿尔比恩磨坊,以此来向工厂主和磨坊主宣传改用蒸汽机的好处(第二章)。后来,格尼用他最新的蒸汽马车载着游客在英格兰的普通道路上穿梭,终点站成了巴斯的时尚中心。对新技术的展示有助于增加收入弥补成本,同时也有助于吸引公众兴趣,让人们对蒸汽马车建立更广泛的信任,可能会带来更多的赞助。[21]

其他工程师也试图利用蒸汽机来推动交通运输改进。约翰·布兰金索普(John Blenkinsop)设计的蒸汽机车用齿轮夹住齿轨,从1812年起便行驶在利兹到米德尔顿的煤矿铁路上,至今仍运行良好。1813年,威伦煤矿的煤矿查看员威廉·赫德利(William Hedley)冒险采用了光滑的车轮和轨道(事实证明,摩擦力足以产生牵引力)。同年,基林沃思煤矿的机械师乔治·斯蒂芬森(George Stephenson)意识到了赫德利的工作,他驱动机车以步行速度牵引30吨货物,爬上斜率为1/450的斜坡。[22]蒸汽机车的历史与瓦特蒸汽机的历史类似:一项起初用于特定目的的技术逐渐得到了更加广泛的应用。

1821年,经验丰富的乔治·斯蒂芬森被任命为斯托克顿—达林顿铁路的工程师。该铁路旨在运输燃料等货物,后来用于运送乘客。这条铁路于1825年9月开通,该公司旨在建立一个铁路帝国,座右铭是"为公共服务承担私人风险"[23]。1803年的萨里铁路,甚至更晚的1838年爱丁堡—利斯海港的"纯真铁路"(innocent railway),都继续使用马匹而不是机车来运输。这表明蒸汽与铁路之间的结合并非注定的、完整的或迅速的。[24]斯托克顿至达林顿的线路主要使用马拉卡车，这表明他们坚持早期的做法，对新机车技术的投入较少。然而，斯蒂芬森的主要任务是制造名为"运动"号的机车，他在自己新成立的纽卡斯尔工厂制造。斯蒂芬森认为铁路应当由耐用的锻铁铺设而成，轨距为 4 英尺 8 英寸半，巴贝奇指出这一选择"是因为某些与矿区相邻的有轨道路恰好是这个宽度"[25]。

试用蒸汽机车：利曼铁路

经过多年的规划和建设，利曼铁路在 1830 年投入运行，提供客运与货运服务。对当时的人们而言，它的特别之处不在于拥有新颖的部件（比如轨道和机车），而在于它代表了一种新的铁路文化的开始。它本身就是一种旅行和运输方式，而不仅仅是运河、河流或海洋等基本交通方式的附庸。早期的铁路用于为驳船和船只提供煤炭等货物，但现在铁路工程师和推广者们抓住了机会，将这条铁路作为一项值得投资的技术和变革性的快速旅行方式向公众推广。

利曼铁路的建成，特别是围绕 1829 年 10 月在利物浦附近雨山开展的"利曼铁路试验"所发生的事件，很好地展现了对地方和国家铁路帝国的第一批建设者来说最为重要的问题。[26] 这些帝国建设者首先要为新客运铁路的可行性提供实践证明。他们要对马匹、蒸汽或其他动力是否为最好的牵引方式做出推断；他们选择了蒸汽，驯服了反复无常的铁路试验机车；为了使他们选出的蒸汽机获得大众与专家的认可，他们冒险进行不稳定的公开展览。要证明铁路是值得信赖的，就意味着要确保工程师的品质与声誉。

19 世纪 20 年代末，利物浦已经成为繁荣的港口。英国的出口商品、前往美国及其边境的移民，以及进口的原棉和不熟练的爱尔兰劳工，都让利物浦变得拥挤不堪。曼彻斯特是一个快速发展的纺织品生产中心，离利物浦大约 30 英里。然而，在斯托克顿—达林顿铁路试验线开辟了新的运输前景的情况下，通过道路和运河为曼彻斯特最近的深海港提供原材料的服务似乎存在某种不足。如今，这条铁路被视为这个雄心勃勃的项目的最初样本和试验场地。利曼铁路的发起者渴望将现有的海上贸易网络延伸至内陆，他们找到了乔治·斯蒂芬森，准备反击运河利益集团的挑战，不顾农民和地主的阻挠进行勘测，并在议会的反对声中，力压那些怀疑斯蒂芬森技术信誉（尽管其经验是毋庸置疑的）的人，强行通过了一项法案。在既得利益者的反对下，议会通过了一项法案，允许在两个城镇之间铺设一条铁路。[27]

然而，关于运输方式的争论还远远没有结束。1829年，约翰·雷斯特里克（John Rastrick）向公司董事报告了马匹、由固定式发动机驱动的电缆和新的"机车"发动机这些主要竞争者的优点。[28]也许是为了将风险降到最低，发起人起初打算采用电缆牵引，使用固定式蒸汽的成熟技术。尽管如此，机车的倡导者们还是得到了在雨山开展一系列公开试验以证明这种方式的可靠性（或者更确切地说是获得首肯）的机会。[29]正如一位评论家后来所说，这次试验"名义上是为了证明5种机器中哪一种最好；但实际上是对铁路系统本身在速度和动力方面的实用价值的关键测试"[30]。

这次试验将在1.75英里的平地上进行，机车工作压力不得大于50磅力/平方英寸。它们必须达到至少10英里/小时的平均速度（相当于长途马匹运输的速度）；而且它们必须在10趟往返路程中或35英里中始终保持这一速度，这比两个城镇之间的距离还要长。为了满足允许该线路建造的议会法案要求，机车还必须要处理掉自身产生的烟雾（像格尼一样避免污染）。利曼铁路的董事提供了500英镑的奖金，以鼓励为建造竞争机器而付出的资本。[31]

在竞争者中，有4种"新式"机车，以及一个在后来的记述中被删去但在反映试验的比较要素方面至关重要的由马驱动的替代方案。参赛者是一些工程师，他们在公开场合重新运用自己的技能，在这场机车制造的冒险中大显身手。当时瓦特的经验表明，实验工程实践的文化需要最大限度地保密。哈克沃思（Hackworth）的"无与伦比"号表现平平；伯斯塔尔（Burstall）的"毅力"号无法完赛。乔治·斯蒂芬森和罗伯特·斯蒂芬森的"火箭"号是这场著名试验竞赛的优胜者，成为铁路史话的一部分。

瑞典热工程师、完美的技术表演家约翰·爱立信也在有望获胜的候选人名单中，他当时只有22岁，但已经作为"热量发动机"的发明者而声名远扬（第二章）。[32] 在这里，爱立信与他的伦敦合作伙伴约翰·布雷斯韦特（John Braithwaite）合作展示了机车。这台机车像他早期的一台消防车一样，被恰当地命名为"新奇"号。他还得到了伦敦土木工程师查尔斯·布莱克·维尼奥尔斯（Charles Blacker Vignoles，马克·布鲁内尔的竞争对手）的支持。从19世纪20年代中期开始，维尼奥尔斯一直在思考铁路牵引的最佳方式。他选择了机车，并对爱立信和布雷斯韦特富有竞争性的、依赖于爱立信热量系统的发动机进行了大量投资。[33] 尽管爱立信已经在大都市崭露头角，但他在工作中却处于劣势。其支持者维尼奥尔斯作为一名机械工程师提供的装备很差，也不了解斯蒂芬森的机车改进计划。爱立信只有6周的时间来准备这次试验，而且伦敦也没有可供他测试的铁路。

当1829年10月6日试验开始时，"整个科学界……都在密切关注结果"，在场的人"不计其数"。[34] 为了满足技术读者群体的需求，并让无法目睹本次竞赛的人了解这场赛事，维尼奥尔斯为《力学杂志》撰写了长篇报道（显然，该杂志并不担心利益冲突）；《利物浦水星报》和其他新闻报纸的报道也满足了当地和全国人民对最新技术奇迹的好奇心。[35] "火箭"号在第一天就露面了，黄黑相间的车身配着一个醒目的白色烟囱。乔治·斯蒂芬森将"新奇"号视为这场技术竞赛中唯一可能赢过它的对手，十分关切其燃料质量与给水纯度。"新奇"号涂着铜色和深蓝色的油漆，它的机器比"火箭"号做工更好；利物浦人这下才知道，这个美丽、轻巧的样本是"火车机车的典范"[36]。

当时的报告表明，与"新奇"号快速但不稳定的速度相比，"火箭"号在负载时提供了可靠的和足够的速度。"新奇"号是"加洛韦小马"，而利曼铁路公司想要的是"火箭"号这种"公路卡车"[37]。爱立信的机器在空载时的速度能达到 35 英里 / 小时，在负载 10 吨时能达到 28 英里 / 小时，但是它只行驶了一小段路便停了下来。"新奇"号一会儿因为燃料不足，一会儿因为泥浆堵塞了轨道，一会儿又因为管道破裂而附近没有锻造炉（在这些因素的共同作用下）退出了比赛。高温造成的腐蚀和风扇反复故障是机车设计与爱立信的"热量系统"里无法避免的问题，被认为是工艺缺陷的结果。但斯蒂芬森显然并不在意自己的泰恩赛德口音对绅士风度的损害，据说他对自己的支持者、工程师约瑟夫·洛克（Joseph Locke）说："呃！我们不必害怕那东西；它没什么真本事。"[38]

此外，"火箭"号拥有一个更可靠的创新之处：多管式锅炉。[39] 在竞赛的第一天，"火箭"号在 12 吨的负载下实现了超过 10 英里 / 小时的速度，空载时速度可以达到 18 英里 / 小时。但维尼奥尔斯认为，它的速度"非常不均衡"，而且由于"从一开始便没有完全处理掉自己产生的烟尘"，最终导致测试失败。[40] 第三天它在马力全开的情况下以平均 12 英里 / 小时的速度跑完了全程。当时"新奇"号的支持者们正在抗议一项规则的改变，涉及对发动机压力达到 50 磅力 / 平方英寸所需时间的评估规则（这一规则的修改可能是为了有利于斯蒂芬森的竞标）。简单来说，试验的条件与规则被完全抛弃了，以展示环节取而代之："新奇"号以超过 35 英里 / 小时的速度运送了 45 名乘客；"火箭"号在精简设备后，平均运行速度超过了 20 英里 / 小时。尽管"没有人声称这是一次竞争性试验"，但"火箭"号最后展示的速度表明，迄今为止"火箭"号最薄弱的一点，现在已经成为"发动机质量令人信服的证明"（图 4.1）[41]。

这场试验并没有随着正式比赛的结束而结束。爱立信的支持者们热衷于提醒读者，斯蒂芬森早期的机车经常出现故障，"只有通过从失败中汲取

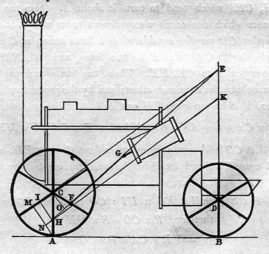

MACHINES. 21

30. A LOCOMOTIVE ENGINE is a machine which has a tendency to change its place by the effect of some action among its parts.

But in all such cases, some action upon external bodies is necessary, in order that the engine may travel; thus a row-boat advances by the action of the rowers upon the oars; but this effect requires the re-action of the water. The same is the case with a steam-boat. In like manner a carriage on a road, moved by steam, or any other power acting within it, requires the re-action of the road in order to advance.

31. PROP. *In a locomotive engine which is made to travel by turning a wheel on which it rests; the force required is the same as if the center of the wheel were fixed, and the resistance of the motion acted at the circumference of the wheel.*

The figure represents the original "Rocket" engine of Mr. Stephenson.

图 4.1　1841 年，威廉·惠威尔为学徒工程师重新定义了机车，特别是"火箭"号（《工程力学》的书影）

资料来源：William Whewell, *Mechanics of Engineering. Intended for Use in Universities and in Colleges of Engineers*. Cambridge and London: Parker and Deighton, 1841, p. 21, is licenced under CC By 4.0.（Courtesy of the University of Aberdeen.）

经验，再加上雇用的工人愈发熟练……他的机器才能逐渐提高到必要的功率和效率标准"。两个月的时间对爱立信而言还不够。[42] 但到了 1829 年 12 月，虽然"新奇号"在与竞争对手进行的试验中全速行驶也没达到 40 英里 / 小时，爱立信的"朋友"、利曼公司的董事们撤回了支持与设备，他却还在争取利物浦公众的支持。爱立信猜测它可能会"一分钟跑一英里"，他告诉布雷斯韦特：

> 观众似乎对我们的运输方式非常满意。后来我们让一些乘客坐在无盖的马车上（我们的"朋友"已经把乘客车厢开走了），女士们因无法乘车而感到苦恼……当发动引擎马力全开，机车全速前进时，观众欢呼雀跃，气氛热烈。明天我会把更多的实验细节告诉你。[43]

当然，由乔治·斯蒂芬森的儿子罗伯特·斯蒂芬森发明的"火箭"号成功通过了利曼铁路公司选拔赛中的各项测试，并最终取得了胜利。[44] 据《苏格兰人报》（Scotsman）报道，现在"火箭"号将"给人类文明施以更强大的推动力，超越了自印刷术首次为人类打开知识大门以来的任何事业的强大推动力"[45]。

但失败者对这场胜利的性质展开了争论。他们认为雨山试验的获胜者是通过了多方测评的机车，公众对这展览的评论，就像对工程领域其他明确的技术展示一样，一直在发挥作用。尽管后来老斯蒂芬森管理大型建筑项目的能力受到了质疑[46]，但雨山的戏剧性事件为开创铁路王朝做出了巨大贡献——成为像瓦特的纽科门模型一样的标志。这不仅仅是一次发动机的试验，也是对蒸汽机车本身的一次考验。在卡德韦尔看来，正是"斯蒂芬森和他的天才儿子罗伯特的声誉"让人们对蒸汽机车产生了兴趣。[47]

在斯蒂芬森父子最亲密的伙伴中，有一些能言善辩的声誉塑造者，他们拥有良好的文字功底与道德素养。前文（第一章、第三章）提到的格林尼治时间推动者与铁轮船的支持者亨利·布斯是利曼铁路公司的秘书。但他创作了丰富的文字作品，既有悲剧也涉及流体运动定律。布斯、斯蒂芬森父子和威廉·费尔伯恩都是一神论的基督教徒，强调自力更生，不喜炫耀，并相信人类可以通过科学进入一个秩序井然、受规则约束的宇宙。对布斯而言，以利曼铁路为代表的工程项目"模仿了"神的旨意。布斯是伦肖街一神论教堂的领袖人物。该教堂位于利物浦非常富有的商人密集的社区的中心位置（第三章），布斯关于新铁路的每一句话都具有影响力与可信度。[48]

布斯在推广铁路中发挥了传播大师的作用。他的《利物浦至曼彻斯特铁路》（*Liverpool and Manchester Railway*，1830）一书从一位利物浦贵族的商业视角出发，对项目的建设及其承诺的商业和道德表现进行了第一手描述。作为一个面向商人阶层的激进改革者，布斯将铁路建设前的议会运动描述为公共利益与私人利益之间的斗争（呼应斯托克顿—达林顿铁路的座右铭），描述为贵族当权派与商业改革者之间的较量，形容其是自由贸易对保护主义的胜利：

> 两位贵族，即德比（Derby）公爵和塞夫顿（Sefton）公爵，他们因铁路穿过了庄园的部分领地而与运河公司沆瀣一气，阻止铁路的建设。这些贵族认为，让这样一条运载着煤炭、商品与旅客的公共铁路穿过他们的地盘会侵犯他们神圣的领地，并破坏住宅的私密性……[49]

与这种所谓来自贵族阶层的反对相比，"自由贸易者"（布斯也是其中一员）最终取得了"令所有对国家的商业繁荣感到高兴，或者对机械科学的巨大进步感兴趣的人都满意的结果。机械科学在工艺与制造业中的成功研究与应用，在很大程度上为这个国家在财富、权力和文明方面的卓越地位做出了巨大贡献"[50]。言下之意，为国家带来卓越地位的机械科学将支撑起利曼铁路的未来图景。

在1830年，通过铁路快速运输货物与乘客的概念还相当新奇。布斯的书旨在说服读者相信该系统的可靠性。引人瞩目的是，他带领读者进行了一次从利物浦到曼彻斯特的"虚拟"远足。他们很快就会知道，这个项目并不是一个孤独发明家无意间的心血来潮，而是一个由测量、机械科学以及商业领域的专家精确规划的综合系统。在离开埃奇山的摩尔式拱门后，"旅行者发现自己身处通往曼彻斯特的开阔道路上，有机会欣赏到一条精心建造的铁路的独特之处，这里的线路非常平整；无法避免的轻微弯道被设计得非常漂亮；线路干净整洁，畅通无阻；铁轨牢牢地固定在巨大的石块上"。这条31英里长的铁路足足获得了超过80万英镑的投资，这并不是无缘无故的。[51]

布斯向他的读者展示了雨山试验成果的愿景："月光照亮了大约一半的深度（开凿巨大岩石形成的切口），并在下面的区域投射出暗淡的阴影——寂静的氛围不时被远处传来的雷鸣般的声响打破——现在，一列车厢在火焰与蒸汽引擎的驱动下疾驰着，两个如火焰般明亮的车灯向前方投射出耀眼的光芒，宣示着列车的到来——蒸汽机车以战马般的速度和力量，载着来自各国的货物和乘客有力地行进着。"[52]

在这本书的最后一章关于"考虑—道德—商业—经济"中，他解释了铁路系统的道德经济。其向善的可能性与近代工业化，尤其是磨坊和工厂造成的模糊结果形成了鲜明对比。当读者们的虚拟旅程接近一个工业制造区时，他写道："一个巨大的棉花工厂耸立在运河岸边……蒸汽机的飞轮在无休止地飞速运转着，仿佛象征着永不停歇的劳动与看顾（工厂里），象征着繁重的工作与微薄的报酬，象征着劳累过度与休息不足……这一直都是大部分人的生存处境。"[53]事实上，没有人可以保证蒸汽机本身可以改变这种状况："人们经常感到遗憾，在机械科学应用于贸易和制造业的过程中，伟大进步往往会重创社会中的劳动阶层。"布斯赞同马尔萨斯（Malthus）的观点，他推断"普遍和无休止"的竞争与"人们对生存的永恒竞争"似乎是"当前社会的特征，因为它建构了一个巨大的贸易社区"[54]。

与工业化的双刃剑特征形成对比的是，利曼铁路提出了"一个值得众人钦佩的伟大目标，几乎可以无须考虑由此带来的不利后果"。它的开通"为勤劳的人们带来了一个新的活动和就业的场所……这样的场景令人感到心情愉悦、活力满满"。亨利·布斯预料到"铁路会穿越全岛的每一个角落，甚至贯穿全国"。未来全国将铺设更多的铁路，给劳工群体与资本家提供更多的职业选择。他预言道，"戴着头巾、脚踩拖鞋的庄重的土耳其人，将抛弃他的沙发和地毯，登上由火焰与速度驱动的机车，享受到现代交通的乐趣"。因此，"从西方到东方，从北方到南方，作为 19 世纪哲学的机械原理广为传播"。最引人注目的是，它通过为商业旅行者节约更多时间，为人们省下购置车辆的资本，"使我们的时间和空间观念产生了突然而奇妙的变化"[55]。

综合来看，这些结果可能无法保证实现乌托邦式理论家的愿景，即"整个社会将从人类力量和能力的幸福组合中享受到预期的快乐和满足"，届时"宗教、道德、社会的热忱将不会与商人的算计和政治经济学家的猜测相抵触"。现在，布斯能够从雨山试验获胜者的名字中（而不是不合格的"无与伦比"号、"毅力"号或"新奇"号）找到修辞学上的好处，他注意到"火箭"号这个名字的模糊性，它既"代表着和平与艺术的先驱，也代表着敌意和破坏的引擎"。无论机械科学进展如何，布斯最后还是向读者发出了道德上的劝告，让他们把铁路事业做成善举："尽管反对如此强大的动力是一种徒劳的尝试，但引导铁路的发展、指引其未来路线，也不失为我们的雄心壮志。"[56]

这就是利曼铁路的承诺。但是布斯的《利物浦至曼彻斯特铁路》是在 1830 年 9 月 15 日铁路开通前几个月，而不是之后出版的。布斯绝不会预料到，威廉·赫斯基森（William Huskisson）的去世给铁路的正式通车蒙上了灾难性的阴影，这位议会中铁路的积极倡导者被新铁路系统的机器碾死。在这场灾难发生之前，到处洋溢着喜庆的气氛。车厢里挤满了人，朋友们隔着铁轨高声问候。极度兴奋的民众大声疾呼，曾经的英雄、如今因政治职务而不受欢迎的威灵顿公爵去往与当地贵族共进晚餐的路上，和其他政要一起乘着华丽的车厢进行巡游。主教们在现场为这项人类的新事业祈福。后来接替威灵顿公爵成为保守党领袖的罗伯特·皮尔也出席了庆典。赫斯基森的死亡仅仅意味着客人们在没有仪式的情况下参加了在曼彻斯特的奢华午宴。[57]

尽管公司董事一直努力劝导政治家、神职人员和普通公众支持这条崭新的铁路，但这样一位高层人物的丧生还是让人们对铁路的安全性产生了怀疑。"铁路事故"立即成了医疗和管理人员关注的话题。[58] 也许是机缘巧合，科学界的绅士们跃跃欲试，提出了一些解决方案以提振公众的信心。在铁路开通几天后，在一位"利物浦大商人"举办的晚宴上，巴贝奇见到了"新铁路官员"等人，他们"或多或少对铁路的成功感兴趣"。当谈话"很自然地转向新的运输方式"时，就会被"困难和危险"，以及如何避免"昂贵且致命的影响"之类的谈话所困扰。巴贝奇立刻想出了一些消除铁路上的障碍物包括流浪的动物和人的方案，他急于"减少这种新旅行方式带来的危险"[59]。

在对早期客运铁路进行的报道与描述中，随处可见"困难"和"危险"、不可预见的费用和令人尴尬的死亡事件等字眼，这显然会使人们对铁路的"信心"和铁路的可信度降低，而这对铁路的"成功"是至关重要的。这种信心可能来源于精英咨询工程师的话语，一个闪耀的系统围绕着他们发展起来。但巴贝奇批评了这些人物盲从的言行与只对"更高权力感兴趣"的行为。[60] 相反，他认为"铁路旅行安全性"的关键在于数据的可靠性，有规可循地生产、收集并记录相关数据，并不需要未经训练的或"感兴趣"

的人的干预，他声称"即便是最可靠、最公正的人做出的判断，也应向机械产生的数据让步"。因此他要求在整个旅程中自动记录速度，并使用测力计来测量发动机的动力。这种"机械记录"将成为"准确无误的事实记录，是任何灾难发生的确凿证据"[61]。简而言之，这将使人们对能够实现新系统的承诺充满信心。

布斯将初具雏形的利曼铁路视为"机械科学进步"的代表；巴贝奇将其视为一种技术，通过"机械科学"具体应用在仪器设备中，使其更加安全。以"机械科学"之名保证"创新工程项目"的可信度，将成为英国科学促进会常见的且富有说服力的说辞。利曼铁路开通后不到一年，英国科学促进会成立了机械科学学部，其成立的重要原因是为了满足省际铁路的建设需求——而铁路本身也将允许更多的人快速到达会议现场（第一章、第三章）。从利曼铁路建设早期开始，科学界人士就利用这个新的机会来扩大知识生产的范围（尤其是通过铁路开凿推进地质学研究机会），同时再次主张真正应用于实践的机械科学才是实用艺术。[62]

实验、模板和系统：大西部铁路

为了满足货运与公众日常出行的现实需求，利曼铁路的建设者们综合运用了运输行业与其他行业的现有技术：驿站马车已经按照既定的时间表穿梭在全国各地；运河建设者们正在开挖隧道，修筑堤岸；运河公司的律师们在努力解决强制征地问题，借此来缓和敌对氛围，对土地反对派施加政治压力；管理者们组织了"水手"或劳工团队，逢山开路、遇水搭桥，他们希望凭借高强度的体力劳动来实现经济效益的最大化；工程师们已经从矿井和新修建的斯托克顿—达林顿铁路试验场中习得了机车工程的技能。

然而，这些因素和其他因素结合在一起，形成了一个可供休斯分析

（导言），供当代交通分析家描述的铁路系统。这是一个强大的系统，也是未来铁路的雏形；通过蒸汽牵引（运河公司尝试过这个方案，但只取得了有限的成功）；平行轨道允许列车在不同方向同时通过，从而提高货运能力；有固定而可靠的时间表；乘客被划分为一等到三等，并像通过驿站的马车乘客一样按里程支付车费；修建专门的车站为乘客提供舒适称心的服务。[63]因此，历史学家认为，利曼铁路与斯托克顿—达林顿铁路不同，其为铁路运输问题提供了新的解决方案，确实是未来铁路的"典范"[64]。

然而，利曼铁路并不是后来所有铁路的固定和最终模板。相反，铁路是不断实验、变化和创新的场所。事实上，正如大卫·布鲁斯特在1849年观察到的那样，"如今第一条覆盖英伦大地的伟大铁路是利曼铁路，更准确地说，它应该被称作大英帝国的实验铁路"[65]。在技术相关出版物的支持下，所有领域中有头有脸的工程师都兴奋地将自己称为"实验家"。报道过莫尔斯电报试验（第五章）的《铁路杂志》（*Railway Magazine*）赞扬了美国国会为"这种通信模式的大型实验"拨款3万美元的行为。[66]即使斯蒂芬森父子的"火箭"号也不是引擎设计的最终形态：早在1833年5月，沙普（Sharp）和罗伯茨（Roberts）就向利曼铁路公司交付了一辆具有许多创新之处的机车，被恰如其分地命名为"实验"号。[67]

工程师们希望将更多装备安置在英国新建的铁路上，他们将利曼铁路视为一个进行工程实践与运输经济测试的绝佳实验场所。1835年，伍尔维奇皇家军事学院的数学教授彼得·巴洛（Peter Barlow）向伦敦—伯明翰铁路的董事们详细介绍了他在利曼铁路上所做的"实验"。[68]1840年，工程和建筑企业家、出版商约翰·威尔（John Weale）出版了德·潘布尔（De Pambour）关于机车发动机的基础性研究论文，同样包含了在利曼铁路上进行的"新实验"。[69]在现代工程师的话语与实践中，这样第一条大型实验性铁路标志着铁路文化的兴起。

这种技术变化的氛围有助于解释，为何布鲁内尔在19世纪30年代初设计自己的铁路时，比喻这个从零开始制定规则的过程"只不过是突然采用了一种没有人理解的新语言"[70]。布鲁内尔撰写的大量的技术文稿将围绕大西部铁路展开。该铁路于 1833 年进行勘探，到 19 世纪 40 年代中期成为伦敦西南部的重要运输力量。[71]"大西部"这个名字也体现出布鲁内尔对于在巴黎读书时所看到的宏伟建筑的热爱。[72]布鲁内尔将这条铁路视为一个可以大胆创新的机会，他充满热情地投身于实验中，希望能借此提高工程师的科学地位。然而，如果说利曼铁路是"一个伟大实验"，布鲁内尔也为大西部铁路添加了一抹实验色彩，它意味着从事科学工作的人的春天已经到来。教授兼大众作者狄奥尼修斯·拉德纳向英国科学促进会的成员们发出警告，布鲁内尔设计的 2 英里长的博克斯希尔山隧道（Box Hill Tunnel）太过鲁莽，漫长的隧道一定会导致乘客窒息（已经有 100 人在修建过程中丧生）。牛津大学地质学家兼英国科学促进会管理者威廉·巴克兰预言，隧道未衬砌的部分将因火车的震荡而倒塌。[73]因此，根据权威科学技术人员制定的标准来看，有一定实验性质的大西部铁路可能会表现不佳。

　　布鲁内尔也发现自己与尼古拉斯·伍德（Nicholas Wood）这样的专业工程师存在分歧，伍德曾经是乔治·斯蒂芬森的学生，现在是他的盟友。伍德以惊人的速度"用原始实验"和"表格"证明了作为"内部联通"工具的铁路比运河更有优势。不仅如此，他还开始以写作的方式宣扬铁路文化。[74]现在将铁路实践称为"传统"还为时过早，但伍德的《铁路道路实用论》（*Practical Treatise on Rail-Roads*，1825）为其提供了一个模板。此外，崛起的官僚机制与政府专家使他们逐渐变得合乎规范。因此，下议院批准采用约翰·麦克尼尔（John McNeill）以图形系统来显示切口和坡度的标准，并将之推广到所有铁路建设规划中。[75]布鲁内尔一贯反对过早地将工程实践定型。通过印刷品来确立一种规范的做法，只会造成一种假象，阻碍英国工程业的自由贸易。[76]

　　其他人制定的铁路建设"标准"并不适用于布鲁内尔。他开始研究

"永久道路"的铺设方法。他说服了大西部铁路公司的董事采用 7 英尺的轨距——与斯蒂芬森父子偏爱的"窄"轨距相比,"宽"轨距可以为机车带来更高速度,并为挑剔的一等车厢的旅客提供更为舒适的体验。他设计的机车比在英国北部线路上运行的机车大得多。像铁路这样的实验性技术可以系统地与另一种有前途的实验性新事物——电报相结合(第五章)。1838年秋,英国皇家学会的一位会员建议使用"惠特斯通(Wheatstone)教授的电报机"来防范铁路事故。《铁路杂志》的一位记者也认为该设备"可以及时通报路上发生的任何状况",为预防"碰撞"提供解决方案。[77] 布鲁内尔很快就安全和运行速度问题与电报员进行了商讨。这些鲜明特征体现出了他对重大创新的热情——这种热情并不总能得到大西部铁路公司股东的认可(图 4.2)。[78]

布鲁内尔的铁路不仅是一个创新的、奢华的场所,它还成为其建设铁路系统品牌的典范。对实用工艺进行系统化规范在现代语境中具有哲学意义,其目的是通过智力训练从上层施加秩序。系统化设计不再强调承包商和工匠的作用。马克·伊桑巴德·布鲁内尔的作品中就有这样的先例,特别是他为英国海军部在朴次茅斯制造船体的方案。以前造船要依靠熟练技术工人通力合作,老布鲁内尔将建造工作分解为一系列简单的工作,每一项工作都可以由一台专门的机器来完成。系统化、组织化、规模化的生产克服了对熟练工匠的依赖,满足了海军部的需求。[79] 这一制造模式与伊桑巴德·金德姆·布鲁内尔在项目各个层面上不断增进权威的做法不谋而合。我们可以在"大东方"号的建造中看到他对设计与执行流程的运筹帷幄。[80]

布鲁内尔在大西部铁路的设计、建造和运行过程中也贯彻了"系统化"的工作模式。他在 1841 年 1 月告诉丹尼尔·古奇(Daniel Gooch):"我认为只有高效的系统化与制度化才会使我们取得成功。"从细枝末节到阡陌连横[81],布鲁内尔对铁路的每一段都进行了精心设计,使其连成一体。他首先加强了对大西部铁路的各个组成部分设计的控制,视其为一条可以挑战

图 4.2　布鲁内尔的大西部铁路为渴望创新的旅客提供了快速且奢华的服务
资料来源：*Illustrated London News* 3（1843），p. 52，is licenced under CC By 4.0.（Courtesy of the University of Aberdeen.）

利曼铁路"样板"的"理想铁路"[82]。这些组件包括永久道路（建筑和轨距）、机车、车厢的装饰和装修、车站、桥梁、隧道、路堑和路堤，也可以被视为机械、社会、经济和政治的组成部分。

在这些单独部分中，布鲁内尔构想了一个更宏大的铁路系统，即伦敦—布里斯托尔大干线，但这条线路的重点不是东部大都市伦敦，而是"西部"城市布里斯托尔。"锐意进取"的城市文化让布里斯托尔的商人和城市官员们引以为豪，布鲁内尔正是在这种文化中努力工作。[83] 因此，对布里斯托尔的有识之士而言，连通这个充满活力的港口与首都的大西部铁路象征着"不断进取"的城市文化。到 1841 年 6 月，大西部铁路在空间上留下了建设与物质方面的印记，并为往来布里斯托尔和伦敦之间的富裕乘客提供了豪华、可靠和快速的交通方式。

然而除了铁路系统，布鲁内尔还希望建立一个统筹兼顾的运输系统，铁路是其中唯一具有战略意义的组成部分。用橡木建造的"大西方"号蒸汽船是这一宏伟设计中最令人吃惊的例子。布鲁内尔于1835年10月向大西部铁路公司的董事提议建造这艘船，1837年7月下水，并在1838年3月和4月与爱尔兰班船"天狼星"号展开了一场引人注目的竞争。[84]"大西方"号将从布里斯托尔港出发前往美国，该港口被设想为大西部铁路的终点站，也是通往伦敦的西向门户。从英国首都的角度来看，这艘船成了伦敦—布里斯托尔铁路向西的系统性延伸，横跨大西洋，远达商业中心纽约和一个"新世界"。不久之后，人们不仅可以乘船前往，还可以通过独特的美国铁路系统来到这里。

"布里斯托尔—伦敦"线实际上是一条干线，支线铁路从中延伸而出，也有支线在此汇入。大西部铁路不断向西部（威尔士）和西南部（康沃尔）地区延伸，征服了新的领土，以诸如连接德文郡和康沃尔郡的索尔塔什桥等令人眼前一亮的建筑物为环境施加了新秩序。然而最重要的是，布鲁内尔赋予了大西部铁路系统一种独特的"文化"，这体现在宽阔的轨距、雄心勃勃的工程、久负盛名的建筑特色（尤其是帕丁顿站和布里斯托尔寺院草原站），以及奢华和速度的气质上。

虽然布鲁内尔的系统建设可以看作他对"理想"铁路的有力实践，但是这种实践的实验性给它造成了困难。他的所有创新并非全都成功，而且布鲁内尔也不是唯一的系统建设者。尽管利曼铁路并不是铁路建设的唯一"模式"，但它的做法得到了众多后来者的效仿，创造了一个可以与大西部铁路竞争的系统，最终威胁到大西部铁路的市场，向其独特的文化发起挑战。因此，到19世纪40年代中期，私营铁路系统市场中各类公司或联合公司都在互相竞争。

在近乎无限高的社会、经济和道德利益的驱动下，"机械科学的进步"风头无两，这让投资者的谨慎情绪有所放松。1843 年，第二次铁路建设热潮开始了，到 1849 年，英国铁路的里程从 2000 英里增加到 5000 英里。即使对神职人员而言，铁路股票也是一种稳妥的投资，《泰晤士报》指责他们"为了财富而放弃《圣经》"[85]。一位评论家对这种急于将每个城市连接起来的做法表示担忧，他描述道："铁路规划师们紧闭双眼，面前摆着一张英国地图，决心将铅笔在地图上首先触及的任意两点连接起来。"[86]布鲁内尔在 1845 年写道："周围的每个人似乎都疯了——表情狰狞，目光灼热。对一个理智的人来说，唯一的办法就是抽身而出，保持冷静。"[87]这种"狂热"可与维多利亚时代有关宇宙和人类发展的匿名报告《遗迹》（*Vestiges*，1844）所引发的"轰动"相媲美。[88]

随着资本的自由流动，机遇层出不穷，对工程师想象力的限制也随之放松，"轰动一时"的"失败"和"成功"一样，都被广泛宣传。布鲁内尔的失败数不胜数。即使是他最忠实的支持者也认为，他并未兑现作为机车设计师的承诺。他为大西部铁路设计的巨型机车运行起来并不稳定。[89]他的助手丹尼尔·古奇发明了"萤火虫"号（1840 年）和 4-2-2 机车（从 1846 年起）。该机车配备了巨大的 8 英尺驱动轮，保住了大西部铁路作为快速与稳定运输系统的声誉（尽管布鲁内尔仍然倾向于拥有这项工作的"所有权"，并没有将这份功劳直接算在古奇身上）。[90]

此外，布鲁内尔还参加了铁路史上最臭名昭著的失败案例之一，即"空气动力系统"的推广，甚至被他最亲密的盟友古奇描述为"肯定是铁路史上最大的失误"[91]。工程师们时常质疑，除了货运车厢和客运车厢，机车头是否有必要消耗动力，而就连单独车厢或许也可以通过其他方式沿着固定轨道推进。例如，格拉斯哥的工程学教授刘易斯·戈登就提倡"以机车车厢取代目前昂贵的蒸汽拖车系统的好处"[92]。现在工程师们已经采用了在一定距离内让固定发动机通过结实的绳索来牵引车厢的做法。那么为什么不采用压缩空气，即"空气绳"的做法呢？[93]

1838 年，燃气工程师塞缪尔·克莱格（Samuel Clegg）申请了空气动力铁路专利。该铁路将使用一根特殊管道在轨道之间运行，以此作为动力推动车厢前进。每隔一段距离就有固定泵送发动机提供动力。[94]布鲁斯特称赞它具有"许多优点"。他在 1849 年的记录中提到，该系统从 1843 年10 月开始在多基—金斯敦线路上运行，"没有发生任何事故"[95]。知名工程师们争相支持这个令人兴奋的新系统——其中包括威廉·丘比特（William Cubitt）、维尼奥尔斯和布鲁内尔本人，他在南德文郡铁路的埃克塞特、廷茅斯和牛顿阿伯特线上使用了该系统。但布鲁内尔也因该计划的迅速消亡而蒙受经济损失。同时，在这个个人声誉对争取工程项目资金至关重要的时代，他也失去了信誉。

轨距之争

19 世纪 30 年代，越来越多的线路建设与系统规划使铁路的力量不断增长。例如，伦敦—伯明翰铁路具有巨大的战略意义：布斯认为"这条大干线将连通南北，并使英格兰、苏格兰和爱尔兰的首府更紧密地联系起来"[96]。斯托克顿—达林顿的铁路是一条重要的燃料通道；利曼铁路是制造业中心和主要港口之间唯一的客运与货运通道；伦敦—伯明翰铁路则如同一条铁链将首都与米德兰兹连接到一起。伯明翰迅速成为以伦敦为中心的新兴铁路网的节点。这条从利物浦到伯明翰的铁路由曾在利曼铁路担任驻地工程师的约瑟夫·洛克建造。它宛如一个"巨大的枢纽"，承担起了连接西北港口与南部大都市的重任。从 1835 年开始的两年里，铁路建设掀起了热潮，至少有 88 家新公司吸收了不少于 7000 万英镑的资本，用于铁路建设。[97]工程师们继续将铁路向谢菲尔德这样的北部工业中心推进。伦敦东部、南部与西部的铁路为铁路网的全面覆盖奠定了基础。[98]

随着铁路关键"模式"的建立，混乱无序得以避免。虽然有数千人参与了铁路建设，但数量相对较少的咨询工程师设计并承包了大部分工作。以及时交付和更高的每磅里程数而闻名的工程师们承接了新项目。在托马斯·布拉西（Thomas Brassey）等富有的承包商的赞助下，包括罗伯特·斯蒂芬森、洛克和布鲁内尔在内的铁路工程师寡头们，确保了各条铁路在功能上的一致性，使生产合理化。他们意识到要从实践经验中学习，对实用技术进行"改进"。[99] 原则上，布鲁内尔提供了一种模式，这种模式被复制到整个英格兰的西南部，并有可能被推广到国内所有地区（甚至是整个帝国）。然而实际上，由其他铁路公司运营的铁路网络已经占据了大不列颠北部和东部的大部分市场；它们给大西部铁路的市场雄心带来了挑战。

布鲁内尔非常成功地利用大西部铁路推行了其独特的轨道，以至于一位 19 世纪晚期的评论家甚至将这条铁路的历史称为"宽轨的故事"。[100] 布鲁内尔认为，大西部铁路采用 7 英尺的轨距，令其运行起来更加稳定和快速，并能在平地行驶中更高效地发挥引擎的作用，为高级乘客提供奢华、舒适的体验。19 世纪 30 年代中期，股东们似乎相信这些特色将带来更多的生意，以至于认为铁路在土地购买、建设或维护方面的任何额外支出都是值得的。[101] 然而，布鲁内尔热心的支持者、大西部铁路公司的股东巴贝奇也承认，这条线路一开通，就出现了"支持和反对"布鲁内尔所谓的"宽轨"的"激烈派别纷争"[102]。

反对者大都主张采用 4 英尺 8 英寸半的轨距，据说是为了与普通道路上的车厢相适应。这一轨距在应用于"客运铁路"之前，首先被应用于"矿区"，之后得到了乔治·斯蒂芬森和后来的罗伯特·斯蒂芬森的青睐。[103] 这是"标准轨距"最有力的竞争者。起初，《客运铁路法》（Passenger Railway Acts）规定必须采用这种轨距，但后来又放宽了限制，布鲁内尔的 7 英尺轨距和许多其他尺寸都被允许使用。由于有许多轨距尺寸在使用，其中应用最广泛的轨距是基于传统和便利性，而不是基于哲学论证，因此不难理解为何巴贝奇直到 1846 年仍在抱怨："对于铁路系统来说，最佳轨距的问题还没有定论。"[104]

　　然而，同年，巴贝奇又断言"轨距问题已经解决了"[105]。在 19 世纪 30 年代和 40 年代，他意识到如果要真正做到这一点，至少要在认识与实践层面解决 4 个问题。一是，假设在没有传统、惯例和任何现有系统的情况下，什么是"最佳轨距"？二是，说得更实际些，假如没有现在的系统，单单依靠从铁路工作中获得的经验，哪种轨距才是"最好的"？三是，政府是否应该取代自由市场进行宏观调控，为未来的铁路（在英国甚至整个帝国）统一轨距，并迫使现有线路调整为标准轨距？四是，如果决定在实践中行使这一权力，那么哪种"最佳"强制措施才更有利于国家利益？

　　1838 年和 1839 年，布鲁内尔的系统受到了大西部铁路公司股东的持续威胁，巴贝奇至少尝试回答了这些重要问题中的第二个问题。利曼铁路开通后，巴贝奇将自己打造成一个铁路经济专家。1838 年，他声称"轨距"问题已经是一个"重要的公共问题"。在英国科学促进会的纽卡斯尔会议之前，协会理事会私下对即将发生的"轨距之争"表示担心，特别是在这个时候，"蒸汽船航行到美国的问题"引发的争议也在酝酿之中。在纽卡斯尔，乔治·斯蒂芬森是主持如今蓬勃发展的机械科学分部的不二人选；但这位窄轨距的大力支持者拒绝担任分部主席，也许是为了避免公开抨击他人，或是为了避免在某个场合与布鲁内尔产生争执。这两点原因都不利于保证商业利益且会带来不利的社会影响。巴贝奇本人对争议或论战并不陌生，他不情愿地同意面对"这些可怕的争论"。至少在备受非议的拉德纳就蒸汽航行发表演讲时，巴贝奇组织了一场文明的辩论，他高兴地说："我把英国科学促进会从丑闻中拯救了出来。"[106]

　　在英国科学促进会的另一次香槟晚宴上，巴贝奇决定搞清楚斯蒂芬森"对轨距的真实看法"。如果被问到"即将启用的铁路系统的轨距"如果不考虑现存的这些铁路，斯蒂芬森依据从经验中"掌握的大量知识"做判断，他是否会建议采用 4 英尺 8 英寸半的轨距？巴贝奇回忆道，"这位铁路的开创者回答说'不会是这个轨距，我会再增加几英寸'"。巴贝奇邪恶地把斯蒂芬森比作一个未婚生子的女人，却为了显得情有可原而辩解说"那是个非常小的孩子"[107]。

当布鲁内尔亲自向巴贝奇询问他对轨距问题的看法时，他聪明地从这位因撰写《机械和制造业的经济》一书而出名的作者那里获得权威背书（或支持）。1838 年秋天，巴贝奇和布鲁内尔已经认识了近 10 年，当时他们一起说服大西部铁路公司的董事们允许这位机械经济学家深入铁路一线并获得必要的设施，从而得到各种铁路系统的实验数据。巴贝奇向布鲁内尔提供了信息（"原因"），帮助他实现了"获得实验手段的目的"；布鲁内尔向董事们表示他们"很乐意满足您的要求，并会做好安排，让您能够跟随常规列车，进行您想做的实验"[108]。董事们为巴贝奇配备了助手和机车（包括"阿特拉斯"号）。巴贝奇给一节二等车厢安装了测量设备，把它改造成了"实验车厢"。他嘲笑其他实验和仪器的质量，而他自己却（在没有人为干预的情况下）记录了牵引力、车厢的震动和时间的流逝。巴贝奇的个人考察历时 5 个月，花费了 300 英镑。在体验了英国大部分铁路后，他毫不意外地得出结论："宽轨对公众来说是最方便和最安全的。"在实验和自控仪器产生数据的支持下，巴贝奇得出的结论明显具有说服力与影响力，他声称已经说服了利物浦的摇摆选民，使董事们重新支持布鲁内尔的系统，从而为宽轨铁路争取到了被继续考虑使用的机会。[109]

巴贝奇关于宽轨距便利性和安全性的论证，很可能说服了那些认为大西部铁路是一条或一组孤立的线路、暂时或永远不会与其他线路相连的人。也就是说，对那些接受布鲁内尔在 1838 年 12 月所提主张的人来说，巴贝奇对轨距问题的分析是有用的。然后，他告诉大西部铁路公司的股东，他正在一个全新地区破土动工，大西部铁路将"不与任何其他主线（向北）

连接"，而且他还预计该铁路"不可能与任何其他线路相连"[110]。也许大西部铁路本身就是一个系统，它注定不能与其他地区的铁路相连接。在这里，布鲁内尔想要建造一条理想铁路的愿望似乎与他想要建立全国铁路系统的野心发生了冲突。为了对铁路这一国家系统做出贡献，布鲁内尔可能会复制利曼铁路的现有形式，预先铺设一条线路，为以后把它"连接"起来做准备。然而，关于大英实验铁路的形式并不理想。布鲁内尔选择了一种非常不同的，在他看来更优越的铁路实践模式，它会凭借其优越性取代较差的模式。

事实证明，宽轨铁路的"独立性"威胁到了铁路事业的前景。1845年，大西部铁路已经主宰了西南部与威尔士南部地区。布鲁内尔本人曾试图把他的系统和竞争对手与北部、东部的线路相连。当时评论家们经常谈到国家铁路系统，他们认为大西部铁路不可能永远超然世外。除了布鲁内尔的宽轨距，各条线路都选择了 4 英尺 8 英寸半、5 英尺和 5 英尺 6 英寸等尺寸的通行轨距。[111] 但是，不同轨距铁路的交会点越来越多，这带来了"不便、混乱、风险、时间损失、额外的劳动力，以及由此产生的额外费用"。一位当时的评论员认为，如果采用单一轨距，"乘客和他们的行李、绅士的马车、马匹、牲畜、商品和货物将在旅途中畅行无阻"。这种鲜明的想象对比加剧了争论，焦点不是孤立地考虑"最佳"轨距，而是在实践中建立统一轨距的可能性与机制，因为竞争中的任何一家公司都不可能自发地转换轨距来实现这种统一性。[112]

支持者和有关各方提出了大量正反两方面的论据。布鲁内尔向大西部铁路的规划者和董事们说明了宽轨的（局部）优势。在巴贝奇的帮助下，他于 1838 年和 1839 年辩护称，这是一个独立于其他线路的系统。但在1845 年，随着铁路实例的增加，评论家们否定了布鲁内尔系统固有的优越性：在窄轨铁路上，火车的速度和稳定性都是一样的；发动机也同样可行。然而，建造和维护宽轨铁路的成本更高，尤其是用沉重的木板做成纵向枕木；（据称）它的发动机更重，昂贵又不可靠。[113]总的来说，窄轨距制和宽轨距制都没有明显的或固有的优势。而且，根据1845年一位作者的说法，这场争论是在妥协与克制的氛围中进行的，就连布鲁内尔也没有宣称宽轨"优于其他轨距"。凭借过去15年获得的经验，重新开始铁路建设的工程师们将更加谨慎——并得出完全不同的解决方案。[114]但是问题仍然存在，是否应该只采用一种轨距，如果是的话，又该采用哪种轨距。

由于没有明确有效的技术选择，而且有许多利益相关方的参与，这场争论变得旷日持久；为了在争论中取胜，各方使用的修辞技巧层出不穷。布鲁内尔通过工程建设与广为人知的冒险经历赢得了广泛声誉。关于布鲁内尔的冒险行为与死里逃生的故事比比皆是：例如，布鲁内尔在泰晤士河隧道进水时成功逃生；在克利夫顿吊桥建造期间，他被吊在一个由锻铁杆悬吊的篮子里，悬挂在200英尺高的埃文河上空；1843年，在"大西方"号首航前，他险些因为一枚硬币卡在气管里窒息而死，最终凭借聪明才智侥幸活了下来；就在大西部铁路开通之前，布鲁内尔差点被火烧死，随后坠楼（楼梯断裂时幸好他被站在下面的总经理接住了）。这些关于忍耐力、领导力和奇迹逃生的故事迷住了心存质疑的公众和投资者。[115]

尽管布鲁内尔的名字已经家喻户晓，但他的名声很容易受到攻击。他在1838年缺乏远见的行为被批评者反复强调，这仅是严重削弱其权威性论证可信度的因素之一。[116]布鲁内尔的反对者使巴贝奇放弃了试图在英国科学促进会中保持的绅士风度，而这种绅士风度对于维持科学家无私的"哲学"立场至关重要，他们开始了一场激烈、残酷的舆论战争。他们详述了布鲁内尔未能明确实现的技术承诺：他曾声称大西部铁路和其他线路之间没有联系，但这位"宽轨距的设计者"被证明是完全错误的；[117]他还宣称大西部铁路的轨距只适用于平坦笔直的线路，但他却将其应用于陡峭弯曲的线路。他们暗示，一个以理性行动为荣的人却在经历了这一切后做出前后矛盾的行为，鼓吹"在所有关键点上……与宽轨机车系统背道而驰的……空气动力系统"，我们为什么要相信他呢？[118]

人们指责布鲁内尔（所谓的）没有经验，做实验随心所欲，性格傲慢孤僻，沉湎于自己营造的"天才"形象中无法自拔，未能在铁路工程师群体中吸引到大量盟友，这些责难同样侵蚀了他的声誉。德比勋爵和塞夫顿勋爵（lords Derby and Sefton）调侃"布鲁内尔先生已经学会了在大西部铁路所有者的下巴上刮胡子"[119]。亨利·科尔（Henry Cole）称布鲁内尔为"铁路怪人"，并引用了霍尔主教（Bishop Hall）的话："那些用自作聪明、不合时宜、自相矛盾的想法来破坏我们和谐状态的人，有什么价值呢？"[120]与斯蒂芬森或洛克那些经济可靠的产品相比，布鲁内尔那些昂贵而浮夸的新奇产品显得臃肿而俗气。反对者都是工程师，他们的做派更谦逊、传统，关键是更"安全"。布鲁内尔危险的个人主义与集体行动相冲突，这对他不利，只有"古怪的天才"布鲁内尔在"至少 7 位一流安全工程师"的面前为宽轨辩护。只有丹尼尔·古奇表示了对这位误入歧途的"工程骑士"的忠实支持："没有铁路工程师来支持他的怪癖，我们不能将大西部铁路公司的丹尼尔·古奇先生看作堂·吉诃德的桑丘。"[121]

这场争论最终的赢家不能简单地被理解为是在公认标准中拥有"最好"技术的人。当大西部铁路的扩张走到尽头，却发现自己在一个小岛上与拥有占据了更广泛地域的强劲对手竞争时，这种竞争无疑是困难的。任何经过隧道和桥梁的"宽阔"轨道，只要稍加修改，就可以容纳一条狭窄的轨道；反之亦然，但并不总是能轻易做到。但由于各方没有在争论中对标准达成共识，个人信誉和铁路系统同时受到了攻击，因此窄轨的最终胜利并不能看作是理性与实践必然选择的结果。这场争论的背后有巴贝奇这样的科学人士介入，也有布鲁内尔声誉的大起大落，以及提倡多种铁路实践的人的言行（每一种实践都有动力，体现在物质对象与文化实践中）。这些群体在工业界和政府中也有相似的"利益"诉求。直到 1846 年，《轨距法》（*Gauge Act*）这一有分量的政治工具解决了这个问题，用法律确定了巴贝奇问题的最终答案：所有新线路必须符合窄轨。[122]

19世纪60年代，巴贝奇认为轨距问题是开放的；而在19世纪70年代，轨距之争的实际结果可能仍然是国家认同和技术风格的问题。例如，1872年，费尔利火车头的发明者罗伯特·F. 费尔利（Robert F. Fairlie）基于挪威、俄国、印度、加拿大、澳大利亚、新西兰、美国、墨西哥、秘鲁和法国铁路线的数据，论证了基于窄轨建设"未来铁路"的可能性，但不是乔治·斯蒂芬森的窄轨。费尔利希望采用3英尺6英寸的轨距。他相信——正如巴贝奇所建议的——支撑当下英国标准轨距的是行动，而不是争论。在美国，"意见得到了自由推动"，铁路进步的问题（通过建立窄轨线）更早地得到了解决，而不是像英国那样留在了"更有偏见、故步自封的工程师手中"。费尔利对帝国的铁路充满担忧。他呼应布鲁内尔的反对者，声称按照"宽轨"建设的线路在印度"过于宏伟"，因而数量太少。而在澳大利亚，采取"宽轨"建设的"铁路系统耗资巨大，国家已经不堪重负"[123]。

文化建构：以铁路为代表

尽管推动了铁路实践的标准化，但19世纪文化评论家所想象的铁路"经验"并不是简单的同质化、限制和约束。[124]立场不同且想法各异的评论家对工程声誉、工程项目的可信度及通过"机械科学"实现帝国和国家进步的全面论断提出疑问。这些论断受到批评并不奇怪：早期对"新奇"和"实验"的强调吸引了人们的关注，但通过熟悉来巩固"信心"却收效甚微。为了让人们熟悉铁路，提高铁路的可信度，由科学绅士、企业家和工程师组成的利益集团与文化评论家一道，以不同形式参与并创造了有吸引力的、丰富的和安全的铁路文化。他们在印刷与视觉文化上下了功夫；想象并创造出了从休闲胜地到学术界的新社会空间。但这些"内部人的叙述"并不是唯一的；来自竞争对手的（不一定是有敌意的）话语提供了其他视角。

对铁路的可视化呈现是为了取悦（或者说诞生于）"局内人"，他们提供了一种关乎消费、阐释、舒适和惬意的想象。[125]T.T.伯里（T.T. Bury）、阿尔弗雷德·B.克莱顿（Alfred B. Clayton）和艾萨克·肖（Isaac Shaw）就是其中的3位艺术家，他们迅速创作了与利曼铁路相关的、可售的、"来自现场视角的……""彩色图画"和一些"最有趣的风景画"[126]。对于董事和金融家来说，会议室里悬挂知名机车的精美图画宛如骏马一般，象征着权力、血统和进步；轨道和机车在田园环境中的图片显示了花园中铁路机器的新"自然性"；建筑图景（古典式、摩尔式、都铎式、哥特式或埃及式）装点了桥梁和隧道，以及大都市的终点站，使新的铁路机器与西方美学相吻合，表达了快速旅行的自信、奢华和安全。与铁路旅游有关的当地地形和文化的文学描写使铁路成为一条增长智慧的途径，同时也是被审视的对象。[127]

当然，观察、表现和记录的新技术，尤其是摄影技术，在19世纪从根本上变革了视觉艺术。但铁路的实践表明，大型和小型技术都可以被用来重塑维多利亚时代的视觉文化。是铁路的视觉文学，而不是无师自通的"经验"，教会了旅行者用全景式的目光去"看"，以及描述他或她的"看"。沃尔夫冈·希费尔布施（Wolfgang Schivelbusch）的描述为铁路乘客们提供了这样一个全景式视野，火车在风景中以近乎均匀的运动迅速划出一条道路——但又与风景保持距离，在风驰电掣之后徐徐停下。[128]印刷商们默默支持了铁路修辞，其出版的内容既包括实验科学的写照，也包括从混乱体验中抽离出来的全景式作品。例如，伯里强调了铁路的几何性质，"无论当地地形如何，切线和平面都是由测量人员和利润决定的"，这表明"强硬的工程文化战胜了柔软起伏的自然地貌"[129]。

像J.M.W.透纳（J.M.W. Turner）这样有争议的艺术家一定很熟悉伯里的作品，也熟悉乔治·克鲁克香克（George Cruickshank）这种视觉铁路讽刺作家或者约翰·里奇（John Leech）这种漫画家的画作。他们创作了以"投机"号而不是"实验"号或"新奇"号为名的机车头图像来抨击 19 世纪 40 年代中期的铁路狂潮。[130] 特纳了解、颠覆甚至超越了这些作品，他在《雨、蒸汽和速度：大西部铁路》（*Rain, Steam and Speed: the Great Western Railway*，1844 年）[131] 一书中描绘了原始的激情和破坏性的力量——即使特纳一贯的支持者约翰·罗斯金（John Ruskin）也谴责实用艺术的扭曲，因为它们拒绝表达人类的"生活"，而是展现铁路工程对自然施加了暴力。[132] 特纳的作品首先在英国皇家学会展出，这幅技术实验性图画令人感到不安，同样的讽刺也可以用来描述交通技术，这令评论家们产生了困惑与分歧。这幅画描绘的远远不止是 1843 年他在头等舱车厢里看到的景象。一列下行列车飞快地驶离伦敦，穿过梅登黑德的乡村，越过布鲁内尔建造的那座著名的单拱桥。这是否为"旧英格兰"被蒸汽文化侵蚀的表现，或是人类锐意进取、挑战和驾驭自然元素力量的象征？这幅画传达了一种矛盾信息，"进步的代价和改变的必然性"。[133] 它在以前未被破坏的充满田园古典共鸣的景观中开辟了一条现代技术走廊，实质上标志着文化的转型。

旅客们很快发现，在火车车厢这个新的社交空间里，阅读是一种避免尴尬的方法。尽管铁路运行商通过将乘客分成不同等级来维护原有的文化氛围，人们仍然对坐在身旁的陌生人的"品性"感到不安。铁路公司很乐意推动相关文字作品的制作和销售，以改善这种窘境，并让潜在客户感到安心。报纸销售商、文具商 W.H. 史密斯（W.H. Smith）等廉价通俗文学的提供者在铁路沿途开设了摊位。爱德华·莫格（Edward Mogg）为大西部铁路编写旅行指南文学，描绘了温莎、巴斯和布里斯托尔的历史风情，勾勒出了英国的崭新轮廓。[134]

其他文学作品则沿着伦敦—伯明翰这一新线路兜售"新英格兰史"。据说《铁道日记》（*Railroadiana*，1838）的创作灵感来源于作者的一次最近铁路旅行，当时作者很快便完成了特林之旅。新的流动性带来了新的刺激，"司机像往常一样缺乏休息——辅助机车开始运转，乘客们仍然不知满足"。铁路破坏了空间的完整性，旅客在一路上有太多东西要看。几乎没有人怀疑铁路"让帝国不同地区间的关系产生深刻变革"，大都市的"享乐者"津津有味地穿越新线路，观赏那些注定要成为新的"合理的景点景观"的城镇和农村。对这些忙碌的"享乐者"来说，"铁路文学的重要性……（将）不会逊色于铁道本身"；在这种旅游和历史相结合的新作品中，《铁道日记》提到，"'机车'为思想提供了一个新的舞台"[135]。铁路旅行不仅提供了阅读的机会，也提供了重写英国历史的机会。

技术相关的写作者们迅速创作了另一种文艺作品，旨在向铁路爱好者和消费群体介绍国家铁路信息和实践进展。例如，约翰·赫勒帕思的《铁路杂志》和《科学年鉴》（*Annals of Science*）在 19 世纪 30 年代后半期吹嘘自己"对国内外所有铁路都有的详尽描述"——随着 1837 年的铁路狂热，这种吹嘘变得越来越难以实现。在欧洲大陆，像总部设在巴黎的《铁路杂志》这样的并行出版物响应了技术文献这一趋势，将分散各地的铁路从业者聚集在了一起。对尼古拉斯·伍德等雄心勃勃的交通思想大家而言，印刷品是一个宣传自己的好机会，他的《铁路道路实用论》（1825 年及以后的版本）达到了与托马斯·特雷德戈尔德（Thomas Tredgold）的实用艺术手册相提并论的权威地位。[136]

反对者参与舆论战争（特别是在"轨距之争"时期）或罕见地给对手写十四行诗时，破坏了这种试图塑造统一、进步和安全的铁路文化形象的努力。在围绕肯德尔—温德米尔铁路（位于英格兰湖区）的一场争论中，华兹华斯（Wordsworth）反对狂热的甚至像催眠术般的铁路意识形态，这种意识形态痴迷于新奇和进步，会使人们抛弃更平和的田园生活方式。[137]

但最受关注的铁路作品无疑是布拉德肖（Bradshaw）创作的。该公司的指南和时刻表宣传并巩固了"铁路时间"，这是一项旨在规范、约束和管理人类行为的惊人尝试。历史学家 E.P. 汤普森对此做出的描述广为人知，那就是铁路时间的统一，使满足家庭、国内生产场所或田野需求并及时做出反应的地方性的、仪式化的时间强制过渡为工厂时间，后者根据低技能、机械化大规模生产的需求来调配劳动力。连接工业中心和城市中心的铁路大亨们希望在英国内部进一步实现同质化：降低本地时间的地位，取而代之的是建立一个以格林尼治为中心的、覆盖整个英国的单一的、统一的时间系统，他们为此愿意冒犯那些希望时间跟随天象变化的天文学家（第一章）。[138] 这些铁路管理者不顾议会需求和民众呼声，设想社会可以通过铁路轨道和时刻表变得井然有序。在某种程度上，此时的时间不是由当地社区和利益集团控制，而是由铁路公司占有并分配的。正如 1848 年《布拉德肖的铁路年鉴》（*Bradshaw's Railway Almanack*）中宣称：

> 我们……高兴地记录下铁路当局的法令，即应在英国所有地方遵守统一的时间。我们希望政府或议会立即批准这项法令；但无论他们是否这样做，铁路钟和电报钟很快就会成为公共调节器；更特别的是，有人提议将格林尼治天文台的落球与主要的电报机联通起来，这样球在落下几英尺之后，神奇的信使便已经在爱丁堡敲响了午夜的钟声。[139]

铁路时刻表不但强调了精细化管理的工作与商业效率，而且也强行区分了工作与生活。尽管利曼铁路"模式"连接了商业和工作中心，而且铁路重新定义了通勤者的概念，即为了生意或工作而定期旅行一段距离，但大西部铁路经过了时尚的巴斯。铁路成为服务精英们的满意的娱乐场所，在某些情况下，甚至为忙碌的大众创造了休闲胜地。开发商积极投资伊斯特本和马盖特等沿海和河口度假村，蒸汽船已经可以抵达这些地方。对普通百姓来说，到英国海岸一日游已经不是什么难事。[140]

反过来，在铁路公司的推动下，"进城"购物或进行文化消费逐渐成为可能。铁路推动了城区与郊区的划分，新的住宅区环绕着繁华的商业和文化中心。[141]然而，铁路是否应该穿过市中心是一个有争议的问题。当查尔斯·福克斯（Charles Fox）在伦敦的卡姆登镇和尤斯顿广场之间修建铁路时，他试图用壕沟和围墙来维持秩序、控制人员进出并限制污染。进步的工业城市格拉斯哥则更为开放。[142]它的中世纪学院位于大教堂附近和旧商业社区的中心，到19世纪70年代时已经被一个货运铁路广场所取代。1901—1906年期间修建的新中央车站占据了喀里多尼亚酒店的旧址，并将酒店从爱德华时代繁华城市的商业中心迁移到了西边。[143]

铁路工程师们精心设计了自身的工作场所与活动空间，希望通过外部建筑和内部规划体现出他们的职业地位和关系。现有空间也可能被重新设计或注入活力，成为铁路专业人士的出入口，尽管这样做有一些争议。铁路的发展需要熟练的从业人员：机器制造商、机车制造商、列车驾驶员，以及负责建造和维护轨道的工程师。在第二次铁路热潮中，这些人中备受瞩目的领袖乔治·斯蒂芬森成了总部设在北方的机械工程师协会（1847年成立）的主席。该协会脱离了迄今为止仍然统一的土木工程师行业，后者由总部设在伦敦的土木工程师协会代表，由老一辈运河工程师领导。[144]

在协会职能日渐分离的同时，学院和大学也行动起来，在工程培训市场分得一杯羹。法国的学校迅速做出反应，培养学生从事铁路修建和行政工作。巴黎中央工艺制造学院的奥古斯特·珀顿内特（August Perdonnet）在利曼铁路开通后的两年内，在采矿和冶金课程中加入了铁路方面的内容。1837年，他开设了"世界上第一门完整的铁路课程"。作为培训课程的一部分，中央工艺制造学院的学生们参观了由珀顿内特担任总工程师的巴黎—凡尔赛铁路。1843年，法国国立路桥学校开始开设机车制造课程。[145]

英国的学院和大学一直在这个不断增长的市场耕耘：学徒工程师花钱接受培训，而学院导师可以合理地从传统教学形式中抽出这部分进行针对

性培训。从 19 世纪 30 年代开始，在英国铁路思想家尼古拉斯·伍德的赞
助与指导下，位于纽卡斯尔附近的杜伦大学开始为年轻人提供"土木工程
师的学术职级"评定；伍德的宏伟计划是与大学合作，单独培养矿业、民
用和铁路工程师，但因资金不足而失败。1841 年，伦敦大学学院雇用了维
尼奥尔斯，当时他是都柏林—金斯敦铁路的工程师，在英国、爱尔兰、俄
国和法国人脉甚广。都柏林圣三一学院（Trinity College Dublin，TCD）
于 1841 年成立了工程学院。多亏了英国科学促进会的大人物汉弗莱·劳埃
德（Humphrey Lloyd），都柏林才对新铁路做出了迅速反应。那一年，爱
尔兰的铁路里程只有十几英里，然而铁路终点站就位于学院的后门。学生
们的教授是爱尔兰人约翰·麦克尼尔，他在特尔福德手下受训，与格拉
斯哥和伦敦的工程界及英国政府都有联系。麦克尼尔把教学工作交给助手
后，又回到了不断发展的爱尔兰铁路系统的规划事业中。到 1860 年，都
柏林圣三一学院向印度及帝国许多地区输出了大量工程师。[146]

　　然而，学术型工程师与在一线车间工作的实践型工程师之间保持着一
种动态的，甚至时而是冲突的关系。与机床使用和制造相关的行业（尤其
是车床和镗孔、刨削、钻孔和螺纹切割的机器）抓住了机车建设带来的机
遇。许多工程师都与亨利·莫兹利（Henry Maudslay）的兰贝思机械工程
师"摇篮"有关。苏格兰人詹姆斯·内史密斯（James Nasmyth）于 1829
年成为利曼铁路公司的高级助手，在见证了利曼铁路开通后，他在曼彻斯
特开办了自己的公司，其业务涉及铁路沿线的方方面面。内史密斯凭借机车
制造、工具流水线生产和"蒸汽锤"成了千万富翁。"蒸汽锤"集力量巨大
与工艺精湛为一体，据说可以在酒杯中敲碎鸡蛋。内史密斯并不追求精益求
精的品质，而是希望能凭借产品可靠的质量实现批量销售，从而打开国内外
市场。他告诉查尔斯·巴贝奇，"我不喜欢用精密的天文钟煮鸡蛋"[147]。另
外，约瑟夫·惠特沃思（Joseph Whitworth）虽然也来自莫兹利的学校，
也在曼彻斯特工作，却成为精密和标准化零件的代名词。虽然惠特沃思倡

导技术教育，但务实的内史密斯却拒绝成为学术型工程师，他说："我对皇家音乐学院和技术教育学院没有信心，因为这里全是西装革履的教授。工作坊才是这种实用教育真正且唯一的学院。"[148]

"蒸汽之子"：新世界的铁路力量帝国

19 世纪中期特别是 1860 年以后，铁路在大英帝国和整个欧洲大陆范围内几乎呈指数级扩张。[149]作为斯托克顿—达林顿铁路开通后的众多线路之一，1830 年开通的巴尔的摩—俄亥俄铁路象征着美国铁路建设的开端。英国铁路起源的故事围绕着"火箭"号机车和 1829 年 10 月的雨山试验展开，而美国人也有"拇指汤姆"号和所谓的竞赛。1830 年 8 月利曼铁路开通前，这场竞赛在一台试验机车和马之间展开。美国在经过与英国类似的铁路修建热潮后，铁路里程从 1830 年的 23 英里增长到了 1840 年的约 3000 英里。1860 年，这一数字增长到 3 万英里以上，到 1902 年增长到 20 万英里。美国铁路里程在 1916 年达到了超过 25 万英里的历史高峰。[150]1910 年左右，美国社会评论家布鲁克斯·亚当斯在写给兄弟亨利的私人信件中，对国家现代铁路驾驭宏大自然力量的图景进行了深刻的全景式描述：

> 水流从落基山脉的顶峰倾泻而下，奔涌流向密西西比河谷，穿过东部山区后，水量越来越多，水流湍急。最终你会到达五大湖和布法罗。我认为这里是现代文明的顶点……我们乘坐着一列巨大的普尔曼火车飞驰了许久 [豪华的列车上有其设计者和建造者乔治·普尔曼（George Pullman）的印记]，火车以 50 秒 1 英里的速度经过了无数列货运列车，所有列车都快速向哈得孙河驶去，它们全部由地球上其他地方不存在的动力所驱动。明年，这些巨

大的引擎就会过时，我们将拥有更大的引擎、更重的车厢、更快的速度和更大的容量。我想，凡是看过激流从分水岭的源头一直流到纽约湾的人，都不得不感叹旧世界的丧钟已然敲响。[151]

亚当斯所说的"明年这些巨大的引擎就会过时"体现了 19 世纪和 20 世纪初美国人用发明取得进步的信念。[152] 19 世纪的美国铁路公司为自己各式各样的发明而自豪。诸如，铁路渡轮这样的发明可以使铁路系统与萨斯奎汉纳河（1836 年）等主要河流相连，同时也可以跨越湖泊和海洋，大大缩短了传统陆路所需的距离。伊莱·H. 詹尼（Eli H. Janney）等人则申请了车厢自动耦合器的专利（1868 年和 1873 年），承诺可以节省劳动力并提高操作速度。而卧铺车厢专利（1856 年）和餐车专利（1863 年）等则在城镇和城市间进行长途旅行的乘客中广受好评。事实上，美国公众对创新的渴望可以说促成了铁路系统在 20 世纪中期的相对衰落：那时人们认为铁路已经过时了，不再是国家进步的象征。对许多美国人来说，铁路似乎已经被汽车和喷气式飞机所取代，至少对乘客而言是这样的。[153]

然而，在 20 世纪初，美国的铁路管理者给文明世界留下了深刻印象。"现代"发明的普及者阿奇博尔德·威廉姆斯（Archibald Williams）在《现代机车传奇》（*Romance of Modern Locomotion*，1904）中写道："连美国铁路管理者都不知道的营销方式也就没必要去了解了。"[154]"如果一个国家的铁路基础设施完善，人们更愿意到这样的国家旅行；如果人们去旅行，他们就有机会看到那些吸引他们定居的地方；如果定居下来，他们就会给铁路公司的工厂带来更多额外的货运机会。"给美国铁路公司带来利润的是货运收入，而不是客运收入。世纪之交，"20 世纪限量版列车"和"宾夕法尼亚特快"风靡一时，为乘客提供了不太经济，但独特奢华的服务："它们能在 20 小时内完成纽约到芝加哥 912 英里的行程"：

在这样的列车上，你可以有一间浴室和一个理发室。如果想打发时间，你还可以走进图书车厢，或者在观景车厢散步。如果你财力雄厚，可以额外花钱租用一间客厅。在这个"喧嚣的国度"，为了方便商务人士，他们可以随时差遣打字员和速记员来为其提供服务。当你乘车的时候，可以随时了解市场价格变化，就像在办公室一样轻松处理事务。

对女性而言，这些奢华服务还包括新颖时尚的"电器"，比如那些"可以加热卷发钳的工具"，而每个乘客都可以从最先进的"电灯"中受益……无论乘客是坐在靠窗的角落，还是躺在铺位上，电灯都会恰如其分地出现在肩头上方。[155]

对世纪之交的美国而言，铁路速度不断提高，提供愈发奢华的服务，同时支撑了物质性与象征性的权力。当然，并不是所有人都热衷于这种加速。半个世纪前，英国福音派人士，像曾经是克罗默蒂佃农的苏格兰自由教会的地质学家休·米勒（Hugh Miller），认为"机车和铁路仿佛已经进入了人类生活的方方面面——过去上帝需要几个世纪才能施加的变化，如今似乎已经被压缩到半生就能完成了……人们似乎有理由认为，社会这台巨大的机器正处于某个重大危机的前夜，飞快旋转的车轮同时预示着猝不及防的崩溃"[156]。因此，这位维多利亚时代的争议者将铁路解读为一种迹象，表明人类在物质财富和权力的诱惑下，正越来越快地走向《圣经》中预言的末日。

然而，福音派人士不仅将铁路视为人类缺陷和堕落的征兆，还认为人类现在正处于灾难的边缘。由于铁路与国家和帝国的权力相关，法国自然主义小说家埃米尔·左拉（Emile Zola）在 1870 年普法战争前夕，围绕以巴黎为中心的铁路系统，对法兰西第二帝国的虚伪进行了猛烈批判。表面上，铁路系统与苏伊士运河和巴黎的重建一样，象征着法国的理性、秩序与威望，但在左拉的先锋小说中，铁路系统代表了高层的腐败和混乱。《人面兽心》（*La bête humaine*，1890）一书实际上是用生理学的观点来解释人类犯罪的本质，并打破了动物和机器系统之间的界限。因此，左拉用实验室科学取代了原罪神学，向读者揭示了人类及其创造物中依稀可见的缺陷。这些缺陷有可能破坏法兰西帝国统治者们所钟爱的、技术推动人类进步的修辞和神话。[157]

布鲁克斯的兄弟、曾任哈佛大学中世纪史教授的亨利·亚当斯（Henry Adams）也在著作中论述了这种对罪恶的自然主义重塑的想法。亚当斯意识到他和父亲信奉的新英格兰清教传统对人类的完美性持怀疑态度，将蒸汽动力的历史解读为规模和速度的加剧，以及随之而来的财富和自豪感的集中。亨利·亚当斯和布鲁克斯·亚当斯推断，能源尤其是具象化应用在铁路和蒸汽船系统的蒸汽动力，等同于现代国家的经济与政治实力。正如米勒所想的那样，亨利在1900年代愈发感到这种进步正在走向灾难和崩溃。[158]这种世俗观点的产生很大程度上是因为他见证了美国铁路的兴起和发展，说得具体点，是与其兄弟查尔斯·弗朗西斯·亚当斯的事业相伴相生。正如我们看到的，查尔斯·弗朗西斯·亚当斯对铁路力量的深思熟虑最终导致他没有追随祖父或曾祖父的脚步成为美国总统，而是成为第一个横贯大陆的铁路公司——联合太平洋铁路公司的总裁。

如果说从19世纪60年代起，法国的铁路开始成为国家权力的体现，那么美国的铁路则于南北战争（1861—1865年）后在杰伊·古尔德（Jay Gould）、吉姆·菲斯克（Jim Fiske）和科尔内留斯·范德比尔特（Cornelius Vanderbilt）等铁路大亨的推动下，成为企业资本主义不受控制的权力代表。[159]19世纪60年代末，对这些私人帝国缔造者的批评开始出现。查尔斯·弗朗西斯·亚当斯毕业于哈佛大学，刚从南北战争中复员，他迅速以铁路分析师的身份开始工作。亚当斯家族所有人都认为维护启蒙运动中理性和独立判断的价值观是他们身为贵族与绅士的责任。换言之，他们自认为是垄断资本主义强权、金融投机与新铁路"强盗大亨"导致的政治腐败的敌人。

1867 年，查尔斯·弗朗西斯·亚当斯在《北美评论》上写道："在这块大陆上……我们的国家是蒸汽之子……是蒸汽船和铁路成就了现在的美国。"[160] 这篇题为《铁路系统》（*The Railroad System*）的文章，拉开了《北美评论》关于新世界铁路文化的一系列争论性文章的序幕。尽管《北美评论》的读者群体是少部分精英阶层，且处于不断衰落之中，这本古老的期刊仍具有权威性，它的评论对等级稍低的期刊和报纸编辑来说也是很有分量的。[161] 正是在这份期刊上，亚当斯对早期铁路系统做出的承诺进行了深刻批评，对其现状进行了细致评估，并发出了彻底改革的宣言。

亚当斯讨论的核心问题是铁路公司急剧增长的权力。值得注意的是，他对照的历史先例不是君主或贵族的领土权力，而是罗马天主教会的世俗权力。就像过去的教皇一样，铁路公司的"统治者"并不是"天生的……他们通常是凭一己之力一步步上位的人，只要他们取得成功，就会掌握大权"。到目前为止，铁路公司还没有把所有权力集中在"一个人手里"。但自 19 世纪 60 年代中期以来，确实有迹象表明，不同的铁路公司正在以合作取代竞争，这样在 30 年后，"将出现一个受寡头统治的，物质、社会和政治力量的结合体，甚至可以与罗马教会相媲美"[162]。

亚当斯选择的历史先例具有双重意义。一方面，与罗马教会的类比突出了他的信念，即"物质利益、道德利益和政治利益相互交织，难以分割，无论从哪方面入手来解决铁路问题，最终都难免牵一发而动全身"。另一方面，这个比喻反映了亚当斯兄弟对新英格兰清教文化的继承，他们极度信奉民主共和原则，对社区、州或联邦国家控制之外的机构和组织所拥有的宗教和世俗权力充满怀疑和敌意。和许多波士顿人尤其是与哈佛大学有关的人一样，他们的家族在很大程度上放弃了加尔文主义宗教（旧时新英格兰清教的特点），加入了一神论的礼拜，强调"人性中的神性"。亨利和布鲁克斯对这种乐观和仁慈的信条表示严重怀疑。[163]

《铁路系统》考察了现代语境下的铁路权力的特征。亚当斯和他的读者一样，很了解自铁路诞生以来，布斯这样的倡导者、经济学家和英国科学促进会理事巴贝奇这样的机械科学推进者，以及众多大众评论家提出的主张。亚当斯把自己描述成一个更具洞察力、更无私的评论家，他说：

> 公众必须改变……铁路系统只不过是股份制垄断公司牟取暴利的想法……无法仅用数字来表示其货币价值。人们普遍认为交通中对蒸汽的应用意味着某种改良，这是文明的进步，是科学的伟大成果，是资本的良性投资，是角落地段价值的绝佳改善，既节省了大量时间，又推动新国家走向繁荣；但人们可能会质疑铁路系统是否能真正发挥出相应的影响力，也许这里存在两个例外，一方面是铁路成为引领社会革命最巨大与最具影响力的引擎，另一方面是对地球未来的发展是把双刃剑。[164]

亚当斯的写作风格类似《圣经》的语言风格，他希望（主要是新英格兰的）读者明白，这个"引擎"最近产生了一些戏剧性的文化变革。随着欧洲人离开旧世界去寻找更好的东西，蒸汽机开启了殖民时期的新阶段。许多殖民地由于地理位置上的分离而未能成功建立，而在 19 世纪 40 年代末，整个殖民地的人们都涌向新的淘金地，"蒸汽立即成为他们的仆人，将他们与旧世界紧密地联系在一起"。曾经还是不毛之地的"加利福尼亚和澳大利亚如今在全球占据了一席之地"。"铁路的环形沟槽"已经开始取代"未在平原上标出的、漫长的、疲惫的、危险的马车之路"，将"半野蛮的、未驯化的游牧部落与遥远的文明连接起来"。此外，将"铁路延伸到墨西哥和南美洲只是一个时间问题"，而"在非洲铺设铁路则是未来要考虑的事"[165]。

亚当斯指出，像受牛顿定律支配一样，旧社会的运动发生戏剧性变化，

"从欧洲最强大的君主到新英格兰最不起眼的村庄，革命无处不在"。铁路文化的主要目标［与电报的目标类似（第五章）］是促进国家统一和降低地方多样性。因此，"蒸汽运动的趋势是中心化，聚集化……日渐增多的交流、活动与贸易设施攫取了地方利益，打压了当地方言，冲击了地方保护主义"。例如，在长期四分五裂的意大利，"每建成一英里铁路，就为意大利的统一增添了一条新的命运纽带——消除了一些地方保护主义、地方利益和地方方言，这个国家明显凝聚了起来"。奥匈帝国"长期存在着不稳定因素，这些因素通过巧妙的设计和人为的刺激被嵌入在这个看似统一的国家中，内部充斥着对立与嫉妒的力量"。"蒸汽机革命最终使哈布斯堡家族的统治走向了覆灭。"俄国作为一个"庞大、混乱、无序扩张的帝国"，它似乎永远不可能统一。然而，随着全国各地铁路的建设，"整个大国将被铁轨牢牢地绑在一起"[166]。

正如在和平时期一样，在战争时期，铁路也改变了近代历史的进程。在反对奥斯曼帝国及其欧洲盟友（法国和英国）的克里米亚战争中，俄国失败了，"因为她不能利用蒸汽机；盟军成功了，因为他们可以利用蒸汽船……如果俄国能像法国和英国那样快速高效地集中兵力和弹药，战争也许会出现另一种结果"。在美国南北战争期间，欧洲军事当局"认为我们要征服的领土过于辽阔，我们的军队不可能维持下去，我们遇到的防御力量将非常强大"。但是，铁路的力量将使他们打消这种看法：

结果全世界都知道。它见证了强大的敌人靠一根脆弱的铁丝般的铁路生存。随着这条铁路线的毁坏，所有抵抗的希望都破灭了。它见证了谢尔曼将军300英里外的后方部队与80000战斗人员的军需补给通过整整3天的铁路运输成功抵达了前线。它见证了1800人的两个整编军团，在危险时刻带着他们所有的弹药和一部分火炮，绕着从弗吉尼亚到田纳西的巨大战区进军1300英里，而这是在令人难以置信的短短 7 天时间里完成的。[167]

　　亚当斯还认为，蒸汽运动带来的新文化和面向广大读者的机械化印刷一样，使各个国家更加国际化与统一化。在欧洲，伦敦已经失去了驿站马车时代的古朴气质。事实上，除了城市规模不同，伦敦已经与波士顿没什么两样；巴黎与纽约也别无二致。巴黎与伦敦……已经抛弃了独有的城市特色，成了类型化的铁路中心。但是在罗马，"由于教皇的存在，它对抗蒸汽革命的时间稍久些……即使在那里，蒸汽汽笛的尖叫声也打破了坎帕尼亚的宁静"。在离家不远的新英格兰，"这几年的革命已经扫除了殖民主义的最后残余"。统治国家的乡绅们不复存在，他们作为一个阶级连同服饰、礼仪和房屋一起被铁路送进了历史的尘埃："世袭的贵族已经永远消失了，他们的位置被世袭的商人取代。精明的、焦虑的、亢奋的、不知疲倦的现代人将取得巨大成就，极大地加速了人类发展。"[168]

　　亚当斯的文字让人们联想到了牛顿哲学在动力学、天文学和光学方面的研究所表达出的核心思想。他认为同样的现象也会出现在信息文化中，蒸汽动力"将以同样快的速度和力量发挥其影响"。尤其需要指出的是，"报刊是现代教育的巨大引擎；而印刷业也服从万有引力定律，到处都是印刷中心——这正如曾经分散的光线重新集中在一个全能的焦点上"。因此，"今天的大都市报纸，由蒸汽机印刷，在当天最后一份晚报落到快递员手里之前，就已经被蒸汽机拉到了 300 英里之外"。因此，大都市报纸正在将地方性报纸赶出流通领域。最重要的是，铁路中心之间交流的增加催生了许多新的社区，这些新社区对旧社区没有信仰或敬畏之心。故而现在是"旧"时代的人们需要审视，问题从"设想的创新是一种改进吗？"变成"现在的情形肯定比设想的好吗？"[169]

　　对亚当斯来说，蒸汽革命在贸易领域表现得最为明显，也最令人困惑：

> 交流的增加导致了活动的增加。价格趋向平衡；产品被交换；劳工被送往需要的地方。英国用面包换来俄国的棉花，爱尔兰用劳工换来艾奥瓦州的玉米……贸易活动的增加对新的贸易中心与交易渠道产生了需求，而这导致了——无序扩张、不断膨胀的庞然大物被孵化，社会中积聚了邪恶不安的情绪，这一切出现在人们称之为铁路中心的地方，令所有思想家迷惑不解。[170]

亚当斯认为，欧洲城市人口的急剧增长"受到传统、对自身力量的无知和巨大权力的限制"。但在美国，"无法控制的人口增长，似乎……感受到了自身的力量"。蒸汽力量使我们能够镇压叛乱，在"维护国家团结"的同时也"逐步削弱政治大厦的根基"。例如，在纽约人民手中，"自治原则已经被公认为是失败的"。曾经被新兴"开明"国家引以为荣的民主制度，现在似乎受到了威胁。[171]

如今，蒸汽"证明自己不仅是最顺从的奴隶，也是最暴虐的主人"。欧洲的铁路推广者强调了城市生活在工作、休闲和消费方面的优势，而亚当斯提出了一个令人担忧的观点。铁路"把全世界的财富都运到了纽约，纽约变成了一个膨胀的怪物"；它把旧金山建成了"阿拉丁神宫"；它像是"对科罗拉多州、蒙大拿州和爱达荷州施了魔法一般，让那些地方开始有人居住。帝国的领地实际已经延伸到了办公室壁挂地图上荒无人烟的地方"。但蒸汽也使"楠塔基特、塞勒姆和查尔斯顿等小型商业中心曾经繁华的街道上长出了野草"，甚至"可能使波士顿的码头变得萧条"。简而言之，它对那些曾经繁荣过的社区造成了不可弥补的伤害：

> 所有商业组合和集中的必然结果是个体间的不平等和贫富差距……在这些铁路中心，我们必然会看到财富的迅速积累，人口的快速增长，与之相应的是贫穷、苦难与罪行的增多。阿斯特家族和

> 斯图尔特家族的命运只是先兆，人们还没有感觉到苦难和贫穷带来的剧烈痛苦。[172]

身为上流社会人士与清教徒的亚当斯表达了对炫耀的厌恶之情，强调了对道德产生的影响："财富带来了品位和奢侈，也带来了痛苦和罪恶。两者合二为一，肆意传播……全世界都在为财富而竞争。"亚当斯并非提倡重建过去"纯洁简单的黄金时代"，但他还是坚持信奉"最民主的社区就是最有道德的社区"这一原则。例如，在佛蒙特州这样的社区，"非常富有的人很少，非常贫穷的人就更少了"。从铁路文化的角度来看，它们是"很适合生活的社区，前提是你早点移民"。但随着"大量财富的积累，以及随之而来的大量底层贫民"，道德水平的改善成为空谈。"铁路道德"已经成了一种"谚语式的表达"，一种"人与人之间的谴责"。据此，抢劫和赌博被冠以"拐卖"和"经营"这类好听的名字，人们日常以此为乐，几乎无人批判。[173]

亚当斯于 1867 年在《北美评论》上对铁路系统做了深入剖析，确定了铁路权力问题的关键来源："他们（铁路公司）急于成为成功商人，却忘记了自己也是受托人。"[174]强调"托管"的重要性反映了《圣经》中创世管理的概念，尽管被创造的世界处于人类的统治下，但不能仅仅为了个人利益而牺牲社区和子孙后代的利益。因此，要解决铁路和社区之间的对立，就意味着要在铁路管理中引入一种"多收少利"的原则。但由于"缺乏可靠的统计数据，这个问题还没有令人满意的成熟的解决方案"。因此，亚当斯断言，"在未来的任何立法中"，应该优先考虑：

> 在各州设立由主管专员负责监督的铁路统计局。例如，马萨诸塞州的年度纳税报表就需要彻底修改，因为从这些报表上几乎不可能得出任何可靠的结论。这些机构应该是永久性的，需要从

所有文明国家收集信息，收集各州公司所有可能存在的具体收益。一旦了解每条道路在通行、施工、等级和海拔方面的特点，以及该州特定地区的要求，他们就可以为铁路立法提供大量的信息，而立法委员会永远无法从肤浅的且时有煽动性的听证会上获取这些信息。当这样一个机构存在时，我们不必等到以后才期待明智的铁路法案出台。在那一刻到来之前，社会最重要的物质利益将永远处于对实验性立法修修补补的危险之中。[175]

两年内，亚当斯将《伊利的一章》（*A chapter of Erie*，1869）作为打响捍卫社区、反对铁路公司的第一枪，这篇文章同样发表在《北美评论》上（他的兄弟亨利担任编辑）。这篇文章和其他文章揭露了铁路大亨们所谓的腐败行为，尤其是古尔德，他因任意超发股票和增加自己的持股比例来稀释（"股票灌水"）公司股价而臭名昭著。很快，兄弟俩在《北美评论》精心策划的铁路改革运动中为查尔斯·弗朗西斯·亚当斯赢得了他梦寐以求的铁路专员职位。现在他的铁路改革宣言可以付诸实践了。[176]

亚当斯在铁路委员会工作了大约10年，践行科学（统计）改革的文化。他的铁路事业在1884年春天走上巅峰，这一年他被任命为联合太平洋公司的总裁，这条铁路是第一条（且负债累累）横贯大陆的铁路。他的总裁任期一直持续到1890年11月，当时不断恶化的经济状况迫使他把大权交给长期以来的竞争对手古尔德，亚当斯在他的私人日记中称古尔德为"小巫师"。"古尔德将我赶了出去"，亚当斯这样描述他辞职的时刻。"当我们握手的时候，这个小个子男人看起来比平时更矮小、更卑鄙、脸色更苍白、身体更干瘪、精神更萎靡不振，更为自己感到羞愧；他的衣服对他来说似乎太大了，而且，他的眼睛并没有看着我，而是盯着我马甲上的扣眼。"简而言之，古尔德甚至没有一个值得信赖的绅士的样子。事实上，正如亚当斯先前预言的那样，"世袭商人阶级"在体形、衣着、举止和道德上都退化了，现在却篡夺了贵族绅士的地位。几天后，亚当斯证实了他的推断："今天我不再是联合太平洋公司的总裁了，我的铁路工作生涯也结束了……古尔德……和他的海盗团在 10 点钟争先恐后地登上了甲板。"[177]

古尔德在 1890 年 11 月 28 日的采访中，回应了对他最严苛的批评："事实上，（联合太平洋公司）铁路的运营原则是前所未有的，从未被付诸实践。我相信，这些原则已经出现在书中，偶尔也出现在诗歌中。两位总裁之间的区别非常简单，但也非常巨大。狄龙（Dillon）先生是一位真诚、务实的铁路人，而亚当斯先生是一位理论家。"[178]铁路公司的权力逐渐趋于集中，在它与代表社区（地方、州和联邦）恢复信任与托管信念的长期斗争中，前者的代表似乎赢得了胜利。但是，盖斯特最近指出，亚当斯兄弟的批评后来成为哈佛反垄断经济学流派的基础。亚当斯已经明确表明"物质利益、道德利益和政治利益不可分割地交织在一起……这使无论从哪一角度入手解决铁路问题都成了一件棘手的事情。"[179]

横跨世界的加拿大太平洋铁路

在上述章节中，我们讨论了英国国家（而不仅仅是地区）铁路系统的发展和表现。轨距之争表明，对于帝国建设者而言，超越地区范畴，考虑国家乃至帝国的前途是多么重要。以美国为例，我们已经看到亚当斯兄弟如何认识到美国铁路系统在建设国家上的潜力，同时也对可能建设铁路的国家保持谨慎态度：分散的地方利益所带来的好处与铁路集中化所带来的恶果相冲突。但是，联合太平洋公司铁路的名字表明，这条铁路的目的不仅是为了整合各方，而且是为了将东海岸与西海岸连接起来，最终直达太平洋。

英国在印度、澳大利亚和英属北美的遥远领土不仅在物理距离上远离伦敦，而且在经济上（按英国人的说法）也较为落后，其文化比起英国甚至美国都更为割裂。这些领土的地理位置各不相同，山川形势各异：山脉、峡谷、山口、沙漠和大河各有特色；人们难以在英国本土看到这些地方的气候和动物（季风、干旱、蚊子和狮子），这使得建设过程障碍重重。虽然在这种情况下建设帝国铁路的成本颇高，但它们有很多用途。[180]

在这样一片土地上建设铁路系统，确实可以使人们进入有价值但迄今尚未开发的地区，把行政、军事、人口和商业中心连接起来。印度和澳大利亚的地方官员都把他们的土地视为处女地，为了避免重演 1845 年和 1846 年"轨距之争"的冲突，他们提倡使用统一的轨距。但是通过法令［印度总督达尔豪西（Dalhousie）颁布的标准为 7 英尺］甚至政府间的共识（新南威尔士州和澳大利亚的标准为 4 英尺 8 英寸半）来强制实施一个标准，可能并不能让这种统一持续太久。工程师之间的竞争、经济因素，以及根据复杂地形因地制宜做出的务实决定都是需要考虑的问题，因此印度至少选择了 3 种标准，澳大利亚则选择了爱尔兰（5 英尺 3 英寸）和昆士兰（3 英尺 6 英寸）的窄轨。[181]

但是，帝国铁路也起到了巩固的作用，通过连接迄今为止分裂的地区、文明和"领地"来建设国家。1878 年，新成立的加拿大国家联邦的首任总理约翰·亚历山大·麦克唐纳爵士（Sir John Alexander Macdonald）做出了统一国家的承诺：

> 在加拿大太平洋铁路建成之前，我们的领土只不过是一个"地理表述"而已。我们对不列颠哥伦比亚省的兴趣和对澳大利亚一样，没有太大的差别。这条铁路一旦建成，我们就成为一个拥有大量省际贸易和共同利益的伟大的统一国家。[182]

作为一条伟大的交通线，加拿大太平洋铁路具有双重意义：一是把不列颠哥伦比亚省的东西两端紧紧连接在一起；二是使这片领土成为一条

"全红航线"（由蒸汽船、铁路和蒸汽船）组成的通道，帝国公民可以在不离开英国领土的情况下环游世界。

1904 年，阿奇博尔德·威廉姆斯在对世界铁路的记述中写道，"总有一天，这条横跨印第安人古老领土的长长的钢轨将证明是大英帝国的救星"，这段文字使用了加拿大太平洋铁路公司等几家公司直接提供的信息。威廉姆斯在他对"加拿大干线"建设的描述中承认了维多利亚帝国的脆弱性，其东部广阔领土的贸易和驻军严重依赖苏伊士运河——"一艘大船就能轻易封锁这里"。然而现在，陆海运输的"加拿大太平洋铁路系统"提供了一种更容易防御的手段，几乎可以保护这个辽阔帝国的所有地区：

> 英国强大的海军保障了通往加拿大的大西洋航道畅通无阻。军队一旦抵达加拿大领土，就可以乘特快专列迅速开往太平洋海岸……并准备乘船去印度，或者在必要时返回英国。战争时期，由于军队无法护送来自俄国、印度、新西兰和美国的货物，加拿大各省将成为英国的粮仓，长达一万英里的加拿大太平洋系统将成为运输的主力军。[183]

1903 年，和平时期的加拿大太平洋铁路公司开发出一种综合服务。它不仅横跨北美大陆，而且线路延伸到两大洋，使从利物浦到蒙特利尔（夏季）或哈利法克斯（冬季）的快速航行成为可能，然后通过铁路到达温哥华，再跨越太平洋抵达日本和中国香港，在那里与半岛和东方航运公司或蓝烟囱轮船公司历史悠久的东行航线汇合。两次世界大战期间，加拿大太平洋铁路公司宣传自己将加拿大和英国紧密联系在一起。《铁路年鉴》（*The Railway Yearbook*）称为"帝国高速公路"，它也成功地连接了世界，使公众可以沿着由加拿大汽船、火车和酒店组成的"全红航线"旅行。[184]

起初，加拿大太平洋铁路公司服务于政治目的。19 世纪上半叶，英属北美的领土脆弱不堪，传统上效忠英国或法国的东部各州各自为政。西部和北部地区气候恶劣，山脉连绵，几乎无人勘察过，更不用说在此殖民。欧洲猎人和原住民为了有利可图的毛皮争得你死我活。一个强大的美国本来可以占领这些广阔的土地，但在独立战争和内战的这些年里，美国本身就是一个由各州和自治领组成的脆弱的政治联盟。然而，战后崛起的美国变得越来越强大，其横贯大陆的铁路（尤其是联合太平洋铁路）将国家凝聚在一起，这使得英国在太平洋沿岸孤立的领土面临着不确定的未来。虽然哥伦比亚居民不愿意放弃对英国王室的效忠，但位于太平洋沿岸的哥伦比亚在地理上与其效忠者相隔甚远，落基山脉形成了一道从北到南、令人生畏的天然屏障。1870 年，哥伦比亚选择加入加拿大联邦，力图建成一条横跨英属北美的铁路。麦克唐纳领导的加拿大政府认识到了哥伦比亚的局限性，同意从 1871 年开始的 10 年内建成这条铁路。[185]

政府投入了 75 万英镑，花费了 6 年时间才完成这条长达 2600 英里的铁路的测绘工作。负责这些测绘工作的是桑福德·弗莱明，一位出生于苏格兰的标准时间的推崇者（第一章）和加拿大太平洋铁路总工程师。后来在《男孩自己的冒险》（*Boy's Own adventure account*）一书中，威廉姆斯为读者们生动地描述了这些团队在与大自然最可怕的力量搏斗时面临的艰难险阻：“工程师们踏遍了各个山口，体验到了在荒凉的冰天雪地中前行所面临的重重危机，到处都是巨大的裂缝，他们不得不沿着裂缝爬行，两边的山峰高耸入云，时不时会爆发毁灭性的雪崩。”[186]

然而，直到 1880—1881 年，加拿大太平洋铁路公司才接管了这个项目。乔治·斯蒂芬（George Stephen）从苏格兰高地移民到了美国。他通过挽救明尼苏达州破产的铁路公司而发家，还领导了组建加拿大太平洋铁路公司的财团。事实上，苏格兰人在政治、工程和经济方面的影响相当强大，贯穿了铁路建设的始终。根据与政府达成的合同，加拿大太平洋铁路将获得大量投资，还将获得铁路沿线被称为沃土地带的 2500 万英亩①的土

---

① 1 英亩≈4046.86 平方米。——译者注

地。加拿大太平洋铁路还得到了来自政府的"免费礼物"，即 710 英里仍在施工的轨道。该公司承诺在 1891 年春天前铺设完剩余的 1900 英里铁轨，其中包括穿越落基山脉的工程，加拿大太平洋铁路公司保证施工标准将与联合太平洋公司的标准相同。[187]

1882 年年初，威廉·范·霍恩（William Van Horne）开始担任加拿大太平洋铁路的总经理，他很早便在铁路运输领域积累了丰富经验，后来担任芝加哥、密尔沃基和圣保罗铁路的总经理。他通过精细的组织规划加快了建设的步伐，让人不禁想起托马斯·布拉西。在 1882 年每天只能铺设 2.5 英里铁轨，1883 年铺设速度加快到每天 3.5 英里，之后，3 天的建设周期可以铺设 20 英里铁路。到 1883 年年底，铁路施工距离落基山脉的顶峰只有 4 英里。[188]《工程》（*Engineering*）杂志对麦克唐纳承诺的情形做出了生动写实的描述：

> 铺轨团队的 300 人分为 35 个小组。他们缓慢地向前移动，每一个步骤都力求做到精确无误。人人各司其职，像钟表一样在正确的时间以正确的方式运转，看着他们这样工作是一件多么美妙的事。他们由远及近，渐行渐远，将好奇的观众抛在了身后……返回的火车头带着一长串空车厢从他身边疾驰而过，把他从沉思中唤醒。另一个火车头则载着重物缓慢前行，眼前的一切仿佛在向他倾诉，一个小时前这里除了翻开的草皮、两条沟渠和低矮的路堤什么都没有。如今这已然出现了一条建成的铁路，伟大的太平洋干线屹立于此。[189]

《工程》杂志对未来做出了展望，"'太平洋干线'这一'既定事实'将在名义与实际上把'昨日印第安人的狩猎场和水牛的家园'变成'今日英国人安居的乐土'，也许在一周内，满怀憧憬的快乐的英国家庭将在这片土地上定居，再过一两个季节，他们将把这里建成充满欢声笑语、幸福美满的家园"。此外，这是"一场无数人将目睹的盛况"，"一个进步的奇迹，一个帝国的强势崛起，高速轨道的铺设使得欧洲的商贸活动可以进入神秘的东方，在那里慷慨的大自然将生产出可以满足全世界需求的、数不胜数的财富与奢侈品，这意味着人们数个世纪以来的梦想终于实现了"。简而言之，"一群杂牌军和几辆机车"打通了梦想已久的通往亚洲的西北通道。[190]

1885 年年初，"太平洋干线"这一"既定事实"开始服务于新国家的建设。范·霍恩在美国内战期间已经有了运输士兵的经验，他组织部队沿着一条被 100 多英里的缺口分割的铁路迅速到达目的地，成功平息了西北部的原住民叛乱。因此，在其完工之前，加拿大太平洋铁路就已经证明了它的实用价值。然后，在 1885 年年底，西部和东部的线路在黄金山脉的伊格尔帕斯交汇，这一刻没有什么庆祝仪式，没有任何炫耀，也没有像联合太平洋铁路那样打入金色道钉。当时世界上最长的铁路就此建成，这比原定的完工日期提前了 5 年半。[191] 1907 年，《蒙特利尔公报》（*Montreal Gazette*）认为"加拿大太平洋铁路的建设推动了一个新帝国的崛起"。它使无数荒地得到开垦，当地人口迅速增加，大工业的崛起吸引了大量移民，为加拿大带来了生机与活力。[192]

仅在加拿大太平洋铁路建成一年后，主席乔治·斯蒂芬便写信给麦克唐纳总理，告知他将与艾伦航运公司（都是苏格兰—加拿大人）的一位创始人会面。自 1856 年以来，该公司便一直提供从利物浦和格拉斯哥，夏季到圣劳伦斯港口，以及冬季到缅因州波特兰的邮船服务。

今天早上安德鲁·艾伦（Andrew Allan）拜访了我，我向他大致介绍了如何建设好加拿大太平洋铁路在利物浦终点站的想法。起初他吓了一跳，但他在走之前了解了我的想法，这让他松了一口气。他现在知道只有最好最快的船只才对我们有用，而且无论是谁拥有这些船，加拿大太平洋铁路必须拥有这些船的实质控制权，只有这样才能保证行动的统一性……他承认从利物浦到哈利法克斯只需要 5 天时间；如果没有大雾或结冰，从魁北克出发也能做到。我希望你能抽出时间，时不时地给塔珀（Tupper，加拿大铁路部长、新斯科舍省前总理）打个电话，让他时刻盯着加拿大太平洋铁路的建设。[193]

为了避免对纽约或波士顿的依赖，斯蒂芬让加拿大太平洋铁路公司认识到"加拿大在大西洋的运输事业和其他国家一样好，具有巨大的潜在利益"。因此，他敦促总理"迅速为快速邮政服务招标"，这个可供停靠的陆地港口可能会成为加拿大的南安普敦或普利茅斯，但不会是利物浦。他对麦克唐纳说："如果你对这项服务做出适当规定，我不在乎谁拿到这份合同，当然加拿大太平洋铁路公司不会插手其中。"[194] 尽管加拿大太平洋铁路公司鼓励竞争对手运营大西洋上的航线，但艾伦航运公司继续把持着英国至加拿大的直达航线，直到 1906 年这一情况才发生改变，加拿大太平洋铁路公司成立了自己的跨大西洋航运公司"皇后公司"，并在 3 年后秘密收购了艾伦航运公司。[195]

然而，早期加拿大太平洋铁路公司的首要任务是开辟一条太平洋航线。1886 年 9 月，斯蒂芬告诉麦克唐纳，"如有必要——我们必须担起这项重任"[196]。早在 1886 年 5 月，斯蒂芬便告诉股东们，"我们仍在与帝国政府谈判推动在铁路太平洋终点站（温哥华）与日本和中国之间开辟一条顶级汽船航线"，"与澳大拉西亚殖民地的连通问题也受到了董事们的关注，他们也考虑在大西洋上提供蒸汽船运输服务，这完全符合公司利益"[197]。当时，包括工事监察长安德鲁·克拉克爵士（Sir Andrew Clarke）在内的英国官员，都明白这种服务对维护帝国网络的重要性，"一旦开辟加拿大通往太平洋和东方的定期汽船运输航线，整个帝国将紧密地联系在一起，英国各个

车站之间的通信网络将延伸至整个世界"。哈罗比伯爵在 1887 年告诉上议
院,"这条伟大的加拿大太平洋铁路也许是我们这个时代大英帝国发生的最
伟大的革命(图 4.3)"[198]。

同年,从克莱德造船厂和海军建筑师威廉·皮尔斯爵士(Sir William
Pearce,费尔菲尔德造船厂的继承人)那里租来的 3 艘前丘纳德公司的邮
轮开始了跨太平洋服务。然而,直到 1890 年,加拿大太平洋铁路公司才达

图 4.3 《庞奇》(*Punch*)诙谐地表现了一个古老愿景的现代化:一条通往东方的西北通道
资料来源:*Punch* 93(October 1887),p. 175,is licenced under CC By 4.0.(Courtesy of
the University of Aberdeen.)

成了一项每年6万英镑，为期10年的邮件合同。这3艘船的名字都是精心挑选的，分别是"印度皇后"号、"中国皇后"号和"日本皇后"号。这一年斯蒂芬被授爵为斯蒂芬勋爵，跻身英国贵族阶层。在第二次世界大战之前的几年里，太平洋上还有许多著名的"皇后"号，但那场战争使航运服务突然终结。这场战争也标志着整个大英帝国开始走向终结。[199]

第五章

最庞大的电学实验：电报试验

在经历了一年的烦恼和失望后，当财富与劳动、关心与焦虑、技能与创新似乎已经被彻底抛弃，毫无收益的体力劳动不断增加，在此时能够得到你们现在所表现出的同情是一种巨大的慰藉。……你们今晚的到来表明了你们对这项伟大事业的兴趣，同时也深信真正且持久的成功牢牢扎根于迄今为止完成的工作。（欢呼）……已成之事，后必再行……即使在 6 个月前看起来还是不可能、不可思议的，即使在 10 年前这样一个项目看起来只是空想，但现在新旧世界之间的即时通信已经实现了。已成之事，后必再行（《圣经》原句）。失去已经获得的地位是人类与自然力量斗争史上的一个未知的事件。

———1859 年 1 月 21 日，据《格拉斯哥先锋报》（*Glasgow Herald*）报道，威廉·汤姆森教授（William Thomson）在对格拉斯哥主要市民的演讲中重建了对最近失败的跨大西洋电报电缆的信心[1]

在 1858 年春季和初夏的疯狂辩论中，《科学美国人》(*Scientific American*)杂志告诉读者，先前尝试搭建的连接英国和北美海底电报线缆，一旦电缆"成功铺设"，它将成为"有史以来最庞大的电学实验"[2]。这一说法存在矛盾性，即电报可能是电气科学的强大产物，也可能是一项伟大但脆弱的创新，这似乎在那年夏末的事件中得到了证明。1858 年 8 月 6 日，爱尔兰和纽芬兰之间实现了电报通信，而到 1858 年 10 月 20 日，英国与北美之间的电报通信则完全中断。

在短短两个多月的时间里，仅仅传输了 730 多条信息，其中大部分是在运行前 3 周传输的。巨额的资本投资有很大一部分来自利物浦的商人，他们渴望直接获得美国南方各州棉花价格的消息，而这些信息最终沉没在大西洋下的 3 英里深处。然而，威廉·汤姆森很快通过措辞为这次惊人的失败赋予了战略性意义：这是电报对抗自然界敌对力量的必然进程。在公民性和学术自豪感的推动下，这位格拉斯哥大学的自然哲学教授明确表示，电缆使跨洋即时通信的愿景成为不可逆转的历史事实，只需要投资的公众坚定信任，就可以克服一切困难。对汤姆森来说，这种不可动摇的信心将建立在基于实验科学的实验室基础上。

在这一章，我们关注的是电报的"声誉"，及其倡导者的声誉。也就是说，我们想了解电报的稳定性和其倡导者的权威性被塑造的过程。我们回顾了瓦特为了满足博尔顿对蒸汽机商业"声誉"的信心，刻意将自己塑造成新的蒸汽工程师。在这里，工程师及其作品的塑造有一个有用的框架：主要通过利用现有的社会隐喻，组成一个新的、有价值的身份，同时从一系列现有"需求"和"用途"中组合出一项具有明确意义的、值得信赖的可靠技术。

电报的案例可以作为塑造的类比。很明显，电报并不是"自我塑造"的（一项技术几乎无法自我表达）；但它们的"发明者"有强大的拥护者。18 世纪末，法国信号通信系统的创始人克劳德·沙普（Claude Chappe）

自称为"电报工程师";威廉·F.库克(William F. Cooke)将自己塑造成电报发明家,"在电报的发明者是谁"这一问题上坚决争取得到一个对他有利的回答,即电报工程师协会在寻找电气工程的"创始人"时,选择了弗朗西斯·罗纳尔兹(Francis Ronalds),他在19世纪10年代提出了一种静电信号系统。在美国,塞缪尔·莫尔斯(Samuel Morse)也将自己从艺术家变成了情报经济学家;威廉·汤姆森从剑桥大学的数学研究者转变为"电气工程"方面的专家。在所有这些案例中,我们看到代表社会"类型"(发明者、发起人、客观评论者)的个人被重新塑造为值得信赖的、可接受的和专业的电报倡导者。

这些倡导者就自己的身份和其技术的未来"用途"发表了"承诺宣言"。对于关注电学和磁学的自然哲学家来说,宣言通常包含了说明和阐明有序的自然界和道德宇宙的规律性的主张;但电学和磁学的"玩具"也可以被认为是填补展览和大众娱乐空缺的角色,在天文台等科学精英场所,或者在贵族场景中展示。电报设计师将这些"玩具"从自然哲学的领域转移到了地方、国家,甚至是国际大规模商业领域,在那里它们被转化为值得信赖的电报技术。正如布斯和他的铁路预言一样(第四章),在试图说明这些实用商品的未来意义时,设计师们提出了不同的、机会主义的,甚至可以说是"有远见的"主张。

倡导者们一致认为,电报有望实现快速的远距离通信,甚至是"即时"通信。[3]然而,他们在宣言中详细阐述了这种信息传递的具体用途和附加条件。对沙普来说,用可视电报发送指令和法令,增强监视和集中控制,有助于军事行动,并建立一个拿破仑式的帝国。对弗朗西斯·罗纳尔兹来说,通过模仿沙普的做法,静电电报将加强君主专制,诱捕罪犯并保持朋友之间的联系。对库克来说,电磁机可以维护公共秩序,或者使新铁路系统的商业企业家在使用蒸汽机时更加经济高效。在美国,莫尔斯将电报视为政府的工具,用于巩固领土和实践开拓精神。19世纪40年代，布雷特兄弟（雅各布和约翰）预测电报将为帝国传达命令，将帝国的情报带到中央，加强与地方政府的联系，加强对陆军、海军和新警察部队的控制力量，指挥实现如灯塔服务等具有国家性重要的目标，维护国家边界安全并打击走私犯。国际和跨大西洋的电报设计师将电报技术构建为电学物理和实践技能的结合下可靠的技术，通过编码成为帝国的资产、和平的先驱、决定性的军事武器、商品经纪人的敏捷信使，或者船长的有力辅助。[4]

电报（或其他技术）所提出的身份认同并未被相关社会团体轻易"接受"。在发布一项技术的承诺宣言时，有各种方法策略来获得认可或可信度。有些宣言过于夸张，会削弱理智支持者的信心，而且很容易被批评者或既得利益者（包括那些致力于现有通信服务并受到威胁的人）"抹黑"。只有在资本已经到位的情况下，才有可能凭借事实行动。强行推广对某个技术的单一解释是有风险的，但这反映了目标的稳定。细致入微地描述了困难并勾勒出了解决方案（正如布斯试图做的那样），这表达了谨慎的态度，并且体现出一定的可靠性。在这样的宣言中，另一种可能性是提供一种声称高于和超越任何特定利益的观点。

那么，谁能算作电报的"公正"评估者呢？从 19 世纪 50 年代末开始，威廉·汤姆森凭借其电气科学的权威地位，愈发彰显自己独立专家的形象；在这方面，汤姆森的角色类似于查尔斯·弗朗西斯·亚当斯，后者在美国铁路方面也有着相似的兴趣和利益（第四章）。两人都声称可以从"本然的观点"来更好地理解新的系统和网络，不受传统做法的束缚，并对许多已经做出但未全部兑现的承诺保持怀疑态度。当然，两人都公正地成为各自行业的核心人物，在这种情况下，共同的准立法工具赋予了他们在理论和实践层面上的权威。在汤姆森发表上述评论之后，1859—1861 年的联合委员会将政府、商业利益、电气科学和工程实践联系起来，提供了一个能够认证独立科学专家的平台。

克劳德·沙普和革命电报

1789 年的法国大革命和随后的战争为电报设计师提供了机会，例如，富裕且受过良好教育的沙普四兄弟。克劳德·沙普是一位住在巴黎的高薪牧师，他沉迷于电气科学，直到 1789 年 11 月，由于法国大革命的爆发，他失去了职位。在离开曾居住的城市后，他开始考虑远途即时通信，即最终被称为"电报"的仪器的可能性。[5] 尽管在路易十四时期，自然哲学家吉约姆·阿蒙顿（Guillaume Amontons）在王储和奥尔良公爵夫人面前展示了可视电报，但并未引起政府的关注。这种装置被认为只是简单的"玩具"。但在法国大革命时期，沙普兄弟将他们的电报作为战争中的重要工具进行推广。[6]

他们利用大量私人资本，开发了 3 种不同形式的可视电报：使用时钟、旋转盘和鸣锣或电信号的"同步系统"（1791 年），"百叶窗系统"（1791 年），形体细长更易观测的"信号量系统"（1792 年）[7]。每一种形式都旨在作为支持政权的通信手段。沙普兄弟试图通过精心策划的演示活动来赢得支持，演示的场合越来越复杂和公开。首先，他们私下进行了试验，在相隔近 0.5 千米的站点之间发送信息。到了 1791 年，在沙普的家乡萨尔特的一次公开演示中，他们成功实现了在 15 千米距离的通信。其次，他们前往具有政治影响的金融中心巴黎，并计划做进一步的展示，在香榭丽舍大街和私人公园设立更多演示站点。但这些项目的结果是令人沮丧的，敌对势力摧毁了他们的设备；被激怒的评论员们认为他们的电报为保皇党支持者提供了通信，甚至是与当时被关押在巴黎的路易十六进行交流的一种手段。[8] 电报通信的影响是如此强大，以至于实验需要警察的保护。而克劳德·沙普的兄弟伊尼亚斯（Ignace）作为一名立法议会具有影响力的议员，帮助电报通信从立法议会上寻求和赢得保护。[9]

动荡和不稳定的政治环境为演示提供了机会，但当听众的性质及其合法性不断变化时，兑现承诺变得困难。1792 年 3 月，沙普向法国立法议会展示了他的"速记器"，类似"速写员"，沙普承诺其能够日夜快速传递信息。他构想了一套连接巴黎与边境和海港的线路系统。然而，公共教育委员会检视其优点的机会却泡汤了，因为随后的 9 月立法议会本身被废除，取而代之的是繁忙且无暇处理诸多新生项目的国民大会。[10]

1793 年 4 月 1 日，吉尔伯特·罗默（Gilbert Romme）向国民大会提交了一份关于"速记器"前景的有利报告，这是一个新的机会。罗默把它提升到战争和公共教育联合委员会的其他几个竞争者之上。他建议进行一次测试，以便评估人员决定它是否有可能向委员会做出可靠的承诺，即它在战争中的潜在作用，特别是加速政府和军队间的情报往来的作用。早前在萨尔特省进行的演示现在被认为是令人满意的，这也为沙普的主张增加了权威性。沙普本人也有机会为他的电报发言，只是在谈到它如何在雾中工作的问题时，他稍稍有些困扰。强有力的倡导者罗默预见了一些困难（如信息如何保密？）并提出了解决方案（可以使用只有车站工作人员知道的密码）。随后，大会下令提供资金，成立了一个调查委员会。[11]

1793 年 7 月 12 日，一个由科学界人士和政府官员组成的委员会在一次大规模实验中阐述了电报的优势。他们设置了两个距离 33 千米的站点，并在它们之间设置了第三个站点。成员们（包括革命者康邦和莫诺）对这次试验的结果持不同意见；但有一个名叫约瑟夫·拉卡纳尔（Joseph Lakanal）的人扮演了沙普的支持者的角色。[12]他声称一份正常的军事报文从法属佛兰德到达巴黎只需不到 14 分钟，这引起了国民大会的赞同——尽管当时还没有建立任何电报线路。1793—1794 年，法国受到了奥地利、英国、普鲁士、德国汉诺威市、德国黑森州、西班牙、意大利各地联军的攻击。马赛和里昂已经与法国政府决裂。英国人（1793 年 8 月）占领了土伦。不足为奇的是，沙普的努力得到了回报，他被授予中尉军衔并获得了相应的报酬，还被授予了一个与他的新角色相匹配的特殊头衔——电报工程师。在伊尼亚斯·沙普和内政部负责人讨论后，"速写员"这一称呼被放弃了。[13]克劳德·沙普的头衔与当时正在推动的按军事方式建立公共工程师队伍的行动有关，尤其是在巴黎的一所学校——巴黎综合理工学院（成立于1794年），这是一个在战时也推行科学和工程精英教育的军事学校。[14]

沙普的电报展示了在混乱无序的战场上作战的部队之间快速传递情报的能力。在法国大革命后，电报事业蓬勃发展。尽管沙普不是商人，但他奉命修建了一条230千米长的从巴黎中心终点站向外延伸至里尔和北方军队的线路，这成了政府集权和国家官僚主义的缩影。一项法令规定，国民警卫队有责任保护该系统，这就降低了反对沙普的承诺实现的反对者对其进行破坏的可能性。[15]多亏了沙普兄弟推动这条线路的努力，公共资金、获得基本材料的特权及消除视线中障碍物的许可使线路得以在1794年8月前顺利完成。在法国军队进驻后仅一小时，巴黎的行政官员就收到了使用电报通报的从奥地利夺回里尔以北的要塞城镇凯努瓦的消息。[16]然而，这一事件也表明，电报仍然依赖于旧有的通信方式：需要信使将信息送到电台。利益相关方的媒体管理对于赢得对线路的支持和宣传其承诺至关重要。国民大会的一位成员援引这一消息作为科学为自由服务的例子。[17]1794年8月底，法国人从奥地利人手中夺回了法属佛兰德的孔代，并击败了他们的8万大军，这在1794年9月初又提供了一个媒体报道的机会。然后，战争部长、公共安全委员会成员、萨迪·卡诺的父亲拉扎尔·卡诺（Lazare Carnot）宣布："公民们，这是刚刚从你们支持设置的电报收到的消息。"大会中随即出现"难以言表的热情"[18]。

胜利的消息一经传到巴黎，就成了为沙普喝彩的机会。[19]这些事件证明了电报成为军事标志性的武器，并且更直接地为开发更多线路提供了令人信服的论据。从19世纪中期开始，路易斯·菲吉耶（Louis Figuier）在他的各种工业和电力奇迹中普及了这些技术。从 19 世纪 40 年代开始，这种模式将在电报领域再次重演，这些事件的戏剧性和消息传播的速度，兑现了承诺并有助于确保技术的未来，至少在短期内如此。

电报系统在战争中不断发展。尽管没有钱雇用工人，而且当时金属和木材也短缺，但大会希望建立从里尔到奥斯坦德，以及经梅斯到巴伐利亚的兰道的线路（由沙普负责，他还负责管理设备和建造工厂），这说起来容易，做起来难。1795 年 10 月新政府上台，支持修建一条通往斯特拉斯堡的线路。这条线路于 1798 年完工，有 46 座塔楼（比第一条线路的塔楼间距更近，第一条线路塔楼间距太远）。里尔线被延伸到了敦刻尔克；还有一条从巴黎到布雷斯特的新线路和一条从巴黎到里昂的新线路。但这些线路的开支巨大，每年的维护和服务费用远远超过了实际建设成本，而且没有公共收入来支付成本。起初拿破仑赞成这项事业，但在巨大的开支面前，他也犹豫不决。他不认为电报是"军事解决方案"，因此削减了预算，并允许一些线路（包括巴黎至里昂线路）被废弃。[20]

沙普曾多次尝试重估电报的价值，于是在 1795 年建议将电报作为传输天气预报的一种手段，但直到 1856 年才有了类似的服务。[21]资金被削减后，他表示电报可以不作为军事信使，而是作为商业机器，它能够以合适的价格传递股票行情，宣布船只抵达的消息并为报纸提供信息，尤其是解决有关国家彩票的问题。国家彩票的结果首先在巴黎公布，众所周知，在巴黎公布结果后，但在结果尚未到达城镇前，有些骗子就会在巴黎得知结果后在各地出售彩票。因此，国家彩票管理层成了电报的主要私人资金的来源，而沙普成了彩票的救世主。[22]

沙普于 1805 年自杀身亡。有一种观点认为，他自杀是由于外界质疑他是否作为电报首位发明者令他焦虑导致的。[23]他的墓碑上刻着一座信号塔，墓志铭是"收复孔代（Reprise de Condé）"，以免人们将他忘记。因此，人、机器和军事行动（但不包括彩票）被人们永远铭记。他的兄弟伊尼亚斯编写了《电报史》（*Histoire de la télégraphe*，1824），书中详细记录了克劳德在电报史中的地位。1859年，他的墓碑被切成两块，使其正面和背面清晰可见，放置在邮政和电报管理局总部的入口为其增添了光彩，进一步铭记他的功劳。[24] 为了让"沙普"这个名字永远流传下去，并巩固其与"沙普电报"的联系，人们已经做了很多工作。他去世后，长期参与电报管理的沙普的兄弟伊尼亚斯和皮埃尔（Pierre），出于商业利益控制了线路。亚伯拉罕·沙普则致力于解决反对者们反复提出的问题，如在雾中工作时出现的问题。[25]

电报所涉及的物质和社会技术借鉴了现有的形式。沙普主张建造一系列信号塔，每座塔高约10英尺，彼此之间的距离不超过10英里。[26] 这些石塔与用于风车的石塔类似；在材料短缺的地方，现有的建筑物都可以被用作塔楼，包括斯特拉斯堡大教堂和巴黎卢浮宫——从1793年开始，沙普获准将他的设备放在任何钟楼上。[27] 其构造使用了风车技工所熟悉的曲柄、绳索和滑轮。[28] 罗默（Romme）为了履行他代表沙普许下的有关保密性的承诺，为自己在里斯本担任领事的亲戚莱昂·德洛内（Léos Delaunay）的通信系统开发了一套编码。事实上，第一组编码的基础是德洛内经常用于其外交信函的编码。最终形成了3本编码书，每本92页，每页有92个单词，包括单词、短语和地点。[29]

此外，还出现了新的物质和社会形式。训练有素的操作员需要掌握旗语，识别符号并以军事化的精确度快速传输信息；一旦犯错则会受到站长的惩罚，站长有权立即解雇或监禁犯错的人；卑微的低薪"站员"（类似于艾里的格林尼治天文台的人工计算员）往往因其缺乏野心和迟钝但有可靠的才智而被选中（第一章）。[30] 每座塔的顶部都有一根可以调整位置的横梁（"调节器"）；在调节器的两端有两个木臂（或"指示器"），形状类似风车的帆，每个臂都可以有几个不同的位置。调节器和指示器可通过绳索和杠杆的控制移动到196个具有特定意义的位置中的任何一个，在这套装置中有一套小型的机械结构系统用于模拟位置。在黑暗中，木臂末端和枢轴上的提灯有助于明确位置。沙普在 1793 年的演示装置借鉴了亚伯拉罕·布勒盖（Abraham Breguet）的钟表制造技术。如果没有 19 世纪末的消色差望远镜，沙普的塔楼就会因为距离太近而无法在传输时获得良好效果。因此，电报只有依靠所有制造者和操作者的娴熟技能才能成功运行。[31]

在沙普兄弟及其继任者的努力和操作人员规范的执行下，法国维持了一个长达 4000 千米、拥有 500 个车站的系统，并在占有领土诉求的地方（如阿尔及利亚和埃及）增加了线路。这个网络运行到 19 世纪仍旧可靠，直到逐渐被电报的竞争者所取代。事实上，直到 1846 年仍有新线路建成（此时电报开始在英国占主导地位）。[32]这一点并不奇怪，我们只需了解，为了取代沙普系统，电报的倡导者很可能需要承诺它的响应速度和沙普系统相媲美，能够保障人与机器系统的平稳运行：从巴黎到加来（3 分钟）、到里尔（7 分钟）、到布雷斯特（8 分钟）或到土伦（20 分钟）。[33]甚至在 1894 年，英国期刊声称电报比沙普系统还要慢。当然，最早的电报拥护者为"即时通信"所做的承诺并没有兑现。[34]

尽管沙普系统在法国得到了蓬勃发展——作为一种快速的通信方式被提出，之后被推崇为一种军事机器，然后又成了彩票的保障——但类似的光学系统在瑞典（1794 年）和美国（1800 年）的不同背景下发展不尽相同。在爱尔兰，正是由于受到 1797 年和 1798 年法国入侵的威胁，使詹姆斯·瓦特月光社的朋友理查德·洛弗尔·埃奇沃思（Richard Lovell Edgeworth）在 18 世纪 60 年代开发的光学系统发挥作用；随着入侵威胁消退，对威胁做出反应的这一系统的可信度也随之降低，并被废弃。[35]

在英国，有抱负的光学电报设计师获得了海军部的支持。军官们在法国目睹了沙普的系统；从 1796 年开始，一种用百叶窗代替信号灯以适应英国独特气候的模仿系统一直延伸到海峡港口。它的推广者声称，如果拿破仑的入侵部队出现，这一系统将帮助军队击退他们。[36] 在这场军事技术竞赛中，英国人用模仿复制的机械装置来收集和分发情报，以对抗法国的压力。可视电报将伦敦与南部的朴次茅斯和西南部的普利茅斯等海军基地相连。通往英格兰东南海岸的具有战略性且易受攻击的迪尔线路（距离法国仅 20 多英里），可以在一分钟内收到来自伦敦的信息。塔楼作为权力的象征在地理空间中占据了主导地位，在地图上经常被记录为"电报山"。

如同在法国一样，这些战线的可信度和稳定性取决于战斗的激烈程度，此外还取决于可预见的威胁程度，这使它们作为军事技术具有了意义。在和平时期，这种意义消失了，如果没有一个新的且不同的目标，无论是否实现，它们都很容易被取消。皇家炮兵中校约翰·麦克唐纳（John Macdonald）是英国电报技术的坚定拥护者之一，他从 1797 年到 19 世纪 10 年代一直主张发展电报科学，编写了一本电报词典，并准备了一个供海军部使用的传输编码。但麦克唐纳无所顾忌的承诺宣言超越了军事范畴，着眼于"接近时间和空间"的愿景，为更广泛的目的而改革英国的情报基础设施：

> 不必多说……通过建立一个从大都市延伸到主要海港城镇的分支电报系统，包括与主要（附近）城市的有条不紊的交往，将对商业、公共收入、私人便利、公共安全和安保部门产生不可估量的好处……这样的事业将是接近时间和空间的一次崇高尝试，并将真正配得上我们强大国家的崇高品格。我……预言，未来时代将看到这个宏伟想法完全实现。……人是一种进步的动物。[37]

尽管如此，英国最后一条光电报线路还是在 1847 年关闭，也就是说，竞争对手的电气电报（1830 年代首次提出）的承诺，在某种程度上得以实现。[38]

演示电报：哲学玩具与商业承诺

众所周知，当弗朗西斯·罗纳尔兹向英国海军部提出在 1816 年开发一个新电报系统时，他遭到了回绝。由于现有的百叶窗系统已经能够实现海军的军事目标，罗纳尔兹的建议只是另一种不必要的烦扰。[39] 1823 年，罗纳尔兹在信中写道："为什么国王不能在布赖顿召集伦敦的大臣们召开会议？为什么我们的政府不能像对唐宁街一样对朴次茅斯进行高效治理？为什么我们的违约者能够因为多雾的气候而逃脱处罚？……如果可以的话，让我们在全国各地都建立电气通信场所，相互交流。"[40]

绅士罗纳尔兹称自己在这段时间里"自娱自乐"，他"浪费"了时间和金钱，"试图通过实验证明"电力可以作为"最准确和最可行的情报传递方式"，或者用他自己的话说，电力"是一个勤奋的信使"，因为他通过在哈默史密斯花园的实验证明了"电信号的瞬间传输"。罗纳尔兹在学术上的朋友向他建议，他的发现可能"真正被用于比满足哲学家的好奇探究、学生的娱乐或医生的工具更实用的目的"[41]。

电报机最初起源于哲学实验，与大众讲师和电气科学表演者所钟爱的冲击和火花的演示一道获得了公众的关注。[42] 18 世纪是创造"牛顿"科学的时代，其中包括电学，强调电子的相吸与互斥定律，并利用这些现象创造出惊人的、有趣的电学奇观，围观表演的宪兵和男孩有时像触电一样 欣喜若狂。[43] 在静电领域，这种主题深受大众和宫廷中人的欢迎，但并不受商业改革家和官僚主义者的喜欢。1753 年,《苏格兰杂志》(*Scots Magazine*) 的一位匿名通讯作者建议，导线连动木髓球的方式传递信息，每个木髓球对应一个字母。在西班牙，弗朗西斯科·萨尔瓦 (Francisco Salvá) 通过向皇室示好，争取到了对他的系统的赞助，并为皇室提供了从马德里到阿兰胡埃斯春宫的电力连接方案。但这套方案中接收信息的不是木髓球，而是人类操作员。[44]像罗纳尔兹这样的绅士和约瑟夫·普里斯特利这样的哲学化学家在实验中使用了丝线、木髓球静电计、莱顿瓶（作为电力储存）、玻璃器皿和其他现成的仪器。从 1800 年起，"伏打电堆"成了可靠和方便的电流来源，这对于像汉弗莱·戴维这样利用电来区分新化学元素的人来说是至关重要的。[45]

电流的发展为一个具有普遍效用的实用系统提供了更大空间。正如戴维在皇家学会向贵族观众展示的那样，哲学探索可以为实用目的服务。1809 年，卡塞尔的解剖学教授兼发明家 S.T. 冯·泽默林（S.T.von Soemmering）对沙普电报成功驱逐奥地利人的事件印象深刻。了解到萨尔瓦的宫廷实验，他创造了一个系统，利用伏打电堆释放电流，电流通过酸溶液释放出可视的气泡作为信号。他声称，通过给字母表中的每个字母使用单独的电线，可以在 2 英里的距离内传递信息，尽管在"读取"气泡信号时遇到了困难。为了证实这一承诺，他于 1810 年在俄国驻慕尼黑大使馆的德国随员保罗·席林（Paul Schilling）男爵面前精心策划了一场表演。外交人员的参与使冯·索默林赢得了一位有影响力的赞助人的支持，但是对冯·泽默林来说，让沙普电报产生意义的特殊战争环境并不存在。[46]他也无法有效地解决传输迟缓和过多的电线带来的高昂费用的问题。

1820 年，一次不同寻常的实践演示为自然哲学家提供了支持自然力量统一的新论据，同时也为一个拥有不同的实践计划的对立社会团体提供了机会。丹麦实验哲学家汉斯·克里斯蒂安·厄斯泰兹观察到，当一根导线连接到伏打电堆的两极，通过导线的电流会引起磁罗盘指针偏转。[47]1820年，安德烈·玛丽·安培（André-Marie Ampère）发明了"电流计"，利用这一现象作为电流的指示，并最终作为电流的测量手段。从 19 世纪 20年代中期开始，自然哲学家（如戴维的门生迈克尔·法拉第）和新兴的实践电工群体（以威廉·斯特金为代表）对电气世界的性质产生了争议。前者讨论如何将自然力（如电力）应用于实际机器，后者则庆祝他们自己精心制作的电气展览技术设备，而电报系统只是其中的一部分。[48]

安培曾建议在电报中使用电流计指针。但是，从 1822 年开始，冯·泽默林的赞助人（他后来的门徒席林）对这些电磁接收器进行了试验，设计了编码来减少昂贵的电线使用数量，并在 1835 年公开宣传他的电磁电报。为了将自己与科学权威联系起来，他在波恩的一群自然哲学家面前进行了演示。德国的自然哲学家预测了电磁电报的有效作用，并把它放在科学专业领域的重要位置。1833 年，磁学专家、数学家约翰·卡尔·弗里德里希·高斯（Johann Carl Friedrich Gauss）和自然哲学家 W.E. 韦伯（W.E. Weber）创建了一条电报链路，使用他们自己的高效工作编码，跨越了1000 米，连接了高斯在哥廷根的大学的磁学观测站。1833 年 11 月，乌得勒支天文台台长杰拉德·莫尔（Gerard Moll）向法拉第介绍了这个"非常漂亮"和"非常奇特"的仪器，它的电线"通过屋顶和尖塔的露天部分"进行通信。[49]同样，施泰因海尔也架设了一条线路——穿越了一座山、一条河和一个繁忙的郊区——从他位于泽琴斯特拉斯的天文台出发，经过慕尼黑（席林）的科学院，然后前往位于博根豪森的皇家天文台。[50]这些线路没有传输彩票号码或军队活动的信息，而是利用哲学家们试图探究的电磁现象，将政府和君主统治下的科学精英场所联系起来。

在这种竞争激烈的欧洲科学背景下，查尔斯·惠特斯通（Charles Wheatstone）和威廉·F. 库克使电报机在展厅、天文台和大学讲堂之外受到热议。[51]惠特斯通是一个具有无穷创造力的科学和音乐仪器制造商，他有一个更奇特的创造是混合型"手风琴"。1836 年，他开始建造不同设计形式的电报机。他还是年轻的伦敦国王学院的实验自然哲学教授，尽管竞争对手伦敦大学学院试图为牛津大学和剑桥大学忽视的新兴专业开课，但伦敦国王学院还是成了英国培训专业工程师的核心机构，他们被重新定义为以学术科学为基础的实践者。从 19 世纪 30 年代末开始，担任教授工程师的人除了惠特斯通本人，还有他的同事弗雷德里克·丹尼尔（Frederic

Daniell），他于 1836 年发明了"丹尼尔电池"[52]。

库克和惠特斯通的关系既复杂又互补，充满矛盾。库克在试图从军官（1825 年至 1833 年期间，他在东印度公司陆军服役）和解剖模型制造商身份转变为科学上具有资质的实用电学领域的推动者时，注入了商业知识。解剖学模型制造将库克带到了海德堡，1836 年他在那里目睹了席林设计的电报机的运行。库克的父亲是杜伦大学的解剖学教授，也是罗纳尔兹的朋友。很快库克开始重新设想 19 世纪 30 年代英国电报机的商业可能性，并草拟了一份计划书，旨在争取"政府和商业巨头"的赞助。他声称，在一般情况下，有了埋在路面下安全的线路系统，只需从擅长缩写信息的聋哑人群体中招募可信赖的"秘密办事员"，电报将比现有的许多通信形式更便宜、更高效、更保密。[53]

具体来说，他希望得到政府、商业巨头和个人的支持。作为政府的工具，电报可以提供即将发生的暴乱信息（在宪章运动时期）。政府人员会有专门的仪器，并有权力切断公共网络。因此，电报成了秘密的压制和监控工具。对于商业世界，他展望了各省与大都市间沟通的前景，从而在市场的日常状况方面与伦敦同步。至于个人，由于这种新的可靠的情报传播机制的出现，他们将获得"安全和信心"，并免受骗子和伪造者的欺骗；朋友们还可以迅速了解病人的情况。总之，电报将有助于实现"国家舒适和幸福的总和"（对彭特姆派的读者而言）。再举一个机会主义的例子，库克将新的铁路看作是他计划中的商业电报的一个应用场所。铁路给列车上坡提供动力时，固定式蒸汽机总是一直燃烧的，如果电报机能提前发出信号，固定式蒸汽机只需要在列车到达前提前启动，这样是否更加经济实用？[54]

对于以铁路之名做出的乌托邦式承诺，库克了然于心，特别是狄奥尼修斯·拉德纳的承诺。但在 1836 年，他似乎认为公路而非铁路，才是应当为电报系统提供保护的关键线路（第二章）。当时，铁路系统还只是一些零散的线路，尽管许多更多的线路计划很快就要实现。因此，库克试图证明电报机可以为用于拖动货运车和客车上陡峭斜坡的定点"绞车"引擎节省时间和燃料。通过父亲乔舒亚·沃克（Joshua Walker）的关系，库克在 1837 年 1 月与利物浦和曼彻斯特铁路公司的董事进行了谈判。他提议在一条 1 英里的隧道中设置一个电报系统，从利物浦主要车站出发，并由绞车引擎提供服务。然而，董事们已经决定使用简单的气动汽笛来完成这项工作，并且不相信库克的多功能"60 信号"电报机是必要的。虽然董事们给了库克继续实验的空间，但是他们还是让他继续寻找实现其电报承诺的方法。[55]

　　从 1836 年年底开始，库克一直试图争取有权势的科学人士［如皇家学会秘书 P.M. 罗热（P.M. Roget）］来明确并及时地批准他的项目，同时在私下进行了超过 1 英里长的电线实验。1836 年年底，在一次与法拉第的会谈中，法拉第认可了库克的机器一般原理的正确性，但对该机器在远距离上的功效没有发表意见（法拉第对库克提出的"永动机原理"也持谨慎态度）。1837 年 2 月，库克拜访了惠特斯通，却发现这位实验哲学家已经在自己的电报仪器上工作了一段时间。他了解罗纳尔兹的工作，但他自己的设计是基于席林的设计，并计划实际使用这些仪器。[56] 二人达成了合作关系。库克和惠特斯通在竞争激烈的电气实践背景下，于 1837 年 5 月申请了"五针"电报机专利（尽管威廉四世因疾病将专利的通过推迟到了 6 月）。[57]

　　在为电报申请专利的同时，库克和惠特斯通继续设想对电报的可能需求，以赋予它稳定的意义，使其适应不同的空间和多样化市场。因此，在 1837 年 5 月，他们再次通过乔舒亚·沃克与伦敦和伯明翰铁路公司的董事接洽，提出了一种利用固定发动机在卡姆登镇和尤斯顿终点站之间进行 1.5 英里远距离通信的方法。他们虽然在某种程度上重复了库克为利物浦至曼彻斯特铁路所做的工作，但两位不仅借这次机会满足了特定需求（向固定发动机发出短距离信号），还进行了一项更大规模的实验，旨在说服旁观者相信在长达 19 英里的距离内发出信号的可行性（惠特斯通后来解释了早前的实验者为什么"未能对电报的实用性产生足够的信念")。[58]通过这种做法，他们回应了法拉第前一年提出的问题，并且增强了库克最初对电报在铁路上作用有限的认识，对铁路系统中的电报网络做出了合理预测，构想了电报网络与铁路系统相互融合的未来前景。[59]

库克和惠特斯通精心准备，计划于 1837 年 7 月 4 日在公司董事面前演示他们的"五针"电报机。与雨山试验不同，这里没有竞争对手；但与这些试验和在拉卡纳尔领导下进行的沙普电报大规模授权试验一样，至关重要的是要说服有影响力的支持者相信电报机的"可行性"。除了取悦董事，他们还致力于建立董事对电报的信心，使铁路管理人员相信电力不仅可以在斜坡或隧道的短距离内传输，还可以在车站之间的长距离内传输，从而使电报从自然哲学家的玩具向商业设施逐渐扩展。铁路公司的顾问工程师罗伯特·斯蒂芬森见证了该设备的早期试验，用库克的话说，他宣布自己"皈依了我们的系统"，并敦促为公开表演进行仔细排练，以确保"所有设备都能以'良好的方式'运行"[60]。

1837 年 8 月，库克在位于卡姆登镇车站的"秘密小屋"里又进行了一次更为私密的展示，电报机在一个小时的连续运行中没有出现"任何形式的错误或失误"。斯蒂芬森承认他"确信它是可行的"，并开始谈论更复杂的手段，以保护预计将一直延伸到利物浦的电报线路系统，这个系统总成本（对股东来说）为 10 万英镑。[61]现在，有了"火箭"号建造者的支持，库克与公司董事一起制定了一个电报系统计划，以配合尚未建造的铁路系统。假设通往霍利黑德的铁路最终建成，那么将会有连接伦敦、利物浦、曼彻斯特和霍利黑德的线路。政府和商业将铁路和电报系统相结合，可以实现货物与情报的传输。在这一愿景中，库克期待着大不列颠及爱尔兰联合王国的结合；从美国传到利物浦的信息很快就能传到伦敦。令人惊讶的是，在任何铁路系统尚未建成，任何超过几英里的实用电报尚未走出自然哲学课堂之前，一个想象中的帝国建设计划就这样呈现给了公众。但在 1837 年 12 月，董事们拒绝支持将库克的远景世界扩展到卡姆登以外的地方，这清楚地表明了它的脆弱性。

在 1837 年 7 月的伦敦和伯明翰试验之后，在伦敦和伯明翰铁路局董事局的负面决定公布之前，库克于 1837 年 9 月与布鲁内尔建立联系。[62] 此后电报的竞争非常激烈。1838 年 1 月，爱德华·戴维（Edward Davy）在伦敦的埃克塞特大厅展出了一台很有竞争性的设备；他与布鲁内尔甚至与许多铁路公司联系，希望他们采用他的电报机。到 1838 年 6 月，他的设备获得了专利，消除了布鲁内尔和其他人对其行为合法性的怀疑，但由于戴维面临与离异的妻子的法律纠纷，他逃到了澳大利亚，这也导致其前途惨淡崩溃。[63]

在他们初次接触后不久，布鲁内尔就带着库克到梅登黑德查看正在建设的铁路工程。[64] 很明显，当时的计划只是在铁路沿线建立电报以作为长途通信系统的试验，而不是用于调度火车的运行。此外，在股东和董事会议上也没有正式讨论过采用电报的问题。这些安排起初是在库克、布鲁内尔和一些感兴趣的董事之间私下进行的。最终，公司成立了一个委员会，正式确定与库克的商业协议。据库克说，该委员会主席宣布，"他们必须有电报，他们认为我们的电报是最好的，他们的工程师（布鲁内尔）强烈支持这一观点"[65]。对于库克赢得公司董事会信赖的这一机会而言，布鲁内尔的强力支持是至关重要的，这从斯蒂芬森在伦敦和伯明翰的计划失败的例子可见一斑。

1838 年年初，库克描述了与大西部铁路公司的一系列交锋。经过长时间的讨论，一份协议备忘录即将敲定。随后，公司单方面提出了急剧改变。在这个关键的节点上，库克决定赌一把。如果成功既能保证电报的声誉（被视为新线路上的一种通信手段），又能保护他自己作为一个独立、可信、无私的绅士的声誉（不轻易被公司的指令左右）。库克将修改后的文件原封不动地退回，并写道他将退出讨论，结果他发现自己突然受到了尊重和热情的对待。他收到了一份"对我个人来说是很好的情况，同时对发明来说是最有利的"协议。后来，他遇到了布鲁内尔，在向他母亲描述这次相遇时（他似乎向母亲倾诉了他在推销自己和自我介绍方面的每一个细节），他写道：

> 星期一，我与布鲁内尔进行了长时间的会谈（从晚上10点到午夜12点多）……他让我窥视了一下幕后情况，看来公司以前从未受到过如此冷淡的对待，而且对这种新奇的事情感到非常满意……协议再次交到我的手里进行修改。如果我们达成协议，现在的条件就会令人满意，虽然利润不高，但还是很可观的；但一旦在布鲁内尔手下开始工作，我可能会在其他地方赚钱。我想我已经确定与公司有关的每个人都会以绅士的态度对待我。请对我写给你们（我的母亲和家人）的所有内容进行保密，因为我不想让任何人知道，我对已经发生的事情十分满意，或者我已经完全计算好了这一大胆举动的结果。[66]

在这场深思熟虑的行动中，库克将自己塑造成一个独立的、冷静的、意识到自己（和他的机器）价值的人；同样重要的是，这些多重特征和大胆行动，这些集合在他身上的特质和大胆的行为，不会被视为是主动产生的，冷静地计算出来的，或者是出于不可告人的、不绅士的欢欣之心而产生的。

在铁路建设竞争空前激烈、技术经营小心翼翼的大环境下，英国大西部铁路采用了电报机并认可了其发明者（第四章）。尽管利物浦至曼彻斯特铁路没有采用库克的设备，但它允许其继续进行实验。伦敦和伯明翰铁路显然资助了库克和惠特斯通的演示实验，然后采用了该设备，尽管规模很小。在这种情况下，英国大西部铁路加入了当时铁路的潮流就不足为奇了。

此外，英国大西部铁路本身就是为精英乘客提供快速和奢华的交通而建造的，并以布鲁内尔的个人特质为标志，因此采用昂贵和创新的电报机是符合其特点的。当库克对保护铁轨旁电缆的方法（用木头）报出预算时，布鲁内尔提出了一个更昂贵、更持久的解决方案（使用铁管）。[67]同时，采用电报机也再次体现了布鲁内尔作为系统建设者的目标（第四章）。众所周知到1837年秋天，库克已经展示了斯蒂芬森及其盟友控制的铁路上建立远程电报通信系统的全景图。在英国大西部铁路上，电报通信将巩固从伦敦的大都市延伸到布里斯托尔的城市和港口，然后横跨大西洋到纽约的梦幻通信系统：1838年4月8日，"大西方"号开始了从布里斯托尔出发的首航。

1838年5月，从伦敦的帕丁顿终点站到西德雷顿的13英里实验性线路的工作已经准备就绪。库克再次努力确保线路的顺利铺设，在开始铁路建设工作之前，他瞒着大西部铁路工程师仔细训练自己的人员。[68]随后，布鲁内尔作为电报前景的利益相关方，安排了科学精英通过直接"见证"来提供可见支持。他招募了巴贝奇，这个人的计算"引擎"有可能取代不可靠的人工计算机，而且他现在愿意支持一种实用的机械，以消灭在传输"情报"时人们通常需要的传统技能。[69]惠特斯通的字母电报指出，使用字母而不是编码能减少电报对熟练操作员的需求，如沙普的那些操作员。到1838年10月14日，布鲁内尔告诉巴贝奇："我将在3点钟到帕丁顿，尝试发送几英里的电磁电报。如果你愿意见证我们的实验，我将在2点半拜访你……你愿意观看我们的实验吗？"[70]这项"实验"发生在巴贝奇使用英国大西部铁路的设施和"实验车"来证明布鲁内尔的宽轨具有优越性之前（第四章）。

1839年7月，帕丁顿和西德雷顿之间的电报线路开始运行；但英国大西部铁路的董事拒绝支付其扩建的费用（这时候经济不景气）。库克通过谈判达成了一项协议，如果他支付少量租金并免费传送铁路信息，就可以自费延长建设线路，在库克扩建的过程中，由于无法负担得起布鲁内尔所希望的铁管,库克将电线悬挂在铁柱上。尽管这些电报杆是对他早先关于无懈可击、保密和安全承诺的讽刺,但同时这些电报杆也成了电气艺术"进步"的普遍标志,而其他的创新则潜伏在展览厅或公众视野之外。[71]到1843 年,库克的线路已经延伸到靠近温莎城堡和女王的斯洛车站:这位发明家思考是否有可能在维多利亚女王和她在伦敦的政府之间建立直接联系。[72]1843 年,阿尔伯特亲王亲自检查了电流电报(图 5.1)。

英国大西部铁路是由个人斥巨资建造的,并授权给一位企业家,他以每次一先令的价格向寻求新奇的人开放。这展现了电报对大众的使用价值,使其不再仅仅是一种新奇玩意(正如沙普线路与戏剧性的孔代宣言联系在一起)。两起轰动性事件——王子的出生和谋杀犯被捕——在当时的新闻报道和铁路文化报道中得到了广泛报道,如畅销书《煤炭工和火钳工》(*Stokers and Pokers*,1849)对伦敦与西北铁路的描述。[73]1844 年 8 月,

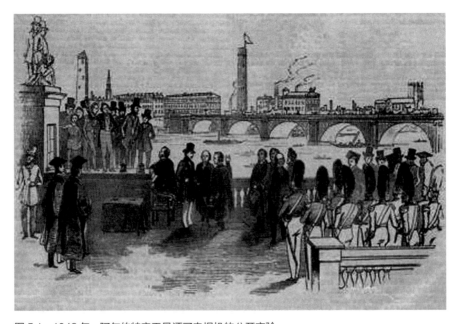

图 5.1 1843 年,阿尔伯特亲王见证了电报机的公开实验

资料来源:*Illustrated London News* 3(1843),p. 5,is licenced under CC By 4.0.(Courtesy of the University of Aberdeen.)

维多利亚的第二个儿子阿尔弗雷德·欧内斯特（Alfred Ernest）在温莎城堡出生的消息通过库克的电报传到了伦敦（皇家信使骑着一匹纯种骏马在大约 8 分钟内完成了从温莎到斯洛车站的旅程）。《泰晤士报》评价了"电磁电报的非凡力量"[74]。报纸还广泛报道了 1845 年新年"通过电报抓获"下毒者约翰·托厄尔（John Tawell）的事件。他在从斯洛到帕丁顿的途中，穿着独特的贵格会的服装（让人对无字母的 Q 版电报有了新的思考）。[75] 托厄尔的事件从根本上提高了人们对这项发明的兴趣，使库克的特许经营人获益匪浅，但尽管有这些零星的用途，例如，提前通过电报发出信号，以准备帕丁顿的马车，大西部铁路的电报线还是被废弃了。[76] 1849 年，大西部铁路公司将电报线拆除，据称是因为库克的一根电线杆倒在了一辆火车上。[77]

当时，至少在大西部铁路上，电报并没有为铁路工作带来安全和便捷。事实上，为了应对一直困扰公司的事故的不良宣传，自利物浦至曼彻斯特铁路开通以来，惠特斯通和库克就巧妙地设想并积极推广电报，将其作为一种比人工操作更可靠的管理铁路交通的手段，甚至可能为财务紧张的股东缓解在建设中的经济压力。例如，在 1842 年，他们宣传了一种"自动电报机"（巴贝奇可能会赞同），在列车接近隧道、平交道口、车站和由固定或辅助发动机工作的斜面时发出警报。库克曾试图以采用单线和交叉线路的铁路在电报的作用下运营成本降低为自己辩护，但（也是因为）这些铁路只能通过电报在"完全安全的情况下操作"[78]。直到后来，铁路公司才认可了电报作为铁路交通调节器的特殊意义，而不只是精英阶层的快速信使。[79]

1843 年，由于铁路公司热情不高，库克感到很沮丧。然而，1844 年，他有机会实现罗纳尔兹在 1823 年做出的承诺，即通过电信号连接伦敦和朴次茅斯，这也许是他恢复精神和发明声誉的关键事件。此前，铁路公司一直不愿意采用延长线，伦敦和西南铁路公司与海军部合作，沿着铁路的线路修建了一条电报线路，并为海军部、铁路公司和公众分别安装了单独的电线。这条线路得到了海军部的有效保障，海军部每年支付 1500 英镑的特许权使用费，为期 20 年。这样的合同不仅为库克提供了现金，而且正如他一直希望的那样，为电报提供了信心，电报被认为是商业和政府情报的传输通道。[80]

到 1845 年，库克和一群有影响力的铁路企业家以 3 万英镑购买了在英国使用惠特斯通电报的专利权。在这些基础上，英国的电力电报公司（The Electric Telegraph Company，ETC）于 1846 年在招股说明书中表示，旨在"建立一个完整的电报通信系统，将大都会与王国的不同港口和城市连接起来"[81]。当时，铁路提供了一个广泛的"受保护的地带"网络，在这片土地或土地上空可以建立相对不受干扰的电报线路。电力电报公司很快就做到了这一点。这些部分由电力电报公司制造的线路满足了公众日益增长的对电报通信的需求。在当时，人们仍然使用各种方法进行信号和"安全"通信，如旗语、铃声和手势。[82] 1852 年开始，在伦敦斯特兰德大街的电报公司办公室上方、爱丁堡的纳尔逊纪念碑的顶部、格拉斯哥的水手之家的塔楼，以及利物浦的电力电报公司的办公室上都安装了报时球来展示格林尼治时间（第一章），以这种明显的方式彰显了铁路、电报商业和政府之间新的联盟。[83]

电力电报公司在成立后的短短 6 年内就铺设了 4000 英里电报线路。它通过向权威工程师的展示获得了他们对"可行性"的信心，利用了铁路基础设施中可用的保护线路和 19 世纪 40 年代中期投资热潮中可用的资本，以及伦敦—朴次茅斯铁路线中可行的商业和政府信息服务模式。因此，库克开始履行电报系统的承诺；但履行诺言在提高内陆电报声誉的同时，也使其"发明者"身份成为一个具有恶性争议的问题。这在瓦特的蒸汽机中也曾出现过类似情况（第二章）。报纸上一来一往的争执与炮轰，对布鲁内尔等工程界之父的叫嚣，以及诸多法律行动都致力于为"电报"起源编纂一部深入的历史，为库克提出的棘手问题寻找答案：电报机是由惠特斯通

教授发明的吗？[84] 当电报本身的用途和功能如此不稳定时，库克作为绅士
和电气企业家的形象，以及他作为电报设计师的明确角色，几乎从一开始
就被与惠特斯通的激烈竞争所破坏。

1857 年，英国的大多数大城镇都已建立了电报网。[85] 在 19 世纪 50
年代中期，城市电报局之间的通信是例行公事。但要启动这种通信，意味
着要去占主导地位的电力电报公司办事处，或其竞争对手英国和爱尔兰磁
电报公司（成立于 1851 年，连接大不列颠和爱尔兰）的办事处，或者 1857
年之后去他们合并后的电磁电报公司（Magnetic Telegraph Company，
MTC）的办事处。[86] 成立于 1859 年的伦敦地区电报公司（London
District Telegraph Company，LDT）与电磁电报公司合作，提供本地而
非城市间的服务。伦敦地区电报公司的主要办事处设在查令十字路，它的
分支办事处从一个中央协调中心向外延伸 4 英里，在那里，信息是由操
作员收发的，而非由自动操作的仪器编码、解码或转发。[87] 为了在伦敦
地区推广电报公司的计划，并再次排除不可靠的中介，通用私人电报公司
（1860 年）将"帝国第二大城市"格拉斯哥、制造业中心曼彻斯特、港口
利物浦、纺织业和金融中心利兹，以及煤炭和重工业中心纽卡斯尔等商业
中心连接了起来。[88]

新世界电报

除了英国，其他国家的企业家都把电报系统作为国家进步、发展和自
豪的象征。在美国，电报的关键人物是塞缪尔·莫尔斯，他是一名画家，
也是美国设计学院的首任院长。华盛顿史密森学会的负责人约瑟夫·亨利
坚持认为，莫尔斯在电学或磁学方面没有做出任何一项与电报相关的发明。
相反，莫尔斯的例子表明，对普通机械零件（来自钟表）和现成的材料
（来自印刷业）进行创造性的，甚至是临时性的组装，都有可能推出一项新

技术，而没有有效的市场营销，任何技术都不可能成功。[89]

1830—1832年，莫尔斯在欧洲考察了沙普的信号系统，他似乎也像库克和惠特斯通一样，接触了席林、高斯和韦伯的哲学论证，并于1832年开始了自己的实验。尽管莫尔斯不是一个合格的电学专家，但他到了1835年还是成功组装了一台电磁电报机。[90]库克在国内寻求机会，而莫尔斯于1836年就开始谈论电报信号的全球覆盖。与库克和惠特斯通一样，莫尔斯于1837年为其电报机申请了专利。惠特斯通强调任何有文化的人都能"读懂""字母"电报，莫尔斯则从1838年开始使用所谓的点和破折号组成的"莫尔斯代码"。这种代码是他与1837年的合作伙伴、铁匠艾尔菲德·维尔（Alfred Vail）合作开发的，并借鉴了排版实践的特点，最初由熟练的操作员敲打出来，在传输后打印在纸条上进行翻译。后来莫尔斯发现，熟练的电报操作员（按性别区分）更喜欢根据声音而不是按照打印的标记来进行翻译。[91]

与惠特斯通和库克一样，莫尔斯从1837年开始通过演示来推广电报，首先是在私人场合，然后是在公开场合推广电报。这些美国的演示活动与英国的演示活动几乎同时进行，显示出各国对电报发明者身份的争夺。在英国，库克和惠特斯通采用电报时寻求铁路企业和政府的赞助，莫尔斯则采用了在精英场合进行演示，同时向潜在的赞助者赠送仪器，甚至向奥斯曼帝国的宫廷赠送等向美国和其他国家政府寻求赞助的策略。[92]在美国，1843年的"莫尔斯法案"（"Morse Bill"）赋予这位画家兼企业家建立电报线路系统的权力。[93]铁路基础设施和政府需求（如伦敦至朴次茅斯的电报线）为莫尔斯的第一条电报线路提供了背景，即1844年在巴尔的摩和华盛顿特区之间的铁路线。如果媒体管理部门将注意力集中在库克的大西部铁路电报线上就会发现，怎么也无法与莫尔斯精心选择的且很快就成为标志性的内容为"上帝创造了什么"第一条电报的信息相媲美。[94]该线路的完成正值华盛顿召开民主党全国代表大会前夕，这次会议选出了该党的总统候选人。[95]

美国电报网络的迅速实施与英国电力电报公司增长的电报线路遥相呼应。到 1848 年，佛罗里达州是密西西比河以东唯一没有连接电报的州；到 1852 年，18000 英里的电报线在美国东部 1/3 的地区纵横交错，由小型供应商主导。直到 1856 年西部联盟电报公司成立，才结束了这种激烈的竞争。该公司赢得了政府的支持，"西进运动"在 1861 年把电报的"边界"推向太平洋沿岸，比联合太平洋铁路项目早了大约 8 年（第四章）。[96] 尽管国家进行了综合性建设，人们还是担心大量无差别的、矛盾的、不相关的、难以理解的或敏感的电报新闻泛滥，这可能会对反应过度的政府、贸易和公众造成困扰；在美国内战期间，美国历史上首次建立了以前不可能存在的审查机制。[97] 美国内战后，美国国内电报业务规模不断扩大，使英国的业务相形见绌。到 1866 年，西部联盟电报公司拥有 2250 个办事处和 10 万英里的电报线路。[98] 在传送信息和物质商品的运输线上，西部联盟电报公司和联合太平洋公司开始实现莫尔斯的抱负，其系统横跨北美大陆。然而，要满足莫尔斯对全球系统的期望，需要一种新的电报技术。

海底电报：连接帝国

当第一条商业电报陆路线路在英国投入使用时，邮政系统和贸易及商业模式已经传播到英国海岸以外的地方。从 19 世纪 30 年代末开始，与新的蒸汽船公司签订的邮件合同体现了陆地间通过水路进行帝国通信的性质和重要性（第三章）。同样是在 19 世纪 30 年代，电报设计师再次提出的问题是如何能够利用他们的新通信手段跨越河流、海洋，甚至大洋进行通信。

1840 年 2 月，惠特斯通在英国下议院铁路通信特别委员会上发表了明确的声明。当委员会主席西摩勋爵（Lord Seymour）问道："你能用这种方式（通过电报）从多佛尔到加来进行通信吗？"惠特斯通回答说："我认为这是完全可行的。"[99] 尽管惠特斯通考虑过使用橡胶，但他不清楚如何将这种电缆绝缘。到了 1840 年 10 月,《泰晤士报》报道说,"惠特斯通教授认为,用他的仪器在多佛尔和加来之间进行通信是可能的"[100]。具有讽刺意味的是,这条计划中的线路的效用在 1841 年因为从伦敦到多佛尔的新的光缆连接和已存在的从加来到巴黎的沙普式电报机而得到增强。[101] 1843 年,惠特斯通一直小心翼翼地确保他对电报的权利,虽然部分权利转让给了库克,但仍允许他建立这样一条国际线路,以获取独家利润。1844 年,他已经开始在斯旺西湾进行秘密实验。[102]

1845 年 7 月,当库克准备启动英国电力电报公司的内陆网络时,沃特金斯・布雷特・雅各布(Jacob Watkins Brett)和约翰・沃特金斯・布雷特(John Watkins Brett)两兄弟写信给托利党首相罗伯特・皮尔,"提交一份通过海洋和地下电报手段进行普遍通信的计划"。 在一次引人注目的华丽修辞中,布雷特兄弟用自己的设备打印了他们的请愿书,然后将其交给皮尔,并最终将其在一本小册子中公之于众。他们的印字电报机预示着许多好处,他们列出如下:

(1)将政府的命令和公文立即传达到帝国各地,并立即获得答复。从地方政府所在地等传送出的所有信息均以准确无误且以印刷形式交付。

(2)建立一个全面的电报邮政系统,将伦敦的主要和分支办事处与整个国家的所有办事处联系在一起,用于传递商业信息。电报公司对商业经纪人、贸易商和私人以固定费率收费。这些信息将被打印在纸上并装在密封的信封里,由保密职员进行地址处理,并由特别信使或普通邮局递送。

(3)这个计划应用于整个英国的警务安排,对陆军和海军部门有益,以及对政府的好处更是显而易见。通过它,指令可以即时传达,并且可以调整军队的行动,以便在最短可能的时间内将它们的任意数量聚集到任何给定的地点,以满足运输的需要。这只是其中的一些优点,其他的优点也很容易让人想到,比如沿海各站之间的一般通信,灯塔、海湾群岛等,这样可以对海岸进行全面监督,供海军、劳埃德公司使用,并用于打击走私等活动。[103]

早期的电报设计师曾零散地提出过类似的主张，受众也各不相同。但对皮尔来说，布雷特兄弟针对秩序、治理、记录和登记提出了一个综合的、帝国式的愿景。因此，这一复杂的愿景包含了对中央政府控制的呼吁，对帝国的认可，通过自动仪器创造信心和保密性，协调国内的执法力量和海外殖民地的军事力量，以及监视海岸线，这些都是实现国家重要目标的要素（第一章）。

1846 年，欧洲已经建立了广泛且不断扩张的电报网络，在一条繁忙且具有商业重要性的铁路线上，电报将伦敦和多佛尔连接起来。连接多佛尔和加来的海底电缆现在将成为连接英国大西部铁路不断扩张的网络和欧洲大陆网络的一部分。然而，要实施这个项目，需要一条长约 20 英里的海底电缆，这超过了任何欧洲河流的宽度。它不仅需要获得英国政府的批准，还需要获得法国政府的批准。1847 年，布雷特兄弟得到了路易·菲利普（Louis Phillippe）的许可铺设电缆，但他们无法获得足够的公众支持来实现这个愿望。在 1848 年欧洲革命期间，几乎没有机会重新启动这一项目。到 1849 年 2 月，《泰晤士报》也在谈论都柏林和霍利黑德的海底电报，这实现了伦敦和都柏林之间的直接连接。切斯特和霍利黑德铁路通过壮观的管状布列坦尼亚桥横跨麦奈海峡，为英国电力电报公司安装的电报线提供了路线。[104]

在这些猜测中，关于电报在河流下、海湾间和船坞周围的使用经验表明，要实施系统的连接计划并不容易，而失败的阴影无所不在。电报项目不再被视为值得国家支持的项目，而是被重新评估为投机和欺诈行为。例如，1850 年 2 月 7 日，《泰晤士报》指出："我国人民最近深受一个美国项目的鼓舞，该项目旨在通过海底电报连接纽约和怀特岛。也许一些读者对我们在美国的同胞身上所表现出的这种进取心和胆识有些嫉妒。"令人欣慰的是，《泰晤士报》可以这样说："现在，我们手头拿着一份经过深思熟虑和精心制定的前景展望,(关于)一条简单的铁路……连接……加来和(印度的)穆尔坦两个车站。因此,我们终于在全面调查和大胆推测方面彻底超过了美国人。"[105]

布雷特兄弟于1849年8月10日从法国政府获得了一项新的特许权,为期10年,条件是在1850年9月1日前实现通信。他们不能简单地重新使用陆地线路工程师所熟悉的无绝缘架空电缆。惠特斯通本人也没有把握让海底电报线绝缘,但到了1843年,新的候选材料出现了。这一年,一种名为"树胶"(gutta percha)的多用途橡胶状物质从热带树木中被西方人"发现"并送给英国皇家亚洲学会。卡尔·威廉·西门子(Karl Wilhelm Siemens)在伦敦偶然看到了样品,并把它们送给了他在柏林的兄弟维尔纳(Werner)。到1846年,他开始把树胶用作地下线路的绝缘材料(以防止可能发生的暴乱民众的破坏)(图5.2)。[106]显然,法拉第在1848年初独立发表了他对这种物质电绝缘特性的观察结果。[107]在1850年,布雷特兄弟用半英寸厚的树胶包裹一根铜线使其绝缘,并准备用铅来加重,以建造他们的国际线路。1850年4月,《泰晤士报》详细报道了他们的工作,他们在8月23日用"歌利亚"号蒸汽船铺设了一根海底电缆,从多佛尔的莎士比亚峭壁连接到法国海岸上与加来相对的白垩岬角格里斯奈兹,即加来和布洛涅间的中间位置。在截止日期前几天,该电缆似乎已经开始工作,至少在8月28日开始工作。《泰晤士报》从一开始就密切关注这一事件,并在8月31日的社论中专门谈及了这条电缆,并对这一科学奇迹发表声明:"昨天的笑柄已经成为今天的事实。阿拉伯故事中最离谱的夸大已经被现代简单的成就所超越。"[108]

不到一个星期该电报线就断裂了,据说是被一个热心的法国渔民钩走了,国家间的信息传输也完全停止了。"事实上,它被视为疯狂的怪异行为,甚至是一个巨大的骗局,只有疯狂的人才会参与其中",查尔斯·布莱特在1898年回忆道。[109]不足为奇的是,尽管人们后来努力将电缆重新评

图 5.2 采集伊索纳德拉胶树的汁液，这是帝国海底电报电缆最优质的胶木绝缘材料的来源
资料来源：Charles Bright, *Submarine Telegraphs. Their History, Construction, and Working*. London: Crosby Lockwood, 1898, facing p. 256, is licenced under CC By 4.0. (Courtesy of the University of Aberdeen.)

价为在海底电报科学方面的必要实验性试验，为建立英法之间持久的联系做准备，但筹集资金进行另一次尝试时仍面临巨大困难。[110]至少在1851年，工程师们可以更轻松地谈论成功，这要归功于一种社会上新的工序，电缆被加强以承受严重的机械应力和水下恶劣的环境。4 根铜线取代了一根脆弱的细线。在制造过程中,在树胶绝缘层上加固了一层涂有焦油的纺织纱线,而这层的外面又用 10 根镀锌铁丝制成的结实绳索包裹住,进行外部加固。制作这种绳索的技术,就像树胶这种物质一样,都是从外国引进的。19 世纪 30 年代,刘易斯·戈登看到这种技术在中欧的矿区被广泛使用。虽然有很多争议,但可能是戈登的合作伙伴 R. S. 纽沃尔(R.S. Newall)想到了用这种产品来制作耐用的海底电缆。[111]

与 1850 年建造的电报线路一样,1851 年的线路也成为一次公开事件。这绝对是该项目赞助人的选择。查塔姆和多佛尔铁路的伦敦工程师托马斯·克兰普顿(Thomas Crampton)是建立该线路的海底电报公司的主要股东。他自愿承担这项工作,更重要的是,他为这项工作提供了一半的赞助资金。克兰普顿于 1851 年 9 月 25 日宣布在水晶宫建立了连接,正好在维多利亚女王身边和一群科学家的陪伴下,正式结束了大博览会。[112] 后来的评论家将克兰普顿的工作解释为“海底电报的第一步……(由此)产生了连接文明世界各地的电线网络的巨大发展”。综合本人与其机器的声誉,克兰普顿成为“海底电报之父”是当之无愧的。[113] 其他政要也曾参与更壮观的国际合作演示:

> 这是一个奇怪的巧合,海底电报开通的那天,正是威灵顿公爵出席海港会议闭幕式的日子。据安排,他在乘坐 2 点钟的火车离开多佛尔前往伦敦时,将接受由来自加来的电流引爆的炮声致敬。当火车启动时,信号传递过来,瞬间一声巨响立刻在水面上回荡、响彻地面,一门装着 12 磅火药的 32 磅炮由电流触发发射。水面上传来的炮声还没结束,又有炮声从高处传来,军方像往常一样,发射一轮大炮向公爵的离开表示敬意。随后,两岸相继开炮,加来向多佛尔开炮,多佛尔向加来还礼。[114]

由于保罗·朱利叶斯·路透（Paul Julius Reuter）预料到该线路的承诺会实现，因此，他于 1851 年 6 月搬到伦敦，并迅速在该市的皇家交易所大楼里成立了他的"海底电报"办公室，以传播新闻和商业信息。[115] 从沙普时代开始，就有很多关于电报的新闻。事实上，多佛尔—加来电缆于 1851 年 11 月对公众开放使用，为漫画家们提供了机会。他们将多佛尔的约翰·布尔（John Bull）和加来的法国皇帝描绘成由"电线"连接在一起的连体婴。[116] 通过电报传播的高调事件有助于赢得人们对其作为情报载体的支持。从 19 世纪 40 年代开始，纽约的一批报纸联合起来，组成了美国联合通讯社，共同承担电报新闻采集的费用，准备发布像体育赛事那样的"电讯新闻"[117]。美国、英国和欧洲大陆不断扩张的网络从根本上提高了电报传递新闻的能力，尽管这些新闻仍然是通过传统手段收集的，如邮件开始扮演与电报互补的新角色。[118] 像路透这样的企业家将电报新闻作为有价值的信息商品，他在利用欧洲大陆电报处理新闻和市场信息方面已经很有经验，于是他利用新的跨海峡线路在巴黎和伦敦的经纪人之间协调股票市场价格。很快，他还开始提供波罗的海地区谷物价格信息的业务。[119]

与路透社一样，胶木公司也迅速开始利用这条电缆，在《布拉德肖的普通股东指南、手册和铁路目录》（*Bradshaw's General Shareholders' Guide, Manual, and Railways Directory*）中刊登广告，试图增强人们对海底项目进程的信心。广告的内容是一张电缆本身的图片并附有对其结构的详细描述。在"完美绝缘"的标题下，公司表示已经准备好在"完成了英法海底电报通信所需的绝缘电线的包覆工作后……并愿意以优惠的条件承接合同，借助它们改进的机器"，他们声称，"他们能够保证完美的绝缘"[120]。

5 年内，电报设计师在相对较浅的水域中埋入海底电缆，将大不列颠与爱尔兰更牢固地联系在一起。一条从苏格兰的波特帕特里克到北爱尔兰的多纳哈迪，加强了现有的邮件和蒸汽船航线，另一条从霍利黑德到都柏林北部霍斯，实现了早期伦敦和都柏林直接沟通的愿景。英国还与比利时

（奥斯坦德）、荷兰（海牙）和海峡群岛建立了联系。即使到了1853年，海底电报公司也能在《布拉德肖的普通股东指南、手册和铁路目录》中列出200多个"与大不列颠有电气通信的欧洲城市和城镇"[121]。尽管英国是电报网络的主要枢纽，但它并不是唯一枢纽。丹麦和瑞典之间、科西嘉岛和意大利之间也有海底电缆，在英属北美、加拿大的爱德华王子岛和新不伦瑞克之间也有一条线路。1855年，英国军方将黑海下的海底电报作为情报的传送渠道，将克里米亚战区的情报传输到黑海之下，它连接了瓦尔纳和巴拉克拉瓦300英里的距离。[122]

查尔斯·布莱特在1898年写道："迄今为止，早期海底电报设计师的努力仅限于连接被窄海分隔的国家，或在同一海岸线上建立通信。"1852年，乔治·威尔逊谈到"横跨大西洋和太平洋的电报计划（已经）在充满好奇心的公众面前得到成功阐述"[123]。电报设计师和工程师们希望利用19世纪50年代初近海电缆带来的可信度，忘记了最初——甚至后来的——失败。倡导者声称，一系列的商业、政治和社会利益将使资本投资、行政工作、外交努力、国际合作、机械和电气工程技能和个人毅力变得合理。他们坚持认为，有能力承载2000英里电缆的蒸汽船可以抵御住不可预测的北大西洋的风暴，电缆的建造可以经受住翻滚海浪施加的机械压力，而且比现有的任何东西都要长得多得多。[124]

但到了1853年，工程师们已经开始遇到令人担忧的问题，即在长线中电流明显迟缓。换句话说，电信号似乎随着线路长度的增加而变得越来越慢。[125]1854年在利物浦举行的英国科学促进会会议的演示中，英格兰和爱尔兰电磁电报公司的经理爱德华·布莱特（Edward Bright）表示，电报信号在地下导线（用树胶绝缘）中的传输速度不到每秒1000英里，而裸露的架空线传输速度约为每秒16000英里。这种信号速度的降低给那些希望证明直接横跨大西洋电缆是可行的人带来了巨大阻碍。[126]认识到这一点后，工程师们试图争取支持将大西洋划分为不超过670英里的区段。1854

年，丹麦国王授予通过其领土作为"北回路"的特许权，从苏格兰经过法罗群岛、冰岛和格陵兰岛到达拉布拉多。利用自动中继器，伦敦可以"与美国直接联系"，就像与其他欧洲城市一样。如果有人不信任这种中继器，那可以在每个电报终端设立"电报官员"[127]。

电报倡导者之间关于信号减速的争论仍在继续。在 1855 年和 1856 年，外科医生、电工怀尔德曼·怀特豪斯（Wildman Whitehouse）展示了使用2000 英里的地下电线组成的连续电路的实验细节，以此反驳了爱德华·布莱特令人沮丧的预言。怀特豪斯的结论是，通过巧妙使用交替的电流方向，"信号可以清晰而令人满意地在这么长的距离上传输……具备完全满足每个商业需求的便捷性"[128]。尽管威廉·汤姆森用对于实际电工来说难以理解的数学理论进一步对长距离电缆的经济性提出了质疑，但他也提出了解决方案，即现在提出的大西洋直达电缆的横截面（铜导体和胶木）要更大，才能减少信号迟滞效应，提高信号传输率。[129]因此，投资者对"直达"项目的信心在很大程度上依赖于怀特豪斯和汤姆森的乐观预测。[130]

1856 年，充满活力的美国企业家和实业家赛勒斯·韦斯特·菲尔德（Cyrus West Field）寻求支持建立一条直接的纽芬兰和爱尔兰之间的海底电缆线路。他与爱德华王子岛至新不伦瑞克电缆的工程师会面，两次在拟议路线的大西洋海底进行探测，并组织了大西洋电报公司（Atlantic Telegraph Company，ATC）。该公司的总部不在美国，而在英国，因为英国是海底电报专业知识的主导中心，也是潜在的资本来源。在爱尔兰西南部的瓦伦蒂亚和纽芬兰的特里尼蒂湾之间有一个平缓起伏的"电报高原"，其地质和海洋环境非常好，而其南部海底要深得多，以至于美国海军中尉 M.F. 莫里（M.F. Maury）等人认为"电报高原"似乎"是专门为海底电报而存在的"[131]。

早在 1845 年，布雷特兄弟就注册了自己的"通用海洋电报公司"，旨在实现他们向皮尔展示的宏伟计划。约翰·布雷特已经认识赛勒斯·菲尔德，他与赛勒斯·菲尔德和年轻的电报工程师查尔斯·蒂尔顿·布莱特（Charles Tilston Bright）在1856年9月29日签署了一项协议。协议表示，作为设计者，他们将努力"组建一家公司，在纽芬兰和爱尔兰之间建立和运行电报通信，名为'大西洋电报公司'……"。1844年，他们通过海军部的政府担保，确保了伦敦至朴次茅斯电报线的未来。现在，英国政府相信大西洋电缆的帝国价值，因为它不是将伦敦与美国联系起来，而是首先与英国在北美的"领地"联系起来，因此在电缆运行期间英国政府每年对大西洋电缆提供14000英镑的担保，并承诺提供海军舰艇协助铺设电缆。[132]

《泰晤士报》的记者W.H.罗素（W.H. Russell）在1865年写道："美国富人的信心并没有促使他们提供资金。"[133]资本不是来自美国人，也不是来自普通民众，绝大多数是来自利物浦这样由商人和船东组成的紧密商业社区。从1857年起，利物浦成为新成立的电磁电报公司的总部，爱德华·布莱特担任经理，他的兄弟查尔斯·蒂尔顿·布莱特担任工程师。虽然在报纸上它被宣传为国家或帝国的利益，但在实际上非常类似于私人帝国建设的项目。其中，相对封闭的企业家群体对各种航运、铁路、电报和商业事务产生兴趣，并承担风险和获得潜在的利益。

在19世纪30年代，巴贝奇曾写道，"信心"在商业互动中对"英国"贸易的巨大好处，甚至达到了可以取消书面协议的程度。尽管1856年11月就发布了招股说明书，爱德华·布莱特还在利物浦召开了重要会议，但该工程所需的35万英镑是"以一种绝对前所未有的方式获得的"。"没有宣传费，没有广告，没有经纪人，没有佣金，当时也没有任何董事会。"董事会的选举结果将在股东大会上决定，设计师的报酬来自为股东分红10%之后剩下的盈余。资本很快被筹集起来，主要来自电磁电报公司的股东和他们的朋友，共350股，每股1000英镑。当选的董事包括约翰·布雷特、约翰·彭德（John Pender）和威廉·汤姆森。查尔斯·蒂尔顿·布莱特成为总工程师，怀特豪斯任电工。[134]

1857 年 4 月,《纽约先驱报》(*New York Herald*) 吹嘘说这将是 "这个时代的伟大工程"。设计师和公众都为这 "巨大的一步" 而欢呼, 认为冒着投入巨额资金下沉超过 2 英里的深度的风险是值得的。[135]《工程师》(*The Engineer*) 杂志作为实践专业人士的代表, 也认同大西洋电报工程, 并认为它是 "人类进步" 中的一个重大事件, 它无可避免地像一系列 "被同样无可抗拒的力量推动的波浪" 一样前进。因此, 欧洲所有国家都通过电报联系在一起, 而美国则 "处于一种高度电气张力状态"。随着大陆通信系统的建立, 完成跨大西洋的电缆成为世界的 "电气神经" 系统进入下一个环节亟待实现的目标。[136]

该公司订购了约 2500 英里的电缆。两个独立的承包商, 即格拉斯·埃利奥特公司和纽沃尔公司各自建造了一半的电缆, 并对其进行了绝缘和加固处理 (这些电缆是用 2 英里长的短件拼接而成的)。有两艘主船代表两个参与国, 象征着国际合作。一半电缆由美国护卫舰 "尼亚加拉" 号 (美国最大的护卫舰) 负责, 另一半电缆由英国的皇家海军 "阿伽门农" 号负责。1857 年 8 月, 这两艘蒸汽船从爱尔兰的东端出发, 向西行驶, 逐渐将欧洲的电报边界向新世界延伸。然而, 由于放线机发生事故, 在行驶了 300 英里后电缆不幸断裂了, 船只只好返回了港口。[137] 由于没有取得任何成果, 评论家们将矛头指向了负责管理劳工的布莱特。《科学美国人》(*Scientific American*) 轻易地下论断, "布莱特先生显然不够聪明, 无法铺设电报电缆"。杂志大肆宣称道: "可以看出, 铺设电缆……更像是抽彩票, 而不是一项重要的科学、工程和航海操作。"[138]

然而, 工程师和企业家们善于将这种灾难转化为修辞上的优势。菲尔德畅想道: "大西洋电报电缆的成功铺设暂时被搁置了, 但我们离开瓦伦蒂亚以来的经验充分证明了它最终的胜利。我的信心从未像现在这样强烈, 我确信在上帝的保佑下, 我们将用电线连接欧洲和美洲。" 令人吃惊的是, 菲尔德坚持认为, 抛弃电缆的 "事故" 将对公司 "大有好处"[139]。尽管人们对电缆信心不足，但公司仍然更换了丢失的电缆，并设计了新的放线机。两艘船于 1858 年 6 月会合，每艘船都携带了超过 1000 英里的电缆。他们把电缆接在一起，从大西洋中部向相反的方向走，"尼亚加拉"号前往特里尼蒂湾，"阿伽门农"号前往瓦伦蒂亚。然而电缆却断了，他们又试了一次，结果又断了。但在 1858 年 7 月中旬的第三次尝试中，尽管绝缘材料有问题，并受到长期风暴的影响，两艘船还是到达了各自的目的地。1858 年 8 月 5 日，新世界和旧世界通过电气化连接在一起。[140]

早先的惨剧被遗忘了，在英国和美国举行了庆祝活动。1858 年 8 月 6 日的《泰晤士报》将此称为"人类活动范围的巨大扩展……"，仅次于哥伦布"发现"美洲。[141] 在大洋彼岸，焰火照亮了纽约市政厅的穹顶。《科学美国人》忘记了之前对布莱特的嘲讽，大肆赞美："向盎格鲁—撒克逊的天才致敬！两个国家衷心感谢那些高尚、强大的科学家、资本家和充满活力的人，他们团结一致的热情和不屈不挠的毅力用电线连接了两个半球！"这是一个不容错过的仪式时机，维多利亚女王再次批准了电报，向詹姆斯·布坎南（James Buchanan）总统致以亲切问候，并授予查尔斯·布莱特爵位。在文明庆典中，记者们再次预言国际关系将进入一个新时代。英国政府确实利用电报向加拿大传达了与中国缔结和平的消息。一份要求两个团的士兵返回英国服役的命令被撤销，据称节省了 5 万英镑。[142] 这样的情报交流似乎为布雷特兄弟于 1845 年的愿景提供了切实的证明。

朱利叶斯·路透已经签订了协议，其中包括与大西洋电报公司的合作（每年费用为 5000 英镑），在纽约建立一个中央局，在美国所有主要城市设立子公司以收集电讯，特别是货币市场信息，并与《泰晤士报》达成协议，以每字 5 先令的价格提供信息，如果路透社入账，则在此基础上减半。[143] 企业家和新闻代理机构，比如路透，在 1858 年 8 月 17 日见证了大西洋电报公司官员传送了一条信息，这条信息不再局限于庆祝活动和政府及军事法令的范畴，介入了商业、安全和信心的领域，显示为"白宫区域，丘纳德先生希望向麦基弗发送电报，'欧罗巴'号与'阿拉伯'号在圣约翰斯附近发生碰撞，没有人员伤亡，你不用担心，德·索蒂（De Sauty）不用来"。这封神秘的"电报"是在瓦伦蒂亚用事先准备好的印刷纸手写的，发送花费了 25 分钟，通过大西洋电报公司的工作人员传递了两艘在雷斯角（纽芬兰的南端）附近相撞的汽船"欧罗巴"号和"阿拉伯"号的船主（塞缪尔·丘纳德）的请求，向利物浦合伙人查尔斯·麦基弗（Charles Maclrer）报告没有人员伤亡。[144]

尽管人们都在谈论这项技术的耐用性和可靠性，但 1858 年的电缆就像 1850 年的多佛尔—加米电缆一样，寿命过短。从一开始，通过莫尔斯系统进行的传输就慢得令人痛苦。新兴的"北环线路"倡导者高兴地报道了大西洋电报公司电工德·索蒂的坦白，即维多利亚女王发出的 99 个单词和 509 个字母，从 1858 年 8 月 16 日上午 10 点 50 分发送到第二天凌晨 4 点 30 分，每个字母发出需要两分钟的时间。即使是以每个字符 4 秒的保守估计，也破坏了电缆的商业可行性，因为缓慢的信息流量意味着用户的回报率很低，或者只能用于奢侈品。[145]克伦威尔·弗利特伍德·瓦利（Cromwell Fleetwood Varley）是合并后的英国电力电报公司和国际电报公司的首席电工，像他一样的人努力利用实验权威来重建公众对两种被嘲笑的实践（灵媒和长距离电报）的信心。[146]怀特豪斯和布莱特对承诺行动的表述突然显得奢侈并具有风险，这些术语的滥用多见于维多利亚时代各种失败的商人。对电报和那些把自己的声誉押在其可靠性上的人的信心开始动摇。

看来，实用科学最终并没有提供可靠预测。在初次使用电缆的一个月后，日益绝望的怀特豪斯使用 2000 伏特来试图提高这种缓慢的传输速度，结果使电缆完全失效。随着消息的传播，该公司在伦敦股票市场的股价暴跌。到 1858 年 10 月 20 日，该电报完全失败。根据最乐观的报告显示，电缆只传送了 732 条信息。1858 年年底，菲尔德在纽约的办公室和仓库神秘被烧毁,两年后他的私人公司宣布破产。[147]

1858 年,电报的失败为竞争对手的方案注入了新的活力。"北环线路"的拥护者认为,"为商业电报铺设这么长的电缆是一个需要科学新发现才能解决的问题",因为现在的经验明显证明,信号的延迟也"服从了汤姆森所表达的电力传播规律"。尽管汤姆森在 1859 年 1 月断言,1858 年的电缆表明,在实用电报的前进道路上,直接线路将成为必然(后又被驳回)。但反对者反驳说,他们已经目睹了一个"通过实验证明直接线路不可能成为商业电报的成功"。这是一个试验期,提供了"丰富的事实和经验"(有关深海电缆的最佳机械形式和适当的"电气条件"),并引起了科学界人士的关注和辩论。下一代电报工作者将不必"在没有航海图的情况下摸索未知道路"。1860 年 5 月,一个"有影响力的代表团"向帕默斯顿勋爵(Lord Palmerston)游说,让海军提供"斗牛犬"号蒸汽船再次勘察路线。但他们的愿望很明确:建造一种新形式的电缆,将其切割成易于管理的部分,以提供"更强的传输能力"[148]。

在 1858 年电缆消亡后的几年里,世界范围内的电报线继续增长,到 1862 年总长度已达约 15 万英里,其中英国占 1.5 万英里,欧洲大陆占 8 万英里,美洲占 4.8 万英里。特别是随着陆地网络的扩张,相关方越发认识到海洋面临着信息拥堵的瓶颈,而不仅仅是大西洋有这种情况。英国一直试图在澳大利亚和印度建立其他网络,以巩固其帝国统治地位。

在印度引进电报的关键人物是印度铁路系统的主要倡导者达尔豪西总督(第四章),以及外科医生和电气讲师威廉·奥肖内西(William O'Shaughnessy)。1849 年,东印度公司董事会要求达尔豪西总督调查建设电报线路的情况。在印度,没有像英国铁路那样受保护的并对电力电报公司来说非常有价值的地带,但到 1852 年,奥肖内西已经建成了一条从加尔各答(东部)到孟加拉湾的基德吉里 130 千米的线路,主要用于向英国侨民提前通知有关船只到港的情况。同年,公司为 6000 千米的电报网络提供了充足的预算，用达尔豪西的话说，是为了加快"印度业务交易"（包括政府和商业）。奥肖内西访问了英国和欧洲大陆，以获取专业知识。他调配了材料，并招募了一支由 60 名士兵组成的专门负责这项计划的部队。他选择了在印度易于制造和维修的简单仪器，并准备应对当地的昆虫、猴子和大象等造成的困难。线路将东部港口和行政中心加尔各答与阿格拉连接起来（到 1853 年）。1855 年，主要线路骨架形成，东至马德拉斯港，西至孟买。[149]

到 1856 年，印度已经建立了一个 6840 千米长的电报网络，设有 46 个办事处，但与伦敦相差甚远。1857 年夏天的"叛乱"（导致东印度公司的解体）之后，英国政府试图加强对印度的政治控制。像莱昂内尔·吉斯伯恩（Lionel Gisborne）这样的倡导者提出了将伦敦与印度行政当局之间架设一条电缆的设想，然后在地中海地区已经建成或正在建设大量线路的情况下，就如何填补连接印度线路上的"空白"进行了争论。在 1857 年和 1858 年，有两条主要竞争线路。第一条线路虽然经过了伦敦无法控制的中东地区，但它保证了线路的便利性并且其可靠性在整个欧洲和美国已经得到验证。这条电报线将穿过奥斯曼土耳其，沿着底格里斯河和幼发拉底河，然后通过波斯湾到达印度。

另一条线路是起源于欧洲领土的电缆，从马耳他横穿地中海，经过亚历山大港，再到苏伊士，然后沿红海经亚丁湾到达位于东印度公司历史统治地区以西的卡拉奇（现属巴基斯坦）。红海的海底电缆部分存在可行性问题，特别是考虑到 1857 年大西洋电缆所经历的困难。然而，由于该线路的大部分在水下，而且很少穿越英国影响范围以外的土地，因此被认为更加安全。还有一个互补计划是通过直布罗陀建立一条"直达线路"，这样就不用对其他欧洲国家做出任何承诺。英国政府保证每年向红海和印度电报公司提供 3.6 万英镑的拨款。[150]

然而，1859 年成立的联合贸易委员会和大西洋电报公司委员会在 1861

年的报告中声称，自多佛尔—加来线以来铺设的 11000 多英里的海底电缆中，只有 3000 英里真正在工作，其中大部分被标识为"浅水电缆"，深度约为 100 英寻①。没有运行但已铺设的深海线路包括大西洋线路（2200 英里），原本承诺与伦敦通信的红海和印度电缆（3500 英里），撒丁岛与马耳他和科孚岛（700 英里），以及新加坡和巴达维亚（550 英里）电缆。[151]第一条通往印度的电缆耗资 80 万英镑，但即使有"完美绝缘"的树胶，电缆依旧容易受到海洋蠕虫的影响，最终没有传输一条信息。[152]

为了调查海底电报状况而成立的联合委员会表明了政府［以皇家工程师道格拉斯·高尔顿（Douglas Galton）上尉为代表］、机械科学（以 1861年英国科学促进会主席威廉·费尔伯恩为代表）、电学［以查尔斯·惠特斯通、电报工程师拉蒂默（Latimer）和埃德温·克拉克（Edwin Clark）为代表］、大西洋电报公司［以其秘书乔治·塞沃德（George Saward）为代表］和普通工程学［以 G. P. 比德（G. P. Bidder）为代表和电报工程师克伦威尔·瓦利为代表］之间的密切联系。[153]这些机构的地位本身也受到争议。在 1847 年，皇家委员会调查罗伯特·斯蒂芬森横跨迪河的铁桥倒塌事件之后，伊桑巴德·金德姆·布鲁内尔怒斥那些"暴君"，他们会"制定或至少建议制定'规则'和（今后）应遵守的'条件'"……或者换句话说，他们把今天的偏见与错误作为明天改进的法律记录和注册，阻碍了工程实践的进步。因此，布鲁内尔认为，这些由政府专家组成的、来自学术界和实践界的机构，只是为了使工程实践退化，妨碍布鲁内尔所认为的工程市场竞争带来的自然进步。[154]

1859 年成立的这样一个委员会表明了国家乃至帝国对电报行业的高度重视，尽管在当时它受到的批评可能也是最严厉的。怀特豪斯、汤姆森、菲尔德等支持者们特别声明，试图以零散的方式化解看似灾难性的失败证

____

① 1 英寻≈1.83 米。——译者注

据，比如电缆的断裂、沉没、损耗或停止响应。不同利益方的竞争性陈述反驳了他们的声明。委员会的机制提供了一个空间，可以全面地公开电报业的内幕，然后专业地整理信息。这是一个结合了许多利益的空间，看起来是不偏不倚的，在其中，零星、意外和决定性的失败可以重新被评估为必要的、广泛的经验，然后加以记录和整理。它也是一个评判的场所，在这个场所中，可以挑出替罪羊（怀特豪斯），选出救星（汤姆森），并且使进步的舞台、机制可以得到认可。[155] 各利益相关群体就无须关注的事达成共识，建立了对电报愿景可靠性的信心。

委员会进行了公开的且合宜的总结，称经过了科学的调查研究抑或吸取痛苦失败的教训后，海底电报的大部分技术问题得到解决。红海线路的失败是由于"在设计电缆时没有考虑到气候条件或海底的特征，以及与承包商达成的监督制造过程和铺设方式的协议不足"[156]。专家们还研究了旧大西洋电缆的建造和铺设方式，预示着可以用更好的方式来完成这两项工作。委员会提出了新的管理方案，重新审查了建设问题（电缆的绝缘和机械强度），解决了有关铺线设备和信号接收机制的问题，而最重要的是，委员会建议由专家对电缆制造进行标准化和监督。[157]

1859—1861 年的报告豪言壮语地得出结论：海洋电报"迄今为止有多大灾难"，未来"就有多么成功"[158]。这份报告发表后，大西洋电报公司成立了一个"科学咨询委员会"，由高尔顿、费尔伯恩、汤姆森、惠特斯通和约瑟夫·惠特沃思组成，他们是机械工程标准化的代表。该委员会在大家对海洋电报信心动摇的背景下开始领导该项目，当时美国投资者正忙于应对内战事件。他们的任务是检查来自不同制造商的电缆样品，从而实现布鲁内尔的预言。他们拒绝接受未经试验的材料（印度橡胶）作为绝缘体，并在 1863 年接受了格拉斯·埃利奥特公司的投标。该公司被认为在"世界不同地区制造和沉没电缆方面具有成功且多样的经验"。他们还同意以成本价承担这项工作，并大量认购大西洋电报公司的股票。到 1864 年春天，新的电报建设维护公司（Telegraph Construction and Maintenance Company，TCMC）成立，法定资本为100万英镑，由金融家约翰·彭德担任主席，接管合并后的胶木公司和格拉斯·埃利奥特公司，并购买了大西洋电报公司一半以上的股票。[159]

在重新进行的大西洋电缆尝试中，布鲁内尔和斯科特·罗素的"大东方"号（第三章）发挥了重要作用。在"科学咨询委员会"的指导下，电报建设维护公司建造了一条2300英里长的整装式新电缆，以避免与海中间接合有关的任何问题，但出现了如何携带5000吨货物的问题（另有2000吨用于储水）。1859—1861年科学咨询委员会曾建议，当时唯一足够大的船是1858年下水、1860年首航的"大东方"号。由传统桨叶和创新螺旋桨结合的"利维坦"号极其灵活，并有望恢复其作为商业电缆铺设船的命运。[160]到1865年，包括丹尼尔·古奇和托马斯·布拉西在内的3位商人组成的财团仅以2.5万英镑就买下了这艘白色巨轮，这是一个连他们自己都感到吃惊的价格，他们立即以5万英镑的价格将其租给了电报建设与维护公司。[161]古奇和布拉西也成了电报建设与维护公司的董事。"大东方"号、大西洋电缆和线路企业的实验就这样紧密地联系在一起。[162]

1865年7月23日，一个连接爱尔兰和纽芬兰的新尝试在瓦伦西亚开始。《泰晤士报》的记者兼战地记者罗素以其1854—1856年在克里米亚的报告而闻名，他详细地记录了这次活动。这位"企业历史学家"的记述得到了授权，经"特别许可"献给了威尔士亲王。多亏同行的专业艺术家（罗伯特·达德利）的帮助，这本书才得以在1865年年底前出版。该书图文并茂（采用了《伦敦画报》上刊载过的图片）。这种精心策划的宣传活动安排在《泰晤士报》的"雷神"专栏，并辅以《布莱克伍德》（*Blackwoods*）、《康希尔》（*Cornhill*）和《麦克米伦杂志》（*Macmillan's Magazine*）上的报道，保证了项目的真实性，同时也起到了为巨大的电学实验创造更多见证者的作用（图5.3）。[163]

图 5.3　讽刺作家推测 1865 年大西洋海底电报电缆铺设失败的真正原因
资料来源：*Punch* 49（August 1865），p. 47，is licenced under CC By 4.0.（Courtesy of the University of Aberdeen.）

在行驶了 1200 英里后，离目的地纽芬兰只有 600 英里时，电缆断裂并沉入 2100 英尺深的大西洋底。触钩尝试失败了，船回到了港口。此时，大西洋电报公司本身也失败了，尽管出现了一个继任者——英美电报公司（Anglo-American Telegraph Company，AATC）。那些在"大东方"号上的人，包括詹姆斯·安德森（James Anderson）船长、丹尼尔·古奇、威廉·汤姆森和克伦威尔·弗里特伍德·瓦利，再次拼命地试图提高大西洋电缆的可信度，并为其画上句号，发表了不少于 12 个观点的集体证词：1858 年证明了信息是可以传输的；1865 年证明"大东方"号是适合这项工作的船只；电缆可以从深海触钩（尽管它还没有被打捞上来）；放线机运转良好（尽管电缆已经断裂）；可以获得良好的信号传输速度（至少从船上到岸上）；电缆强度足以承受比此前经历的大得多的拉力（尽管它断裂了）；1865 年电缆的绝缘性能比 1858 年电缆"当时完美"的绝缘性更完美；电气测试已经以"准确无误"的方式进行（能够立即确定故障位置）；与放线机相连的蒸汽机可以使 1865 年的电缆得以恢复，以便进行后续的维修。[164]

电报建设与维护公司舍弃了受科学委员会担保的前一条电缆必然取得成功的诺言，以一种坚固的新设计建造了另一条电缆，并再次修改了放线装置。1866 年 6 月，这艘船再次离开瓦伦蒂亚，经过一次顺利的航行，于 1866 年 7 月 27 日在哈兹康特湾将缆绳降落。工程师们成功地触钩了 1865 年的电缆，将其与一条新的电缆连接起来，并于 1866 年 9 月 8 日将其在纽芬兰着陆。两条工作中的大西洋电缆很快就与新旧世界的现有电报系统连接起来。按照精心安排的模式，恭维之词在有关政要之间传递。[165]

不仅如此，从某种意义上来说，电报作为帝国电子通信的一个不可阻挡的进步获得了稳固地位，与诸多科学、商业和工程实践的人的社会改造相吻合，他们的行动即使不总是和谐的，但他们共同奠定了这个实际事实。为了表彰他们对大英帝国声望的贡献，1866 年 11 月 10 日，维多利亚女王在温莎城堡于 1865 年和 1866 年两度为 6 位主要人物授予了头衔。丹尼尔·古奇（电报建设与维护公司的副主席）和柯蒂斯·兰普森（Curtis Lampson，大西洋电报公司的副主席）被授为男爵，而汤姆森、塞缪尔·坎宁（Samuel Canning，总工程师）、安德森船长和格拉斯·埃利奥特（格拉斯·埃利奥特公司的董事总经理）则获得了爵士头衔。[166]

对于爱德华·布莱特而言，电报已经成为一个事实，他在 1867 年 1 月的文章中这样写道："现在可以说，只要有文明存在的地方，电报通信就会渗透到那里，把各大洲、国家和种族联系起来。"英国电报的全球文明影响与它最初作为一种单纯的哲学玩物的起源形成鲜明对比。布莱特启发他的读者思考，当电报由萌芽期并最终达到成熟期时将会发生的重大转变：

> 这种在遥远的地点之间瞬间传递思想的手段，20年前几乎没
> 有以实用的形式在哲学家的工作室出现过，现在却以其巨大的通
> 信电缆网络覆盖了全世界。[167]

电报和电气帝国的建立

到了19世纪60年代，科学界人士在"科学咨询委员会"的集体行动中作为海底电报实践的公平评估者。他们声称自己独立于特定的利益，并拥有由永恒的科学真理支撑的权威。因此，爱德华·布莱特在1867年断言："整个电力通信系统已经……在其各个分支中成为一门公认的学科。"[168]尽管这场运动有一个特定的目标，即"最庞大的电学实验"的成功。但它显示出更广泛的野心，即通过实验室科学专注于改革本地的实践技能。这场运动不仅在纯粹的学术领域得以表达，而且在实际行动中实现了。这种根植于广泛任务的实际行动，为帝国主义新的更为微妙的形式提供了可能。

通过电报在整个帝国范围内传播英国的仪器信息、标准和做法，维持并增强了帝国的影响力。在第一次世界大战之前，英国在全球范围内主导海底电缆行业，掌握了专业知识、铺设电缆的船只和相关材料。[169]正是这些在实验室内开发和校准的仪器，使得海底电报通信成为可能，并根据全球标准进行断电标定。在质量控制和精确文化背景下制定的度量标准，积极输出"英制"甚至是"绝对"单位，帝国的生活将以此为指导。伴随着人力和物质商品的进口，以及向印度、澳大利亚和日本输出专业人员，专业电气工程的标准、教学制度、组织机构模式及印刷期刊都更加规范。

在1859—1861年科学咨询委员会的裁决中，威廉·汤姆森是大西

洋电缆的"救星",而怀特豪斯则是"替罪羊"。汤姆森在电报工程和学术物理实验室中工作,为解决长距离海底线路的经济和快速的信号问题提供方案。欧洲和美国的内陆电报线展示了一系列广泛的信号、接收和测试仪器,其中莫尔斯的仪器在美国和欧洲占主导地位。实践和物理学都表明,对于一条长长的海底电缆来说,最好用小电流发送信息。汤姆森灵敏的"海洋镜式检流计"取代了莫尔斯的测深仪,用于接收此类线路上的信息。[170]1858年2月,在第一次大西洋电缆铺设失败后,汤姆森为这一仪器申请了专利,但就在第二次尝试前,他在格拉斯哥大学的物理实验室进行了大规模扩建。汤姆森从大西洋电报公司获得了500英镑用于开发他的信号设备,并在电报设备的设计和试验中投入了大量资金。[171]

汤姆森实验室的活动和1859—1861年科学咨询委员会的指令是相互促进的。汤姆森不断扩大的实验室帝国为正在调查的电报工程业务制定了生产和监督标准。到19世纪60年代,实验室与电报之间的关系有3个方面:发明新仪器,测试和校准这些仪器,以及通过"志愿"学生来获得相关操作和测量的实践经验。一位学生在1870年解释说:"大西洋电缆的成功在很大程度上是格拉斯哥实验室多年耐心工作的结果,实验室对电池强度、电线韧性和导电性,以及不同物质抵抗水作用的能力进行了实验,并测试和完善了威廉·汤姆森爵士发明的众多精美仪器。"此外,"格拉斯哥制造商生产的优秀电度表,其价值在很大程度上归功于这样一个事实,即每台电度表在送出去使用之前都经过了大学实验室的仔细测试和调节"。最后,还有为国内和国外电报服务而培训的学生,他提道:"在铺设法国大西洋电缆时(1869年由'大东方'号铺设),两个最严谨的、手巧的电工是从格拉斯哥班中挑选出来的年轻人。"[172]

1883年,汤姆森声称,从1866年开始,所有海洋电报的信号传输都是通过他的设备完成的。他在这些仪器的设计、制造和销售上的个人经济回报相当可观。例如,在1870年,他在接收端节省人力的海洋镜式检流计、象限静电计和虹吸式记录器等装置上首次获得专利，到 1881 年已经通过专利从英美电报公司获得了超过 1500 英镑的收益［与不同的合作伙伴，特别是弗莱明·詹金（Fleeming Jenkin）和克伦威尔·瓦利一起获得］，从东方电报公司（控制已经建成的从伦敦经直布罗陀到印度的航线）获得了不少于 5000 英镑的收益。正如我们所看到的，汤姆森于 1866 年被授予爵士头衔，并因参与电报和其他技术获得专利而致富。他逐渐将自己塑造成一个科学贵族，即拥有一艘帆船游艇（既是社交场所又是漂浮实验室），在俯瞰克莱德湾的内瑟霍尔拥有一座乡间庄园，并于 1892 年成为拉格斯男爵，成为第一位从平民升为上议院议员的科学家。[173]

此外，在专业层面有更广泛的探讨。1859—1861 年的科学咨询委员会得出结论：首先，有必要对材料的质量和生产进行标准化；其次，对电阻和其他电学量的测量进行标准化；最后，需要引入精确的测量制度，包括对从事"工程科学"的新兴电气工程师进行标准化培训。[174]关于第一个问题，汤姆森声称，1858 年大西洋电缆失败的原因是电缆的电阻和化学特性不一致。标准化的电缆，而非粗暴的电力，可以保证成功。[175]

关于第二个问题，有许多可供选择的度量单位，往往与当地的材料、实践或主导人物有关。在曼彻斯特举行的英国科学促进会会议上（1861 年），电报工程师查尔斯·布莱特和拉蒂默·克拉克提交了一份文件，呼吁建立一个标准化的电学单位系统，并提议根据乔治·西蒙·欧姆（Georg Simon Ohm）的电阻定律，将电阻单位称为"欧姆"。汤姆森无法出席，但他已经在为成立英国科学促进会"关于电阻标准"的委员会做准备。实用电报设计师（以布莱特和克拉克代表）和自然哲学家（在汤姆森缺席的情况下，由他在电报科学方面的门徒弗莱明·詹金代表）之间潜在的冲突被避免了。詹金向汤姆森报告说，他已经联系上了布莱特和克拉克，告诉他们委员会已经确定了，听到这个消息，"拉蒂默·克拉克看起来很高兴，并渴望了解所有细节，我理解他们把文件放在桌子上而没有阅读它们"[176]。

英国科学促进会委员会的成员包括可敬的惠特斯通，以及汤姆森和詹金。起初，科学界人士占主导地位，但从 1863 年起，增加了 3 位同样致力于电气科学的实践电学家 [布莱特、瓦利和 C.W. 西门子（Bright，Varley and C.W.Siemens）]。该委员会的任务是决定如何最好地固定电阻单位。解决方案是汤姆森一贯倡导的：不用实践中典型的英制单位来表达电流、电动势和电阻单位，而用近代电气科学中典型的表达质量、长度和时间的法国公制单位（"绝对"或"机械"单位）。然而，与德国物理学家韦伯的"绝对单位"不同，新的单位系统不是直接与抽象的"力"相关，而是与工程单位的"功"有关，并通过它与新的能量科学相联系。关键环节是通过焦耳的电热定律将电阻、电流和热量联系起来。热量通过焦耳著名的"热功当量"将热量与机械功联系起来。19 世纪 80 年代，在各国声望的竞争中，通过一系列国际委员会、国际展览，最终确定了电学测量的标准化名称和方法。[177]

这些大会的组织者希望确定科学度量单位。正是在这样的场合，法拉第、开尔文、焦耳和瓦特这些曾经来自小地方的科学家，进入了"普遍"的科学话语领域（第二章）。然而，科学计量和商业测量之间的区别并不明显。1864 年，在巴斯召开的英国科学促进会地方代表大会上，关于长度单位的争论十分激烈。兰金不同意其他科学同行们"建议放弃英式计量单位"，而采用"米"作为计量单位的做法。兰金坚持认为，"英寸"是法律和习俗中规定的计量单位，并且"在人类 1/4 的居住区应用于实际目的"。在这种情况下，科学和商业不可能也不应该分开。[178]

关于第三个问题，电报实践重组成一个经过实验室培训的电气工程专业，而精确测量将成为其基本特征。该专业将致力于促进清晰明确的专业技能，包括但不限于电报业务。它将被组织成一个代表该专业的团体。这不仅适用于英国，也适用于其他国家，比如法国。法国是一个有着自己帝国野心的国家，其电气工程机构与国家电报管理局（继承沙普体制的后继者）有着非常密切的联系。[179]

电报工程师协会（The society of Telegraph Engineers，STE）成立于 1871 年。[180] 像大多数英国国家协会一样，它的总部设在伦敦。它以英国土木工程师协会（成立于 1818 年）为榜样，使用的也是该协会的会议室。电报工程师协会为电气技术人员提供了一个家，这些技术人员从 19 世纪 30 年代的"实验"发展到 19 世纪六七十年代服务于大规模公有或私营企业。它的目的是推动电气和电报科学的发展，并提倡一种据称超越机械工程师的绅士风度。[181] 从 1872 年起，西门子成为电报工程师协会的第一任主席；他在开幕致辞中有意识地定义了该机构在规范专业活动方面的角色。几年内，西门子向电报工程师协会赠送了一尊如父辈般慈爱的弗朗西斯·罗纳尔兹的半身像。[182] 他们作为德高望重的创始人，在电报工程师协会的历史中书写了浓墨重彩的一笔。

1889 年，电报工程师协会更名为电气工程师协会（Institution of Electrical Engineers，IEE），标志着专业电报工程师向"电气工程师"的转变。在电气工程师协会中，一个新的工程师协会在电报工程师协会的母体之外诞生了，形成一种专业分化模式，每个分化都代表新的劳动分工和社会分工。电气工程师协会的会员人数从 1872 年的 110 人迅速增长到 1890 年的 2100 人。从 1880 年代开始，电气工程师对电力和电灯等新行业起着关键作用。[183]

威廉·艾尔顿（William Ayrton）的案例说明了帝国、物理学、电报和标准化之间的密切联系。艾尔顿从 1864 年起在伦敦大学学院接受物理训练（在 1865 年大西洋电报尝试之前）；1867 年和 1868 年，他被印度政府电报局（达尔豪西和奥肖内西项目的继任者）派往威廉·汤姆森的实验室学习，那时跨大西洋信号传输已经很普遍。随后，他和电报建设与维护公司合作（负责 1866 年的电缆）。从 1868 年 9 月至 1872 年，他一直待在孟买，担任孟买和加尔各答电报局的电气主管。回到英国后，他与詹金和汤姆森合作，并为印度电报局工作。1873 年，这位帝国主义者动身前往日本的新帝国工程学院——由兰金之前在格拉斯哥的学生亨利·戴尔（Henry Dyer）建立，并主要由英国教育家担任教职。在那里，到 1878 年为止，他担任了"自然哲学和电报学"的教授一职。从 1879 年起，艾尔顿在伦敦城市和行会学院教授电气工程实验室课程。1884 年，当他来到芬斯伯里技术学院时，他已经为电气工程建立了一个"有序的体制"[184]。

艾尔顿与电报工程师协会（及其电气工程师协会的继任者）的关系非常密切。1892 年，他担任电气工程师协会的主席。但抵达东京后，他一直是电报工程师协会在日本的名誉秘书。这表明该协会具有独特的国际沟通手段，而且其潜在成员异常分散。1878 年，艾尔顿回到英国，开始参与编辑电报工程师协会杂志的工作。因此，他的职业生涯同时反映了技术知识在整个帝国的流动和输出（正式和非正式）；电气工程作为实验物理学的一个分支学科在教学和组织中的制度化；对实验室测量和电气标准的重视；当时的帝国背景。[185]

帝国的缔造：巨大的通信网络

在确保了大西洋航线的安全之后，英国的电报设计师和他们在政府中的支持者继续实施其帝国计划。爱德华·布莱特在 1867 年再次断言，"有觉知的电线有着崇高的使命：将各国联系在一起，将殖民地与它们的母国联系在一起。现在，英国一方面与印度相连，另一方面与加拿大、美国，甚至与温哥华岛相连；我们远在地球另一端的澳大利亚的兄弟姐妹们很快就会加入这个大网络"[186]。到 1853 年，爱尔兰和大不列颠确实被联系起来，爱尔兰成为电报信息传输到北美的重要中转站；1864 年，英国和印度通过波斯湾建立了电报联系；1866年，大西洋电缆将英国和加拿大连接起来；1868年，英国国内电报网络的国有化将为其他地方的投资释放出资本。到1871年，英国可以利用电报，通过印度连接起新加坡、日本和中国。[187]

尽管沙普、库克、布雷特等电报设计师们都对电报的政治效用提出了惊人的主张，但这些主张几乎没有提及政治行动的复杂性，以及电报通信在帝国实践中可能支持的各种权力形式。此外，在谈到电报作为一种加速"印度商业交易"的手段时，达尔豪西并没有——也许也不能——将政府的明智管理与商业业务分开。

1887年7月，电报迎来了50周年纪念庆典。负责大西洋电报的威廉·汤姆森爵士利用这一机会嘲笑了其爱尔兰同乡"本土统治者"的努力，他们主张通过议会独立为自己的家乡寻求一定程度的政治自治：

> 我必须说，都柏林现在可以以每分钟500个字的速度向伦敦传达其请求、抱怨和感激之情，这在政治上有一定的重要性。在我看来，这充分证明了在爱尔兰设立独立议会的任何感性需求在科学上是完全荒谬的。如果我不指出这一点，我就没有尽到为科学发声的责任，在我看来，这是对世界政治福利的巨大贡献。[188]

对于像威廉爵士这样的自由统一党人和帝国主义者来说，电报所实现的科学成就证明了地方自治（更不用说完全独立）的荒谬性——这并不意味着解放，而是意味着回归内部冲突、乡村野蛮和历史上的宗派和部落纷争，而这些争端将威胁到文明的进步。电报可能会推动政治，而不仅仅是政治的工具。

尽管爱尔兰的地方自治者试图在政治和文化上与英国保持距离，但更遥远的领土则寻求与母国更紧密地团结。1858年9月，瓦伦蒂亚和特里尼蒂湾之间的电气连接只是一条短暂的链条，但它连接了伦敦市长沃

尔特·卡登爵士（Sir Walter Carden）和加拿大东部新不伦瑞克省萨克
维尔市的平民。他们不再觉得"自己是遥远的殖民者，而是伟大的大英
帝国的一部分——上帝保佑女王！"[189]。1866 年，瓦伦蒂亚岛和纽芬兰
哈兹康特湾之间更为持久的联系很快为驻扎在渥太华的忠诚总督蒙克子爵
（Viscount Monck）提供了机会，他通过卡那封伯爵（Earl of Carnarvon）
通知女王："女王陛下将对大西洋电报为帝国统一带来额外的力量感到欣慰，
英属北美的所有臣民也共享这一荣光。"温哥华岛上更偏远的居民也不甘
示弱，通过他们的市长不遗余力地传达信息："8000 英里外的新生殖民地
温哥华向英国母亲致以亲切问候。"这条电报不是几秒钟而是 3 天后才到
达，因为当地电缆出现故障。它通过陆路穿越北美，然后搭乘 7 个小时汽
船从布雷顿角岛到达纽芬兰岛。[190]

　　温哥华远非电报通信的遥远前哨，它将成为巨大神经回路中的一个神
经节，创造出一条令人惊叹的"环游世界全红线"。这条线路只穿过英国
领土。电缆从伦敦开始延伸，经过百慕大、巴巴多斯、阿森松岛、开普敦，
然后经陆路到达德班、毛里求斯、科科斯岛、珀斯，再经陆路到达布里斯
班，随后是诺福克岛、斐济、范宁岛、温哥华，最后穿过加拿大，经大西
洋回到伦敦。[191]跨太平洋电缆（1902 年完工）的长度不少于 3500 英里，
几乎是大西洋电缆长度的 2 倍。它横跨温哥华，经过范宁岛和诺福克岛，
到达新西兰北岛的奥克兰。[192]这条线路受到了加拿大太平洋铁路公司，
特别是桑福德·弗莱明的大力推动。此线路符合阿尔弗雷德·霍尔特等英
国船东的雄心，他于同年开始横跨太平洋，从中国和日本向东开辟北美西
海岸的航线。事实上，自 19 世纪 80 年代末以来，加拿大太平洋铁路不仅
横穿了加拿大，还赢得了从不列颠哥伦比亚省到远东，特别是中国香港的
跨太平洋航线的邮件合同。其他英国服务商开始连接大洋洲和北美洲太平
洋沿岸。随着巴拿马运河（1914 年）的开通，航运公司可以很容易地环绕
全球，而加拿大太平洋铁路的综合大西洋、跨越加拿大和太平洋的海陆系

统则产生了类似全红航线的优势（第四章）。[193]

当然，"全红"电报网的一部分是从珀斯到布里斯班，横贯澳大利亚。甚至在19世纪50年代初，蒸汽船公司也在竞标南半球的航运邮件合同——如果布鲁内尔对"大东方"号的要求得以实现，澳大利亚将通过最大的海上轮船与英国相连。但在19世纪50年代，澳大利亚是一个幅员辽阔的地区，由于距离遥远而被分割成基本上自治的省份；澳大利亚的电报史是在多方动态竞争中形成的，即私营和本土企业、州政府行动、洲际竞争，最终则受到格林尼治皇家天文台科学管理中心的指导。

塞缪尔·麦高恩（Samuel McGowan）是莫尔斯和埃兹拉·康奈尔（Ezra Cornell，美国电报的关键人物）的合作伙伴。他为了淘金移民到墨尔本，同时还携带了莫尔斯电报设备。他试图在墨尔本（维多利亚州）、悉尼（新南威尔士州北部和东部）、阿德莱德（南澳大利亚州西部）和金矿附近建立一家公司，搭建电报线路。他在墨尔本演示的设备最终说服维多利亚州政府授权签订了墨尔本—威廉斯敦短线的合同。该线路于1854年投入运营。3年内，维多利亚州建立了一系列使用莫尔斯电报设备的电报线路；新南威尔士州的线路从悉尼向各处辐射；1857年，塔斯马尼亚州和阿德莱德（南澳大利亚州西部）也有了线路；布里斯班（位于昆士兰州东北部）从1861年起开始有线路运营；1869年，西澳大利亚（从珀斯向外）也有了线路。

帝国事业的关键人物是查尔斯·托德（Charles Todd），于1855年被任命为南澳大利亚的电报主管和观察员（天文学家）。他是英国专业技术领域的代表，曾在格林尼治天文台负责记录与计算数据，也担任过剑桥大学天文学教授詹姆斯·查利斯（James Challis）的助手，还曾参与格林尼治的电子计时服务（1854年）。艾里支持了他的任命，并让他准备接管在阿德莱德建立电报系统的任务。尽管这位皇家天文学家担心他缺乏在澳大利亚蛮荒领土上发展所需的"大胆和独立的性格"。但托德的计划很宏伟：他期待着"有一天电报系统能扩展到澳大利亚的几个商业中心，而且在当今充满奇迹的时代，这不是一个空想，那时我将能够通过亚洲海底电缆，经加尔各答连接到伦敦，与奥肖内西博士会面"[194]。在阿德莱德，托德一开始是按照英国（地下）模式建造线路，后来他发现这样造价太高，且不适合当地环境，于是他利用麦高恩的地面系统将自己的电报系统与维多利亚州的电报系统连接起来。从墨尔本到悉尼（1858 年）和悉尼到布里斯班（1861 年）的线路随后开通。两位牛津大学毕业的兄弟中，其中一位 E.C. 克拉克内尔（E.C. Cracknell）是托德的助手，并在将各个首府连接起来的过程中担任了新南威尔士州和昆士兰州的电报主管职位。

电报为提供赞助的州政府带来了丰厚的回报，并被广泛用于传达法律判决、追踪罪犯、进行官方任命、调控铁路和发布商业信息等业务中。随后，人们提出了将整个大陆连接起来的两个大胆计划：第一个计划是东西线，沿着海岸将奥尔巴尼（位于西南角）与阿德莱德连接起来；第二个计划是在 1872 年建立一条从爪哇到达尔文港（在遥远的北方）的海底电缆，这引起了各州之间关于由谁来垄断和外部世界联系的激烈竞争。最终，托德花了两年时间监督达尔文港和阿德莱德（途经奥古斯塔港）之间 2000 英里长的陆地电报的建设。这条线路用到了本杰明·巴贝奇（Benjamin Babbage，查尔斯的儿子）的测量技术和 3000 根从英国特别进口的锻铁杆（木质杆容易受到白蚁的侵害）。毫无疑问，艾里认可托德将澳大利亚的电报转变为系统的气象资源。[195]

对于英国皇家地理学会会员、澳大利亚西南部探险家约翰·福里斯特（John Forrest）来说，电缆于 1875 年作为文明的象征，矗立在一个刚刚开始被驯服的、巨大的文化荒原上。福雷斯特在他的日记中写道，从西海岸徒步穿越半个大陆之后，"到达阿德莱德和达尔文港之间的电报线的所在地，然后在那扎营。当我们的小队跋涉了这么久终于看到目标时，大家发出了持久的欢呼声。我感到很高兴，从焦虑中解脱出来。而且……非常感谢上帝的眷顾，保护和引导我们安全地渡过了难关"。他记录说，当他见到皮克电报站的负责人（一名叫布拉德的先生）并享用了"烤牛肉和李子布丁"之后，"对即将看到的文明居所感到非常高兴"（图 5.4）[196]。

图 5.4　探险家约翰·福里斯特抵达阿德莱德和达尔文港之间的陆上电报路线，它是归家和文明的象征

资料来源：John Forrest, *Explorations in Australia*. London：Sampson Low，1875，facing p. 258, is licenced under CC By 4.0.（Courtesy of the University of Aberdeen.）

结　语

技术文化

前几章探讨了蒸汽动力、蒸汽船、铁路和电报技术的发展（第二章至第五章）。这些章节的重点是帝国的文化建设：通常以个人和商业帝国的形式建立，但往往彼此紧密联系，并与19世纪更大的地缘政治帝国有关。在最后一章中，我们将深入探讨几种技术专业的文化，这些文化在我们对新技术的具体研究中已经涉及。我们认为，这些文化在生成、促进和维持我们所关注的许多工程项目中发挥了基础作用。

首先，我们转向"技术旅行"的问题，并探讨为什么工程师和那些对实用艺术文化感兴趣的其他历史行为者会进行广泛的旅行，他们有什么机会进行考察？其次，我们考虑与之相关的"技术展览"问题，例如，展览文化是如何影响技术变革和消费的？工程师们虽然经常通过这种展览的经验来学习，但"工程师教育"的完整背景是什么？在本书所关注的时期，无论是在国内市场上，还是面对帝国的考验，工程师和那些活跃在技术领域的人的培训方式发生了根本变化。最后，探讨在我们研究的这一时期，阅读和写作文化发生了怎样的改变，更具体地说，它们是如何影响技术和工程学方面的成果、机会、接受和意义的。

技术文化史还将进一步考察三个问题。首先，工程学有其独特的视觉文化；其次，在为工程实践辩护时，参与者关注宗教的背景——在我们所研究的时期，宗教是如此充满活力，却又如此支离破碎；最后，工程师们则关心自己是如何被"塑造"成有地位、有礼貌、受人尊敬和值得信赖的"绅士工程师"。

技术旅行

从 18 世纪的后期开始，制造商们意识到新的工厂可以为他们的产品做极好的广告。例如，我们已经看到，詹姆斯·瓦特在伯明翰附近参观马修·博尔顿的工厂是多么重要（第二章）。同样，韦奇伍德的工厂既是生产场所，也是吸引游客观光游览的地方。但 19 世纪中叶最有影响力的"技术旅行"圣地之一是位于沃平和罗瑟希德之间的声名狼藉的泰晤士河隧道，由布鲁内尔父子与一批当地工程师和不知姓名的工人共同建造（图 C.1）。布鲁内尔夫妇完成了这一惊人的壮举，他们使用了莫兹利公司建造的一个复杂的、专门的"盾构机"。据称该盾构机以船舶蛀虫为模型建造的，它可以钻过泰晤士河下面的黏土和软泥，留下一个足够宽的以供行人和马车通过的加固砖形管道。[1]

隧道一开挖就引起了媒体的高度关注。老布鲁内尔已经习惯了公众的关注。朴次茅斯造船厂一直是公众参观的热门地点，他们渴望亲眼看到他的砌块制造系统（第四章）。在伦敦，年轻的布鲁内尔见证了技术进步（一种全新的隧道挖掘形式）的戏剧性。1828 年 1 月，隧道突然遭受水灾，布鲁内尔受伤并差点淹死，同时有 6 人丧生。这为伦敦的报纸提供了丰富的素材。尽管他们开始称其为"胜利的钻孔"，但完工的希望越来越渺茫。[2]

泰晤士河隧道是廉价纪念品泛滥的地方，这包括马克杯、窥视镜、顶

图 C.1 1843 年，庆祝马克·伊桑巴德·布鲁内尔的泰晤士河隧道竣工（"胜利的孔洞"和大都会旅游景点）

资料来源：*Illustrated London News* 2（1843），p. 227，is licenced under CC By 4.0.（Courtesy of the University of Aberdeen.）

针和杜松子酒瓶等。这些物品满足了那些一日游或是从欧洲甚至更远的地方来的游客们。在这里，他们可以目睹泰晤士河隧道缓慢的挖掘过程，体验站在泰晤士河下的快感。宴会和铜管乐队使隧道成为一个休闲和娱乐的场所，但其承诺的实用功能似乎遥不可及。这些活动使得隧道时常处于新闻报道之中，此外，泰晤士河隧道还有自己的报纸，大多数报道都是正面宣传，除去其他支出，这也给董事们带来了一小笔额外收入。工程师们知道他们的技术项目受到了公众关注——由公众赋予意义，提供资金和支持，也许会受到他们的阻碍和制约。

19世纪50年代，当布鲁内尔的"大东方"号的赞助商希望通过公开展示船只的下水仪式来筹集流动资金时，在泰晤士河道引发了一些反响，其结果众所周知。[3]1861年6月，当完工的船只在默西河抛锚时，也产生了类似的负面影响。当地媒体热切期待着"'大东方'号蒸汽船的华丽和无与伦比"，通过生动的描述"对这艘大船的成功展览做出了重大贡献"。但当这艘船向公众开放时，却出现了不同的情景。《豪猪》(*The Porcupine*)愤慨地评论道："脏兮兮的甲板和乱七八糟的船舱可能稍加整理就会变得有模有样，而那些脸上沾满污垢的官员和面孔尽是黑烟的人们，总是挡着大家的路，他们本应洗手洗脸，穿上更体面的服装，以向利物浦的访客表达敬意。但事实是他们根本没有这样的准备措施。世界上最伟大的船以这种方式展现给这个城市的人们，这对船长、船员和以任何方式负责管理它的人来说都是一种耻辱。"事实上，更糟糕的是船上时常滞留着大约七八千人：

　　　　船上只有一个隐蔽的出口。为了从这个出口出去，人们必须
　　　忍受一场窒息的、可怕而危险的挣扎，每个人要在此挣扎1~3个
　　　小时。女士们被推着走，扭成一团，挤在铁壁上，年幼的孩子与
　　　父母分离。有人晕倒，有人歇斯底里地喊叫，有不文明的官员在
　　　咒骂，也有涌动的民众在高声咒骂。有些男人的脸涨得通红，像

刚煮熟的龙虾，还有一些漂亮的女人，她们看起来好像在蒸汽锅炉里待了半个小时。但没有看到任何负责人、船长、船员或其他高级官员来平息动乱，也没有人来保护挣扎群众的安全。[4]

"大东方"号和泰晤士河隧道都是不同寻常的景点。但更常见的景点是博尔顿的索霍工厂的衍生物——这些工厂作为实用工程（化学、机械）的展示空间，通过出口拉动了英国经济。从 19 世纪初开始，更多具有哲学思想的工业游客就会参观这样的生产场所。因在苏格兰和英国科学促进会的相关委员会做出杰出贡献而被封为爵士的约翰·罗比森就是这样一个代表。罗比森的父亲曾是爱丁堡自然哲学系的教授，是瓦特的朋友和宣传者。这意味着约翰·罗比森有很多接触科技的机会，也让罗比森有机会改进许多国内外的最新技术，包括福斯和克莱德运河上的蒸汽航行技术和新的"达盖尔照相法"技术。罗比森说："我几乎无法想象有什么东西能比达盖尔先生在巴黎给我展示的那些标本更优秀。"[5]

有人说罗比森的报告可能是临时的，但是与罗比森同时代的剑桥大学的杰克逊教授威廉·法里什（William Farish）声称，在 19 世纪头几十年向富裕青年提供课程做准备的过程中，几乎已经调查了英国制造业中的所有稀奇古怪的东西。同样，当他的学生兼继任者罗伯特·威利斯（Robert Willis）在 19 世纪 30 年代初计划为实用知识传播协会撰写一本英国工业百科全书时，参观了伦敦、诺丁汉、德比、曼彻斯特、利物浦、伯明翰、利兹和谢菲尔德等工业中心，以确保他所编撰的工业百科全书的内容是最新的，并且是具有权威性的。一名随行绘图员记录了相关经历。法里什和威利斯纷纷思考如何将各种不同的、分散而复杂的机械活动的规模缩小到课堂规模——这是一个难题。两个人都以自己的方式解决了这个难题，他们用模型编码了英国工业中可分解、可转移和易于复制的元素。[6]

这种技术旅行和威利斯的通信者查尔斯·巴贝奇的旅行也有其相似

之处。我们已经看到巴贝奇就热衷于研究新铁路运输（第四章）的可能性和问题。即使在铁路时代初期，当铁路网络的覆盖范围只是未来的一小部分时，巴贝奇就已经访问了英国和欧洲的科学和工业场所，收集、整理和梳理关于生产资料和产品的动态互联系统的有潜在价值的数据。他的技术旅行的文学成果集结在《机械和制造业经济》（*Economy of Machinery and Manufactures*）一书中。[7]

巴贝奇的论述使他与激进自动化倡导者苏格兰化学家安德鲁·尤尔（Andrew Ure）获得了同等的地位。这使巴贝奇成为该国主要的"制造哲学家"和经济评论家之一，致力于评价工厂体系的经济性，而这个体系同时还具备科学性、道德性和商业性。[8]但在这种内部人士对哲学技术旅行的合理的看法之外，还有另一种说法：这是一种卑鄙的（尽管并非总是被轻视的）工业间谍活动。展示和报道渐渐变成了有隐瞒和选择性的展示，成为某种奇怪的矛盾的技术实践。我们已经看到博尔顿和瓦特生怕有人从工作场所窃取他们的创意，并且已经到了近乎偏执的状态。他们还通过推动立法回应。然而，他们却乐于利用儿子和助手来传播竞争对手的技术（第二章）。

当英国人抄袭国外学到的技术或开发国外有价值的商品时，他们很少有人抱怨知识或实践经验被盗窃。刘易斯·戈登在欧洲旅行后带回了对海底电报至关重要的钢丝绳制造技术，这也是为他个人带来财富的关键。大约在 1843 年，作为"经济植物学"项目的一部分，西方人发现了天然塑料"古塔胶"，这种天然塑料只有马来亚、婆罗洲和苏门答腊有。但从 1848 年起，它被证明是一种不可或缺的绝缘材料。然而，当外国人（无论是非英国的欧洲人还是北美人）为了寻找有价值和可复制的技术而游览英国时，技术旅行又被重新评价为卑劣的行为。[9]

因此，在许多方面，技术旅行是一个国家乃至帝国层面的问题。卡尔·威廉或查尔斯·威廉·西门子（Charles William Siemens）的案例进一步说明了这一点。[10] 1843年，他访问了伦敦和伯明翰，推销一种新的电镀工艺，这只是他一系列访问中的开始。通过这些访问，他了解到英国的技术在没有国际专利法的保护下，很可能被他的其他兄弟，特别是在普鲁士的维尔纳·西门子利用。卡尔断断续续旅游的一个成果是了解到詹姆斯·斯特林在邓迪（第二章）大力推广的神奇的空气发动机。得益于兄弟的消息，维尔纳·西门子很快就吹捧这一发明的优点："它是我们这个时代最重要的发明之一……尤其是在德国，它的使用不受专利限制。"[11]国家问题至关重要。然而，具有讽刺意味的是，1865年和1866年，关于是否采用"绝对"或更实用的"汞"电阻标准的争论达到顶峰，两兄弟分别与不同的国家团体结盟，查尔斯更接近于以英国科学促进会电标准委员会为代表的英国人的普遍态度，而他的兄弟的态度和普鲁士人——在科学和工业领域的竞争对手一致（第五章）。[12]

在日益依赖铁路的英国，技术旅行在英国科学促进会会议上一直受到欢迎——这些会议年复一年地从一个科学城市（非大都市）或实用艺术中心转移到下一个地方（第一章）。尽管英国科学促进会管理人员发表的关于机械科学的演讲具有普遍性，但这些会议除了为代表们提供一个汇聚和欣赏当地自然美景的机会，也会精心安排以展示当地的科技产品。可以说，他们把会议举办地变成了英国的一部分。尽管英国科学促进会的最初会议地点主要在英格兰，但它的理事们热情地响应了科学和商业人士的请求，访问了爱丁堡和都柏林。最终，他们将乘坐新的蒸汽船抵达加拿大、南非和澳大利亚，将英国的科学与大英帝国的科学技术联系在一起。[13]

与此同时，正如迈克尔·阿达斯（Michael Adas）所指出的那样，"优越"技术的展示本身就带来了某种程度的道德征服，使那些被暴露在这种技术之下的人受到了威胁。[14]他引用了约翰·拉斯金所列举的一位通信者的例子，这位通信者在中国旅行时，目睹了新蒸汽船技术"文明"力量的展示：

我们乘坐蒸汽船在河上航行，蒸汽船的烟雾使空气变得污浊，它以高压的方式喷气，汽船通常会发出汽笛声。这一场景正适合我们的谈话，因为我们置身于一片巨大的森林之海中，整个场景看起来非常古雅、风景如画。蒸汽船看起来太过时了，如果诺亚方舟在那里，这些船或许看起来更现代一点。我的朋友本身就在机械行业工作，他给出了自己的看法。他先是对着那些看上去粗糙的舢板意味深长地摇了摇头，然后指着自己那艘装有发动机的船说："他不相信战争，传教士也不怎么重要。"他又补充道，"这是要做的事情，让我们用这种东西来对付他们吧，以 60 磅力 / 平方英寸的蒸汽的消耗量行驶。这很快就能做到，这就是让他们文明起来的事情——60 磅力 / 平方英寸的蒸汽"。[15]

展示技术

泰晤士河隧道只是"科学伦敦"和其他地方众多展览和展示活动的一部分。[16] 教育工作者和企业家没有坐等追求智慧和现代奇迹的人去参观技术装置，而是将实用创新带到了可访问的展示中心。例如，苏格兰的化学、自然哲学、力学和自然史讲师，以及剑桥大学自发（非强制性）科学讲座的演讲者，为不同的学生群体提供令人兴奋的技术知识。要做到这一点，就意味着要在展览的材料成本上进行投资。这些展品通常是经过特别设计的，或者是为了明显的可见效果而创作的。[17]

伊万·莫鲁斯（Iwan Morus）对技术展示场所进行了广泛的研究，这些场所在大学领域之外，与实践型工匠文化联系密切，并探讨了它们与商品和消费文化的相互关系。这些空间是解决技术及其价值问题的平台，也是解决个人需求和国家竞争的平台，尤其是那些围绕发明的优先级和所有权问题的平台。[18] 在颂扬多样性、实践和手工技能的同时，这些地方还试图将剑桥大学培养的数学家的"哲学"权威和专业知识强加于实践。

英国科学促进会在格拉斯哥召开的会议为调和科学精英和实用工匠这两种文化提供了机会。工程爱好者詹姆斯·汤姆森（James Thomson），也是雄心勃勃的威廉·汤姆森的哥哥，他精心策划了一场模型展览，展示了城市内外"机械科学"（G 分部）应用的多样性和卓越性。这些由格拉斯哥蒸汽船公司免费运输的模型，充分反映了本书的主题。牛顿的面部模型是数学和物理学（A 分部）的象征，也是该学会等级制度的病态象征。关于潮汐剖面和城市港口的图表让游客们认识到格拉斯哥作为帝国港口的日益崛起。纽科门蒸汽机模型作为瓦特的神圣遗物占据了最重要的地位。英国科学促进会委员会存放在水箱中的船只模型证明了 G 分部将船舶设计纳入科学领域的承诺。关于大西洋的图表显示了欧洲和美国之间的联系，阿基米德等人对蒸汽的研究展示了新型螺旋桨蒸汽船的前景。大卫·内皮尔展示的船用发动机证明这种转型不仅仅是空想。而"彗星"号的发动机经过耗资 120 英镑的修复，彰显了格拉斯哥的船舶工程安全的、标志性的和进步的历史。铁路工程师查尔斯·布莱克·维尼奥尔斯展示了他的里布尔桥模型。亚历山大的"电镀电报"展示了电报通信的前景。同时，惠特沃斯的螺纹也表明了精密工程和国家标准化（也许是国际标准化）的好处。[19]

尽管为了增强格拉斯哥公民的自豪感，这个临时展览积累和展示了来自英国各地的实用创新产品，但它无法在多样性和持久的国际影响力与伦敦大都会的展览上相提并论。[20] 在这些物质文化的展览中，最为著名的但在许多方面并无典型特色的是"万国工业博览会"。这是由英国皇家艺术学会（The Royal Society of Arts）的两位充满活力的成员亨利·科尔和阿尔伯特亲王策划的，于 1851 年在伦敦海德公园举行。在帕克斯顿一座用钢铁和玻璃建造的水晶宫中，展品被布置在十字形教堂和中殿里，展示了英国持续丰富的技术创新，这与其他国家的简单工艺形成鲜明对比，并毫无疑问地证明了格拉斯哥会议举办后 10 年间所做的预言令人惊奇地应验了。

在这些充满活力的维多利亚时代藏品中，来自各个阶层和不同性别的参观者见证了蒸汽技术在农业中的实际应用，见证了象征国家安全和商业安全的巨大灯塔反射器，也见证了电报工程师克兰普顿的快速机车"福克斯通"号。蒸汽动力、蒸汽船、铁路和国际电报通信（在展览会上宣布）为"进步"提供了实践证明，并培养了人们对帝国未来前景的信心。[21]

1851 年的伦敦也为美国工业革命提供了舞台。美国驻伦敦大使爱德华·里德尔（Edward Riddle）回国后，立即开始寻求华尔街和华盛顿的支持，为纽约的"水晶宫展览"筹备资金，该展览于 1853 年开幕。从表面上看，这对一个年轻的国家来说是一个绝佳的机会，这个国家试图通过电报、蒸汽船和铁路交通来塑造自己的统一性。这是对传说中的美国智慧与旧世界的奢侈之间进行对比的机会。7 月 4 日，他在这里发表了关于"美国理念"的演讲。[22]尽管展览指南、目录和水晶宫毫不掩饰地照搬了帕克斯顿的展览，但这次尝试并没有复制伦敦展览在商业上的成功。[23]虽然灯塔设备、轮船模型、铁路和电报（包括莫尔斯的）再次被展出，但亚拉巴马州制造的精美的"南方美女"蒸汽机的口碑却远远不如预期，而且展示的最近的创新也很少。

就像这里一样，当其他国家开始独立展示自己的商品时，英国人通常来评判，并向政府、专业人士和公众汇报。在巴贝奇剖析英国工业发展状况的 20 年后，约瑟夫·惠特沃思作为精密工程领域的权威，也是纽约机床展览的参展商，介绍和分析了"美国制造系统"，该系统专注于大规模生产相同的机器制造商品。对于查尔斯·莱尔来说，纽约最大的科学成就是亚历山大·达拉斯·贝奇（Alexander Dallas Bache）领导下的关于美国海岸调查局的大量调查研究、报告、地图和图表的展览。对莱尔来说，这是"美国目前正在进行的最重要的科学工作"。我们可以补充说，这确实是一项具有美国国家重要性的工作。这些测量调查的精度已经超过了英国在印度的测量调查的精度。然而，英国的经纬仪是三角测量的主要工具。[24]莱尔看到尽管美国仍然依赖英国的工具，但它正在以一个新的海洋帝国的姿态展示自己的实力。

与"万国工业博览会"中世界各国的工业，甚至包括充满活力的美利坚合众国的工业相比，1851年和1853年的展览展示了英国人的独创性、实力和判断力。然而，与这种技术、道德，或许还有哲学上的优势相对应的是，有人暗示英国正在衰落。事实上，从19世纪30年代开始，这种情况一直存在。[25]1830年，巴贝奇和其他人指责英国政府和传统学府（据称）未能支持英国的科学发展（第一章）。[26]这种攻击在一定程度上反映了未经改革的英国科学界在牛津剑桥的精英和实践人士之间的分歧。[27]1851年，巴贝奇批评了"1851年万国工业博览会"的组织者们（他不是其中之一），并对他们令人惊讶的短视感到愤怒（在他看来，更重要的是没有展示他的差分机）。[28]尽管其他评论家宣称，1862年的伦敦展览会继续显示了英国的卓越地位，特别是在新兴化学工业方面的成就，但1867年的巴黎博览会同时显示了英国工业的优势与问题。其中一个更引人注目的结论是英国正在"落后"，或者说它相对于其他国家而言，其进步正在变小。这些结论给莱昂·普莱费尔和其他人提供了机会，从而提出了对技术教育的调查和倡议。在这些批评者看来，解决英国问题的办法是对工业阶层和帝国的工程师进行教育。[29]

培养工程师

作为技术系统的创造者和解释者，工程师经常讨论教育问题。在18世纪晚期，詹姆斯·瓦特很好地总结了工程系统与建造和维护它的专家之间的相互依赖关系。瓦特承认，在发明带有独立冷凝器的蒸汽机时，他还需要重新培养能够制造和控制新动力的蒸汽工程师。新发动机的使用意味着需要受过新技能训练的工匠。1797年，他的合作伙伴老约翰·罗比森曾谈到，需要一个"可以授予学士、硕士和博士三个学位的科学工程师学院或协会——这不仅关系到没有特殊价值的学术荣誉，还要提供比共济会更有价值的职位，而且要有法律支持"[30]。毫无疑问，穷困潦倒的罗比森教授考虑的是那些愿意花钱听他讲课的和购买他撰写的书籍的人。但是瓦特带着他"精心培养的创造者"（用斯迈尔斯的话来说）可能有别的想法。博尔顿和瓦特的公司一直是蒸汽工程师的重要训练基地，尤其是培养了默多克和萨瑟思——更不用说博尔顿和瓦特有时叛逆但却可圈可点的儿子们了（第二章）。

最后一种培训是专有的、内部的、与所从事业务性质直接相关的，这似乎是英国经济偏好自由企业或放任其不受国家干预的结果。对于那些没有科学培训的情况下就取得如此成功的工程师来说，还需要什么培训呢？在某些方面，瓦特本人就是一个很好的例子。据说他没有受过培训，忙得没时间听约瑟夫·布莱克的化学讲座。布莱克和罗比森声称布莱克的讲座说明了瓦特的发动机所依据的原理。然而，瓦特还是发明了能够改变国家的动力——并推动了帝国的急剧扩张（第二章）。

在我们研究的时期，土木工程师经常要求获得认真对待，拥有科学家的权威，或者以从事伟大的"实验"自居（第二章至第五章）。这种说法常常让历史学家认为，工程师，尤其是英国工程师，"需要"接受更多的大学教科书式的科学教育；然而，工程师的身份与男性独立和权威的概念纠缠在一起，这些概念是通过个人经验获得的，而不是通过现成的理论教育获得的。塞缪尔·斯迈尔斯在他书中的"自我修养"一章中就抓住了这一点，他引用了约翰·罗比森爵士的好朋友沃尔特·斯科特的话："每个人所受教育中最好的部分是他自己给予自己的部分。"[31]

因此，19世纪30年代末到19世纪40年代初，在英国（特别是达勒姆、伦敦、爱丁堡、格拉斯哥和都柏林）开始开设工程师学术课程时，人们对它们的反响很复杂就不足为奇了。到1841年2月，学校开设了太多课程，以至于土木工程师学会的主席詹姆斯·沃克（James Walker）开始担心课程有些过剩。在铁路建造的狂热时期之后，英国陷入经济衰退（自1837年起）。这位格拉斯哥大学的校友和杜伦大学的校外考官想知道是否会有工作给所有这些受过大学训练的工程师[32]：

> 在这之后对专业工程师的需求是否会增加呢？还是更有可能减少呢？现在可以肯定地说，工程师或学习工程学的学生人数在增加。如果我们看看不同大学和学院的土木工程班的学生人数……我们不禁要问，这个国家能为所有这些人提供工作机会吗？坦率地说，我对此表示怀疑。[33]

沃克表示，这些人可能会在国外找到工作。显然，帝国的建立不仅意味着物品的出口，或者为货物和情报建立安全的通信手段，也意味着专家的培养和输出，包括工程师，他们作为知识时代的专家，可以将技术系统的范围扩展到英国之外。

英国的科学教授们希望以自然知识讲师的身份推销自己的技能。在他们看来，这是为了加强未经指导和非专业的实践，并培养工程师为工业和国家服务。实际上，他们经常与产业实践保持密切联系。但在几个实例中，他们阻止了专业的土木工程教授的任命，认为这侵犯了他们的学科领域。相反，他们选择自己来扩展、复兴或开创与国家发展和利益密切相关的事物的学术讨论，这包括动力、造船、铁路和重新置于精密测量实验室的电气技术。[34]

以动力为例，19世纪30年代末，化学家詹姆斯·芬利·韦尔·约翰斯顿（James Finley Weir Johnston）在帝国工厂煤田的中心达勒姆向绅士工程师们发表演讲。[35]19世纪40年代初，亨利·莫斯利（Henry Moseley）在伦敦国王学院对瓦特的指示图进行了改进，将各种形式的动力测量纳入精英自然哲学领域，并用数学分析重新塑造了蒸汽机的杠杆、曲柄、飞轮和调速器的动力学。[36]有时，这样的学术成果即使在重要的工业中心也很难销售。1841年，当刘易斯·戈登来到格拉斯哥学院时，他发现自己在瓦特的家乡培养工程师的雄心被反对工业入侵的保守寡头阻碍。尽管如此，他还是强调了通过测力计精确测量动力的战略重要性。[37]

更成功的是，从19世纪40年代开始，罗伯特·威利斯给剑桥大学受过专业训练的数学专家们提供了一种对工业的洗练和抽象的观点。到19世纪50年代（如果不包括更早时期），这种观点包括了"蒸汽机"[38]。最重要的是，兰金从1855年起担任土木工程和力学教授，他记录了瓦特发动机的发展历程，当时"科学在几年内的影响将超过整个19世纪经验积累的进步"。兰金在他的大学课本里关于蒸汽机"历史草图"中复制了许多标志性的图像，其中包括贝尔的"彗星"号蒸汽动力船（1811—1812），斯蒂芬森的"火箭"号火车头（1829年），以及著名的"纽科门"模型，这些"被大学作为最珍贵的文物保存了下来"[39]。

对于这些人来说，学院的科学训练确实可以优化工程实践。在博览会之后，特别是从19世纪60年代开始，人们对教育"工业阶层"的最佳方式、学校科学教师的培训，以及工程师（尤其是电气工程师）的培养进行了反复的评估。工程培训甚至可以成为一种有利可图的出口项目，兰金的天才学生亨利·戴尔作为东京新帝国理工学院的年轻校长，建立了一个全新的培训计划。[40]在这个时代，专家职业崛起，尤其是由T.H.赫胥黎（T.H. Huxley）和X俱乐部等游说团体带头的科学博物学家。《自然》等期刊在天文学家诺曼·洛克耶（Norman Lockyer）的热心领导下，经常效仿欧洲模式，向政府施压，要求增加资源和积极干预。[41]德文希尔和塞缪尔森的政府委员会也对各类教育工作者进行了严厉审查，其中最引人注目的可能是伦敦帝国理工学院于1908年获得特许状。[42]

那时，工程师们已经组成了强大的机构。成立于1771年的土木工程

师学会是英国最早的几个工程师组织之一，反映了启蒙运动时期的社团的
热潮。在土木工程师学会的杰出成员约翰·斯米顿去世后，该学会更名为
"斯米顿学会"。"斯米顿学会"的成员是土木工程师中的精英，是已经取得
成功的人，但他们聚在一起与其说是为了教育和改革，不如说是为了指导
实践、结交朋友，并对商业和英国的现状进行猛烈抨击。[43]1818年，一
群拼命寻求地位的年轻工程师（整个世纪里工程师们都在这样做）成立了
新的土木工程师学会。不久，该学会的元老托马斯·特尔福德执掌了学会。
不久之后，该学会还获得了特许状，特许状的宣言表达了利用自然的伟大
力量造福人类的宏大目标。尽管有关受过大学教育的工程师的言论会使坚
持认为学会本身就是他们学校的学会成员感到不安，但土木工程师的身份
仍然与"平民"的成员身份密切相关。[44]

　　然而，即使到了19世纪40年代，工程学在机构代表方面出现了分歧，
尤其是成立了专门为铁路从业人员服务的机械工程师学会（Institution of
Mechanical Engineers），通常位于英格兰北部，据说在英国土木工程师学会
的权力结构中被低估。19世纪六七十年代，教育委员会成立时，工程学会已
经激增，或者说这个单一的职业已经支离破碎。[45]这种模式呼应了以剑桥
大学的威廉·惠威尔为代表的博学多才人士的消亡，也反映了科学内部专
业知识的分化。电报工程师社团为从事与新型通信形式相关的工作者提供
了服务。在19世纪末，电力和照明等新型电气工业的发展，使该社团效仿
土木工程学会，转变为电气工程师协会（第五章）。

　　随着克莱德船舶制造业和海洋工程的兴起，特别是从19世纪50年代
（第三章）开始，由兰金和他的同事创立的苏格兰工程师和造船协会（1857
年），标志着英国诞生了第一个这样的协会。东北海岸工程师和造船学会
（The North East Coast Institution of Engineers and Shipbuilders）稍晚于
1884年成立。在国家层面，海军建筑师学会（1860年）占有重要地位。与
海军部一起，该学会在南肯辛顿赞助了一所新的皇家造船和海洋工程学院

（1864 年），9 年后并入格林尼治皇家海军学院。每年从海军部造船厂招收
8 名造船学专业的学生和 8 名海洋工程专业的学生。

皇家造船和海洋工程学院的第一批学生包括怀特，他后来被任命为海
军建造部的主管，并以为威廉·阿姆斯特朗爵士设计军舰而声名鹊起。威
廉·阿姆斯特朗爵士的泰恩赛德军备帝国在 19 世纪 80 年代增加了造船
业务。另一位早期的学生是弗朗西斯·埃尔加（Francis Elgar），他后来
在 1883 年接任了由约翰·埃尔德的遗孀创立的格拉斯哥大学海军建筑学
专业教授职位。埃尔加还领导了埃尔德的老格拉斯哥（戈万）船厂（现
在被称为费尔菲尔德造船和工程公司），以及著名的利兹的伯肯黑德船
厂（现在被称作卡梅尔·莱尔德，因其后来与谢菲尔德钢铁和装甲板制造
厂合并）。这两家船厂都非常注重海军部的合同和帝国的高级商船的制造
业务。[46]

也许令人惊讶的是，土木工程师学会继续反对将标准形式的培训作为
进入该职业的强制性先决条件——尽管在 19 世纪早期，这可以被理解为
反映了老一代成员进入这一职业的各种各样的途径。相反，尽管布鲁内尔
这样的人发表了尖刻的评论，他们仍然选择保留学徒制。布鲁内尔很少收
学生，并公然向学生收取高额费用，而且毫不掩饰地说，他的工作不是教
他的学生，而是他的学生要潜心向他学习，以他为榜样。但不应忘记，工
程师既是实干家，也是读者。尽管英国工程师被讽刺为以经验为导向，且
"没有受过教育"，但在漫长的 19 世纪，英国出现了大量的工程专业书籍。

为文学服务的技术

伊丽莎白·艾森斯坦（Elizabeth Eisenstein）等文化历史学家长期以
来一直声称印刷是变革的推动者，将印刷技术和实践的变化与宗教改革事
件和 1500 年至 1700 年的科学革命联系起来。[47] 艾森斯坦强调印刷是知

识稳定的来源，因而要促进权威文本大规模复印。然而，阿德里安·约翰斯（Adrian Johns）对这种简单的解释提出了异议，他关注的是现代早期英国自然知识创造过程中的混乱实践。[48]更具体地说，史蒂文·夏平在 17 世纪利用"文学技术"这个词作为说服的工具，并作为一种扩大受众的手段来证明自然事实。[49]

在这一时期，印刷业再次被电力印刷机、电报和蒸汽船运输所改变：铁路分销、车站书摊和旅行皆给读者提供了阅读机会，它们结合在一起形成了一种独特的文学技术。[50]在个体英雄的神话背后，工程从业者中存在着一种阅读和写作的文化，对观众、文本和自我广告的可能性有着敏锐的反应。瓦特向德萨居利耶请教蒸汽问题；惠特斯通和库克发行了关于电报的小册子；铁路有了布拉德肖和一场关于轨距的新"书本之战"；艾里和斯科斯比在大都会杂志《雅典娜》（*The Athenaeum*）上为他们自己的磁力权威而战（第一章）。[51]

在这一时期，实践者们开始书写自己的文学文化和标准。德萨居利耶不朽的巨著《实验哲学教程》成为这一领域的经典。这本书按照牛顿的思路进行论述，详细描述了 18 世纪英国各地最好的实用机器的特点和形象。[52]还有一些实用的百科全书，模仿了著名的法国启蒙时代《百科全书》（*Encyclopedia*）的技术部分，表明了在十几卷或更少的卷册上将所有有用的知识图表化的野心。[53]亚伯拉罕·里斯（Abraham Rees）在 1779—1786 年修订并更新了著名的《百科全书》。这本被称为《里斯的百科全书》（*Rees' Cyclopaedia*）的作品成了人们研究英国工业不断变化的重要参考资料，于 1819—1820 年新出版了 39 卷。比之更为庞大的是由朗曼出版社出版的、狄奥尼修斯·拉德纳担任编辑的《小型百科全书》（*Cabinet Cyclopaedia*），全书不少于 133 卷。[54]这样的作品与新兴作品展开了竞争，比如长期在伍尔维奇皇家军事学院任教的奥林瑟斯·格雷戈里（Olinthus Gregory）编辑的那本。福音派的数学实践者，格雷戈里的 3 卷《力学论》

（*Treatise of Mechanics*）（1806 年）在国际上被广泛使用。他每年编辑《女士日记》（*Ladies Diary*）（其内容虽然与标题不符，但却为所有年龄和性别的数学爱好者提供了一个交流平台）。规模更大但不那么成功的是他的《百科全书》（*Pantologia*，12 卷，1808—1813 年），这本书对人类天才、学习和工业进行了全面的呈现。[55]

19 世纪早期的一般科学期刊，如威廉·尼科尔森（William Nicholson）的《尼科尔森杂志》（*Nicholson's Journal*）、托马斯·汤姆森（Thomas Thomson）在格拉斯哥出版的《哲学年鉴》（*Annals of Philosophy*）和亚历山大·蒂洛赫（Alexander Tilloch）的《哲学杂志》（*Philosophical Magazine*），连同一些小册子和更丰富的书籍一起对工业和实用艺术的展示进行了专门描述。报纸报道了大规模的公共工程，以及围绕这些工程的丑闻。事实上，工程师和媒体之间经常存在着一种亲密而又不稳定的关系，在这种关系中，记者们经常乐于接受并采用高级工程师的助手提供的解释并赞扬他们最近的工作稿件。19 世纪伟大的评论期刊，其中包括《季刊评论》（*Quarterly Review*）和《北不列颠评论》（*North British Review*），为大型公共工程的报道提供了额外的渠道。[56]

《爱丁堡评论》是苏格兰光学发明家、学者大卫·布鲁斯特笔下论战的重要阵地。他希望政府对工程学提供支持，尤其是对工程学培训，使其与医学、法律和教会等传统职业一样被平等对待：

> 如果我们要求律师只定期学习与我们的公民权利有关的事务，要求我们的医疗顾问和宗教导师不仅要长期学习，而且在他们的专业活动中有较高的熟练度，我们难道不应该以同样的理由，坚持在涉及最大的财产、最高的国家利益、数百万人的生命受到威胁的情况下，对土木工程有全面和深刻的了解吗？[57]

对布鲁斯特来说科学新闻生涯为他提供了收入来源，但即使在他的职业生涯中，他总共发表了 1000 多篇各种各样的文章（从《尼斯湖水怪》到《伽利略是"科学的殉道者"》），写作依旧是一件冒险的事情。布鲁斯特与威廉·布莱克伍德（William Blackwood）合著的《爱丁堡百科全书》（Edinburgh Encyclopedia）在商业上遭遇惨败。[58] 麦克维伊·内皮尔的《大英百科全书》（布鲁斯特也写了这本书）则更为成功，它总结了当时的知识，包括实用知识，例如，对工程师的标志性人物詹姆斯·瓦特的详细介绍就节选自詹姆斯·瓦特的儿子的著作。[59]

当印刷技术的变化产生了更便宜的书籍时，这也为工程师提供了新的阅读材料，并改进了英国工程界的集体文化。历史学家最近改变了我们对书籍和印刷文化及其与科学关系的理解。作为该计划的一部分，他们重新审视了 19 世纪中期"大众科学"的概念。但是，"大众科学"不应该被看作是一种被稀释了的，或者被简化了的"精英科学"形式。相反，它可以被理解为一个在 19 世纪中叶逐渐确定的范畴，与同时出现的精英的专业科学范畴相对立。[60] 与此同时，以印刷方式传播的工程知识有自己的平台，这种交流平台不同于精英科学或大众科学，但同样具有多样性。这些形式很少受到重视。但我们可以推测，总的来说，实用艺术的"普遍"描述与工程努力的"专门"描述有类似的区别。工程专业人员逐渐回避与"共同文化"的直接接触，变得越来越独立自主。

从 1823 年起，由托马斯·霍奇金（Thomas Hodgskin）和激进记者约瑟夫·罗伯逊（Joseph Robertson）在伦敦共同编辑了《力学杂志》。该杂志拥护一种议程，即颂扬工匠机械师的尊严和独创性，认为其高于大学的精英科学和都市权力中心的"旧式腐败"。这本杂志仅售 3 便士，却有大量的插图。[61] 土木工程师学会与出版商约翰·威尔合作出版了 3 卷《交易》（Transactions，1836—1842），重现了其法规和章程，回顾了其历史，颂扬了杰出人物（斯米顿、伦尼、特尔福德），并通过延展的技术论文证实了自己对工程知识总量的贡献。从 1837 年开始，土木工程师学会的会议记录记载了会议上提交的论文摘要，并强调了工程努力的公共性和批判性，提供了随后进行的"对话"的要点。其他英国工程师学会也纷纷效仿：建筑物使机构具体化，但机械工程师、海军建筑师和电气工程师学会的纸质"会议记录"却很常见，其便于携带，能提高自身地位并吸引注意力。提交"论文"可以提升个人社会地位；期刊和报告的赠送机制将相关领域的专业团体与国际同行联系在一起。作为英国土木工程师学会的独立分支，弗雷德里克·威廉·拉克斯顿（Frederick William Laxton）的《土木工程师和建筑师杂志》（*Civil Engineer and Architects' Journal*，1837—1868）提倡工程师通过适当的学校教育补充该领域的经验，从而提高工程师的专业地位；同样，建筑师和土木工程师之间的书面联系也通过《建筑师》（*Builder*）杂志得以形成。后来，两本相互竞争的杂志——19 世纪 50 年代的《工程师》和不久之后的《工程学》（*Engineering*）——定期提供最先进的学习成果，容纳辩论和适度的争议，发展验证性的专业和实践历史，从而巧妙地将一个忙碌的工程师群体联系在一起。[62]

当然，期刊和技术一样，有成功也有失败。企业家创办期刊的容易程度很少与销量相称。自 1824 年起，这座帝国的第二大城市就有了自己的《格拉斯哥机械杂志》（*Glasgow Mechanics' Magazine*）和《哲学年鉴》。但是，尽管它经常被转载，并且与看似和最有前途的工业相关，但不到 10 年，它就停刊了。刘易斯·冈珀茨（Lewis Gompertz）是一位富有远见的发明家，他热衷于通过机械来减轻人力的负担，他编纂的《艺术汇编》（*Repertory of Arts*）备受人们喜爱。但他创办的其他刊物，《科学与艺术的机械杂志》（*Mechanics Journal of Science and Art*）、《自然与实验哲学杂志》（*Magazine of Natural and Experimental Philosophy*）在 1838 年创刊一年后停刊。尽管它的标题很有前途，类似于伦敦《力学杂志》，而且它的撰稿人也富有创造力。冈珀茨发明了无腿自行车或者说重新发明了车轮，但这份期刊仍旧停刊了。[63]

在更成功的期刊上，关于教育的辩论与关于工程和实用艺术教科书的讨论并行不悖。[64]当工程师们推动建立统一的物理和工程标准时，工程教育者（如果不是各州部门的话）呼吁通过提供规范的教科书来统一教学。在剑桥大学，威利斯声称他的《机械学原理》(*Principles of Mechanism*，1841 年）使数学家更容易理解机械发明的复杂过程。1833 年出版的《实用人士的力学》(*Mechanics for Practical Men*) 则截然不同，这本书的出版可能是为了与格雷戈里的《实用人士的数学》(*Mathematics for Practical Men*，1825 年，第 2 版于 1833 年出版）的第 2 版同步推出，作者是出身卑微的机械师詹姆斯·汉恩（James Hann）。汉恩凭此书从纽卡斯尔的煤炭地区的机械师跃升成伦敦国王学院的学生，这里为国王学院提供了众多土木工程专业的学生，相关收入在经济上维持了学院的运作。对于汉恩和许多贫困的教育工作者来说，出版是一种赚钱的手段。很快，他就出版了大量有关蒸汽机、球面三角函数和许多其他方面的书籍。这些书籍通常是与英国土木工程师学会的出版商约翰·威尔合作出版的。[65]

麦夸恩·兰金通过销售教科书获得了稳定的收入。兰金在电力、铁路、电报，以及船舶工程方面都有丰富的经验。他在被任命为格拉斯哥大学教授后，编写了大量关于各个工程领域的教科书。这些教科书的内容虽然有些难以理解，但却历久弥新。这些著作旨在提供标准化教育，培养出可靠的工程师，他们不仅要忠于他们工作的公司，还要忠于母校和"工程科学"这一学术和实用的媒介。兰金希望或者说已经实现了他的朋友戈登所说的"永久的工程学原理"。他对工程学原理进行详尽陈述，可以与牛顿物理学的基本原理相媲美。他写了一本不朽的著作《造船理论与实践》(*Shipbuilding, Theoretical and Practical*)，这是一本真正意义上的巨著。再加上兰金的其他手册，它们形成了名副其实的工程教科书范本。[66]

工程的形象

　　工程师们就像科学家一样，善于塑造自己的形象。文化历史学家对这种自我呈现的过程特别感兴趣。在科学史上的典型例子中，我们只需要回顾一下可敬的罗伯特·波义耳（Robert Boyle），他从 17 世纪 60 年代起就在伦敦皇家学会工作，通过新的技术密集型的"实验"技术而不是古代书籍，发现了自然的模式，并试图通过塑造自己，像他的同伴一样，成为一个世俗的基督教学者来合法化所产生的知识。[67] 也许更值得注意的是，伽利略作为一个老道的宫廷家臣，适应了美第奇宫廷的模式及其资助和交换礼物的微妙文化，促进和发展了哥白尼的太阳中心说，以此来反对亚里士多德的宇宙论。[68] 19 世纪，迈克尔·法拉第也花了很长时间，努力把自己塑造成一个"哲学家"和圣人。他通过对讲座进行细致准备，甚至通过演说的方式，以表现出明显的中立（客观）的态度，从而对透过他直接揭示出来的上帝的自然法则进行评论。[69]

　　我们已经看到了威廉·斯科斯比作为船舶磁力方面可信的权威形象。这一形象是由他作为船长的航海经历和他作为基督徒的宗教经历所塑造的（第一章）。实际上，在斯科斯比去世后，他的朋友阿奇博尔德·史密斯出版了斯科斯比的遗作《澳大利亚和环球磁学研究航海日记》（*Journal of a Voyage to Australia and Round the World for Magnetical Research*）。"对科学的热爱和对人类事业的献身精神使斯科斯比博士在他生命的后期进行了这次航行"，史密斯在前言中断言，"他可以说是一个殉道者"。即使是皇家天文学家的身份也无法与之匹敌。[70]

　　在工程学的背景下，又出现了一系列同时具有社会性、实用性和认识性的类型，可以说，它们处于一种全新的实践知识的地理领域。威利斯在他的演讲中模仿了法拉第天真简单的风格，回避了危险狂热的"哗众取宠"

的行为，而是站在一个真正的机械哲学家的位置上，将机械与剑桥的数学秩序联系起来。威利斯在英国科学促进会高层的朋友，比如惠威尔，和威利斯一样将自己定位为工程哲学家而非工程师，从而站在更高的角度评估工程学科的发展。相反，像费尔伯恩这样的实用工程师则沉浸在英国科学促进会的聚光灯下，享受着声望。中间人物，比如格拉斯哥的兰金开辟了科学工程师的新角色，在理论和实践需要之间架起桥梁。对于工程师来说，这是更理智和持久的，对于学者来说，这有利于和谐一致，互惠互利。[71]威廉·汤姆森与兰金和威廉·艾尔顿合作，将电报学发展成一门科学，并推动电气工程师成为一门科学职业。他们顶住了自学成才的怀尔德曼·怀特豪斯的压力，怀特豪斯则被看作是早期电报失败的替罪羊（第五章）。

这些来自学术科学中心的人的自我塑造与像布鲁内尔这样的人截然不同，他们利用男性的勇敢和冒险精神来塑造一种独特、原创和英雄主义的形象。像乔治·斯蒂芬森这样注重身份地位的铁路工程师和他的追随者们都在维护自己的形象。他们意识到，有关道德堕落的指责对企业发展不利。早些时候，詹姆斯·瓦特摆脱了游荡在格拉斯哥大街上的普通商人的形象，把自己塑造成一个沉浸在哲学和道德原则中的哲学家，他知道宣扬自己的这种形象不仅对子孙后代有益，对商业也是有益的。[72]

在形象制造与传播的过程中，视觉表现起到了传播科学、医学和工程界人士形象的作用，与夸大其词的文学传记相辅相成。[73]历史人物们自己也积极地塑造形象，通过巧妙放置的雕像和精心摆拍的照片来维护和提高声誉。查尔斯·达尔文在塑造自己的科学形象方面为我们提供了案例。他在营造自己的形象方面发挥了主导作用——作为城里人、病弱者、有胡须的哲学家，最终作为智者，这在肖像画和一系列签名的照片中得到了体现。这些照片由他自己拍摄然后发给仰慕者和记者。[74]

在我们的工程师中，瓦特因制作塑像而闻名。他托人为自己制作了半身像，并用自制的装置复制了这座半身像，然后由他的儿子作为瓦特最热心的名誉保护者，将这半身像放在代表科学和工程力量的中心。在他死后，威斯敏斯特教堂出现了一座充满争议的纪念碑，而格拉斯哥和利兹的公共广场上，占据主导地位的是巨大的瓦特雕像。19 世纪的艺术家们重新想象了瓦特的发明时刻——无论是受到水壶的启发，还是受到复杂的纽科门蒸汽机的启发（第二章）。传播马克·伊桑巴德·布鲁内尔和伊桑巴德·金德姆·布鲁内尔的肖像，有助于将他们与其工程产品联系起来，而不是他们的商人形象：对这位父亲来说，泰晤士河隧道是一个合适的背景；对他的儿子来说，早年传统的肖像——将年轻的布鲁内尔与布里斯托尔项目的调查和计划联系起来；而后来的照片中，布鲁内尔仿佛是一个小巨人，"大东方"号的巨大的下水链条在照片中也显得如此渺小。[75] 在那张照片里，尺寸起了重要作用。

并不是所有的工程师都选择用自我的形象来纪念他们的作品。因阿尔弗雷德·霍尔特秉持着少见的严肃的清教主义信仰，选择了谦逊。就连新建的乌莱特路统一派教堂的墙壁或窗户上，也没有展示这位远洋运输工程师的纪念碑。乌莱特路统一派教堂是延续了伦肖街朴素的建筑风格的哥特式新教堂。无论是《国家人物传记大辞典》（*Dictionary of National Biography*）还是爱德华一世时代的文学作品，都没有让这位默西河上的商业巨头永载史册。他的头衔和乡村庄园都无法使这个名字流传到后世。相反，霍尔特没有用赚到的钱让自己成为土地贵族，而是建造了一支远洋船队，即著名的蓝烟囱航运公司，仅在它的旗帜上刻有简单的字母"AH"来代表自己。[76]

实用工程的对象呈现出了多种形式。德萨居利耶大量复刻了他所描述的机器的版画；法国的《百科全书》也同样依赖各种精美的工艺品插图。这些图像试图捕捉工程形式和技术实践的基本要素，或物化的工程形式和技术实践，类似那些植物、动物或解剖学的插图的方式。这些插图显示的不是单一的标本，而是一个理想的或"平均"的代表。[77] 当然，这提醒我们，仅仅是图像的存在并不意味着实际物品的存在（正如许多建筑前景所证明的那样）。对于工程师们来说，图像是可能的未来或甚至可能的乌托邦的视觉象征。在《力学杂志》和其他技术期刊上，有许多大胆的方案刊登在专栏中，虽然它们通常没有实现，但这些设想给版画家们带来了工作。在这个展览盛行的时代，还有什么方式能比通过目录、纪念品和庆祝活动更好地传播这种体验呢？随着新铁路的建成，旅行指南通常会展示路线及其周边最好的、最美丽的、最具经济或政治意义的"景观"，同时也展示了车站和火车头（第四章）。绘制的船只肖像，就像冠军赛马一样，为海事巨头的董事会增光添彩，而工程师制作的展示在位于伦敦科克斯勃街或干草市场的帝国航运公司办公室窗口的模型则以精致的细节吸引着过往行人。

一方面，像《伦敦新闻画报》这样的广受欢迎的大报和像《庞奇》这样的煽动性杂志热情地赞美或讽刺国内的实用艺术和公共工程，以及日益增多的东方和帝国的异域风情。另一方面，受过数学教育的工程教育者［从法国几何学家加斯帕尔·蒙热（Gaspard Monge）开始］在专业工程形象中趋向抽象化。马丁·雷德威克（Martin Rudwick）在地质图解中也描绘了类似的二分法，即具体和自然主义与抽象、去语境化和物化插图之间的区别。例如，在课堂上，为了让那些被工程科学的前景所诱惑的工程师们受益，兰金致力于将热机的所有复杂和混乱的原理简化为（相对）简单的几何图形。他认识到，视觉化不仅具有解决问题的价值，而且在管理得当的情况下，还具有说服力。[78]

预言、祈祷与天意：上帝的影响

对漫长的 19 世纪的科学或自然知识的研究表明，宗教实践和神学的背景不容忽视。此外，它们还表明，自 19 世纪晚期以来，由特定团队为特定目的而提出的固有的"科学与宗教之间的冲突"模式，经不起历史的推敲。[79] 如果科学和宗教之间有复杂的相互作用，那么工程和宗教之间又是怎样的关系呢？

在某种程度上，帝国的使命包括宗教使命。麦格雷戈·莱尔德（Macgregor Laird）将商业和基督教带到西非，他是伯肯黑德钢铁造船厂造船商约翰·莱尔德的兄弟。他在1837年写道："我们手中掌握着道德的、物质和机械的力量。第一种基于《圣经》；第二种基于盎格鲁—撒克逊对各种气候的奇妙适应……第三种是不朽的瓦特留给我们的。"[80] 蒸汽船能够穿越非洲和亚洲的河流，确实可以同时作为商业帝国扩张和基督教传教的工具，并且在需要时也可被军队使用。因此，当阿尔弗雷德·霍尔特买下他的第一艘轮船——二手的"邓巴顿青年"号时，发现船上有大量的《圣经》和武器，还有一些对明智的一神论的船主来说更有价值的蓝色油漆也就不足为奇了。[81] 因此，西方技术与西方科学一样，成为西方文化及其文明使命的象征，这一使命以基督教福音派信仰和价值观为支撑。毋庸置疑，奥斯曼帝国的宗教评论家，即使不是他们实际的政治主导者，也强烈抵制这种"道德的、物质和机械的"力量的十字军式干预。[82]

当马丁·路德（Martin Luther）称印刷术为"上帝最高的恩典"时，他并不是最后一个评价这种新型通信方式在推动上帝工作方面的力量的人。[83] 塞缪尔·莫尔斯在1844年以"上帝创造了什么？"的这一句意味深远的话开启了美国的电信通信时代。根据詹姆斯国王的版本，这句话中莫尔斯表达了这是上帝赐予那些从古老土地的束缚中解放出来的人们的祝福。[84] 19世纪60年代，《泰晤士报》的记者W.H.拉塞尔在深入研究的基础上，总结1865年大西洋电报电缆失败的经验时声称，就像1859年的威廉·汤姆森一样，在"计算"允许的范围内，成功是不可避免的。事实上，对拉塞尔来说，电报是使分裂的国家重新团结起来的工具：

明年，我们将见证一个将新旧世界连接起来的事业的复兴。

在上帝的祝福下，这条持久的纽带将给长久以来被海洋分割的国家带来无数的祝福，并增加这个帝国所取得的伟大力量。这是由我们的同胞在上帝的指导下，为促进人类的幸福，付出精力、进取心和毅力得来的。回顾所有已经发生的事情，希望被辜负，期望落空，在对未来事件的任何预测中，只要是人所能做到的，我们仍然有充分的理由相信，在1866年将见证人类最伟大的事业，见证人类克服物质困难的能力。[85]

然而，并非所有对电报的解读都直接证实了宗教真理。相反，他们可能会在某种程度上质疑上帝的旨意，质疑他曾经所说的话语的真实性，质疑人类智力和力量无可救药的低下。在电报出现之前，上帝已经使约伯认识到他的无知和种种弱点，并问他："你能不能发出闪电，让闪电飞过去说，我们在这里？"但到了1860年，正如《大西洋月刊》（*Atlantic Monthly*）中含糊的说法一样，电报通信的出现意味着"在今天，基督教世界的每个人都可以给出肯定的答复"[86]。

19世纪的通信技术可能确实实现了《圣经》中的预言，这一点在福音派人士大卫·布鲁斯特寻找铁路单一创始人的尝试中得到了明确阐述。[87]布鲁斯特在自由教会的《北不列颠评论》中写道，他发现无论是诗人还是哲学家，古人的视野都太模糊了，以至于看不到它。更确切地说，如果铁路系统的修建是被预见到的，那也是由于"先知的灵感之眼"：

以赛亚说："我们为上帝修建大道，在沙漠里笔直地前进。一切山洼都要填平，大小山冈都要削平，弯弯曲曲的地方要变直，崎岖不平的要变为平原，上帝的荣耀就必显露出来。"[88]

如果布鲁斯特的读者仔细思考前面这段话，这条"大道"的神圣目的就会更加明显。事实上，对于布鲁斯特来说，这个期待已久的"铁路系统"的千禧年时间表是很清楚的，他引用了一段读者所熟知的段落，来为培根不朽的著作《伟大的复兴》（*Great Instauration*）增添光彩，"丹尼尔期待着'末日时候，人将来往奔跑，知识也必大增'"[89]。当然，在布鲁斯特的努力中，有一个令人信服的观点，即让英国政府在国家铁路网的"公正监督和有效管理"中发挥核心作用。[90]

然而，福音派信徒有时会偏离《圣经》的正统，援引大众信仰。例如，麦格雷戈·莱尔德告诉他的妻子尼尔（Nell），一艘名为"黎明"号的船在他兄弟的船坞下水失败了，"由于工头木匠的一些失误，船在行驶了大约 40 码后被卡住了。那艘船就卡在那里一直到第二天"。但是物理上的解释掩盖了一些更阴险的事实："当'黎明'号下水时，船上有一个牧师，所以我们认为是因为他在那里，所以'黎明'号没有正常行驶。"莱尔德还明确表示，他不愿看到这艘新船在星期五启航，因为他相信这类古老的航海传说，即船上有牧师会带来厄运或者魔鬼。[91]

相比之下，丘纳德邮轮公司显然不担心搭载神职人员。1845 年，诺曼·麦克劳德（Norman Macleod）牧师就是这样一位乘客，他是苏格兰教会大会派出的 3 名牧师代表团中的一员，前往英属北美地区的教会。他在日记中记载，"阿卡迪亚"号上还有"一位被太阳晒成古铜色的印度传教士、新教神职人员和天主教牧师"。[92]这种神职人员的往来的确给业务带来了好处。但它需要特殊的监管。因此，公司的合伙创始人就规定，在海上的星期天，只能举行英国国教的礼拜仪式，通常是由船长主持，或者，如果有的话，由某一国教的牧师主持。这一政策表面上是为了防止敌对教派在船上同时举行无序的礼拜而造成混乱，但这疏远了美国的神职人员，他们因为自己国家没有国教而被排除在外。[93]

这种船上的宗教规定只是丘纳德船只上的严格生活纪律的一部分，这套管理规则以确保安全为名。到 19 世纪下半叶，这条航线的安全声誉已经成为传奇，并成为其最大的卖点之一（第三章）。乔治·伯恩斯的传记作者在 1890 年指出，从这条航线建立之日起，公司的航线就有"独特的灾难豁免权"。他继续说，这归功于"一种奇妙的运气"或"上帝的特殊干预"。他进一步记录说，有传言说"丘纳德公司的舰队的每艘船的航行都是特别祈祷的对象，伯恩斯先生习惯于把他的成功归因于此"。但他否认了这种神圣的直接干预。相反，他认为伯恩斯坚定地相信人类有义务在上帝建立和维持的自然秩序中努力工作："在相信天意并深信祈祷的力量的同时，……乔治·伯恩斯也坚信要把工作做好，把利润和速度的优先性置于安全、舒适和效率之后。"[94]

伯恩斯认为，天意的保护从根本上并非取决于上帝的武断干预，而是通过"工具"来实现，特别是具备执行上帝旨意所需的"个体适应性"的人类工具来实现。他伟大的导师和自由教会的创始人，托马斯·查默斯牧师经常在关于圣保罗的海难的叙述中讲道："上帝的意志是，他们应该被水手们的努力拯救——他们是上帝工具。"[95]塞缪尔·丘纳德也分享了这些观点，他在 1858 年给他的另一位合伙人查尔斯·麦基弗的信中写道："我们之间的商业往来已经接近 20 年，这是我们日常生活的很大一部分，我们得到了最幸运的保护。看看去年有多少大公司在我们周围倒闭了，而它们刚开始的时候都很富裕。"[96]

在船上，"个体适应性"主要体现在船长的可信度上。大卫·布鲁斯特和查尔斯·麦基弗在发给每位船长的长达 7 页的《船长备忘录》（1848 年）中写道："将这么多人的生命托付给船长是一项巨大的责任。"[97]言下之意是，这是一个神圣的委托，不仅是来自船主，更来自上帝。敏锐的乘客明白，这条戒律赋予了丘纳德公司的船长"工具"的地位，赋予了他们具有神圣权威的道德领导力。正如文学名人、第一条大西洋电报线路的投资者威廉·梅克皮斯·撒克里（William Makepeace Thackeray）在描述他最近在丘纳德邮轮上的经历时所写的那样：

就这样，穿过风暴和黑暗，穿过迷雾和午夜，这艘船在无尽的海洋和咆哮的大海上稳步前行，因为驾驶这艘船的官员在一两分钟内就知道了船的位置，并以奇妙的天意引导我们安全前行……我们把生命托付给这些水手，他们勇敢地履行了他们的职责，在上帝的庇佑下，他们成为我们的守护者。当我们睡觉时，他们不知疲倦地守护着我们。[98]

从 19 世纪 50 年代中期开始，格拉斯哥就存在着一个由自然哲学家、学术和实践工程师与长老会神职人员组成的紧密的非正式组织网络。[99] 特别是麦克劳德牧师与威廉·汤姆森、麦夸恩·兰金、约翰·埃尔德和约翰·伯恩斯（丘纳德公司的继承人）建立了密切的友谊。麦克劳德本人对克莱德河重型船舶工业表现出浓厚的兴趣，他写道："伟大城市的觉醒，太平洋和大西洋大轮船锅炉里锤子的隆隆声——这是人类的音乐，是巨大的文明进行曲。在清晨听到这些声音比听云雀的歌唱更加美妙。"[100] 这首名副其实的对海洋蒸汽机的赞美诗起源于一次跨大西洋航行。"你知道我对蒸汽机的热爱"，当他登上丘纳德公司早期的 4 艘蒸汽船中的第 2 艘时，他在日记中吐露道，"当然，我在'阿卡迪亚'号上看到的一切并没有减少我对蒸汽机的热爱"。这一幕可能是现代版的但丁的《地狱》（*Inferno*）。但对麦克劳德来说，这是一种伟大的景象："在一个漆黑的暴风雨之夜，往下看，看到那些熊熊燃烧的大火炉，一群黑皮肤的炉工在炽热的出气口对面嬉笑打闹，这是多么美妙的景象啊！然后，再看看那台宏伟的机器，它那巨大的轴和抛光的杆，日夜规律地转动着，以不可抗拒的力量，驾驶着这庞然大物对抗着大西洋的波涛和风暴！"其实，麦克劳德并没有传达唯物主义和谴责，而是表达了对造船工人技艺的显著见证，同时也见证了人类造物主的技能："如果这项工作颂扬了工匠的智慧，那么人类本身就是一项多么了不起的作品！"[101]

麦克劳德对蒸汽的热爱在苏格兰长老会中当然是不足为奇的。工程师们经常表现出这种兴趣。詹姆斯·瓦特对纽科门蒸汽机的实验是为了减少浪费的蒸汽。对他来说，在严格的长老会价值观的影响下，减少浪费是一种非常重要的道德责任（第二章）。然而，这些严格的价值观与传统加尔文主义的原罪和先天堕落的教义相吻合，产生了对这个可见的物质世界极度悲观的态度。与这种文化共鸣的是瓦特对自己和世俗成就的低估：他在1770年1月对威廉·斯莫尔说，"今天，我已经35岁，我想我在世界上几乎没有做过价值35便士的善事，但是我无能为力"[102]。马修·博尔顿虽然没有这样的宗教信仰，但却敏锐地意识到蒸汽机的正面"声誉"与它的发明者的正面"声誉"之间的密切关系，他在1781年4月建议瓦特说："我不得不建议你每天早晚都要像你的同胞那样祈祷。（哦，主啊，请给予我们引导）因为你所需要的只是一个好的想法、自信和健康的身体。"[103]个人信心、精神力量和事业成功是相辅相成的。

在麦克劳德那一代人中，没有其他人比麦夸恩·兰金更崇敬瓦特，他构建了"科学工程师"这一新角色，并将其定义为追求完美的人。从苏格兰加尔文主义最严格的信条中解脱出来后，兰金更加乐观地为工程潜力设定科学标准，特别是对热力机械而言，这些标准可以用来衡量实际的工程成就。这是一个与他（和他的造船朋友约翰·埃尔德）精神生活相似的追求。"效法基督"这句话就是例证。[104]

在英格兰南部，宗教和工程实践也相互影响。被创造出来的自然世界为作为设计师的工程师们提供了大量可以复制的例子。尽管这些例子并不完美。工程师应该努力利用大自然的伟大力量，而不是浪费上帝的恩赐。虔诚的工程师必须不断地认识到上帝的恩典，并加以最大限度地利用。在基督教框架下成长起来的工程师，是最适合为国家、帝国和上帝服务的人。在伦敦、达勒姆和剑桥，工程师和教育工作者努力阐明神学和实践艺术之间的联系。

在伍尔维奇教书的奥林瑟斯·格雷戈里将他的福音主义与实际的数学培训相结合，他在 19 世纪 30 年代提出：

> 只有一个精确的点可以让我们不失真地看到一张图片，其他所有点都太高或太低，太远或太近。透视法将这个点与图片联系起来。但是，我们从哪里才能找到一个点，从哪里以同样的方式不受扭曲地观察道德和天意中所发生的许多事情呢？除了在完美纯净、光明和幸福的领域，我们还能在哪里找到这个点呢？[105]

格雷戈里退休后写了一篇关于"真正的基督教"的笔记，这篇笔记呼应了效法基督的理念，但也可能描述了他作为一代军事工程师的教师和指导者的职业生涯。格雷戈里在 1839 年断言："真正的基督教会对人产生双重的影响，祝福他们并使他们成为祝福他人的人。"为了回应查默斯关于人类是上帝意志的"工具"的布道，他详细阐述道："它首先把人转变成上帝的形象；然后根据他们各自的影响范围，利用他们作为上帝的工具，来启迪和改造他人。"[106]

土木工程师学会是精英人士的主要交流场所，是制定健全的工程专业标准的场所，也是传播职业美德的平台。根据其主席詹姆斯·沃克在 1839 年 1 月的讲话，这些美德中包括真诚的信仰。于是他想到了爱德华·扬（Edward Young）的话：

> 诗人说不虔诚的天文学家是"疯子"，这句话同样适用于不虔诚的机械师或工程师。如果这些令人愉快的感觉能够被培养，并且总是与工程师的研究和实践联系在一起，那就太好了。这样他的思想在每一项追求中都会沉浸在自然对社会需求和愉悦的奇妙适应上。无论是在最坏的状态还是最好的状态，都能引导他去思

考创造的力量，都能引导他去做善事，使他创造的东西适合整个
社会使用。[107]

当沃克谈到工程师的"研究"时，他意识到专业的学术培训突然增加
了，每个学院都提供了自己的宗教或世俗纪律的框架。尽管伦敦大学学院
的意图是世俗的，并且支持新职业的培训，但其未能建立并运行一个连贯
的工程课程。伦敦一所新建的土木工程师学院吸引了很多人的关注，但这
样的冒险需要支持力量。保守派的巴克卢（Buccleuch）公爵是一位慷慨的
赞助人，最终他担任了新学院的校长。但是，当皇室和辉格党首相墨尔本
拒绝批准这一任命时，《泰晤士报》怒斥道，症结在于学院对国教的温和效
忠："第一项规定中'这所学院基于国教的原则'这句话，是自由党首相无
法忍受的。"[108] 在天主教解放运动（1829 年）之后的几年里，教育委员会
因拒绝将宗教正统思想强加于新的小学而受到抨击，墨尔本不愿支持工程
教育学领域的任何排他举措，无论这种排斥是多么微小。

显然，大学在培养国家工程师精神品质的正确方式上存在分歧。例
如，年轻的杜伦大学在 1838 年就开始了"学术工程师"的培训计划。这些
新生将与其他攻读第一学位的学生处于同等地位。他们进入大学时需要携
带品行证明，并通过一次考试，其中包括基督教的证据和教义等内容。在
牛津大学和剑桥大学，学生必须参加宗教仪式和祈祷。他们自始至终都受
到大学纪律的约束，毕竟他们在一个实际上由英国国教资助的宗教神学院
机构接受训练。在 1841 年被录取为学术工程师的优等生中，有一个叫塞
缪尔·史密斯（Samuel Smith）的人，他是化学、地质学和英语学科优等
奖获得者，在最后一门学科中，他的研究课题自然是"含金属矿床中设计
证明"。对史密斯来说，工程学与神学并不矛盾，他继续学习神学，并于
1857 年获得神学博士学位。[109]

杜伦大学并不孤单。伦敦国王学院的成立是对伦敦大学学院所谓的无

神论的正义回应。这是一所"根据英格兰和爱尔兰联合教会的教义,提供
健全学习和宗教教育的神学院"。虽然在一项有争议的"半开放政策"中,
持不同政见者可以在不成为国教徒的情况下参加国王学院的个别课程,但
他们不能成为学院的正式"成员",而且无论如何,都要遵守相同的宗教纪
律和程序。所有的导师、讲师和教授都是"联合教会"的成员。伦敦国王
学院很快就有了一个蓬勃发展的工程系,由莫斯利牧师领导,电报发明家
查尔斯·惠特斯通辅佐,旨在将原始的学员塑造成基督教的工程帝国主义
者。[110] 奥林瑟斯·格雷戈里的门徒詹姆斯·汉恩则从天主教信仰转向英
格兰国教。他一进入国王学院,就向伦敦主教承认了自己的天主教成长经
历,并公开表示自己后来的幻灭感。[111]

在剑桥大学,威利斯在他的《机械学原理》(1870 年)一书中强调了
从自然神学中得到的教训。人类应该谦卑,因为无论他在数学上多么严谨,
他的机械创造力的最佳模型都是在上帝创造的大自然中找到的。即使是在
这本旨在为绅士工程师打好基础的书的最后一章中所讨论的"万向弯曲关
节和旋转关节",也已经在甲壳类动物和昆虫的关节中体现出来了:

> 因此,我的一系列机械组合已经引导我从众多的和奇妙的结构中
> 找到一个例子,这个机械装置具有生物形态的特征。世上的形态是由
> 有益的、全智的和仁慈的造物主创造的。通过对这些奇妙作品的仔细
> 和虔诚的研究,我们从中获得了实用科学的真谛,而这些科学在全
> 能的主的引导和保护下,永远不会拒绝那些虔诚祈求的人。[112]

当专业的工程师和教育者为国家和帝国的"具有国家重要性的目标"
培养现在和未来的所需的专业人员时(第一章),他们同时回应了国内外的
竞争计划和派系。如果说卡诺羡慕英国在经济和实践上的优势,那么英国
人则有选择地承认了法国式教育的好处。法国的以中央集权的、军事化的

巴黎综合理工学院为中心的大学体系，培养了具有强烈的国家认同感的世俗官僚，他们致力于推动公共工程的建设。然而，英国的实用力量在工程和科学领域内的发展和持续则源于赞美个人主义的伦理观。[113] 然而，个人主义的帝国建设可能会破坏国家统一，削弱帝国的力量。通过教育培养基督徒工程师，并通过自然神学促进工程从业者之间广泛而有效的共识，可以视为对这些问题的回应，这使个人主义工程师与帝国野心更紧密地结合起来。

年轻的布鲁内尔虽然是有抱负的工程师的榜样，但他展示了不受约束的个人主义不仅会导致对教育和实践中的国家标准化的蔑视（第四章），而且还会导致宗教上的偏离。尽管布鲁内尔是英国国教的正式信徒，通常遵守安息日，参加教堂活动，（像查尔斯·达尔文一样）作为庄园事实上的主人支持当地教区，但他确实发现至少在实际工作层面，宗教和工程之间存在冲突。专业的商业活动很容易减少通过沉思来提升自我的机会。虽然他在他的工程项目中非常追求"伟大"和"崇高"（如果不是完美的话），但当他未能将这种追求与精神关切联系起来时，他就会遭到朋友的责备，比如约翰·霍斯利（John Horsley）。霍斯利谴责布鲁内尔对金钱的奴颜婢膝，对他一生中"几乎完全献身于他的职业，过于偏离他应该奉献给上帝甚至他的家人的方向"而感到失望。然而在面对困难时，布鲁内尔会通过祈祷来寻求慰藉。他向儿子强调了这种方式的好处，当他的祈祷"看似得到了回应"时，他感到了一丝舒心。然而，神圣律法的常规作用使得布鲁内尔很难认为祈祷对个人直接有效：

　　我不能说个人的祈祷可以单独地、个别地得到回应，那似乎与宇宙机制的运动规律是不相容的，而且似乎也无法解释为什么祈祷时而被接受，时而却被拒绝。[114]

如果说工程教育者的课程是为了根据国家目标来训练和统一分散的、不同的个体，那么具有讽刺意味的是，19世纪后期工程机构的权威增长了，可能使这个专业更加分裂。在一个明确界定世俗专业知识的时代，赫胥黎和他在X俱乐部的盟友将科学自然主义作为一种专业科学的意识形态加以推广。他们声称拥有文化权威，可以谈论以前由国教管辖的极为重要的事务。[115] 尽管如此，熟悉赫胥黎及其纲领的社会预言家们还是表达了对宗教、专业和科学领域分裂的担忧。《非国教徒》（*Nonconformist*）杂志上有一个党派记者质疑赫胥黎如何在没有宗教影响的情况下，解决德比赛马日的混乱，马修·阿诺德（Matthew Arnold）回答说："你准备如何以你们那样的宗教来解决这个问题呢？"[116] 阿诺德拒绝指控赫胥黎造成了混乱，因为其他人，尤其是相互竞争的宗教派别，也同样造成了混乱。

马修·阿诺德对19世纪晚期英国文化的著名批判与卡莱尔的观点强烈呼应。他不满英国文化的碎片化，称这个世界的机械化和外部化程度远甚于希腊罗马文明。英国比其他所有国家更需要文化（阿诺德所说的内在完美的感觉）来补救无政府状态。因为在英国"文明的机械性特征最为显著"：

> 我说过，对机器的信任是我们的最大危险。这种信仰常常使我们不合理地使用与所需目标极不相称的机器，这种机器如果要做任何有益的事情，就必须服务于最荒谬的目的。但信仰总是存在于机器之中，仿佛它本身就有价值似的。自由不是机械吗？人口不是机械吗？煤不是机械吗？铁路不是机械吗？财富不是机械吗？甚至宗教组织不也是机械吗？

阿诺德让"机器"代表了世界上所有"唯利是图"、片面的和消散的东西，当面对地方主义者、物质主义者和新获得选举权但教育不足的下层阶级的喧嚣时，这个世界正在失去或有可能失去它的使命，包括它的精神使命。[117]

绅士工程师和工业领袖

在本书的研究过程中，我们的主角一直是英国工程师，他们中的许多人在各自的行业中发挥领导作用。因此，用托马斯·卡莱尔的话说，他们成了行业中受同行信任的船长式人物，因为同行认为他们融合了社会地位和技术专长。这些人（事实上，他们主要是男性）对地位和体面问题非常敏感。工程师作为比医学、法律或教会更年轻的职业，致力于在个人和专业层面上实现向上流动。为了做到这一点，他们常常装出绅士的样子。[118]

然而，工程师，尤其是老一辈的工程师敏锐地意识到，一个出生于绅士家庭的而不是通过经验或教育赢得这种身份的人，不太可能成为一名合格的工程师。瓦特和博尔顿的儿子都是彬彬有礼且有能力的人。但是他们必须有意识地充分接触工业，这样才不会因绅士的身份对其产生厌恶。乔治·斯蒂芬森不希望"让他的儿子成为一名绅士"，他更愿意在工程项目上训练他（并使用他），比如在他控制的斯托克顿和达林顿铁路项目接受训练。他似乎只勉强允许儿子进入那所最民主且比较符合社会主流的爱丁堡大学。[119]

伊桑巴德·金德姆·布鲁内尔是马克·伊桑巴德·布鲁内尔的儿子，出生在一个富有的和地位显赫的家庭，但斯迈尔斯［在他的《自助》（*Self-Help*）一书中］几乎没有提到过他，因为他更喜欢那些"自我培养"而非出身显赫的人。尽管布鲁内尔本人坚持认为他的雇员应该是绅士，未来的学徒应该有"绅士的习惯"和"绅士的关系"，但他却像斯蒂芬森一样认为，过多的绅士风度、独立和教育可能会使一个人无法成为一个高效和绝对服从的仆人。[120]然而，我们也许可以看到，在 19 世纪，工程师和实业家在他们各自的领域努力重塑"绅士"的概念：即使在 19 世纪后期出现了新的世袭制度，但绅士的地位肯定是价值的产物，不依靠出身，而是通过实证成就或者相关的教育获得。

当然，工程师并不是唯一一个对他们的绅士地位进行反思的社会群体。在维多利亚时代，科学家的地位也发生了变化，而这种变化的起源甚至更早。斯蒂文·夏平阐述了在现代早期，既是"学者"又是"绅士"身份之间的明显矛盾：科学家如何能做到既有隐居的不世俗的追求，又能作为社会有用的一员，过着活跃的生活呢？[121]强调科学的实用性是一个有用的策略。18世纪的贵族赞助人巧妙地将农业改良、化学科学和开明的赞助联系起来。[122]19世纪早期，科学家以"绅士专家"的面貌出现，他们有钱购买材料和设备，有闲暇时间从事科学研究，并凭借专业知识建立声誉，但并不是受薪的专业人士（第一章）。[123]这种值得信赖的、无私的人可以很容易地宣称，他追求知识是"为了知识本身"。但是，不管工程师们的姿态多么绅士，他们都不可能采取这样的立场。

在英国科学促进会的科学公开展示中占主导地位的是所谓的"科学绅士"。他们在成立的最初的15年制定了议程，并确保科学在整个英国和帝国都有展示的机会（第一章）。正如莫雷尔和萨克雷所表明的那样，英国科学促进会确实是由一个男性小团体管理的，像玛丽·萨默维尔这样的女性偶尔会进入男性领地，而像贵格会信徒的约翰·道尔顿这样的边缘男性，没有牛津剑桥或辉格党的资历的，进入英国科学促进会则是一个例外。但是，"与女士打交道"，即是否允许女性参加会议和小组，给科学绅士们带来了更大、更有争议的问题，最终女性因其增加了公众出席的收入而被允许参加会议。[124]

工程师们也没有立即被允许加入英国科学促进会。但到1836年，他们成立了作为机械科学的平台（第一章）G分部。像威廉·费尔伯恩和约翰·斯科特·罗素这样的知名工程师在协会中表现出色，他们获得了扩大实验项目的资助，这强烈宣告了英国科学促进会正在使科学变得有用。但是，尽管"机械科学家"和"科学绅士"之间达成了妥协，挑战却还是越来越多。在19世纪初，工匠植物学家、化石收藏家、实务电工和重整颅相学家只是一些有不同议程的团体，他们质疑英国科学促进会各委员会和部门所尊崇的科学等级制度。[125] 在19世纪后期，科学博物学家和由赫胥黎和天文学家诺曼·洛克耶领导的社会和科学变革的宣传者再次从科学绅士的手中夺回了部分议程。[126]

信任、信誉和权威的问题贯穿了所有关于工程师在更广泛的社会群体中的地位的辩论，及其在国家和整个帝国的生活和经济中的地位，如在英国科学促进会中的地位。早期最雄心勃勃的工程师把绅士身份视为值得信赖的标志。尤其值得注意的是，布鲁内尔在一定程度上通过坚持（并不断重演）他的绅士地位来建立和维护他的权威，尤其是在他屡屡失败后受到质疑的情况下。他通过代理管理海外项目的尝试，生动地说明了坚持助手的"绅士习惯"和"绅士行为"的力量和缺陷，没有他们，分散在不同地方的项目就无法完成。[127] 在实现这些理想方面频繁失败的例子中，可以在拉德纳的案例中得到很好的证明，在与一名军官的妻子私奔后，他发现自己的绅士资历和作家信誉严重受损。[128]

从18世纪后期开始，成功的工程师和工业巨头选择以有形的形式，通常是规模宏大的乡村别墅，来彰显他们的新地位。有人声称这表明了他们抛弃了积极的企业家精神，但这种说法有待证明。[129] 博尔顿的庄园曾是月光社的工作会议场所，也是建立对后续营销活动非常有价值的联系场所。瓦特在1790年购买了一块地，即"希思菲尔德"庄园，直至生命的最后阶段，他一直住在这里。庄园由阿尔比恩磨坊的建筑师塞缪尔·怀亚特建造，占地40英亩，包括花园、马厩和额外的小屋，以及瓦特著名的阁楼工作室（后来成为发明家的圣地）。[130] 1847年，布鲁内尔在托基附近的沃特科姆购置了一栋"带有观景台和柱廊露台的意大利式别墅"。但是，尽管他修整了花园，却从未完成房子的建造。[131]

著名的罗伯特·内皮尔从铁匠起家，后来成为"克莱德造船之父"，这一成就的标志是他搬到了西尚登的一座壮观的豪宅，可以俯瞰盖尔湖。[132]

即使是低调的阿尔弗雷德·霍尔特，在他的海洋轮船公司稳定下来后，也搬到了具有古典风格的新家"克罗夫顿"，其位于利物浦郊外的艾格伯思。[133]
信仰基督教福音派的伯恩斯家族几乎毫无顾虑地在克莱德湾南侧历史悠久的威姆斯城堡旁建造了一座哥特式豪宅。在那里，新兴的印弗克莱德王朝可以监督他们的竞争对手，招待投资者、海军上将、内阁部长和皇室成员，同时在他们的船只上安排巡航以招待客人。[134]然而，没有什么能与贝尔法斯特造船厂学徒出身的威廉·约翰·皮里（William John Pirrie）的家相提并论，他作为贝尔法斯特的皮里子爵和哈兰与沃尔夫造船厂的大权在握的董事长，于 1909 年在萨里购买了 2800 英亩的威特利庄园，其中包括设计豪华的房子和 500 英亩的公园。[135]

仪式和庆典不仅是这些乡村庄园的生活的一部分，而且也构成了工程帝国的一部分。船舶的下水，特别是帝国著名客轮的下水，是当地、国家和技术报刊广泛报道的文化事件。在 20 世纪上半叶，由皇室成员或帝国政治家的妻子和女儿来命名最大的船只已成为司空见惯的事情。在某些情况下，命名仪式是在"远处"通过无线电电话信号施行的。这些信号来自与帝国相距甚远的地方，信号从那里传送到新客轮上。就这样，1934 年年末，在大萧条最严重的时候，格洛斯特公爵在距离布里斯班 1.2 万英里的地方发送了电子信号，电子信号经陆地线路和无线电传送至东方公司的"猎户座"号客轮上，客轮按照指令行驶到巴罗—弗内斯的船坞，成功下水。1947 年，贝尔法斯特的联合城堡客轮"比勒陀利亚城堡"号也进行了类似的安排，这次是由南非总理杨·史末茨（Jan Smuts）的妻子发送指令的。[136]

在这些日渐士绅化的文化中，女性找到了一个更正式，但或许具有讽刺意味的影响力较小的角色。在航海时代，尤其是对霍尔特夫妇这样的早期蒸汽船主来说，拥有船只使整个家庭紧密相连。像艾玛·霍尔特（Emma Holt）（原姓德宁）这样的女性，她是 4 个船主兄弟的母亲，一直在对家庭行使着强有力的母系的道德控制。[137] 同样，乔治·伯恩斯娶了简·克莱兰（Jane Cleland），她是著名的格拉斯哥统计学家和政治经济学家詹姆斯·克莱兰的女儿（第二章）。在他的整个商业生涯中，他不仅向她倾诉了自己最深切的精神和道德焦虑，而且在所有这类问题上接受她的指导。[138] 然而，在后来的岁月里，女性在下水平台和其他仪式场合所扮演的戏剧性角色似乎越来越刻板。似乎是为了强调现在男女角色之间更严格的划分和不那么灵活的角色，菲利普·亨利·霍尔特（Philip Henry Holt）在 1913 年去世时留下的一份备忘录明确表示："蒸汽船在我看来不适合女性。"[139]

到 20 世纪初，为大英帝国服务的铁路和航运帝国所带来的高度绅士化文化，代表着可信赖性。维多利亚时代晚期和爱德华时代的公司办公室，如丘纳德大厦、利弗大厦和默西码头董事会大楼，使利物浦的海滨成为世界上最美丽的海滨之一，让这些企业看起来像英格兰银行一样值得信赖、持久和稳固。然而，许多这类表面上看起来值得信赖的公司无法安然度过两次世界大战之间的经济危机，稳固和持久的神话受到了破坏。最负盛名的受害者是规模庞大但不稳定的皇家邮政集团，其中包括英国帝国航运业中许多著名的公司：英国白星航运公司、皇家邮政蒸汽运输公司、联合城堡航运公司、埃尔德·登普斯特航运公司、格伦与希雷航运公司、哈兰和沃尔夫公司（它本身是一个集大型造船、船舶修理和工程于一体的帝国，在贝尔法斯特、利物浦、格拉斯哥、格里诺克、伦敦和南安普敦拥有多个场地）。单凭绅士身份，似乎并不能保证航运公司值得人们信赖，集团董事长基尔桑特勋爵（Lord Kylsant）因发布一份具有误导性和欺骗性的招股说明书而被判一年监禁。[140] 也许，在士绅化的潮流中，英国的工业领袖们已经忘记了他们的工程帝国的可信度，也就是本书所探讨的那些大型技术系统的可信度，并不仅仅在于仪式和宏伟，而首先依赖于技术专业知识的文化。

注　释

导言

［1］Bright 1911：xiii.

［2］Wiener 1981；Edgerton 1996.

［3］Singer 1954--1958；同类的科学史研究参阅 Gunther 1923-1967.

［4］Ross 1962（'scientist'）；Cantor 1991（Faraday）.

［5］Wilson 1855；Anderson 1992.

［6］重点参阅 Schaffer 1991.

［7］重点参阅 Brooke 1991：16-51（'science and religion'）.

［8］Layton 1971；1974.

［9］Channell 1989（for a bibliography of 'engineering science' following Layton）；相关批评研究参阅 Marsden's article 'engineering science' in Heilbron *et al*. 2002.

［10］Ashplant and Smyth 2001；关于"文化历史多样性"的其他研究参阅 Burke 1997；关于吸纳了符号学与结构主义的"新文化历史"研究参阅 Hunt 1989；对于批判人类学和科学文化研究并非始终和谐的关系的研究，以及对于社会建构主义科学史新正统研究参阅 Golinski 1998，162-172.

［11］Cooter and Pumfrey 1994 .

［12］Burke 2000 .

［13］参阅，例如，Briggs 1988；Lindqvist *et al.* 2000；Finn *et al.* 2000；Divall and Scott 2001；Macdonald 2002；Jardine *et al.*1996.

［14］近期关于文化史和科学史相结合的历史研究请参阅 Jordanova 2000b；近期关于科学、技术和医学史（STM）"宏大图景"研究或者 STM 研究请参阅 Pickstone 2000.

［15］Pacey 1999.

［16］Bijker and Law 1992；Bijker *et al.*1987；Staudenmaier 1989a.

［17］Pinch and Bijker 1987：esp. 40–44.

［18］Petroski 1993.

［19］参阅 Cowan 1983，128–150.

［20］Kirsch 2000.

［21］参阅，例如，Gooday 1998.

［22］Smiles 2002（1986）：3–4. 普鲁塔克是历史学者，其关于希腊英雄名人传记的成就非常突出。

［23］Winter 1994：69–98.

［24］Marsden 1998a.

［25］Buchanan 2002a：103–112 on Brunei's 'Disasters'.

［26］Schaffer 1983；Morus 1992；1993.

［27］Shapin 1994：16–22. 关于经济行为研究中的信任，参阅 Granovetter 1985.

［28］Shapin 1994：7–8. 同时参阅 Smith *et al* 2003b：383–385，有更深入的讨论。

［29］Babbage 1846：218–220. 中间人是巴贝奇采用的表述。

［30］Bijker *et al*. 1987. 黑德里克（1981年）没有明确地解决技术系统提出的问题。

［31］Gooday 2004；Wise 1995.

［32］黑德里克（1981年）基于科学文献和编史学的历史并未谈及科学的作用。

第一章

［1］Murchison 1838：xxxiii.

［2］例如，Shapin 1996；Henry 2002a；Dear 2001（'Scientific Revolution'）；Hankins 1985；Outram 1995；Gascoigne 1994（'Enlightenment'）；Sorrenson 1996：221–236（Cook's scientific voyages）；Schofield 1963（Lunar Society of Birmingham）；Thackray 1974：672–709（Manchester Lit. & Phil. Society）.

［3］例如，Shapin and Schaffer 1985（on experimental culture surrounding the early Royal Society）；Shapin 1994（on trust and gentlemanly culture in seventeenth-century science）；Howse 1980：19-44（on latitudinarian Anglicanism）。

［4］例如，Henry 2002b（on Kant and 'Enlightenment'）；Jacob 1976；Jacob and Jacob 1980：251-267；Shapin1981：187-215（on latitudinarian Anglicanism）。

［5］Hankins 1985：2（on Kant and 'Enlightenment'）；Heilbron1979（on measurement in eighteenth-century electrical science）；1990：207-242（measurement and Enlightenment）。

［6］Foucault 1980：69。

［7］Beaune 1985；Revel 1991：133。

［8］Revel 1991：139-140. 比较研究关于野外操作的文献参阅 Livingstone 2003：40-48。

［9］Revel 1991：141-143；Alder 1995：39-71。

［10］Revel 1991：150-153. 重点参阅 Livingstone 2003：153-163 "Mapping territory"，124-126（maps and cartography）. 也可参阅 Harley 1988：277-312 for a discussion of cartography and power。

［11］Livingstone 2003：124-125. 这里展示了在法国特别是巴黎，地形图的发展如何造就了天文学家卡西尼王朝。

［12］Howse 1980：esp. 116-171；Morus 2000：455-475。

［13］Howse 1980：141-142。

［14］Conrad 1947（1907）：30-35。

［15］Howse 1980：21-27。

［16］引自 Howse 1980：27。

［17］Howse 1980：28-29。

［18］Howse 1980：45-56. 豪斯引用了一系列英国 18 世纪早期讽刺作家（包括乔纳森·斯威夫特）的观点，他们认为对经度的探索无异于要化圆为方或意图发明永动机。

［19］Howse 1980：45-79；Stewart 1992：esp. 183-211（'The Longitudinarians'）. 也可参阅 Sobel 1996（on Harrison）. Howse 1980：72. 这里指出哈里森因 1714 年法案总共获得了高达 22550 英镑的奖金。

[20] Ginn 1991: 1-26 (eighteenth-century London instrument makers).

[21] 参阅 Carter 1988; Sorrenson 1996 (on Cook and navigational calculations in relation to the charting of coasts).

[22] *Nautical Magazine*, 28 October 1833 (quoted in Howse 1980: 80).

[23] Howse 1980: 79-80 ('Time-balls').

[24] Airy 1896: 40 (quoted in Ginn1991: 208).

[25] Schaffer 1988: 115-126. 艾里的文章被收录在剑桥大学图书馆皇家格林尼治天文台合集。了解关于"时间纪律"更广阔的文化背景，参阅 Thompson 1967: 56-97. 关于在帝国背景下进行归档的思想，参阅 Richards 1993.

[26] 例如，Chapman 1998: 40-59.

[27] Booth 1847: 4, 16 (quoted in Howse 1980: 87-88).

[28] Anon 1851: 392-395; Howse 1980: 107.

[29] Howse 1980: 94-105; Chapman 1998: 40-59; Morus 2000: 464-470.

[30] 引自 Howse 1980: 112, 99.

[31] Howse 1980: 113-115, 138-151; Morus 2000: 469-470. 可作为比较的是 Bartsky 1989: 25-56 (standard time in the USA).

[32] 尽管汤普森在 1967 年的研究表现出一种近乎无情地向资本主义社会时间制度迈进的态度，他的文章同样也引用了推崇其他时间文化的观点，特别是包括农业、渔业在内的这些"任务导向的"劳动（丰收代表任务的完成）而不在于卷入的劳动时间（根据劳动时长支付报酬）。前者主要受制于自然规律，如受白天时长、季节变化、潮汐变化等因素影响的工作，后者则更需要适应工厂的规章和社会运转。

[33] esp. Ashworth 1994: 409-441.

[34] Morrell and Thackray 1981: esp. 36-63; 1984: 299 (诺桑普顿侯爵将皇家学会和 BAAS 描述为"科学界的两个议会"。他曾于 1836 年担任 BAAS 主席，并于 1838 年至 1848 年担任皇家学会主席，在这一年他再次成为 BAAS 主席)。

[35] Morrell and Thackray 1981: esp 21-29, 63-94.

[36] Morrell and Thackray 1984: 299.

[37] Morrell and Thackray 1981: esp. 96-109, 396-411. 不同的海港包括：作为商业竞争对手使用的利物浦（1837 年和 1854 年）和布里斯托尔（1836 年），历史和海军重镇普利茅斯（1841 年），工业发展中心格拉斯哥（1840 年和 1855

年）和纽卡斯尔（1839 年），以及爱尔兰南部更偏远的港口城市科克（1843
年）。这些选择也反映了对铁路和海运便利程度的关注（第三章和第四章）。

[38] Morrell and Thackray 1981: esp. 267-275（hierarchy of the sciences），451-
512（the sections），256-266（Section G），276-286（the fringe sciences,
excluded as unwelcome to the centralising ideology of the gentlemen of
science with their programmes of mathematisation, measurement and
standardisation）.

[39] *BAAS Report* 1（1831）: 11.

[40] Morrell and Thackray 1981: esp. 372-447. 关于 BAAS 推动建立地理学的
联盟，参阅 Livingstone 2003: 108-109. 关于"科学家"一词的起源，参阅
Ross 1962: 65-85.

[41] Ritchie 1995: 219-240,（*Beagle*）; Reingold 1975: 51（on Herschel's 'chartism'）.

[42] 关于启蒙运动的量化目标，参阅 Heilbron 1990: 207-242.

[43] Herschel 1830: 122-123; Smith 1989: 28.

[44] Ritchie 1967: esp. 208-218; Friendly 1977（Beaufort）; James 1997:
288-298; 1998-1999: 53-60; 2000: 92-104（Faraday and the lighthouses
of Trinity House）.

[45] BAAS Report 3（1833）: xxxvi, 471, 引自 Sedgwick 1833; Morrell and Thackray
1981: 515.

[46] Morrell and Thackray 1981: 425-427, 515-517. 参阅 Smith and Wise 1989: 583
（empire-wide tide gauges），370-371（William Thomson's tide predictor）.

[47] Forbes 1832: 199-201; Smith 1989: 30-31.

[48] Morrell and Thackray 1981: 348-349, 517-523; Smith 1989: 31. Anderson 1999:
179-216; 2003: 301-333.

[49] Cawood 1979: 493-518; Morrell and Thackray 1981: 353-370, 523-531.

[50] 关于早期地磁学及长途航海导航问题，参阅 Pumfrey 2002.

[51] Murchison 1838. 关于默奇森的志留纪田野研究，可重点参阅 Secord 1981-
1982: 413-442; 1986a; Stafford 1989: 8-17.

[52] Murchison 1838: xxxii.

[53] Cawood 1979: 493-518; Morrell and Thackray 1981: 369, 523-531, esp.
524（Sabine's 'magnetic empire'）.

[54] Smith and Wise 1989: 755-763.

［55］例如, Headrick 1981: 17-79.

［56］Airy 1896: 134-136.

［57］托马斯·杰文斯给约翰·莱尔德的信, 1842 年 12 月 1 日, 莱尔德家族档案（微缩胶卷）, 藏于利物浦的默西塞德郡海洋博物馆。托马斯·杰文斯是威廉·斯坦利·杰文斯的父亲, 后者是以领军经济学家和《煤炭问题》而闻名的作者（第三章）。

［58］Winter 1994: 69-98, esp. 82.

［59］Smith and Wise 1989: 765-766; Winter 1994: 82-83.

［60］Harrowby 1854: lxxi. 参阅 Harrowby, *DNB*. 哈罗比是一位对地理学和统计学有着浓厚兴趣, 热衷于改革的贵族。

［61］*Liverpool Mercury*, 29 September 1854; *The Times*, 30 September 1854.

［62］Winter 1994: 83-87.

［63］Henderson 1854.

［64］Russell 1854; Smith *et al*.2003b: esp. 381. 信仰一神论者否认三位一体教义的中心地位。

［65］*Liverpool Mercury*, 29 September 1854. 这一建议并没有出现在《英国科学促进会报告》中, 在 Scoresby 1854 a, b, c 版本中都没有。

［66］*Liverpool Mercury*, 29 September 1854. Our italics.

［67］*Liverpool Mercury*, 29 September 1854.

［68］*Liverpool Mercury*, 29 September 1854.

［69］James Joule to William Thomson, 30 January 1855 and 1 January 1858, J191 and J248, Kelvin Collection, University Library, Cambridge; Smith and Wise 1989: 766, 730.

［70］Smith and Wise 1989: 733-740, 764, 769-770. 关于船只作为"实验室", 参阅 Sorrenson1996: 221-236; Livingstone 2003: 82. 我们同样研究了作为实验室的火车（第四章）。

［71］Smith and Wise 1989: 770-775 (on Thomson's system); Winter 1994: 75-76 (on Airy's contempt for captains).

［72］Sir William Thomson to G.B. Airy, 3 March 1876 (quoted in Thomson 1910, 2: 708-710).

［73］Smith and Wise 1989: 776-786.

［74］Smith and Wise 1989：786-798.

［75］Herschel 1830：287-288.

［76］Porter 1977：133-135.

［77］Porter 1977：135-138.

［78］Porter 1977：139-143；Rudwick 1985：17-30. 我们可以回想一下 BAAS 和皇家学会后来是如何分别被描述为下议院和上议院两个科学议会的（如上文所说）。

［79］Babbage 1830：45.

［80］Rudwick 1985：17-27. 这与土木工程师协会（成立于 1818 年）有明显的相似之处。在该协会的活动中，个人声誉和普遍做法都具有很强的特色。

［81］Rudwick 1985：37-41；Livingstone 2003：40-48；Torrens 2002. 玛丽·安宁提供了一个很好的例子，她是一个地位低下的当地化石收藏家，她从收藏工作中获得收入，与大都市的绅士地质学家形成了鲜明对比。参阅 Torrens 1995：257-284；Creese and Creese 1994：23-54.

［82］Rudwick 1985：42-54.

［83］Rudwick 1985：esp. 48, 54-60（on correlations and sequences of rock strata）；1976：148-195；1992（on the visual in geology）；Secord 1986a（on geological disputes between gentlemen over classification of rock strata）.

［84］Sedgwick 1833：xxviii；Smith 1989：33-34.

［85］Morrell and Thackray 1981：276-286.

［86］William Hopkins to John Phillips, 19 October 1836, Phillips Correspondence, Oxford University Museum；Smith 1989：34. 感谢杰克·莫雷尔提供的这一文献。关于菲利普斯的内容参阅 Morrell 2004（forthcoming）.

［87］Secord 1986b：223-241；Stafford 1989：24-25.

［88］Stafford 1989：25.

［89］Secord 1981-1982：413-442；Stafford 1989：8-19.

［90］*DSB 9*：583（entry on Murchison by Martin Rudwick）.

［91］Stafford 1989：13（quoting Murchison）, 19, 33-63（Antipodean gold）.

［92］Stafford 1989：25（quoting Murchison）, 30-31.

［93］Stafford 1989：202（quoting von Buch）.

［94］Jevons 1866：1-2.

[95] Jevons 1866：v-vi.

[96] Jevons 1866：2-3；Armstrong 1863：li-lxiv.

[97] Smith and Higginson 2001：103-110.

第二章

[1] Carnot 1986 [1824]：62.

[2] Smith 1976 [1776]，1：47，10.

[3] Wise with Smith 1989-1990：276-285 passim。

[4] Carnot 1986 [1824]：61. 参阅 Fox 1986：esp.（French industrial contexts）.

[5] Smith 1976 [1776]，1：17-21.

[6] Smith 1976 [1776]，1：20-21.

[7] Smith 1976 [1776]，1：21，21n.

[8] Ross 1995：esp. 146-147.

[9] Carnot 1986 [1824]：63.

[10] Fox 1986：2.

[11] Carnot 1986 [1824]：63；Kuhn 1961：567-574；Fox 1986：2-12.

[12] Hills 2002a：esp. 29-38（Greenock and Watt's immediate family），40
（Presbyte-rianism），50（infrequent church attendance）；1999（instrument
making）；Swinbank1969（Glasgow College workshop）；Robinson 1969：225
and Hills 1996：67（Delftfield Pottery）；Bryden 1994（merchant）.

[13] Hills 1996：66.

[14] Hills 2002a：37（Agnes Watt）；Bryden 1994：10；Hills 1996：60；2002a：
47.

[15] Hills 2002a：49（Dick's role），50-58（London）；Bryden 1970（Jamaican
observatories）；Christie 1974（Scottish universities in the Enlightenment）；
Jones 1969：198（Anderson）；Hills 1996：66（Black）.

[16] Hills 1996：63，65.

[17] Hills 2002a：300（Robison's steam designs）.

[18] Hills 2002a：300；Cardwell 1965：191-200.

[19] Stewart 1992：24-27（Papin）；Bennett et al. 2003；Iliffe 1995.

[20] Tann 1979-1980：95（Savery's patent）.

[21] Rolt and Allen 1977; Smith 1977–1978.

[22] Desaguliers 1734–1744.

[23] Lindqvist 1984（Newcomen technologies on trial）.

[24] 引自 Robison and Musson 1969：2.

[25] Hills 2002a：301（Papin's digester），312–314（Newcomen model），
297（Shettleston engine）. 不同版本的解释参阅 Robison 1822，2：113-
121（Watt）；Muirhead 1858：88–90（Black），60–73（Robison），83–91
（Watt）.

[26] 瓦特的研究记录在他的"蒸汽实验笔记本"中，转述自 Robinson and McKie
1970：431–479.

[27] Hills 1996–1997；2002a：318–319.

[28] Andrewes 1996（Harrison）；Hills 2002a（Smeaton and Harrison）.

[29] 引自 Jones 1969：203（our emphasis）.

[30] Jones 1969：203.

[31] 1969 年法律已经调查了原始模型的剩余部分。

[32] 对于瓦特通往独立冷凝器的路线的最终说明参阅 Hills 1996-1997；1998a；
1998b and Hills 2002a：294–378.

[33] 引自 'Professor Robison's Narrative of Mr. Watt's Invention of the improved
Engine versus Hornblower and Maberley 1796'，再版于 Robinson and Musson
1969：23–38（on 27–28）.

[34] Jones 1969：197（Black and Watt on latent heat of ice and steam）.

[35] Robinson 1969：223.

[36] 弗莱明 1952 年讨论了瓦特对布莱克的确切亏欠。

[37] Robison 1822.

[38] 引自 Watt's letter to Brewster in, Robison 1822，2：ix from Fleming 1952：5.

[39] 关于瓦特声誉的重要讨论，参阅 Miller 2000.

[40] Robinson and Musson 1969：42–43（our emphasis）；Hills 1996：66，72
（Watt's experience with atmospheric engines）.

[41] Hills 1996：66（Craig's death）.

[42] Hills 1996：71；Campbell 1961；Watters 1998.

[43] Robinson and Musson 1969：2.

[44] Hills 1996：73, 76. "声誉"是希尔斯的术语。

[45] Hills1996：72（quoting an undated note）；Jones 1969：201（quoting Watt's note to Robison 1822, 2：59）.

[46]数据引自 Robinson 1969：229, from Harris 1967.

[47] Harvey 1973-1974：27.

[48] Robinson 1969：221-222；Robinson 1972；Davenport 1989.

[49] Jones 1969：201.

[50] Hills 1996：68（quoting Watt to William Small, 9 September 1770）；评估见 Jones 1969：207.

[51] Hills（1996）：67-68（quoting Watt to William Small, 9 September 1770）.

[52] Schofield 1963；1966：145-46（secrecy）, 148（Watt's introduction）；Uglow 2002.

[53] Thackray 1974.

[54] Hills 2002a：48.

[55] Schofield 1966：149（without attribution）.

[56] Schofield 1966：149（quoting the author）.

[57] Schofield 1966：152（Grand Trunk Canal；pyrometer）；Robinson 1969：225 and Gittins 1996-1997（alkali experiments）；Smith and Moilliet 1967（Keir）.

[58] Dickinson 1937（Boulton）；Jones 1969：207（employment）；Tann 1978：363.

[59] Schofield 1966：148.

[60] Boulton to Watt, 7 February 1769（quoted in Robinson and Musson 1969：62）.

[61] Hills 1996：76. 这是希尔斯的推测。

[62] Hills 1996：69（canal slump）；2002a：29（arrival in Birmingham）；Jones 1969：208（Kinneil engine）.

[63] Jones 1969：208（boring）.

[64] Robinson 1964.

[65] Schofield 1966：151；Tann 1978（marketing）；1979-1980：95（additional patents）.

[66] Boulton to Watt, 7 February 1769（quoted in Robinson and Musson 1969：

62).

[67] Jones 1969：208（early engines）; Dickinson 1936：95（Smeaton）.

[68] Marsden 2002：137-138; Schofield 1966：147, 149, 151-152（factory tourism）.

[69] Dickinson 1937：71（quoting Keir）.

[70] Lardner 1836：93.

[71] Howard 2002.

[72] Schofield 1966：151.

[73] Robinson and Musson 1969：3.

[74] Ferguson 1962.

[75] Arago 1839c：263.

[76] Hills and Pacey 1972.

[77] Schofield 1966：156（coin presses）; Tann 1978：380（Soho corn mill）. For the Albion Mill, See Dickinson 1936：146-150; Dickinson and Jenkins 1981［1927］: 64-65, 162-167 and Dickinson 1937：122-125.

[78] Dickinson1937：208（quoting Watt's memoir of Boulton）; Dickinsonand Jenkins 1981［1927］: 167（national object）.

[79] Gascoigne 1994：207-213.

[80] Dickinson and Jenkins 1981［1927］: 165（Banks, workmanship）; Dickinson 1937：123（wonder, advertisement）; Tann 1978：380（calling the Albion Mill 'a powerfuladvertisement'）, 382（foreign advice）.

[81] Rennie to Watt, 5 March 1791（quoted in Dickinson and Jenkins 1981［1927］: 167）.

[82] Schofield 1966：157.

[83] Dickinson 1936：149（quoting Watt to Boulton, 17 April 1786）; 也可参阅 Dickinson and Jenkins 1981：64-65（where the same letter is reproduced）.

[84] Dickinson 1936：149-150（quoting Watt to Boulton, 17 April 1786）.

[85] Tann 1974（supply of engine parts）.

[86] Hills 1996：77, 72, 76.

[87] Boulton to Watt, 7 February 1769（quoted in Robinson and Musson 1969：62）; also Hills 1996：59.

[88] Hills 1996：esp. 69-70（quoing from Watt to Small, 9 September 1770, 7 and 24 November 1772）, 77.

[89] Robinson 1954：301.

[90] Robinson 1954：303.

[91] Robinson 1954：309.

[92] Jones 1999.

[93] Tann 1979-1980（pirates）.

[94] Harvey 1973-1974：27.

[95] Tann 1979-1980.

[96] Tann 1979-1980：95.

[97] Dickinson 1936：151（quoting Watt to Boulton, 5 November 1785）.

[98] Dickinson 1936：140（quoting Watt to Boulton, 12 September 1786）.

[99] Tann 1979：363.

[100] Tann 1978：367-369（lobbying）, 368（Netherlands）, 370（proxies, quoting Boulton to Joseph Banks, 22 November 1790）, 385（King of Naples）；1979-1980：95（lobbying）, 364（agents）；van der Pols 1973-1974（Netherlands）.

[101] Harvey 1973-1974：27.

[102] Tann 1978：374（high-profile erectors）, 375-376（mechanics abroad）.

[103] Tann 1978.

[104] Redondi 1980.

[105] 关于伊拉斯谟斯·达尔文参阅 King-Hele 2003.

[106] Schaffer 1995.

[107] Marsden 1998a.

[108] Cardwell 1965：189-190（Cagniard engine）；Kuhn 1961（on Carnot and the Cagniard engine）.

[109] 老布鲁内尔为一台倒置 V 型船用蒸汽机申请了专利，最终用于伊桑巴德·金德姆·布鲁内尔的螺旋推进蒸汽船"大不列颠"号的这种船上。参阅英国第 4683 号专利（1822 年 6 月 22 日）；Beamish 1862：183；Clements 1970：76, 257.

[110] There are accounts of the 'gaz engine' in Beamish 1862：185-187；Brunel 1870：42-45（'Experiments with Carbonic Acid Gas'）；Rolt 1957：41-

42；Clements1970：77—78 and Buchanan 2002a：20-22.

［111］参阅 Faraday 1823a，b. 法拉第的研究结果是在进行导师戴维建议的实验时得出的；关于这一发现可信度的争论最终导致戴维反对法拉第当选为英国皇家学会成员。

［112］Clements 1970：77（quoting from Marc Brunel's diary，30 May 1823）.

［113］Pugsley 1976：2（gaz engine）；Beamish 1862：188（Brunel's hope for gaz）.

［114］参阅 James 1991, letters 208, 218, 248, 250, 282, 617 and 639. James 1991：*N* signifies letter number *N* in James 1991.

［115］James 1991：208（Marc Isambard Brunel to Michael Faraday，15 September 1823）.

［116］James 1991：218（Isambard Kingdom Brunel to Michael Faraday，4 February 1824）.

［117］Clements 1970：77（quoting from Marc Brunel's diary，8 April 1824）.

［118］James 1991：248（Isambard Kingdom Brunel to Michael Faraday，24 December 1824）.

［119］James 1991：250（Isambard Kingdom Brunel to Michael Faraday，17 January 1825）.

［120］Clements 1970：107（quoting from Isambard Kingdom Brunel's diary，9 March 1825）.

［121］Clements 1970：77（quoting from Marc Brunel's diary，4 June 1825）.

［122］Vaughan 1991：13（expenses to July 1825）.

［123］'Gas engines'，British patent No. 5212, 16 July 1825；Clements 1970：77（quoting from the patent），258.

［124］Beamish 1862：187.

［125］James 1991：282（Marc Isambard Brunel to Michael Faraday，8 February 1826），esp. James's note.

［126］*Quarterly Journal of Science* 21（1826）：131-132.

［127］Rolt 1957：42（quoting from I.K. Brunel's diary，4 April 1829）. Vaughan 1991：42（transporting the engine）.

［128］James 1991：617n.

［129］James 1991：617［Michael Faraday to John Barrow（Second Secretary to the Admiralty），10 October 1832］.

［130］Beamish 1862：187.

［131］James 1991：639（Marc Isambard Brunel to Michael Faraday，15 January 1833）.

［132］Rolt 1957：42；Clements 1970：202 and（partially）Vaughan 1991：43（quoting with minor discrepancies from I.K. Brunel's diary，30 January 1833）。

［133］Beamish 1862：187-188.

［134］详细的史学讨论和进一步的参考文献，参阅 Marsden 1998a.

［135］Hills 2002a：40，42-43（Watt's reading）；Robinsonand Musson 1969：42-43（'Report by Messrs. Hart of Glasgow of conversations with Mr. Watt in 1817.Communicated by John Smith. 19 March 1845'）.

［136］Kuhn1961；Marsden1998a.

［137］关于爱立信，参阅 Church 1890. 关于电力工程师的说辞，比较罗伯特·波斯特对 1850 年出现的评论，美国专业人士的价值观不同于经验发明家："在自我推销方面，专业人士往往比发明家更隐蔽，他为了成功通常不得不吹嘘"（Post 1983：339）。

［138］Marsden 1998a：380.

［139］Marsden 1998a：385.

［140］Ferguson 1961.

［141］Marsden 1998a：387.

［142］Marsden 1998a：390.

［143］Church 1890，1：233-303；2：1-181（'monitors'），260-301（solar power）.

［144］引自 Anon 1859：13.

［145］Anon 1859：3-4，11，15，18，20（trade catalogue in Ben Marsden's collection）.

［146］Anon 1859：12.

［147］Dickinson 1837：151.

［148］Anon 1859：4-10.

［149］Rankine 1856；1857；Channell 1982；Marsden 1992a，b.

[150] Hutchison 1981.

[151] Rankine to Napier, 7 February 1853 (quoted in Marsden 1992b: 145).

[152] Morus 1998: 50-51 (Sturgeon's electro-magnet).

[153] 关于一个可能的解释，参阅 Morus 1998: 184-191 ('Usurping the place of steam').

[154] Jacobi 1836-37: 408.

[155] Silliman 1838: 258 (Henry's beam engine).

[156] 这个装置颠倒了电流的方向，从而快速而有规律地改变了电磁铁的磁极，最终产生旋转动力。

[157] Taylor 1841: 4-5; Jacobi 1836-1837: esp. 411-412, 444.

[158] Sturgeon 1836-1837: 78.

[159] *Annals of Electricity* 1 (1836-1837): 250.

[160] Silliman 1838: 264; the patent is in Davenport 1838b: 347-349.

[161] Davenport 1838b: 349 (emphasis ours).

[162] Silliman 1838: 258 (emphasis ours).

[163] *Annals of Electricity* 2 (1838): 158; Morus 1998: 108, 187 (Davenport's engines).

[164] *Annals of Electricity* 2 (1838): 159.

[165] Silliman 1838: 262-263.

[166] Davenport 1838a: 286 (drill).

[167] *Annals of Electricity* 2 (1838): 158-159.

[168] Davenport 1838a: 286.

[169] Davenport 1838b: 350.

[170] [Editor of the *Journal of the Franklin Institute*], 'Speculations respecting electromagnetic propelling machinery', *Annals of Electricity* 3 (1838-1839): 161-163.

[171] Joule 1887, 1: 1-3 (quoting 3); for Joule on electro-magnetic engines, see Morus 1998: 187-190.

[172] Joule1887, 1: 14; 也可参阅 Cardwell1989: 30-31.

[173] Taylor1841: v-vi. 作者可能是电力工程师 W.H. 泰勒：参阅 Morus 1998: 191.

［174］Taylor1841：v-vi.

［175］Taylor1841：17-18.

［176］Callan1836-1837：491-494.

［177］Taylor1841：20-26, 35-36.

［178］Anon1841b：252. 也可参阅 Morus1998：190-191（Davidson）.

［179］Anon1841b：252.

［180］Anon1841b：252（reproducing *Aberdeen Constitutional*, 6 November 1840）;
　　　 Jacobi 1840.

［181］Post 1974（Robertson's *Galvani*）.

［182］Jacobi 1840：18-24.

［183］Joule 1887, 1：47-48; Cardwell 1989：30-37（Joule's electro-magnetic
　　　 career）; Smith 1998a：53-76（Joule, electro-magnetic engines and the
　　　 mechanical value of heat）.

［184］Hills 1989：101.

［185］Hills 1989：101, 105-108.

［186］Fara 2002a: esp. 192-202.

［187］参阅，例如，Robinson 1956：261.

［188］Dickinson and Jenkins 1981［1927］：81-89（Watt portraiture）.

［189］Marsden 2002：188-189.

［190］Potts 1980（Chantrey statue and bust）; Arago 1839c：284.

［191］Torrens 1994：esp. 25-27.

［192］Jones 1969：203; Muirhead 1858：83-91（reproducing Watt's 1796 account）.

［193］Robiso 1797.

［194］Hills 2002a：25.

［195］Miller 2000：4; Hills 2002a：25; Farey 1827.

［196］MacLeod 1998.

［197］Arago 1839b：191, 194; Robinson 1969：225; compare Arago1839c：292-
　　　 293.

［198］Robert Peel's 'Speech on proposed monument to Watt', 1824, f. 164, Add
　　　 40366, British Library.

［199］引自 Robinson 1969：230; 1834 年的草案是 f. 246, Add 47224, British Library.

[200] Arago 1839c：292-293（quoting Liverpool, Huskissonand Mackinstosh）.

[201] Miller 2000：1（quoting Thomas Carlyle to John A. Carlyle, 10 August 1824）.

[202] Carlyle 1829：456, 441-442.

[203] Carlyle 1829：449; Miller2002：1（quoting Car lyle's 'Chartism'）.

[204] Arago 1839c：221, 25（visits）.

[205] Arago 1839c：221（acquaintances and friends）; Robinson 1956：263; Hills 2002a：25.

[206] Arago 1839c：225（kettle anecdote）; James Gibson to James Watt junior, 8 October 1834（quoted in Robinson and Musson 1969：22）; Hills 2002a：25（Marion'sanecdotes）and 41（problem-solving）; Robinson 1956（Watt's use of kettle inexperiments）.

[207] Arago1839c：256.

[208] Arago 1839c：278-279.

[209] Arago 1839c：250, 280.

[210] Arago 1839c：254.

[211] Arago 1839c：222, 247, 294.

[212] Mille 2000：1-24.

[213] Schofield 1966：156.

[214] Robinson 1969：225; and James Watt junior to Arago, 2 September 1834（quoted in Hills 2002a：29）.

[215] Arago 1839c：228, 234, 250.

[216] Arago 1839c：292.

[217] Arago 1839c：287.

[218] Arago 1839c：294.

[219] Arago 1839d：298.

[220] Arago 1839d：298, 302.

[221] Arago 1839c：296.

[222] Arago 1839c：297.

第三章

[1] Carnot 1986[1824]：62.

［2］Carnot 1986［1824］: 62n; Bonsor 1975-1980, 1: 204, 218-220.

［3］Lindsay 1874-1876, 3: 633.

［4］Lindsay 1874-1876, 4: 646.

［5］Allen 1978: esp. 16-37.

［6］例如, Munro 2003: 485-488 (on steamship technology).

［7］Lindsay 1874-1876, 4: 587-588.

［8］*DNB* (William Schaw Lindsay).

［9］Lindsay 1874-1876, 1: xvii.

［10］Lindsay 1874-1876, 1: xx.

［11］Lindsay 1874-1876, 4: 582.

［12］Lindsay 1874-1876, 4: 188.

［13］*The Illustrated London News*, 15 July 1843 (quoted in Armstrong 1975: 115). 关于后来的历史判断, 参阅 Kirkaldy 1914: 65; Armstrong1975: 115.

［14］William to Francis Prodeaux, 28 July 1843 (quoted in Farr 1970: 20-21). 尤安·科利特声称, 在迈尔斯女士两次失败后, 阿尔伯特亲王最终成功地获得了这瓶酒。迈尔斯女士是大西部汽船公司董事之一的妻子, 6 年前负责命名大西部汽艇。参阅科利特 1990: 86. On the Great Britain see also Bonsor 1975-1980, 1: 62-63; Fox 2003: 147-155.

［15］Bonsor 1975-1980, 1: 62-64 (*Great Britain's* early career); Corlett 1990: 108-109; Winter 1994: 77 (controversy over causes of stranding); Kirkaldy 1914: 37-38 (proponents of iron ships).

［16］Bonsor 1975-1980, 1: 64-66 (the rescue, with Ewan Corlett as the driving force).

［17］Thompson 1910, 1: 3-4; Smith and Wise 1989: 727-728.

［18］Lindsay 1874-1876, 4: 34-40; Armstrong 1975: 29-31. 达尔斯温顿的帕特里克·米勒是赛明顿最早的赞助者的家庭教师, 他声称是赛明顿为詹姆斯·泰勒的发明申请了专利。参阅 Lindsay 1874-1876, 4: 40.

［19］Lindsay 1874-1876, 4: 40-48.

［20］引自 Lindsay 1874-1876, 4: 53-54n.

［21］Lindsay 1874-1876, 4: 48-59, 587-590 (Fulton), 121-162 (on North American river-steamers); Armstrong 1975: 32-36 (on Fulton); Schivelbusch

1980：89-112（linking American river-steamer to railway culture）.

[22] Adams 1867：476-477.

[23] Shields 1949：12-23；Riddell 1979：1-51；Smith and Wise 1989：21-22.

[24] Tolstoy 1957［1869］：711.

[25] 引自 Lindsay 1874-1876, 4：63.

[26] Lindsay 1874-1876, 4：60-67；Osborne 1995；Armstrong 1975：37-40.

[27] 引自 Lindsay 1874-1876, 4：66n.

[28] Lindsay 1874-1876, 4：67.

[29] Lindsay 1874-1876, 4：73-77. 林赛指出，这个级别的水手，即"半海员"，在国家紧急情况下为皇家海军提供宝贵的储备。

[30] Lindsay 1874-1876, 4：78-80；Armstrong 1975：47.

[31] Hodder 1890：152-163；Napier 1904：1-120；Armstrong 1975：47-48.

[32] Hodder 1890：145-149.

[33] Hodder 1890：152-158.

[34] Hodder 1890：160-163.

[35] Albion 1938（on Black Ball Line sailing packets）；Whipple 1980（on American and British tea-clippers）.

[36] Shields 1949：121-124；Pollard and Robertson 1979：9-13；Whipple 1980：102-123.

[37] 例如，Smith *et al.* 2003a，b.

[38] 参阅 Morrell and Thackray 1981：505-556.

[39] Lindsay 1874-1876, 4：307-308. 船上 160 多人，只有少数船员和乘客幸存下来。

[40] Bonsor 1975-1980, 1：41-44（*Savannah*），60-66（*Great Western and Great Britain*）；Buchanan 2002a：58-60.

[41] Bonsor 1975-1980, 1：54-59.

[42] *The Times,* 10 December 1838（quoted, with comment on the link to the Great Britain, in Bonsor 1975-1980, 1：57）.

[43] Booth 1844-1846：24-31. 重点参阅 Smith *et al.* 2003b：396-398.

[44] Booth 1844-1846：25-26.

[45] Booth 1844-1846：27-28.

[46] Booth 1844-1846：30. 布鲁内尔的 "大东方" 号（下图）最初名为 "利维坦" 号，与《圣经·约伯记》（Job 41：1）中提到的大海怪相呼应。

[47] Booth 1844-1846：30-31. 布斯对资本浪费的焦虑也可能是与对铁路狂热现象的焦虑有关（第四章）。

[48] Morrell and Thackray 1981：497，该页注明了伍兹在英国科学促进会中对铁的强度和性能的研究。

[49] 英国科学促进会对船体设计的调查（尤其是对约翰·斯科特·罗素的调查），参阅 Morrell and Thackray 1981：505-506.

[50] *Liverpool Mercury*，22 September 1854.

[51] *Liverpool Mercury*，26 September 1854.

[52] Russell 1854；*Liverpool Mercury*，26 September 1854.

[53] Russell 1854. 斯科特·罗素关于海军建筑的实验研究，参阅 Emmerson 1977：14-19.

[54] 关于拉德纳的批评，尤其是在 1836 年布里斯托尔的 BAAS 之前，大西部参阅 Morrell and Thackray 1981：472-474. 关于 "大东方" 号的建造与罗素和布鲁内尔之间的纠纷，参阅 Emmerson 1977：65-157；Buchanan 2002a：113-133.

[55] 引自 Buchanan 2002a：119. 其中简要指出了将项目的建造和运营视为一个 "系统"。

[56] Russell 1854.

[57] *Liverpool Mercury*，26 September 1854. On Fairbairn, Stephenson and the Britannia Bridge, see Pole 1970 [1877]：195-213.

[58] *Liverpool Mercury*，26 September 1854.

[59] Henderson 1854；*Liverpool Mercury*，29 September 1854.

[60] *Liverpool Mercury*，29 September 1854. "标称" 马力往往是根据发动机尺寸（比如气缸尺寸）计算的，而 "指示" 马力则是使用指示仪表和图表通过发动机性能测量的（第二章）。兰金（下图）等科学工程师将后者视为一种加强功率测量的方法——一种更直接甚至是自动化的方法。

[61] Henderson 1854；*Liverpool Mercury*，29 September 1854.

[62] Buchanan 2002a：117-118.

[63] Banbury 1971：242-252（the shipyard）；Emmerson 1977：83（gentlemanly

appearance and manners).

[64] Lindsay 1874-1876, 4：492-493. 林赛于 1857 年 4 月 20 日还引用了罗素给《泰晤士报》的信，详细说明了类似的信誉划分。关于随后关于可信度争论的最新观点，参阅 Buchanan 2002a：113-114. Compare Emmerson 1977：esp. 83.

[65] Buchanan 2002a：121（quoting letters from Brunel to Scott Russell）；Emmerson 1977：esp. 95, 100-102。关于 "giving the lie"，参阅 Shapin 1994：107-114.

[66] Lindsay 1874-1876, 4：513n.

[67] Lindsay 1874-1876, 4：496（quoting Charles Atherton, chief engineer at the Royal Dockyard, Woolwich）.

[68] Buchanan 2002a：122-133.

[69] Bonsor 1975, 2：579-585.

[70] Banbury 1971：171-174（Fairbairn），198-205（Maudslay），214-218（Napier），224-229（Penn），242-252（Scott Russell）；Pollard and Robertson 1979：64. 关于莫兹利重点参阅 Cantrell 2002a：18-38；Ince 2002：166-184.

[71] Hume and Moss 1975：137（steam yacht race）. 克罗斯比·史密斯和安妮·斯科特即将发表的一篇文章进一步探讨了长老会的主题。

[72] Cain and Hopkins 2002：278-284, esp. 283（Bentinck reforms）；Lindsay 1874-1876, 4：336-360（East India Company and steam），esp. 359-360（Berenice）. 截至 1842 年，P&O 赢得了邮件合同。

[73] Napier 1904：1-165. 内皮尔的院子是新一代克莱德建船公司所在的地方，重点参阅 Slaven 1975：125-133.

[74] Napier 1904：135；Hyde 1975：6. 上一节提到的英国 "女王" 号的问题可能助长了这些黑暗的警告。

[75] Grant 1967：esp. 17.

[76] Hyde 1975：1-5；Fox 2003：84-93.

[77] Hyde 1975：5-6.

[78] Samuel Cunard to Kidston & Company, 25 February 1839, Cunard Papers, Liverpool University Library. Quoted in Napier 1904：124-125.

[79] Hyde 1975：6-8.

[80] 参阅 Nenadic 1994：122-156（domestic cultures in Edinburgh and Glasgow）. 我们感谢休·坎宁安对这一文献的贡献。

[81] Hyde 1975：8-11.

[82] Hyde 1975：12-15. 这里概述了劳动分工，但没有探讨文化背景。值得注意的是，第四艘船"哥伦比亚"号的成本接近 5 万英镑，而最初计划中预计的 3 艘船的成本为 3.2 万英镑。参阅 Hyde 1975：338n.

[83] Anon 1864：483-523.

[84] Anon 1864：483-523. 重点参阅 Smith, Higginson and Wolstenholme 2003a：453-457（Cunard *versus* Collins）.

[85] 重点参阅 Marsden 1992b.

[86] Lindsay 1874-1876，4：69. 他注意到了英格兰东北部，尤其是泰恩河畔地区产量不断增加的例外情况。

[87] Lindsay 1874-1876，4：239. Italic his.

[88] *New York Tribune*，27 January 1873（quoted in Babcock 1931：146-147）. See also Hodder 1890：300-301；Fox 2003：275.

[89] George Holt, Diary 11 November 1844 to 31 December 1854, Papers of the Durning and Holt Families, 920 DUR/1/1-2, Liverpool Central Library：entries for 11 January and 25 April 1852；Lindsay 1874-1876，4：305-310.

[90] Marsden 1998a：373-420, esp. 380-82, 385-390, 400-401. 也可以参阅 Ferguson 1961：41-60；Bonsor 1975-1980，1：334-335.

[91] Prosser 1854；*Liverpool Mercury*，29 September 1854.

[92] Marsden 1998a：390-400. 这里认为，热力学家事实上利用围绕爱立信的争议来推动他们的科学，成为解决新问题的新科学。关于这一时期的热力学和能源科学，另见 Smith 1998a：esp. 150-169.

[93] *Liverpool Mercury*，29 September 1854.

[94] *Liverpool Mercury*，29 September 1854.

[95] *Liverpool Mercury,* 29 September 1854.

[96] Marsden 1998a：eps. 390-400. 也可参阅 Smith 1998a：155.

[97] *The Times*，30 September 1854.

[98] Rankine 1855：19-20；Smith 1998a：155-156.

[99] Rankine 1855：20-23；Smith 1998a：156-157.

［100］*The Times*, 30 September 1854.

［101］Rankine 1854.

［102］*The Times*, 30 September 1854.

［103］Rankine 1854; Marsden 1992a: esp. 141-187; 1998a: 373-420, esp. 395-400（Rankine-Napier air engine）.

［104］Gordon 1872-1875: 296-306; Rankine 1871: 4-6. 关于戈登的生涯重点参阅 Marsden 1998b.

［105］Rankine 1871: 6, 31, 37-38; Bonsor 1975-1980, 1: 276-277（also quoting from the *North British Daily Mail*）.

［106］Rankine 1871: 38-39; Bonsor 1983: 144-165; Lingwood 1977: 97-114.

［107］*The Edinburgh Academy Register*（Edinburgh: T. & A. Constable, 1914）, 106-122. 参阅［Scotts］1911 年公司历史的私人出版物。詹姆斯·克拉克·麦克斯韦、彼得·格思里·泰特和威廉·汤姆森都曾担任苏格兰自然哲学主席，共同构建了一门新的能源科学。该科学在很大程度上借鉴了"工作"的工程概念。刘易斯·坎贝尔后来与人合著了麦克斯韦的传记。参阅 Smith 1998a: 310-311. 爱德华·哈兰德是世界著名的贝尔法斯特造船商哈兰德和沃尔夫的联合创始人。参阅 Hume and Moss 1986: 12-13.

［108］W.J.M. Rankine to J.R. Napier, 22 November 1858, Glasgow University Archives;［Scotts］1906: 33-36; Robb 1993, 2: 183.

［109］关于 P&O 早期从泰晤士获得的复合发动机。参阅 Banbury 1971: 189-190.

［110］Rankine 1871: 40-47. *Mechanics' Magazine* 15（1866）: 1. 文中报道称，"康斯坦斯"号已首先抵达马德拉，但指责海军部迟迟没有公布审判结果。

［111］J.P. Joule to William Thomson, January 1858, J248, Kelvin correspondence, Cambridge University Library.

［112］重点参阅 Smith 1998a: esp. 1-14. "能源"一词可以在 1850 年之后使用，没有时代错误。

［113］Jevons 1866: 122-137, esp. 129-134.

［114］Smith *et al.* 2003a.

［115］Holt 1911: 45-46; Lindsay 1874-1876, 4: 468n.

［116］Smith *et al.* 2003b: 398-405.

［117］Alfred Holt, Circular regarding Cleator's new engine, Papers of Alfred Holt,

920HOL/ 2/10, Liverpool Central Library; Smith *et al.* 2003b: 409.

[118] Smith *et al.* 2003b.

[119] 对于早期霍尔特发动机的说明，参阅 Hyde 1956: 173; Le Fleming 1961: 8. 关于后期设计，参阅 Marshall 1872: 453. 关于莱斯莉的造船及其与霍索恩发动机制造的关系，参阅 Clarke [1979].

[120] Holt 1911: 46-48.

[121] Hyde 1956: 19.

[122] Alfred Holt, Diary, Book A, Papers of Alfred Holt, 920 HOL/2/52, Liverpool Central Library, 16-18 February 1866; Jevons 1866: x-xi.

[123] Smith *et al.* 2003a: 464.

[124] Holt 1911: 46-48; Alexander Kidd, 'Jottings from a sailor's life' (typescript), Ocean Archive, Merseyside Maritime Museum, Liverpool.

[125] Alfred Holt, Circular letter dated 16 January 1866, Papers of Alfred Holt, 920HOL/2, Liverpool Central Library; Smith *et al.* 2003b: 410-414.

[126] Alfred Holt, Circular letter dated 16 January 1866, Papers of Alfred Holt, 920HOL/2, Liverpool Central Library; Smith *et al.* 2003b: 414.

[127] 'O.S.S. Co. General Book (1865-1882)', Ocean Archive, Merseyside Maritime Museum, Liverpool, p. 1.

[128] Alfred Holt, Diary, Book A, Papers of Alfred Holt, 920 HOL/2/52, Liverpool Central Library, 24-31 March 1866.

[129] Alfred Holt, Diary, Book A, Papers of Alfred Holt, 920 HOL/2/52, Liverpool Central Library, 19 April 1866.

[130] Alfred Holt, Diary, Book A, Papers of Alfred Holt, 920 HOL/2/52, Liverpool Central Library, 24 October 1866.

[131] Lindsay 1874-1876, 4: 434-437. 关于"实践证明"和工程参阅 Marsden 1992b.

[132] Alexander Kidd, 'Jottings from a sailor's life' (typescript), Ocean Archive, Merseyside Maritime Museum, Liverpool.

[133] Le Fleming 1961: 38-55 (fleet list); Alfred Holt, Diary, Book A, Papers of Alfred Holt, 920 HOL/2/52, Liverpool Central Library; Smith *et al.* 2003b: 425-426 (n. 113and 117).

［134］Holt 1911：46-48.

［135］Holt 1877-1878：70-71（our italics）.

第四章

［1］Babbage 1864：319-320. 从 19 世纪 20 年代到 19 世纪 30 年代，"铁道"和"铁路"这两个词在英国和美国几乎可以互换使用。在下面的内容中，我们使用"铁路"来简化。

［2］Williams 1904：351-358（'Adventures on the Line'），352（quoting Salisbury）. 威廉姆斯的书对爱德华时代的读者来说是帝国铁路的通俗再现。乌干达铁路的故事也在伯顿的书中，参阅 1994：210-225；关于中非铁路和帝国主义的背景，参阅 Hanes 1991：esp. 48.

［3］关于技术选择，参阅 Evans 1981：1-34。关于对铁路及其文化的调查，参阅 Simmons 1991。大量铁路历史文献指南包括 Ottley 1983（and supplements）；Simmons and Biddle 1997 and Freeman and Aldcroft 1985.

［4］Babbage 1832：306.

［5］Dyos and Aldcroft 1969：82-84（traditional economic history）.

［6］Harris 1744：76-78（quoted in Smith and Wise 1989：4）.

［7］Dyos and Aldcroft 1969：66-84.

［8］Especially Riddell 1979：1-104. See also Dyos and Aldcroft 1969：37-45（riverimprovements），45-65（ports）.

［9］例如，Dyos and Aldcroft 1969：85-116；Hadfield 1970.

［10］Uglow 2002：92-94，107-121.

［11］例如，Armytage 1976：112.

［12］Tann 1978.

［13］Porter 1998：esp. 71-104（Gurney's steam carriages）.

［14］Schaffer 1996.

［15］Porter 1998：98.

［16］Porter 1998：105-132.

［17］Cardwell 1994：65，101，148，210；Adas 1989：135.

［18］当帝国铁路建设者和电报建设者试图在几乎没有地图和"未开化"的领土上建设轨道时，铁路建设的这一被遗忘的方面将再次被人们铭记。

[19] Trevithick 1872; Dickinson and Titley 1934; Cardwell 1994: 209-210; Armytage 1976: 112.

[20] Dickinson and Titley 1934: 43-124.

[21] Porter 1998: 95 (choice of Bath). Compare Morus 1996a: esp. 417-426 on machinery and 'exhibition culture'.

[22] Cardwell 1994: 211; Armytage 1976: 113.

[23] Kirby 1993: 2.

[24] Cardwell 1994: 230; Marsden 1998b: 56-57; Wishaw 1842: 95-102 (Edinburgh, Leithand Dalkeith Railway).

[25] Babbage 1864: 326.

[26] 参阅，例如，Burton 1980 (Rainhill trials).

[27] Armytage 1976: 125-127; Cardwell 1994: 231 (origins of the L&MR). See also Carlson1969; Thomas 1980; Ferneyhough 1980; Perkin 1971: 77-95.

[28] Rastrick 1829.

[29] In addition to Burton 1980, and comments in Cardwell 1994: 231, 233, 282, Vignoles 1889: 127-135，提供了来自竞争对手的问题。

[30] Vignoles (1889): 128.

[31] Vignoles 1889: 132 (conditions).

[32] 关于英国的"新奇"号和埃里克森，参阅 Bishop 1976-1977: 44.

[33] 这种对审判的对立描述出现在 Vignoles 1889: 127-135.

[34] Vignoles 1889: 128.

[35] 参阅，例如，*Liverpool Mercury*, 6 October 1829.

[36] Vignoles 1889: 129 (quoting *Liverpool Mercury*, 6 October 1829).

[37] Vignoles 1889: 134.

[38] Vignoles 1889: 130.

[39] 管状锅炉使熔炉的热量能够从蜂窝管周围的水中产生蒸汽，而不是从简单锅炉的水中产生。它们的相对效率被广泛归因于大大增加的加热表面。参阅 Pole 1970 [1877]: 389 (tubular boilers)。在蒸汽机车中使用管状锅炉的决定一直是有争议的主题。目前的讨论参阅 Jarvis 1994: 35, 43n.

[40] Vignoles 1889: 132.

[41] Vignoles 1889: 133.

[42] Vignoles 1889：134.

[43] Braithwate（quoting Ericsson）to Vignoles, 19 December 1829, in Vignoles 1889：134-135.

[44] 最近对罗伯特·斯蒂芬森的研究是 Bailey 2003.

[45] 引自 Armytage 1976：126，未做进一步说明。

[46] 最 新 的 研 究 参 阅 Haworth 1994：60-62（'The obstacles posed by George Stephenson'）.

[47] Cardwell 1994：231（our emphasis）.

[48] 参阅 Howse 1980：87-88（Booth and GMT）；Booth 1980（biography）.

[49] Booth 1830：15；Jarvis 1994：35-45，重新评估布思攻击地主贵族的动机。

[50] Booth 1830：34-35.

[51] Booth 1830：50.

[52] Booth 1830：51.

[53] Booth 1830：57.

[54] Booth 1830：85-88.

[55] Booth 1830：88-92. Compare Carlyle 1829：442.

[56] Booth 1830：93-94.

[57] Babbage 1864：313-316.

[58] 参阅 Harrington 2001；2003：209-223.

[59] Babbage 1864：317-318；也可参阅 Freeman 1999：57-89（'March of intellect'）.

[60] Babbage 1864：319, 329.

[61] Babbage 1864：329-334.

[62] Freeman 2001.

[63] Cardwell 1994：234（enduring characteristics of L&MR）.

[64] Cardwell 1994：233-234；也可参阅 Brewster 1849：574（quoting Scrivener on 'model'）.

[65] Brewster 1849：574.

[66] *Railway Magazine; and Annals of Science*, n.s., 33（1838）：369（our emphasis）.

[67] Hills 2002b：64. 实验的工作被证明是有问题的，但很明显，"火箭"号的创新并没有停止。

[68] Barlow 1835.

[69] De Pambour 1840.

[70] Noble 1938: 139. 关于布鲁内尔参阅 Buchanan 2002a and, in addition, Rolt 1957 (which is uncritical) and Vaughan 1991 (which emphasises Brunel's wartier futurt). 大西部铁路的标准来源于 MacDermot 1964. 关于布鲁内尔的核心角色, 参阅 Buchanan 2002a: 63-82; and Beckett 1980: esp. 33-87.

[71] [*Prospectus for the*] *Great Western Railway, between Bristol and London* (London: Great Western Railway, 1833).

[72] Marsden 2001.

[73] Morrell and Thackray 1981: 472-474 (Lardner); Buchanan 2002a: 32, 73 and Rolt1957: 184 (Buckland).

[74] Wood 1825; 关于伍德学生时代对乔治·斯蒂芬森的偏爱和袒护, 参阅 Jarvis 1994: 35, 38; Porter 1998: 74.

[75] Armytage 1976: 130.

[76] 关于布鲁内尔的自由主义政治, 参阅 Buchanan 2002a: 173-190.

[77] 'Electro-magnetic telegraphs', *The Railway Magazine; and Annals of Science*, n.s., 33 (1838), 365-366; 370.

[78] Buchanan 2002a: 71 (telegraph).

[79] Gilbert 1965; Buchanan 2002a: 1, 17.

[80] 重点参阅 Buchanan 1983a: 98-106 (*Great Eastern*).

[81] Buchanan 2002a: 70-71 (quoting Brunel to Gooch, 2 January 1841), 244n.

[82] Buchanan 2002a: 65.

[83] Buchanan and Williams 1982; Buchanan 2002a: 43-62.

[84] Buchanan 2002a: 59.

[85] 例如, Dyos and Aldcroft 1969: 132-139 (railway mania); Armytage 1976: 129。股息凭证是股票证书的一种形式。

[86] Anon 1845: 24.

[87] I.K. Brunel quoted in Basalla 1988: 177; Hadfield 1967: 73.

[88] Secord 2000: 9-40 ('A Great Sensation').

[89] Buchanan 2002a: 70 (erratic locomotives).

[90] Buchanan 2002a: 75 (locomotives), 161-62 (Gooch and Brunel).

［91］Buchanan 2002a：111（quoting Gooch）.

［92］参阅 Gordon 1849.

［93］关于这条电气铁路，参阅 Hadfield 1967；Basalla 1988：177−181（as a passing technological 'fad'）；Buchanan 2002a：103−112（as chief among Brunel's 'disasters'）；and Atmore 2004：245−279（'Rope of air'）.

［94］Williams 1904：46−48. 文中描述了 19 世纪 40 年代末埃克塞特—牛顿—阿博特线上短暂的大气作用。

［95］Brewster 1849：609.

［96］Booth 1830：91.

［97］例如，Dyos and Aldcroft 1969：125−132（first railway boom）；Armytage 1976：128.

［98］参阅，例如，Dyos and Aldcroft 1969：125−154, esp. 152−153（map of nationalsystem 1852），168−169（map of national system 1914）；Haworth 1994：55（Locke）.

［99］Walker 1969（Brassey）；Armytage 1976：129.

［100］Sekon 1895.

［101］例如，Anon 1845：4；Harding 1845：4.

［102］Babbage 1864：326.

［103］Anon 1845：3.

［104］Babbage 1864：326（our italics）.

［105］Babbage 1864：334.

［106］Babbage（1864）：326−328. BAAS 总是试图避免不体面的争议。参阅 Morrell and Thackray 1981：2−34.

［107］Babbage 1864：334−335. 关于对斯蒂芬森角色的重估，参阅 Jarvis 1994：35−45.

［108］Buchanan 2002a：31；I.K. Brunel to Babbage［October/November 1838］and 17 November 1838, ff. 20, 33, Add. 37, 191, British Library.

［109］Babbage 1864：321；Williams 1904：51−52（end of the broad gauge in 1892）.

［110］Cole 1846：3；Anon 1845：9.

［111］参阅，例如，Harding 1845：1−3.

[112] Anon 1845: 11; Harding 1845: 3.

[113] Anon 1845: 4-7.

[114] Anon 1845: 4.

[115] 参阅, 例如, Rolt 1957: 59-61, 141; Buchanan 2002a: 59, 204-205.

[116] Cole 1846: 3; Anon 1845: 7f.

[117] Harding 1845: 5-6 (lack of foresight).

[118] Cole 1846: 3 (atmospheric).

[119] Anon 1846: title-page.

[120] Cole 1846: title-page.

[121] Cole 1846: 4. 堂吉诃德是塞万提斯小说中自欺欺人的英雄。

[122] 也可参阅 Smith and Wise 1989: 684-698; Tunbridge 1992 for standards in electrical science.

[123] Fairlie 1872: 1 (railway futures), 7-9 (rival US gauge; deficient Imperial railways).

[124] 参阅, 例如, Bignell 1978.

[125] Freeman 1999: 215-238.

[126] Bury 1976 [1831]; Clayton 1970 [1831]; Shaw 1970 [1831].

[127] 参阅, 例如, Walker 1830.

[128] Schivelbusch 1980: 52-69 ('Panoramic travel'); Simmons 1991: 120-159 ('Theartist's eye'); Tucker 1997. 相机开始广泛使用的时候恰逢第二次铁路热潮。

[129] Carter 2001: 58.

[130] Carter 2001: 61.

[131] Carter 2001: 51-70.

[132] Freeman 1999: 48 (Ruskin).

[133] Carter 2001: 52.

[134] Mogg 1841; Schivelbusch 1980: 70-88 ('The compartment'), esp. 73-77 ('The end of conversation while travelling').

[135] Anon 1838: i-vii.

[136] Wood 1825; 尽管如此, 对技术文献的总体考察发现相关的铁路文献数量极少, 参阅 Emmerson 1973: 231-245 ('Engineering literature in the nineteenth

century'）.

［137］Winter 1998：150-152.

［138］例如，Simmons 1991：345-347（'Standard time'.关于美国的并行研究
　　　参阅 Stephens 1989：1-24.

［139］Anon 1848：15-19, on 18.

［140］例如，Simmons 1991：270-308（'Leisure'）.

［141］重点参阅 Simmons 1991：309-344（'Mobility'）；1993. 也可参阅 Faith
　　　1990：286-304（'Railway in town and city'）；Freeman 1999：121-147.

［142］Armytage 1976：131.

［143］Simmons 1991：35-36. 西蒙斯指出，中央车站的建筑师认识到曲线的重要性，
　　　以方便乘客上下火车。

［144］Buchanan 1989：88-124（fragmentation of engineering societies）；
　　　Armytage 1976：130（domination of canal engineers）.

［145］Weiss 1982：141（French engineering education）.

［146］Hilken 1967：25；Guagnini 1993：16-41（training mechanical engineers）；
　　　Whiting1932：104-105（Durham）；Vignoles 1889：262-263；McDowell
　　　and Webb 1982：esp. 180-185（Dublin engineering chair）.

［147］On Nasmyth see Armytage 1976：126；Cantrell 2002b：129-146, esp. 137
　　　（Nasmythquote）. 关于惠特沃思参阅 Buchanan 2002b：109-128.

［148］Cantrell and Cookson 2002：15（Cookson's 'Introduction', quoting J.
　　　Nasmyth to Samuel Smiles, 31 March 1882）.

［149］Wide-ranging historical studies of railways and empire include Davis and
　　　Wilburn 1991；Burton 1994. Faith 1990：144-182（'Imperial railways'）
　　　provides an introduction. 关于印度铁路的介绍，参阅 Headrick 1981：180-
　　　191，更多细节参阅 Satow and Desmond 1980.

［150］例如，Yenne 1986a：247.

［151］Brooks to Henry Adams, c. 1910, Adams Papers, Massachusetts Historical
　　　Society, Boston, MA. Published by permission of the Society.

［152］关于英国发明文化，参阅 Hughes 1989.

［153］关于 20 世纪北美铁路的变革，参阅 Yenne 1986.

［154］阿奇博尔德·威廉姆斯出版了虚构小说［如"可怕的潜艇"（1901 年），在朱

尔斯·维恩之后］，以及一系列主要面向男孩的书籍，内容大多是关于发明和
工程的"浪漫"。

[155] Williams 1904：122-124. Schivelbusch 1980：89-112（'The American
railroad'）. 文中探讨了美国客运列车遵循在河上的汽船旁所设定的豪华和舒
适的这一传统论点。他还指出，与欧洲铁路相比，工程设计存在重要差异，尤
其是更陡峭的曲线（例如，用作慢速、昂贵隧道开挖的快速、廉价替代方案）
需要一种新型的机车车辆，在两端使用转向架，并使车厢更长，内部空间更
大，可以容纳各种奢侈品。关于电气照明的介绍参阅 Schivelbusch（1995）.

[156] 引自 Secord 2003：329. 关于米勒参阅 Shortland 1996.

[157] Zola 1890；关于另一种观点，也可参阅 2001：117-142（'Railway life：*La
bête humaine*'）；Baguley 1990（Zola's naturalist fiction）.

[158] 例如，Smith and Higginson 2001：103-110.

[159] 例如，Johnson and Fowler 1986：81-85（Vanderbilts）；Grodinsky 1957
（Gould）；Geisst 2000：11-34（'The "Monopolist Menace"'）.

[160] Adams 1867：485-486. Kirkland 1965 provides a biography.

[161] Explored more fully in Smith and Higginson 2004.

[162] Adams 1870：125，134.

[163] Adams 1870：120. 参阅 Smith and Higginson 2004：149-179.

[164] Adams 1867：480.

[165] Adams 1867：480-482.

[166] Adams 1867：484-485.

[167] Adams 1867：486-487. 参阅，例如，Yenne 1986：78-79（'American railroads
in the Civil War'）.

[168] Adams 1867：487-489.

[169] Adams 1867：489-490.

[170] Adams 1867：490.

[171] Adams 1867：491-492. 亚当斯兄弟（特别是亨利和布鲁克斯）在他们后来
的著作中经常探讨民主的影响。参阅，例如，1920 年亨利的讽刺小说《民主
与亚当斯》（布鲁克斯对"民主教条的退化"的悲观思考）。查尔斯·弗朗西
斯·亚当斯的铁路系统文章与马修·阿诺德的《文化与无政府状态》中收集的
当代文化讨论有着强烈的相似之处。具体而言，阿诺德影响了一种冷漠的观

点，质疑民主的影响，并试图在缓和其负面影响的同时，保留启蒙理性的收益。参阅 Arnold 1993［1861-1878］.

[172] Adams 1867：492-493.

[173] Adams 1867：493-494.

[174] Adams 1867：479.

[175] Adams 1867：497-498n. 在英国科学促进会语境下英国同时发生的事件，参阅 Morrell and Thackray 1981：291-296.

[176] Adams 1869；1871. 重点参阅 Kirkland 1965：34-64（'Railroad reformer'）；Geisst2000：18-21.

[177] 引自 Kirkland 1965：125-126 中的亚当斯的日记。

[178] "太平洋铁路"，打字稿文件，亚当斯的论文，马萨诸塞历史协会，我们感谢马萨诸塞历史协会允许我们引用这份文件。

[179] Geisst 2000：46；Adams 1867：120.

[180] Burton 1994：131-186（Asia），226-248（Australia）；Davis and Wilburn 1991：7-24（British North America），175-179（Canadian Pacific Railway）.

[181] Burton 1994：140（Dalhousie），227-228（gauge）.

[182] Davis and Wilburn 1991：179（quoting Macdonald to Noirthcote, 1 May 1878）.

[183] Williams 1904：66-67.

[184] Williams 1904：84（quoting The *Railway Yearbook*）；Musk 1989：13（'Canadian Pacific Spans the World'）；Kohler 2004：22（'All Red Route'）. Headrick 1981：163. 文中使用了"全红路线"短语，指的是 1902 年完成的横跨太平洋的全英国特色的电报电缆（由在地图上涂成红色的英国领土表示）（第五章）。

[185] Williams 1904：53-54；Skelton 1986：133-134. 1867 年，根据《英属北美法案》，加拿大各州联合会成立，约翰·麦克唐纳爵士担任加拿大首任总理。

[186] Williams 1904：54.

[187] Williams 1904：55-56；Skelton 1986：136-144.

[188] Skelton 1986：144.

[189] 引自 Williams 1904：59.

[190] 引自 Williams 1904：59-60.

[191] Skelton 1986：147-150.

[192] *Montreal Gazette*, 28 June 1907（quoting Musk 1989：30）.

[193] George Stephen to Sir John A. Macdonald, 29 January 1886, in Gibbon 1935：303.

[194] Stephen to Macdonald, 20 September 1886, in Gibbon 1935：309-310.

[195] Bonsor 1975-1980, 3：1286-1287.

[196] Stephen to Macdonald, 20 September 1886, in Gibbon 1935：309-310.

[197] 引自 Gibbon 1935：305.

[198] 引自 Musk 1989：13-14.

[199] Musk 1989.

第五章

[1] *Glasgow Herald*, 21 January 1859. 1910 年汤普森再版，389-390；Smith and Wise 1989：652.

[2] *Scientific American* 13（1857-1958）：285，引自于 Hempstead 1989：299.

[3] 根据实验自然哲学家查尔斯·惠特斯通的计算，电信号以每秒 288000 英里的惊人速度传播（光速）。

[4] Hunt 1997. 斯滕托尔是特洛伊战争中希腊一方的传令官，他的声音相当于 50 个人的声音。

[5] 沙普首先使用速记员一词来强调书写速度，而不是距离。

[6] 菲尔德在 1994 年充分分析了光学电报的历史：第 315-347 页；也可参阅 Appleyard 1930：263-298；McCloy 1952：42-49；Daumas 1980：376-378.

[7] Appleyard 1930：265（forms of visual telegraph）.

[8] Appleyard 1930：266.

[9] McCloy 1952：42-43.

[10] McCloy 1952：43, 46；Appleyard 1930：266 and 276（tachygraphe）.

[11] McCloy 1952：43-44.

[12] Daumas 1980：377.

[13] McCloy 1952：44.

[14] Derry and Williams 1960：621；Shinn 1980.

[15] Appleyard 1930：267.

［16］Appleyard 1930：268.

［17］Crosland 1992：20-21.

［18］McCloy 1952：45（L.M.N. Carnot, quoted without attribution）；Appleyard
　　　　1930：268（enthusiasm）.

［19］Appleyard 1930：270 .

［20］McCloy 1952：52.

［21］Appleyard 1930：276.

［22］McCloy 1952：46 and Appleyard 1930：272（lottery funding）.

［23］Appleyard 1930：272.

［24］Appleyard 1930：272-273.

［25］亚伯拉罕建议使用照明弹来解决这个问题，用休斯的话说，就是"反向突出"。
　　　　参阅 Hughes 1983：14；关于气候和文化，参阅 Jankovic 2000.

［26］Derry and Williams 1960：622.

［27］Kirby *et al*. 1956：337（Louvre）；Appleyard 1930：267（belfries）.

［28］Daumas 1980：376.

［29］Daumas 1980：377 and Appleyard 1930：265（Delauney）.

［30］Appleyard 1930：287.

［31］McCloy 1952：47-48（codes）；Daumas 1980：376（Breguet, telescopes）.

［32］Appleyard 1930：274（later Chappe lines）.

［33］Daumas 1980：377-378（message speeds）. 这些显然是保守估计：关于更快
　　　　的时间，参阅 Appleyard 1930：274.

［34］McCloy 1952：48-49.

［35］McCloy 1952：48；Kirby *et al*. 1956：337.

［36］Derry and Williams 1960：622.

［37］John Macdonald（quoted without attribution in Appleyard 1930：281）.

［38］Cardwell 1994：207；Derry and Williams 1960：622-623；Appleyard 1930：
　　　　295（final closure）.

［39］Kieve 1973：13-28, esp. 16-17（Ronalds）.

［40］Ronalds 1823：2. 事实上，直到 19 世纪 50 年代，电报也很容易受到雾的影响。
　　　　参阅 Wilson 1852：52.

［41］Ronalds 1823：2, 4-6.

[42] Morus 1998.

[43] Schaffer 1983（spectacle）；Fara 2002b（Enlightenment electrical culture）；
Hankins 1985：54–55（Enlightenment sciences）.

[44] Derry and Williams 1960：623–624.

[45] Knight 1992；Golinski 1992：188–235.

[46] Derry and Williams 1960：624；McNeil 1990：714；Cardwell 1994：223.

[47] Snelders 1990：228–240.

[48] Morus 1998：13–42（Faraday），43–69（Sturgeon）. 关于展示与自然哲学的
问题，参阅 Morus 1991b：20–40；1992：1–28；1993：50–69.

[49] James 1991：*690*（Moll to Faraday, 15 November 1833）.

[50] 'Electro-magnetic telegraphs', *The Railway Magazine*；and *Annals of Science*,
n.s., 33（1838）：365–369.

[51] Morus 1998：194–230, esp. 198–220；1996b：339–378, esp. 349–367.

[52] Bowers 2001（on Wheatstone）；Derry and Williams 1960：625（early
telegraphic experiments）；Smith and Wise 1989：456, 677 and Morus
1991b：25（on Daniell）. 电力工程师（包括威廉姆·汤姆森）倾向于使用电池
的电报，因为电池能提供稳定的电流供应。

[53] Morus 1998：198；Bowers 2001：122.

[54] Morus 1998：199. 事实上，这最后一个预测似乎与发展中的铁路实践不兼容；
一个更合理的用途，也是在实践中尝试过的，是提前发出信号（穿过隧道或上
坡），表明静止的发动机应该开始"启动"。

[55] Morus 1998：201.

[56] Hubbard 1965：36；Bowers 2001：118–119（who claims Wheatstone was not
interested in commercial exploitation），and 124（perpetuum mobile）.

[57] Bowers 2001：124–125；也可参阅 Dawson 1978–1979：73–86（early
instrumentation）. 在五针电报中，成对的针指向字母表中的 20 个字母，这些
字母在垂直的板上排列成菱形。

[58] 引自 Bowers 2001：120.

[59] Morus 1998：201–202（preparations for demonstration）.

[60] Morus 1998：202（quoting Cooke）；也引自 Hubbard 1965：52；关于"尝试"
和"展示"实验之间区别的早期表述，参阅 Shapin 1988.

[61] Hubbard 1965：53.

[62] Hubbard 1865：54-55.

[63] Morus 1998：203-206（Davy）.

[64] Hubbard 1965：71.

[65] Hubbard 1965：72.

[66] Hubbard 1965：71-72.

[67] Hubbard 1965：75.

[68] Morus 1998：207.

[69] 这就是"差异引擎"（生成数学表格）和通用的"分析引擎"。参阅 Schaffer 1994（on Babbage's 'intelligence）；Swade 2001. 关于巴贝奇的著作参阅 Campbell-Kelly 1989.

[70] Brunel to Babbage, 14 October 1838, f. 11, Add 37, 191, British Library.

[71] Hubbard 1965：101.

[72] Buchanan 2002a：71；Hubbard 1965：102.

[73] See Brewster 1849：570. 文中对弗朗西斯·邦德·海德爵士的书进行积极的当代批判，出版于 1849 年。

[74] Kieve 1973：36-37.

[75] Kieve 1973：29-45, esp. 39（Tawell's arrest）；MacDermot 1964：327, citing *Stokers and Pokers* as source.

[76] McNeil 1990：572（horses）.

[77] MacDermot 1964：328.

[78] Morus 1998：209（quoting advertisement in *Railway Times*，1842）.

[79] MacDermot 1964：328.

[80] Kieve 1973：36-38.

[81] Morus 1998：221.

[82] "闭塞信号"是一种系统，其中电报被用作接收列车进入每一段线路的手段，库克和斯蒂芬森于 1839 年对"闭塞信号"作了讨论，并于 1841 年进行了尝试，它最终被贸易委员会推广执行。参阅 Hubbard 1965：114.

[83] Kieve 1973：52-53；Bartsky 1989；Morus 2000：464-470 .

[84] Macleod 1988（on patents）；Cooke 1856-1857；1868；Morus 1998：212-220.

[85] Derry and Williams 1960：626；Rolt 1970：215.

[86] 关于各个电报公司的发展，特别是和铁路有关的公司，参阅 Kieve 1973：46-72.

[87] 这些公司的交易所既有男性经营者，也有女性经营者；电报为英国电力电报公司的年轻女性提供了一个体面的职业。参阅 Rolt 1970：216；Briggs 1988：377；Perkins 1998：63-66；Bowers 2001：152.

[88] Rolt 1970：217.

[89] 关于莫尔斯与美国语境参阅 Morus 1991b：28-36；Bektas 2001：esp. 200-202. 关于莫尔斯和机器商店文化，参阅 Israel 1989：esp. 58.

[90] McNeil 1990：714.

[91] 莫尔斯和维尔在确定代码之前测量了打印机使用的字母的频率：最频繁的字母有最简单（最短）的代码，比如"……"对应字母"s"。关于电报中的性别角色参阅 Andrews 1990：109-120；Jepsen 1995：142-154；1996：72-80.

[92] Bektas 2001：201-202.

[93] McNeil 1990：714，965；Briggs 1988：376；Derry and Williams 1960：626.

[94] 我们在本书结语部分进一步讨论这一问题。

[95] Derry and Williams 1960：626；McNeil 1990：714.

[96] McNeil 1990：715，965；Derry and Williams 1960：626.

[97] Kielbowicz 1994：esp. 95-96. 在 1866 年，弗莱明·詹金还评论了电报新闻的矛盾心理："即使是个体商户的收益也令人怀疑。通过减少风险，有时电报被认为会减少利润。在许多人看来，仅仅是快速发送信息的便利性，就被在任意时间接收新闻片段带来的烦恼所压倒，这些新闻片段往往因其简洁而难以理解。"参阅 Jenkin 1866：502（quoted in Hempstead 1989：298）。关于电报和外交的讨论，参阅 Nickles 1999：1-25.

[98] Briggs 1988：376.

[99] Bowers 2001：157-158.

[100] *The Times*，16 October 1840.

[101] *The Times*，26 November 1841.

[102] Bowers 2001：161-162.

[103] Bright 1898：facing 6，plate Ⅲ；Brett and Brett 1847.

[104] *The Times*，12 February 1849.

[105] *The Times*，7 February 1850.

[106] Bright 1898：248-331（gutta percha），esp. 248-252（its introduction as insulator）；Finn 1973：7；Hunt 1998：87-88（Siemens）. 杜仲胶，被亨特称为"帝国的绝缘体"，可用于各种物品，包括高尔夫球和帽子。

[107] Hunt 1998：88（Faraday）. 法拉第和其他英国物理学家对电报越来越感兴趣，这体现在对电学和磁学现象"场"语言的独特使用上。Gooding 1989：183-223；Hunt 1991：1-15. 关于法拉第的科学语言，以及他对此与威廉·惠威尔的讨论，参阅 Schaffer 1991.

[108] 参阅 *The Times*，28，29，30 and 31 August 1850（quotation）.

[109] Bright 1898：9n；Russell 1865：3，两篇文献作了相似陈述。

[110] 参阅，例如，Annual Register，*Annual Register*，'Chronicle'，October 1851：164-166；也可参阅 Anon 1861.

[111] Marsden 1998b：92，114；*Bradshaw's General Shareholders' Guide*，*Manual*，*and Railway Directory*，for 1853（London：Adams and Manchester：Bradshaw and Blacklock，1853），书中对电缆进行了说明并植入了广告。

[112] Bright 1898：10.

[113] Anon 1887-1888：295-298.

[114] *Annual Register*，'Chronicle'，October 1851：166.

[115] Read 1992：6-7（no primary source cited）.

[116] The image is reproduced in Barty-King 1979：9.

[117] Read 1992：29-39；Blondheim 1994（'news over the wires' in America）.

[118] Kielbowicz 1987：26-41.

[119] Briggs 1988：377；Read 1992：13，15-16（Reuters）. 关于电报与商业关系的发展，参阅 Yates 1996：149-193.

[120] *Bradshaw's General Shareholders' Guide*，*Manual*，*and Railway Directory*，for 1853（London：Adams and Manchester：Bradshaw and Blacklock，1853），advertisements bound in.

[121] *Bradshaw's General Shareholders' Guide*，*Manual*，*and Railway Directory*，for 1853（London：Adams and Manchester：Bradshaw and Blacklock，1853）advertisements bound in.

[122] Russell 1865：4；Bright 1898：13-22. 惠特斯通对电信"密码"着迷，曾向帕默斯顿勋爵推荐他的"普莱费尔密码"，供其在 1854 年克里米亚战争期间使

用。参阅 Bowers 2001：169–172（Wheatstone' scodes and ciphers）。

[123] Wilson 1852：49.

[124] Smith and Wise 1989：667.

[125] Hunt 1991：2–5.

[126] Bright 1898：25.

[127] Anon 1861：6–12.

[128] Especially Bright 1898：25–26.

[129] Smith and Wise 1989：446–453, 661–667, 675–678；Hunt 1996：155–169.

[130] 关于查尔斯·蒂尔顿·布莱特参阅 Bright 1899.

[131] Bright 1898：29n（quoting Maury）；McNeil 1990：715（on Field）；Finn 1973：9（on capital）.

[132] Bright 1898：26–28, 31.

[133] Russell 1865：11（our italics）.

[134] Bright 1898：31–33；Russell 1865：11–12.

[135] *New York Herald*, 20 April 1857（quoted in Finn 1973：43）；Bright 1898：23–24.

[136] *The Engineer* 3（1857）：82（quoted in Smith and Wise 1989：650–651）.

[137] Bright 1898：36–41；Dibner 1964：28–38；Finn 1973：19.

[138] *Scientific American* 13（1857）：13（quoted in Hempstead 1989：299）.

[139] Dibner 1964：37–38.

[140] Especially Bright 1898：44–47；Dibner 1964：39–63；Finn 1973：19–21.

[141] *The Times*, 6 August 1858（quoted in Bright 1898：48）.

[142] Bright 1898：49；Dibner 1964：63–73（'Celebrating the Cable Success'）.

[143] Read 1992：20–21（on Reuters）.

[144] Bright 1898：49–50.

[145] Anon 1861：11；Dibner 1964：73–78（'The Cable Fails'）.

[146] Noakes 1999：421–459.

[147] Dibner 1964：73–78. 关于消息数量的报告各不相同，公司秘书乔治·索沃顿估计是 271 条；布莱特的儿子称在最终破产前是 732 条。

[148] Anon 1861：7–12.

[149] Gorman 1971；Headrick 1988：119–122（quoting Dalhousie on 120）.

[150] Joint Committee 1861：ix–x；Headrick 1981：158–159（Red Sea cable）.

［151］Joint Committee 1861：v-vi.

［152］Headrick 1981：159.

［153］Dibner 1964：79-81.

［154］Brunel 1870：487；也可参阅 Buchanan 2002a：176.

［155］Hunt 1996：155-169（reappraising Whitehouse as 'electrician'）也可参阅 De Cogan 1985：1-15（Whitehouse and the 1858 attempt）.

［156］Joint Committee 1861：x.

［157］Joint Committee 1861：esp, xiii；Smith and Wise 1989：678.

［158］Joint Committee 1861：xxxvi；Hempstead 1989：301.

［159］Smith and Wise 1989：678-680.

［160］Rolt 1970：94.

［161］Smith and Wise 1989：681；Rolt 1957：394.

［162］Russell 1865：109. See also Dibner 1964：93.

［163］Bright 1898：89, 97.

［164］Dibner 1964：117-120.

［165］Bright 1898：88-105；Dibner 1964：84-149；Coates and Finn 1979（1866 cable）；Scowen 1976-1977：1-10（oceanic cables）.

［166］Dibner 1964：150；Hempstead 1995：S24.

［167］Bright 1867：v.

［168］Bright 1867：v.

［169］Barty-King 1979.

［170］在汤姆森的仪器中，镜子反射灯发出的光束，即使安装镜子的线圈发生很小的偏转，也会对光点产生微小的可察觉的运动。

［171］Smith 1998b：134-136（Thomson）；Bright 1867：152-157（Morse instruments）.

［172］Miller 1870：118-119. 感谢布鲁斯·亨特（Bruce Hunt）提供此参考。

［173］Smith and Wise 1989：698-712（marketing instruments），733-740（yacht），799-814（peerage）. 电报的一些物质文化仍然保存着，尤其是在华盛顿特区的史密森学会和伦敦国家科学与工业博物馆。

［174］Marsden 1992a（engineering science）.

［175］Smith and Wise 1989：670-678；Hunt 1996：155-169（theoretical versus practical approaches）.

[176] Smith 1998a：277-278；Hunt 1994：48-63（standards）. 感谢布鲁斯·亨特的这些洞见。

[177] Smith 1998a：278-287. 也可参阅 Lynch 1985. 在持续关注电阻精确测量的背景下，西蒙·谢弗将詹姆斯·克拉克·麦克斯韦位于剑桥的卡文迪什实验室重新解释为"欧姆制造厂"（与工程实验室的"工厂学科"相当）：物理学文化与被设计为计算中心的空间和场所相吻合，在这些空间和场所，标准将被固定下来，并从中分布到整个帝国，这些便携式的"统治者"将使帝国的平稳合理运行变得统一，也许会协调一致，无论是正式的还是非正式的。参阅 Schaffer 1992.

[178] Rankine 1864；Tunbridge 1992.

[179] 在法国，国家的参与程度明显高于英国。Butrica 1987：365-380.

[180] Appleyard 1939；Reader 1987（standard histories）.

[181] Reader 1991：112（gentlemanly ethos）.

[182] Pole 1888：265（Siemens at STE）.

[183] Buchanan 1989：88-105（on fragmentation）.

[184] Gooday 1991b：73-111（Ayrton's career）；Brock 1981：227-243；Gooday and Low1998：99-128（Japanese connections）.

[185] Gooday 1991b.

[186] Bright 1867：v.

[187] Finn 1973：8；for a detailed account Ahvenainen 1981.

[188] 引自 Thompson 1910：869-870；Smith and Wise 1989：805-806.

[189] Smith and Wise 1989：670.

[190] Bright 1867：125-126.

[191] Finn 1973：40.

[192] Finn 1973：41；Barty-King 1979：113-140；Headrick 1981：163（on the 'all-red' line）.

[193] 例如，Musk 1989：1-20（CPR steamships）；Falkus 1990：27，52（Holts'services）.

[194] 引自 Moyal 1987：39.

[195] Moyal 1987：35-54，esp. 35-44.

[196] Forrest 1875：258-262.

结语

[1] Beamish 1862; Lampe 1963; Chrimes *et al*. n.d.; Howie and Chrimes 1987.

[2] Rolt 1957：40-61; Buchanan 2002a：25-26; Ashworth 1998：63-79.

[3] 参阅，例如，Buchanan 2002a：122-126.

[4] *The Porcupine* 2（1861）：123.《豪猪》这本短命的利物浦杂志的副标题是"时事杂志——社会、政治和讽刺"。

[5] 主要的传记来源是 Forbes 1844-1850：68-78; John Robison to unknown correspondent, 14 January 1840, MS 19989, ff. 123 National Library of Scotland; Robison 1839.

[6] Farish 1821; Hilken 1967：38-44（on Farish）; Willis to Thomas Coates, 4 November1834, SDUK Papers, UCL（tourism）; Willis 1851（system of apparatus）; Marsden 2004b.

[7] Babbage 1832.

[8] Ure 1835; Pacey 1992：201-206（Ure on automation）.

[9] Marsden 1998b：92（on Gordon）; Hunt 1998（on gutta percha）; Marsden 2002：137（Birmingham Chamber of Manufacturers was formed in part to deal with the problems of foreign espionage in the 1780s）.

[10] Pole 1888.

[11] Marsden 1998a：383-384; Pole 1888：44-50, 67; Siemens 1845：324-329.

[12] Gooday 2004：82-127.

[13] 对于早年和第一次访问之间的政治，参阅 Morrell and Thackray 1981。协会的后期服务不太好，但是参阅 Howarth 1931. BAAS 拜访蒙特利尔（1884 年）、多伦多（1897 年）、南非（1905 年）、温尼伯（1909 年）和澳大利亚（1914 年），参阅《英国科学促进会报告》。

[14] Adas 1989：221-236（'The machine as civilizer'）.

[15] 引自 Adas 1989：233; Ruskin 1903-1908, 28：105. 60 磅每平方英寸是利物浦和曼彻斯特铁路，以及阿尔弗雷德·霍尔特早期前往中国的复合发动机蒸汽船所使用的压力（第三章）。

[16] Morus *et al*. 1992. 关于简要的文献综述，参阅 Brain 2000：241-242。

[17] Smith 1998b（Glasgow natural philosophy）; Marsden 1998b（Glasgow mechanics and engineering）; Becher 1986（Cambridge 'voluntary

science'); Morrell 1969a (Edinburgh practical chemistry); Anderson 1992 (Edinburgh 'technology').

[18] 参阅，例如，Morus 1996a: 403-434; 1996b: 342-349; 1998: 70-98.

[19] Anon 1840 (Glasgow Models Exhibition); Morrell and Thackray 1981: 202-222 (Glasgow meeting), esp. 212-213; Smith and Wise 1989: 52-55.

[20] Inkster and Morrell 1983: 11-54 (metropolitan and provincial science).

[21] 关于万国博览会 Purbrick 2001; Auerbach 1999; Briggs 1988: esp. 52-102 ('The great Victorian collection'); Gibbs-Smith 1981.

[22] 参阅，例如，Lubar and Hindle 1986: 248-268 (American exhibit at Great Exhibition); Dalzell 1960; especially Post 1983; for the oration Chapin 1854. 感谢雅库普·贝克塔什的重要建议。

[23] Greeley 1853; Carstensen and Glidemeister; Richards 1853.

[24] Whitworth 1854; Rosenberg 1969; Post 1983: 349 (quoting Lyell) and 353; Slotton 1994 (Dallas Bache).

[25] Edgerton 1996.

[26] Morrell and Thackray 1981: esp. 47-52 (on 'the decline of science' debates).

[27] 参阅关于军人与实践科学，Miller 1986.

[28] Babbage 1851; 1864: 149.

[29] Cardwell 1972: 111-155, esp. 111.

[30] Robison to Watt, 3 May 1797 (quoted in Robinson and McKie 1970: 273).

[31] Smiles 2002 [1866]: 261.

[32] Marsden 1998b.

[33] Walker 1841: 25-26; compare Buchanan 1989: 165.

[34] Gooday 1991b.

[35] Durham University 1840; Preece 1982.

[36] Moseley 1843: 363-394.

[37] Marsden 1998b.

[38] Hilken 1967: 50-57 (Willis), esp. 54 (steam engine); Warwick 2003: 49-113 (new coaching system).

[39] Rankine 1876: xx-xxvii.

［40］Brock 1981；Goodayand Low 1998（Japanese connection）；De Maio 2003.

［41］Barton 1976；1990；1998（X-Club）；Gooday 1991a（*Nature*）.

［42］Cardwell 1972：esp. 197-198.

［43］Watson 1989.

［44］Buchanan 1989：50-68.

［45］Buchanan 1989：69-124.

［46］Buchanan 1989：215-220（institutions）；Pollard and Robertson 1979：142-145（education）. 早期的海军建筑流派（1811—1832）与数学和海军建设（1848—1853），均由剑桥数学家管理，相对来说是短暂的，尽管前者产生了未来的海军部首席建造师艾萨克·沃茨，后来还有另一位首席建造师 E.J. 里德，以及费尔菲尔德未来的负责人威廉·皮尔斯。

［47］Eisenstein 1979；1983.

［48］Johns 1998.

［49］Shapin 1984：481-520.

［50］参阅，例如，Secord 2000：24-34，138，192.

［51］*The Athenaeum*，28 October，9 和 16 December 1854，3 February 1855.

［52］Stewart 1992：213-254.

［53］Yeo 2001.

［54］Secord 2000：50-51；Hays 1981.

［55］Anon 1823（Gregory）and *DNB*.

［56］Morrell 1969b：246-247.

［57］Brewster 1839：4-5.

［58］Brock 1984.

［59］Yeo 2001：esp. 260-264（Macvey Napier）.

［60］重点参阅 Secord 2000：esp. 449-470（popular science）；Frasca-Spada and Jardine 2000；Fyfe 2000；Topham 2000（books and the sciences in history）；Cooter and Pumfrey1994（popularisation and science）.

［61］参阅 Morus 1996a：esp. 411.

［62］Ferguson 1989.

［63］For Gompertz see *DNB*；on the 'scapers' see Gompertz 1824；关于附加发明参阅 Gompertz 1850.

[64] 关于化学中的一个类似案例，参阅伦德格伦（Lundgren）和本索德－文森特（Bensaude-Vincent）2000；关于印刷工程教育初探参阅 Emmerson 1973：231-245.

[65] Marsden 2004a；Willis 1841；Hann 1833；Hann in *DNB*. 乔恩·托珀姆提供了关于威尔的有用洞见。

[66] Marsden 1992a, b；Rankine in *DNB*；Gordon 1872-1875：305（Principia）；Watts *et al*.1866；关于"工程科学"在牛津作为文学、实践和研究学科的延伸，参阅 Morrell 1997：30, 94-106.

[67] Shapin 1991：279-327.

[68] Biagioli 1993.

[69] 重点参阅 Cantor 1991；Morus 1992.

[70] 参阅 Scoresby 1859：vii（Introduction by Smith）. Airy responded in *The Athenaeum*, 12 November 1859.

[71] Marsden 2004b（on Willis）；Morrell and Thackray 1981：esp. 408-410, 497-498（on Fairbairn）；Marsden 1992a：319-346（on Rankine）.

[72] Miller 2000（on Watt's reputation）；Marsden 2002：183-210（images of Watt）.

[73] Jordanova 2000a；关于传记中的夸大，重点参阅 Nasmyth 1897；Siemens 1966.

[74] Browne 1998.

[75] Buchanan 2002a：esp. plates 1, 1, 2, 18, 19.

[76] Smith *et al*. 2003a：esp. 447, 469.

[77] Daston and Galison 1992.

[78] Rudwick 1976；关于古生物的视觉，参阅 Rudwick 1992；Marsden 1992b：160-163；关于视觉和工程设计参阅 Ferguson 1992.

[79] 关于示例性调查参阅 Brooke 1991. 关于冲突命题的历史建构参阅 Moore 1979.

[80] 引自 Headrick 1981：17.

[81] Smith *et al*. 2003b：400.

[82] Adas 1989：esp. 221-236；Bektas 1995（technological crusade to the Ottoman Empire）.

[83] Burke and Briggs 2002：28.

[84] Numbers 23：23.

[85] Russell 1865：103-104.《创世纪》第十章"五个国家"里写道：这些外邦人的
岛屿，被根据口音、家族和国家分割并成了他们的土地。

[86] Job 38：35；Anon 1860：290（quoted in Hempstead 1995：S19）.

[87] Baxter 1984.

[88] Isaiah 40：3, 4；Brewster 1849：571. 19 世纪 30 年代，新英格兰人也有类似
的经历，即当他们对运河带来的自然统治充满热情。参阅 Hughes 2004：17-
43, esp. 30-31.

[89] Daniel 12：4.

[90] Brewster 1849：581.

[91] Macgregor to Nell Laird, 26 April 1857, DX/258/1/27, 麦格雷戈·莱尔德给
妻子尼尔的书信手稿，利物浦默西塞德郡海事博物馆档案馆。

[92] Macleod 1876, 1：234, 238.

[93] Crosbie Smith and Anne Scott（paper presented at the Liverpool meeting of
the British Society for the History of Science, June 2004）.

[94] Hodder 1890：298-299.

[95] Acts 27：22, 31；Chalmers 1836-1842, 9：154-161（St Paul's shipwrec）. 关于
查默斯参阅 Smith 1998a：15-22；Hilton 1991：esp. 15-17, 31-33.

[96] Samuel Cunard to Charles MacIver, 1 January 1858, Cunard papers,
Liverpool University Library.

[97] D.&C. MacIver, 'Captain's Memoranda', D.128/2/4, Cunard papers,
Liverpool University Library.

[98] 引自 Babcock 1931：84.

[99] Smith 1998a：esp. 23-30, 150-152（on Macleod and the 'North British'
engineers and natural philosophers）.

[100] Macleod 1876, 2：20；Smith 1998a：30.

[101] Macleod 1876, 1：238.

[102] Watt to Small, 31 January 1770（quoted in Dickinson 1936：70）.

[103] Boulton to Watt, 16 April 1781（quoted in Dickinson and Jenkin 1981：54）；
关于博尔顿缺乏明确的宗教活动，参阅 Robinson 1954.

[104] Marsden 1992a, b；Smith 1998a：151-152.

[105] Olinthus Gregory, Note on "Precise Point", 18 February 1833, Autograph Letter Series, Wellcome Library.

[106] Olinthus Gregory, Note on "Genuine Christianity", April 1839, Autograph Letter Series, Wellcome Library.

[107] Walker 1839: 17-18. The quotation is from Edward Young's (1683-1765) *Night Thoughts*, Night ix, line 771. 这首诗同样被威廉·赫歇尔引用。

[108] *The Times*, 7 November 1839.

[109] Preece 1982; Whiting 1932: 82-83.

[110] Hearnshaw 1929: 25-45 [reaction to the 'University of London' (as University College was originally known)], 46-69 (foundation of King's College), 110 (Wheatstone and Moseley), 146-150 (engineering department), quoting 69.

[111] David T. Hann, '[James Hann] The Self Taught Mathematical Genius', 未出版的打字稿，复制于伦敦国王学院档案馆。

[112] Marsden 2004 (forthcoming); Willis 1870: 458-463 (quoting 463).

[113] Morrell 1971.

[114] Marsden 2001; Buchanan 1989: 187-188; 2002: 213-217 (quoting Brunel on 214, his emphasis); Rolt 1957: 362-363 (Horsell's letter); 也可参阅 Rolt 1957: 419-420 (an alternative view on Brunel and prayer). 霍塞尔（ Horsell ）的信实际上从未寄出。

[115] Smith 1998a (for scientists of energy); Desmond 1998 (scientific naturalists); Barton 1998 (X-Club).

[116] Arnold 1993: 70.

[117] Arnold 1993: 63.

[118] 参阅 Buchanan 1983; 1989: 192-195.

[119] Haworth 1994: 56; Davie 1961.

[120] 参阅，例如，Buchanan 2002a: 89 (character, confidence) and 165 (habit, connection)，引用了布鲁内尔及其秘书的信。

[121] Shapin 1991.

[122] Golinski 1992.

[123] Rudwick 1985: 17-30.

[124] Morrell and Thackray 1981：148-157（'Dealing with the ladies'）；Neeley 2001（Somerville）.

[125] Secord 1994, 1996; Morus 1993 .

[126] Gooday 1991a.

[127] Buchanan 2002a：103-112（Brunel's 'disasters'）.

[128] Hays 1981.

[129] Wiener 1981.

[130] Dickinson 1936：160-161, 187-191.

[131] Buchanan 2002a：197-198.

[132] Napier 1904.

[133] Alfred Holt, Diary, Book A, Papers of Alfred Holt, 920 HOL/2/52, Liverpool Cen-tral Library.

[134] Inverclyde Collection, Mitchell Library, Glasgow.

[135] Moss and Hume 1986：141, 227, 247-248.

[136] *The Shipbuilder & Marine Engine Builder* 42（1935）：28-30（*Orion*）；Moss and Hume1986：360-362（*Pretoria Castle*）.

[137] 参阅 Smith *et al*. 2003a：448n；2003b：385.

[138] Hodder 1890：60, 94-98, 175-176, 283.

[139] 'Memorandum left by Mr Philip H. Holt', 920 DUR 14/4, Durning family papers, Liverpool Central Library.

[140] Green and Moss 1982；Moss and Hume 1986：245-282.

参考文献

手稿

Full details of manuscript sources are given in the notes.

The following collections have been consulted:
Airy Papers, Royal Greenwich Observatory Collection, Cambridge University Library.
Autograph Letter Series (Olinthus Gregory), Wellcome Library.
Babbage Papers, British Library.
Cunard Papers, Liverpool University Library.
Durning and Holt Family Papers, Liverpool Central Library.
Inverclyde Collection, Mitchell Library, Glasgow.
Kelvin Correspondence, Cambridge University Library.
Laird Family Papers, Merseyside Maritime Museum, Liverpool.
Macgregor Laird Letters, Merseyside Maritime Museum Archives, Liverpool.
Napier Family Papers, Glasgow University Archives.
Ocean Archive, Merseyside Maritime Museum, Liverpool.
Peel Papers, British Library.
Phillips Correspondence, Oxford University Museum.
John Robison Papers, National Library of Scotland.
SDUK Papers, University College London.

期刊、报纸

Annals of Electricity, Magnetism, & Chemistry; and Guardian of Experiment Science
Athenaeum
Bradshaw's Railway Almanack, Directory, Shareholders' Guide, and Manual
Cambridge University Reporter
Chambers's Edinburgh Journal
Civil Engineer and Architects' Journal
Edinburgh New Philosophical Journal

Edinburgh Review
Engineer
Engineering
Glasgow Herald
Illustrated London News
Liverpool Mercury
Mechanics' Magazine
Minutes of Proceedings of the Institution of Civil Engineers
New York Herald
New York Tribune
North American Review
North British Daily Mail
North British Review
Philosophical Transactions of the Royal Society of London
The Porcupine: A Journal of Current Events – Social, Political, and Satirical
Proceedings of the Institution of Mechanical Engineers
Proceedings of the Royal Institution
Proceedings of the Royal Society of Edinburgh
Punch
Quarterly Journal of Science and the Arts
Quarterly Review
Railway Magazine; and Annals of Science
Report of the British Association for the Advancement of Science
Scientific American
The Times
Transactions of the Liverpool Polytechnic Society
Vanity Fair
The Witness

杂志

Ambix
American Historical Review
American Journal of Sociology
Annals of Science
British Journal for the History of Science
Bulletin of the Scientific Instrument Society
Bulletin of the United States National Museum
Critical Inquiry
Engineering Science and Education Journal
Glasgow University Gazette
Historia Scientiarum
Historical Journal
History
History and Technology
History of Science
History of Technology
History Today
IEEE Power Engineering Review
Institution of Electrical Engineers Proceedings A
Interdisciplinary Science Reviews
Isis

Journal of American Studies
Journal of Economic History
Newcomen Society Transactions
Notes and Records of the Royal Society of London
Osiris
Past & Present
Representations
Science in Context
Sea Breezes
Ships Monthly
Social History
Social History of Medicine
Social Studies of Science
Studies in History and Philosophy of Science
Technology and Culture
Transactions of the Newcomen Society
Transactions of the Architectural and Archaeological Society of Durham and
    Northumberland
Victorian Studies

著作

[Adams, Charles F.]. 1867. 'The railroad system', *North American Review* 104: 476–511.

Adams, Charles F. 1869. 'A chapter of Erie', *North American Review* 109: 30–106.

——. 1870. 'Railway problems in 1869', *North American Review* 110: 116–50.

——. 1871. 'An Erie raid', *North American Review* 112: 240–91.

Adams, Henry. 1920. *The Degradation of the Democratic Dogma*. Introduction by Brooks Adams. New York: Macmillan.

Adas, Michael. 1989. *Machines as the Measure of Men. Science, Technology, and Ideologies of Western Dominance*. Ithaca and London: Cornell University Press.

Agar, Jon. 2003. *Constant Touch. A Global History of the Mobile Phone*. Cambridge: Icon.

Ahvenainen, Jorma. 1981. *The Far Eastern Telegraphs. The History of Telegraphic Communications between the Far East, Europe and America before the First World War*. Helsinki: Suomalainen Tiedeakatemia.

Airy, George B. 1896. *Autobiography of Sir George Biddell Airy*. Ed. Wilfred Airy. Cambridge: Cambridge University Press.

Albion, Robert Greenhalgh. 1938. *Square-Riggers on Schedule. The New York Sailing Packets to England, France, and the Cotton Ports*. Princeton: Princeton University Press.

Alder, Ken. 1995. 'A revolution to measure: the political economy of the metric system in France'. In M. Norton Wise, ed., *The Values of Precision*, pp. 39–71. Princeton: Princeton University Press.

Allen, Oliver E. 1978. *The Windjammers*. Amsterdam: Time-Life Books.

Anderson, John M. 1998. 'Morse and the telegraph: another view of history', *IEEE Power Engineering Review* 18 (7): 28–29.

Anderson, Katharine. 1999. 'The weather prophets: science and reputation in Victorian meteorology', *History of Science* 37: 179–216.

——. 2003. 'Looking at the sky: the visual context of Victorian meteorology', *British Journal for the History of Science* 36: 301–32.

Anderson, R.G.W. 1992. ' "What is technology?": education through museums in the mid-nineteenth century', *British Journal for the History of Science* 25: 169–84.

Andrewes, William J.H. (ed.). 1996. *The Quest for Longitude*. Cambridge, MA:

Collection of Scientific Instruments, Harvard University.

Andrews, Melodie. 1990. '"What the girls can do": the debate over the employment of women in the early American telegraph industry', *Essays in Economic and Business History* 8: 109–20.

Anon. 1823. 'Memoir of Olinthus Gregory', *Imperial Magazine* 5: 777–92.

———. 1838. *Railroadiana. A New History of England, or Picturesque, Biographical, Legendary and Antiquarian Sketches. Descriptive of the Vicinity of the Railways*. London: Simpkin, Marshall.

———. 1840. *Catalogue of the Exhibition of Models and Manufacturings, &c. at the Tenth Meeting of the British Association for the Advancement of Science*. Glasgow: Robert Weir.

———. 1841a. 'Originality of discovery', *Chambers's Edinburgh Journal* 10: 1–2.

———. 1841b. 'Electro-magnetic power', *Chambers's Edinburgh Journal* 10: 252.

———. 1845. *The Narrow and Wide Gauges Considered; also, Effects of Competition and Government Supervision*. London: Effingham Wilson.

———. 1846. *£. s. d. The Broad Gauge the Bane of the Great Western Railway Company, with an Account of the Present and Prospective Liabilities Saddled on the Proprietors by the Promoters of that Peculiar Crotchet*. London: Ollivier.

———. 1848. 'The electric telegraph, and uniformity of time', *Bradshaw's Railway Almanack, Directory, Shareholders' Guide, and Manual for 1848*: 15–19.

———. 1851. 'Railway-time aggression', *Chambers's Edinburgh Journal* 15: 392–95.

———. 1858. 'A derivation and illustration', *Punch* 34: 89.

———. 1859. *Ericsson's Caloric Engine Manufactured by the Massachusetts Caloric Engine Company, South Groton, MS*. Boston: W. and E. Howe.

———. 1860. 'The progress of the electric telegraph', *Atlantic Monthly* 5: 290–97.

———. 1861. *The North Atlantic Telegraph; via the Faröe Isles, Iceland, and Greenland*. London: Stanford.

———. 1864. 'Ocean steam navigation', *North American Review* 99: 483–523.

———. 1887–88. '[Obituary of Thomas Russell Crampton]', *Minutes of Proceedings of the Institution of Civil Engineers* 94: 295–98.

Appleyard, Rollo. 1930. *Pioneers of Electrical Communication*. London: Macmillan.

———. 1939. *The History of the Institution of Electrical Engineers (1871–1931)*. London: Institution of Electrical Engineers.

Arago, François. 1839a. *Life of James Watt, with Memoir on Machinery Considered in Relation to the Prosperity of the Working Classes. With contributions from Henry Brougham and Francis Jeffrey*. Edinburgh: Black.

———. 1839b. *Historical Eloge of James Watt*. Trans. J.P. Muirhead. London: John Murray.

———. 1839c. 'Biographical memoir of James Watt, one of the eight Associates of the Academy of Sciences', *Edinburgh New Philosophical Journal* 27: 221–97.

———. 1839d. 'On machinery considered in relation to the prosperity of the working classes', *Edinburgh New Philosophical Journal* 27: 297–310.

Armstrong, Richard. 1975. *Powered Ships. The Beginnings*. London and Tonbridge: Ernest Benn.

Armstrong, William G. 1863. 'Presidential address', *Report of the British Association for the Advancement of Science* 33: li–lxiv.

Armytage, W.H.G. 1976. *A Social History of Engineering*. London: Faber.

Arnold, Matthew. 1993 [1861–78]. *Culture and Anarchy and Other Writings*. Ed. Stefan Collini. Cambridge: Cambridge University Press.

Ashplant, T.G. and Gerry Smyth (eds). 2001. *Explorations in Cultural History*. London and Sterling, VA: Pluto Press.

Ashworth, William J. 1994. 'The calculating eye: Baily, Herschel, Babbage and the business of astronomy', *British Journal for the History of Science* 27: 409–41.

———. 1998. '"System of terror": Samuel Bentham, accountability and dockyard reform during the Napoleonic wars', *Social History* 23: 63–79.

——. 2001. ' "Between the trader and the public": British alcohol standards and the proof of good governance', *Technology and Culture* 42: 27–50.

Atmore, Henry. 2004. 'Railway interests and the "rope of air"', *British Journal for the History of Science* 37: 245–79.

Auerbach, Jeffrey A. 1999. *The Great Exhibition of 1851. A Nation on Display*. New Haven: Yale University Press.

Babbage, Charles. 1830. *Reflections on the Decline of Science in England, and on Some of its Causes*. London: Fellowes. Reprinted New York: Kelley, 1970.

——. 1832. *On the Economy of Machinery and Manufactures*. London: Charles Knight.

——. 1846. *On the Economy of Machinery and Manufactures*. Fourth edition. London: John Murray.

——. 1851. *The Exposition of 1851 or, Views of the Industry, Science, and the Government of England*. Second edition. London: John Murray.

——. 1864. *Passages from the Life of a Philosopher*. London: Longman.

Babcock, F. Lawrence. 1931. *Spanning the Atlantic*. New York: Knopf.

Baguley, David. 1990. *Naturalist Fiction. The Entropic Vision*. Cambridge: Cambridge University Press.

Bailey, Michael R. (ed.). 2003. *Robert Stephenson. The Eminent Engineer*. Aldershot: Ashgate.

Banbury, Philip. 1971. *Shipbuilders of the Thames and Medway*. Newton Abbot: David & Charles.

Barlow, Peter. 1835. *Second Report Addressed to the Directors and Proprietors of the London and Birmingham Railway Company, Founded on an Inspection of, and Experiments made on, the Liverpool and Manchester Railway*. London: Fellowes.

Barton, Ruth. 1976. 'The X Club: science, religion, and social change in Victorian England'. PhD diss., University of Pennsylvania.

——. 1990. ' "An influential set of chaps": the X-Club and Royal Society politics 1864–85', *British Journal for the History of Science* 23: 53–81.

——. 1998. ' "Huxley, Lubbock, and half a dozen others": professionals and gentlemen in the formation of the X Club, 1851–1864', *Isis* 89: 410–44.

Bartsky, I.R. 1989. 'The adoption of standard time', *Technology and Culture* 30: 25–56.

Barty-King, Hugh. 1979. *Girdle Round The Earth. The Story of Cable and Wireless and its Predecessors to Mark the Group's Jubilee, 1929–1979*. London: Heinemann.

Basalla, George. 1988. *The Evolution of Technology*. Cambridge: Cambridge University Press, Cambridge.

Baxter, Paul. 1984. 'Brewster, evangelism and the disruption of the Church of Scotland'. In A.D. Morrison-Low and J.R.R. Christie, eds, *'Martyr of Science'. Sir David Brewster 1781–1868*, pp. 45–50. Edinburgh: Royal Scottish Museum.

Beamish, Richard. 1862. *Memoir of the Life of Sir Marc Isambard Brunel*. London: Longman.

Beaune, C. 1985. *Naissance de la nation France*. Paris: Gallimard.

Becher, Harvey. 1986. 'Voluntary science in nineteenth-century Cambridge University to the 1850s', *British Journal for the History of Science* 19: 57–87.

Beckett, Derrick. 1980. *Brunel's Britain*. Newton Abbot: David & Charles.

Bektas, Yakup. 1995. 'The British technological crusade to post-Crimean Turkey: electric telegraphy, railways, naval shipbuilding and armament technologies'. PhD diss., University of Kent at Canterbury.

——. 2000. 'The Sultan's messenger: cultural constructions of Ottoman telegraphy, 1847–1880', *Technology and Culture* 41: 669–96.

——. 2001. 'Displaying the American genius: the electromagnetic telegraph in the wider world', *British Journal for the History of Science* 34: 199–232.

Bennett, Jim, Michael Cooper, Michael Hunter and Lisa Jardine. 2003. *London's Leonardo. The Life and Work of Robert Hooke*. Oxford: Oxford University Press.

Berg, Maxine. 1980. *The Machinery Question and the Making of Political Economy, 1815–1848*. Cambridge: Cambridge University Press.

Biagioli, Mario. 1993. *Galileo, Courtier. The Practice of Science in the Culture of Absolutism*. Chicago and London: University of Chicago Press.

Bignell, Philippa. 1978. *Taking the Train. Railway Travel in Victorian Times*. London: HMSO for the National Railway Museum.

Bijker, Wiebe E. and John Law (eds). 1992. *Shaping Technology/Building Society*. Cambridge, MA and London: MIT Press.

——, Thomas P. Hughes and Trevor Pinch (eds). 1987. *The Social Construction of Technological Systems. New Directions in the Sociology and History of Technology*. Cambridge, MA and London: MIT Press.

Bishop, P.W. 1976–77. 'John Ericsson (1803–89) in England', *Transactions of the Newcomen Society* 48: 41–52.

Blondheim, Menahem. 1994. *News over the Wires. The Telegraph and the Flow of Public Information in America, 1844–1897*. Cambridge, MA: Harvard University Press.

Bonsor, N.R.P. 1975–80. *North Atlantic Seaway*. 5 vols. Newton Abbot and Jersey Channel Islands: David & Charles and Brookside Publications.

——. 1983. *South Atlantic Seaway*. Jersey Channel Islands: Brookside Publications.

Booth, Henry. 1830. *An Account of the Liverpool and Manchester Railway, Comprising a History of the Parliamentary Proceedings, Preparatory to the Passing of the Act, a Description of the Railway, in an Excursion from Liverpool to Manchester, and a Popular Illustration of the Mechanical Principles Applicable to Railways. Also an Abstract of the Expenditure from the Commencement of the Undertaking, with Observations on the Same*. Liverpool: Wales and Baines. Reprinted London: Frank Cass, 1969.

——. 1844–46. 'On the prospects of steam navigation &c', *Transactions of the Liverpool Polytechnic Society* 2: 24–31.

——. 1847. *Uniformity of Time, Considered Especially with Reference to Railway Transit and the Operations of the Electric Telegraph*. London and Liverpool: J. Weale.

Booth, Henry. 1980. *Henry Booth: Inventor – Partner in the Rocket and Father of Railway Management*. Ilfracombe: Stockwell.

Bowers, Brian. 1975. *Sir Charles Wheatstone FRS, 1802–1875*. London: HMSO.

——. 1982. *A History of Electric Light and Power*. Stevenage and New York: Peter Peregrinus in association with the Science Museum.

——. 2001. *Sir Charles Wheatstone FRS, 1802–1875*. Second edition. London: Institution of Electrical Engineers/Science Museum.

Brain, Robert. 2000. 'Exhibitions'. In Arne Hessenbruch, ed., *Reader's Guide to the History of Science*, pp. 241–42. London and Chicago: Fitzroy Dearborn.

Brett, Jacob and John Watkins Brett. 1847. *Copy of a Letter submitted to the Government in July 1845. Printed by Brett's Electric Telegraph*. London: Printed for the Authors.

[Brewster, David]. 1839. 'Review of "Life and Works of Thomas Telford"', *Edinburgh Review* 70: 1–47

[Brewster, David]. 1849. 'The railway systems of Great Britain', *North British Review* 11: 569–617.

Briggs, Asa. 1988. *Victorian Things*. Harmondsworth: Penguin.

Bright, Charles. 1898. *Submarine Telegraphs. Their History, Construction, and Working*. London: Crosby Lockwood.

——. 1899. *The Life Story of Sir Charles Tilston Bright, Civil Engineer. With Which is Incorporated the Story of the Atlantic Cable and the First Telegraph to India and the Colonies*. London: Constable.

——. 1911. *Imperial Telegraphic Communication*. London: P.S. King.

Bright, Edward B. 1867. *The Electric Telegraph. By Dr Lardner*. London: James Walton.

Broadie, Alexander (ed.). 1997. *The Scottish Enlightenment. An Anthology*. Edinburgh: Canongate.

Brock, W.H. 1981. 'The Japanese connexion: engineering in Tokyo, London, and Glasgow at the end of the nineteenth century', *British Journal for the History of Science* 14: 227–43.

——. 1984. 'Brewster as a scientific journalist'. In A.D. Morrison-Low and J.R.R. Christie, eds, *'Martyr of Science'. Sir David Brewster 1781–1868*, pp. 37–42. Edinburgh: Royal Scottish Museum.

Brooke, John Hedley. 1991. *Science and Religion. Some Historical Perspectives.* Cambridge: Cambridge University Press.

Browne, Janet. 1998. 'I could have retched all night: Charles Darwin and his body'. In Christopher Lawrence and Steven Shapin, eds, *Science Incarnate. Historical Embodiments of Natural Knowledge*, pp. 240–87. Chicago and London: University of Chicago Press.

Brunel, Isambard. 1870. *The Life of Isambard Kingdom Brunel, Civil Engineer.* Longman: London.

Bryden, D.J. 1970. 'The Jamaican observatories of Colin Campbell FRS and Alexander MacFarlane FRS', *Notes and Records of the Royal Society* 24: 265–68.

——. 1994. 'James Watt, merchant: the Glasgow years, 1754–1774'. In Denis Smith, ed., *Perceptions of Great Engineers. Fact and Fantasy*, pp. 9–21. London: Science Museum.

Buchanan, R. Angus. 1972. *Industrial Archaeology in Britain.* Harmondsworth: Penguin.

——. 1983a. 'The *Great Eastern* controversy: a comment', *Technology and Culture* 24: 98–106.

——. 1983b. 'Gentleman engineers: the making of a profession', *Victorian Studies* 26: 407–29.

——. 1989. *The Engineers. A History of the Engineering Profession in Britain, 1750–1914.* London: Jessica Kingsley.

——. 1992. 'The atmospheric railway of I.K. Brunel', *Social Studies of Science* 22: 231–43.

——. 2002a. *Brunel. The Life and Times of Isambard Kingdom Brunel.* London and New York: Hambledon and London.

——. 2002b. 'Joseph Whitworth'. In John Cantrell and Gillian Cookson, eds, *Henry Maudslay & the Pioneers of the Machine Age*, pp. 109–28. Stroud and Charleston: Tempus.

—— and Michael Williams. 1982. *Brunel's Bristol.* Bristol: Redcliffe.

Burke, Peter. 1997. *Varieties of Cultural History.* Cambridge: Polity Press.

——. 2000. *A Social History of Knowledge. From Gutenberg to Diderot.* Cambridge: Polity.

—— and Asa Briggs. 2002. *A Social History of the Media. From Gutenberg to the Internet.* Cambridge: Polity.

Burton, Anthony. 1980. *The Rainhill Story. The Great Locomotive Trial.* London: BBC.

——. 1994. *The Railway Empire.* London: John Murray.

Bury, T.T. 1976 [1831]. *Coloured Views of the Liverpool and Manchester Railway.* Oldham: Broadbent.

Butrica, Andrew J. 1987. 'Telegraphy and the genesis of electrical engineering institutions in France, 1845–1895', *History and Technology* 3: 365–80.

Butterfield, Herbert. 1931. *The Whig Interpretation of History.* London: Bell.

Cahan, David (ed.). 1993. *Hermann von Helmholtz and the Foundations of Nineteenth-Century Science.* Berkeley: University of California Press.

Cain, P.J. and A.G. Hopkins. 2002. *British Imperialism, 1688–2000.* Harlow: Pearson Education. First edition 1993.

Callan, N.J. 1836–37. 'On a method of connecting electro-magnets so as to combine their electric powers, &c; and on the application of electro-magnetism to the working of machines', *Annals of Electricity* 1: 491–94.

Campbell, R.H. 1961. *Carron Company.* Edinburgh: Oliver and Boyd.

Campbell-Kelly, Martin (ed.). 1989. *Works of Charles Babbage*. 11 vols. London: Pickering.

Cannon, Susan F. 1978. *Science in Culture. The Early Victorian Period*. Folkestone and New York: Dawson and Science History Publications.

Cantor, G.N. 1991. *Michael Faraday: Sandemanian and Scientist. A Study of Science and Religion in the Nineteenth Century*. Macmillan: Basingstoke.

Cantrell, John. 2002a. 'Henry Maudslay'. In John Cantrell and Gillian Cookson, eds, *Henry Maudslay & the Pioneers of the Machine Age*, pp. 18–38. Stroud and Charleston: Tempus.

——. 2002b. 'James Nasmyth'. In John Cantrell and Gillian Cookson, eds, *Henry Maudslay & the Pioneers of the Machine Age*, pp. 129–46. Stroud and Charleston: Tempus.

—— and Gillian Cookson (eds). 2002. *Henry Maudslay & the Pioneers of the Machine Age*. Stroud and Charleston: Tempus.

Cardwell, D.S.L. 1965. 'Power technologies and the advance of science, 1700–1825', *Technology and Culture* 6: 188–207.

——. 1972. *The Organisation of Science in England*. Revised edition. London: Heinemann Educational Books.

——. 1989. *James Joule. A Biography*. Manchester: Manchester University Press.

——. 1994. *The Fontana History of Technology*. Hammersmith: Fontana.

Carey, James W. 1983. 'Technology and ideology: the case of the telegraph', *Prospects: An Annual of American Cultural Studies* 8: 303–25.

Carlson, Robert E. 1969. *The Liverpool & Manchester Railway Project 1821–1831*. Newton Abbot: David & Charles.

Carlyle, Thomas. 1829. 'Signs of the times', *Edinburgh Review* 49: 439–59.

Carnot, Sadi. 1986 [1824]. *Reflexions on the Motive Power of Fire. A Critical Edition with the Surviving Scientific Manuscripts*. Trans. and ed. R. Fox. Manchester and New York: Manchester University Press and Lilian Barber Press.

Carstensen, Georg, Johan Bernhard and Charles Gildemeister. 1854. *New York Crystal Palace. Illustrated Description of the Building*. New York: Riker, Thorne.

Carter, Ian. 2001. *Railways and Culture in Britain. The Epitome of Modernity*. Manchester: Manchester University Press.

Carter, Paul. 1988. *The Road to Botany Bay. An Exploration of Landscape and History*. New York: Knopf.

Cawood, John. 1979. 'The magnetic crusade: science and politics in early Victorian Britain', *Isis* 70: 493–518.

Chalmers, Thomas. 1836–42. *The Works of Thomas Chalmers*. 25 vols. Glasgow: Collins.

Chambers, Ephraim and Abraham Rees. 1779–86. *Cyclopaedia. An Universal Dictionary of Arts and Sciences*. 5 vols. London: Rivington.

Chambers, Robert. 1994. *Vestiges of the Natural History of Creation and Other Evolutionary Writings*. Ed. J.A. Secord. Chicago: University of Chicago Press.

Channell, David F. 1982. 'The harmony of theory and practice: the engineering science of W.J.M. Rankine', *Technology and Culture* 23: 39–52.

——. 1989. *The History of Engineering Science. An Annotated Bibliography*. New York and London: Garland.

Chapin, E.H. 1854. *The American Idea, and What Grows Out of It. An Oration, Delivered in the New York Crystal Palace, July 4, 1854*. Boston: A. Tompkins.

Chapman, Allan. 1998. 'Standard time for all: the electric telegraph, Airy, and the Greenwich time service'. In F.A.J.L. James, ed., *Semaphores to Short Waves*, pp. 40–59. RSA: London.

Chrimes, Michael, Julia Elton, John May and Timothy Millett. n.d. *The Triumphant Bore. A Celebration of Marc Brunel's Thames Tunnel*. London: Institution of Civil Engineers.

Christie, J.R.R. 1974. 'The origins and development of the Scottish scientific community, 1680–1760', *History of Science* 12: 122–41.

Church, William Conant. 1890. *The Life of John Ericsson*. 2 vols. London: Sampson Low, Marston, Searle and Rivington.

Clark, William, Jan Golinski and Simon Schaffer (eds). 1999. *The Sciences in Enlightened Europe*. Chicago and London: University of Chicago Press.

Clarke, J.F. [1979]. *Power on Land and Sea: 160 Years of Industrial Experience on Tyneside – A History of Hawthorn Leslie and Company Ltd., Engineers and Shipbuilders*. Newcastle: Smith Print Group.

Clayton, Alfred B. 1970 [1831]. *Views on the Liverpool and Manchester Railway, Taken on the Spot*. Newcastle: Graham.

Clements, Paul. 1970. *Marc Isambard Brunel*. London: Longmans.

Coates, Vary T. and Bernard Finn (eds). 1979. *A Retrospective Technology Assessment. Submarine Telegraphy – The Transatlantic Cable of 1866*. San Francisco: San Francisco Press.

Cole, Henry. 1846. *Railway Eccentrics. Inconsistencies of Men of Genius Exemplified in the Practice and Precept of Isambard Kingdom Brunel, and the Theoretical Opinions of Charles Alexander Saunders*. London: Ollivier.

Collini, Stefan. 1999. *English Pasts. Essays in History and Culture*. Oxford: Oxford University Press.

Conrad, Joseph. 1947 [1907]. *The Secret Agent. A Simple Tale*. Collected edition of Conrad's works. London: J.M. Dent.

Constable, Thomas. 1877. *Memoir of Lewis D.B. Gordon, F.R.S.E.* Edinburgh: Constable.

Cooke, W.F. 1856–57. *The Electric Telegraph. Was it Invented by Professor Wheatstone?* 2 vols. London: Printed for the author.

——. 1868. *Authorship of the Practical Electric Telegraph of Great Britain*. Bath: Peach.

Cookson, Gillian and Colin A. Hempstead. 2000. *A Victorian Scientist and Engineer. Fleeming Jenkin and the Birth of Electrical Engineering*. Aldershot: Ashgate.

Cooter, Roger and Stephen Pumfrey. 1994. 'Separate spheres and public places: reflections on the history of science popularization and science in popular culture', *History of Science* 32: 237–67.

Corlett, Ewan. 1990. *The Iron Ship. The Story of Brunel's SS 'Great Britain'*. London: Conway Maritime Press. First published 1975.

Cossons, Neils (ed.). 2000. *Perspectives on Industrial Archaeology*. London: Sciences Museum.

Cowan, Ruth Schwartz. 1983. *More Work for Mother. The Ironies of Household Technology from the Open Hearth to the Microwave*. New York: Basic Books.

Creese, Mary R.S. and Thomas M. Creese. 1994. 'British women who contributed to research in the geological sciences in the nineteenth century', *British Journal for the History of Science* 27: 23–54.

Crosland, Maurice. 1992. *Science under Control. The French Academy of Sciences 1795–1914*. Cambridge: Cambridge University Press.

Daiches, David, Peter Jones and Jean Jones (eds). 1996. *The Scottish Enlightenment 1730–1790. A Hotbed of Genius*. Edinburgh: Saltire Society.

Dalzell, Robert F. jun. 1960. *American Participation in the Great Exhibition of 1851*. Amherst, MA: Amherst College Press.

Daston, Lorraine and Peter Galison. 1992. 'The image of objectivity', *Representations* 40: 81–128.

Daumas, Maurice (ed.). 1980. *A History of Technology and Invention Progress Through the Ages. Volume III. The Expansion of Mechanization 1725–1860.* Trans. Eileen B. Hennessy. London: John Murray.

Davenport, A.N. 1989. *James Watt and the Patent System.* London: British Library.

Davenport, Thomas. 1838a. 'Davenport's recent experiments in electro-magnetic machinery', *Annals of Electricity* 2: 284–86.

——. 1838b. 'Specification of a Patent for the application of electro-magnetism to the propelling of machinery; granted to Thomas Davenport, of Brandon, Rutland County, Vermont, February, 1837', *Annals of Electricity* 2: 347–50.

Davie, G.E. 1961. *The Democratic Intellect. Scotland and her Universities in the Nineteenth Century.* Edinburgh: Edinburgh University Press.

Davis, Clarence B. and Kenneth J. Wilburn (eds). 1991. *Railway Imperialism.* New York, Westport and London: Greenwood Press.

Dawson, Keith. 1978–79. 'Early electro-magnetic telegraph instruments', *Newcomen Society Transactions* 50: 73–86.

De Cogan, D. 1985. 'Dr E.O.W. Whitehouse and the 1858 trans-Atlantic cable', *History of Technology* 10: 1–15.

De Maio, Silvana. 2003. 'The development of an educational system at the beginning of the Meiji Era: reference models from Western countries', *Historia Scientiarum* 12: 183–99.

De Pambour, François Marie Guyonneau. 1840. *A Practical Treatise on Locomotive Engines, Founded of a Great Many New Experiments on the Liverpool and Manchester, and Other Railways.* London: Weale.

Dear, Peter. 2001. *Revolutionizing the Sciences. European Knowledge and its Ambitions, 1500–1700.* Basingstoke: Palgrave.

Derry, T.K. and Trevor I. Williams. 1960. *A Short History of Technology from the Earliest Times to A.D. 1900.* Oxford: Clarendon Press.

Desaguliers, J.T. 1734–44. *A Course of Experimental Philosophy.* 2 vols. London: John Senex.

Desmond, Adrian. 1989. *The Politics of Evolution. Morphology, Medicine, and Reform in Radical London.* Chicago and London: University of Chicago Press.

——. 1998. *Huxley. From Devil's Disciple to Evolution's High Priest.* London: Penguin.

Dibner, Bern. 1964. *The Atlantic Cable.* New York, Toronto and London: Blaisdell Publishing. First published 1959.

Dickinson, H.W. 1936. *James Watt. Craftsman and Engineer.* Cambridge: Cambridge University Press.

——. 1937. *Matthew Boulton.* Cambridge: Cambridge University Press.

—— and Arthur Titley. 1934. *Richard Trevithick. The Engineer and the Man.* Cambridge: Cambridge University Press.

—— and Rhys Jenkins. 1981. *James Watt and the Steam Engine.* Ashbourne: Moorland Publishing. First published 1927.

Divall, Colin and Andrew Scott. 2001. *Making Histories in Transport Museums.* London and New York: Leicester University Press.

[Durham University]. 1840. *The Durham University Calendar for 1841.* Durham: Francis Humble.

Dyos, H.J. and Aldcroft, D.H. 1969. *British Transport. An Economic Survey from the Seventeenth Century to the Twentieth.* Leicester: Leicester University Press.

Edgerton, David. 1996. *Science, Technology and the British Industrial 'Decline', 1870–1970.* Cambridge: Cambridge University Press.

Eisenstein, Elizabeth L. 1979. *The Printing Press as an Agent of Change. Communications and Cultural Transformation in Early Modern Europe.* 2 vols. Cambridge: Cambridge University Press.

——. 1983. *The Printing Revolution in Early Modern Europe.* Cambridge: Cambridge University Press.

Emmerson, George S. 1973. *Engineering Education. A Social History.* Newton Abbot: David & Charles.

——. 1977. *John Scott Russell. A Great Victorian Engineer and Naval Architect.* London: John Murray.

Evans, Francis T. 1981. 'Roads, railways, and canals: technical choices in 19th-century Britain', *Technology and Culture* 22: 1–34.

Fairlie, Robert R. 1872. *Railways or No Railways. Narrow Gauge, Economy with Efficiency v. Broad Gauge, Costliness with Extravagance.* London: Effingham Wilson.

Faith, Nicholas. 1994. *The World the Railways Made.* London: Random House. First published 1990.

Falkus, Malcolm. 1990. *The Blue Funnel Legend. A History of the Ocean Steamship Company, 1865–1973.* Basingstoke: Macmillan.

Fara, Patricia. 2002a. *Newton. The Making of Genius.* Basingstoke and Oxford: Macmillan.

——. 2002b. *An Entertainment for Angels. Electricity in the Enlightenment.* Cambridge: Icon.

Faraday, Michael. 1823a. 'On fluid chlorine', *Philosophical Transactions* 113: 160–64.

——. 1823b. 'On the condensation of several gases into liquids', *Philosophical Transactions* 113: 189–98.

Farey, John, jun. 1827. *A Treatise on the Steam Engine. Historical, Practical and Descriptive.* London: Longman.

Farish, William. 1821. *A Plan of a Course of Lectures on Arts and Manufactures, More Particularly Such as Relate to Chemistry.* Cambridge: J. Smith.

Farr, Grahame. 1970. *The Steamship Great Britain.* Bristol: Bristol Branch of the Historical Association.

Ferguson, Eugene S. 1961. 'John Ericsson and the age of caloric', *Bulletin of the United States National Museum* 228: 41–60.

——. 1962. 'Kinematics of mechanisms from the time of Watt', *Bulletin of the United States National Museum* 228: 185–230.

——. 1989. 'Technical journals and the history of technology'. In Stephen H. Cutcliffe and Robert C. Post, eds, *In Context. History and the History of Technology. Essays in Honor of Melvin Kranzberg*, pp. 53–70. Bethlehem, London and Toronto: Lehigh University Press.

——. 1992. *Engineering and the Mind's Eye.* Cambridge, MA and London: MIT Press.

Ferneyhough, Frank. 1980. *Liverpool & Manchester Railway 1830–1980.* London: Hale.

Field, Alexander J. 1994. 'French optical telegraphy, 1793–1855: hardware, software, administration', *Technology and Culture* 35: 315–47.

Finn, Bernard S. 1973. *Submarine Telegraphy. The Grand Victorian Technology.* London: Science Museum.

——, Robert Bud and Helmuth Trischler (eds). 2000. *Exposing Electronics.* Amsteldijk: Harwood Academic Publishers.

Fisch, Menachem and Simon Schaffer (eds). 1991. *William Whewell. A Composite Portrait.* Oxford and New York: Clarendon Press.

Fleming, Donald. 1952. 'Latent heat and the invention of the Watt engine', *Isis* 43: 3–5.

Forbes, James David. 1832. 'Report on meteorology', *Report of the British Association for the Advancement of Science* 2: 196–258.

——. 1844–50. 'Biographical notice of the late Sir John Robison, K.H., Sec. R. S. Ed.', *Proceedings of the Royal Society of Edinburgh* 2: 68–78.

Forrest, John. 1875. *Explorations in Australia*. London: Sampson Low.

Foucault, Michel. 1977. *Discipline and Punish. The Birth of the Prison*. Trans. Alan Sheridan. London: Allen Lane.

——. 1980. *Power/Knowledge: Selected Interviews and Other Writings 1972–1977*. Ed. C. Gordon. Brighton: Harvester.

Fox, Robert. 1986. 'Introduction'. In Robert Fox, ed., *Sadi Carnot. Reflexions on the Motive Power of Fire. A Critical Edition with the Surviving Scientific Manuscripts*, pp. 1–57. Manchester: Manchester University Press.

Fox, Stephen. 2003. *The Ocean Railway. Isambard Kingdom Brunel, Samuel Cunard, and the Revolutionary World of the Great Atlantic Steamships*. London: Harper Collins.

Frasca-Spada, Marina and Nick Jardine (eds). 2000. *Books and the Sciences in History*. Cambridge: Cambridge University Press.

Freeman, Michael. 1999. *Railways and the Victorian Imagination*. New Haven and London: Yale University Press.

——. 2001. 'Tracks to a new world: railway excavation and the extension of geological knowledge in mid-nineteenth-century Britain', *British Journal for the History of Science* 34: 51–65.

—— and Derek Aldcroft. 1985. *Atlas of British Railway History*. London: Croom Helm.

Friedel, Robert and Paul Israel. 1986. *Edison's Electric Light. Biography of an Invention*. New Brunswick: Rutgers University Press.

Friendly, Alfred. 1977. *Beaufort of the Admiralty. The Life of Sir Francis Beaufort 1774–1857*. London: Hutchinson.

Fyfe, Aileen. 2000. 'Reading children's books in eighteenth-century dissenting families', *Historical Journal* 43: 453–74.

Garnham, S.A. 1934. *The Submarine Cable. The Story of the Submarine Telegraph Cable, from its Invention down to Modern Times*. London: Sampson Low.

Gascoigne, John. 1994. *Joseph Banks and the English Enlightenment. Useful knowledge and Polite Culture*. Cambridge: Cambridge University Press.

Geisst, Charles R. 2000. *Monopolies in America. Empire Builders and their Enemies from Jay Gould to Bill Gates*. Oxford: Oxford University Press.

Gibbon, John M. 1935. *Steel of Empire. The Romantic History of the Canadian Pacific, the North West Passage of Today*. London: Rich and Cowan.

Gibbs-Smith, C.H. 1981. *The Great Exhibition of 1851*. Second edition. London: HMSO. First published 1950.

Gilbert, K.R. 1965. *The Portsmouth Block-Making Machinery. A Pioneering Enterprise in Mass Production*. HMSO: London.

Gillispie, C.C. (ed.). 1970–80. *Dictionary of Scientific Biography*. 16 vols. New York: Scribner.

Ginn, W.T. 1991. 'Philosophers and artisans: the changing relationship between men of science and instrument makers 1820–1860'. PhD diss., University of Kent at Canterbury.

Gittins, L. 1996–97. 'The alkali experiments of James Watt and James Keir, 1765–1780', *Transactions of the Newcomen Society* 68: 217–29.

Golinski, Jan. 1992. *Science as Public Culture. Chemistry and Enlightenment in Britain, 1760–1820*. Cambridge: Cambridge University Press.

——. 1998. *Making Natural Knowledge. Constructivism and the History of Science*. Cambridge: Cambridge University Press.

Gompertz, Lewis. 1824. *Moral Inquiries on the Situation of Man and of Brutes. On the Crime of Committing Cruelty on Brutes, and of Sacrificing them to the Purposes of Man; with Further Reflections. Observations on Mr. [Richard] Martin's Act, on the Vagrant Act, and on Tread Mills; to which are Added Some Improvements in Scapers, or Substitutes for Carriage Wheels; a New Plan of the Same, and Some Other Mechanical Subjects*. London: The author.

——. 1850. *Mechanical Inventions and Suggestions on Land and Water Locomotion, Tooth Machinery*. Second edition. London: W. Horsell.

Gooday, Graeme. 1991a. 'Nature in the laboratory: domestication and discipline with the microscope in Victorian life science', *British Journal for the History of Science* 24: 307–41.

——. 1991b. 'Teaching telegraphy and electrotechnics in the physics laboratory: William Ayrton and the creation of an academic space for electrical engineering, 1873–84', *History of Technology* 13: 73–111.

——. 1998. 'Re-writing the "book of blots": critical reflections on histories of technological "failure" ', *History and Technology* 19: 265–91.

——. 2004. *The Morals of Measurement. Accuracy, Irony and Trust in Late Victorian Electrical Practice*. Cambridge: Cambridge University Press.

—— and Morris F. Low. 1998. 'Technology transfer and cultural exchange: western scientists and engineers encounter late Tukugawa and Meiji Japan', *Osiris* 13 (second series): 99–128.

Gooding, David. 1989. ' "Magnetic curves" and the magnetic field: experimentation and representation in the history of a theory'. In David Gooding, Trevor Pinch and Simon Schaffer, eds, *The Uses of Experiment. Studies in the Natural Sciences*, pp. 183–223. Cambridge: Cambridge University Press.

Gordon, Lewis. 1849. *Railway Economy. An Exposition of the Advantages of Locomotion by Locomotive Carriages instead of the Present Expensive System of Steam Tugs*. Edinburgh: Sutherland and Knox and London: Simpkin, Marshall.

——. 1872–75. 'Obituary notice of Professor Rankine', *Proceedings of the Royal Society of Edinburgh* 8: 296–306.

Gorman, Mel. 1971. 'Sir William O'Shaughnessy, Lord Dalhousie, and the establishment of the telegraph system in India', *Technology and Culture* 12: 581–601.

Granovetter, Mark. 1985. 'Economic action and social structure: the problem of embeddedness', *American Journal of Sociology* 91: 481–510.

Grant, Kay. 1967. *Samuel Cunard. Pioneer of the Atlantic Steamship*. London, New York and Toronto: Abelard-Schuman.

Greeley, Horace. 1853. *Art and Industry as Represented in the Exhibition at the Crystal Palace, New York, 1853–4*. New York: Redfield.

Green, Edwin and Michael Moss. 1982. *A Business of National Importance. The Royal Mail Shipping Group 1902–1937*. London and New York: Methuen.

Grodinsky, Julius. 1957. *Jay Gould. His Business Career, 1867–1892*. Philadelphia: University of Pennsylvania Press.

Guagnini, Anna. 1993. 'Worlds apart: academic instruction and professional qualifications in the training of mechanical engineers'. In Robert Fox and Anna Guagnini, eds, *Education, Technology and Industrial Performance in Europe, 1850–1939*, pp. 16–41. Cambridge: Cambridge University Press and Editions de la Maison des Sciences de l'Homme.

Gunther, R.T. 1923–67. *Early Science in Oxford*. Oxford: Oxford Historical Society.

Hadfield, Charles. 1967. *Atmospheric Railways. A Victorian Venture in Silent Speed*. Newton Abbot: David & Charles.

Hadfield, Ellis Charles Raymond. 1970. *British Canals. An Illustrated History*. Fourth edition. Newton Abbot: David & Charles.

Hanes, W. Travis III. 1991. 'Railway politics and imperialism in Central Africa, 1889–1953'. In Clarence B. Davis and Kenneth J. Wilburn, eds, *Railway Imperialism*, pp. 41–69. New York, Westport and London: Greenwood Press.

Hankins, Thomas L. 1985. *Science and the Enlightenment*. Cambridge: Cambridge University Press.

Hann, James with Isaac Dodds. 1833. *Mechanics for Practical Men, Containing Explanations of the Principles of Mechanics; the Steam Engine . . . Strength and Stress of Materials . . . Hydrostatics, and Hydraulics. With a Short Dissertation on Rail-Roads*. Newcastle upon Tyne: Printed for the authors by MacKenzie and Dent.

Harding, Wyndham. 1845. *Railways. The Gauge Question. Evils of a Diversity of Gauge, and a Remedy*. London: John Weale.

Harley, J.B. 1988. 'Maps, knowledge, and power'. In Denis Cosgrove and Stephen Daniels, eds, *The Iconography of Landscape. Essays on the Symbolic Representation, Design and Use of Past Environments*, pp. 277–312. Cambridge: Cambridge University Press.

Harrington, Ralph. 2001. 'The railway accident: trains, trauma and technological crises in nineteenth-century Britain'. In Mark S. Micale and Paul Lerner, eds, *Traumatic Pasts. History, Psychiatry and Trauma in the Modern Age 1870–1930*, pp. 31–56. Cambridge: Cambridge University Press.

——. 2003. 'On the tracks of trauma: railway spine reconsidered', *Social History of Medicine* 16: 209–23.

Harris, J.R. 1967. 'Employment of steam power in the eighteenth century', *History* 52: 133–48.

Harris, Walter. 1744. *The Antient and Present State of the County of Down*. Dublin: Alexander Reilly.

Harrowby, Earl of. 1854. 'Presidential address', *Report of the British Association for the Advancement of Science* 24: lv–lxxi.

Harvey, W.W. 1973–74. 'Mr Symington's improved atmospheric engine', *Transactions of the Newcomen Society* 46: 27–32.

Haworth, Victoria. 1994. 'Inspiration and instigation: four great railway engineers'. In Denis Smith, ed., *Perceptions of Great Engineers. Fact and Fantasy*, pp. 55–83. London: Science Museum.

Hays, J.N. 1981. 'The rise and fall of Dionysius Lardner', *Annals of Science* 38: 527–42.

Headrick, Daniel R. 1981. *The Tools of Empire. Technology and European Imperialism in the Nineteenth Century*. Oxford: Oxford University Press.

——. 1988. *The Tentacles of Progress. Technology Transfer in the Age of Imperialism, 1850–1940*. Oxford: Oxford University Press.

——. 2000. *When Information Came of Age. Technologies of Knowledge in the Age of Reason and Revolution, 1700–1850*. New York: Oxford University Press.

Hearnshaw, F.J.C. 1929. *The Centenary History of King's College London 1828–1928*. London: Harrap.

Heilbron, J.L. 1979. *Electricity in the 17th and 18th Centuries. A Study of Early Modern Physics*. Berkeley and London: University of California Press.

——. 1990. 'The measure of Enlightenment'. In T. Frangsmyr, J.L. Heilbron and R.E. Rider, eds, *The Quantifying Spirit in the Eighteenth Century*, pp. 207–42. Berkeley, Los Angeles and Oxford: University of California Press.

—— James Bartholomew, J.A. Bennett, F.L. Holmes, Rachel Laudan and Giuliano Pancaldi (eds). 2002. *Oxford Companion to the History of Modern Science*. New York: Oxford University Press.

Helmholtz, Hermann von. 1873–81. *Popular Lectures on Scientific Subjects*. London: Longman.

Hempstead, Colin A. 1989. 'The early years of oceanic telegraphy: technology, science and politics', *Institution of Electrical Engineers Proceedings A* 136: 297–305.

——. 1991. 'An appraisal of Fleeming Jenkin (1833–1885)', *History of Technology* 13: 119–44.

——. 1995. 'Representations of transatlantic telegraphy', *Engineering Science and Education Journal* 4: S17–S25.

Henderson, Andrew. 1854. 'On ocean steamers and clipper ships', *Report of the British Association for the Advancement of Science* 24: 152–56.

Henry, John. 2002a. *The Scientific Revolution and the Origins of Modern Science*. Second edition. Basingstoke: Palgrave.

——. 2002b. *Knowledge is Power. How Magic, the Government and an Apocalyptic Vision Inspired Francis Bacon to Create Modern Science*. Cambridge: Icon Books.

Herschel, John F.W. 1830. *Preliminary Discourse on the Study of Natural Philosophy*. London: Longman, Rees, Orme, Brown & Green. Reprinted New York and London: Johnson Reprint Corporation, 1966.

Hessenbruch, Arne (ed.). 2000. *Reader's Guide to the History of Science*. London and Chicago: Fitzroy Dearborn.

Hilken, T.J.N. 1967. *Engineering at Cambridge University 1783–1965*. Cambridge: Cambridge University Press.

Hills, Richard L. 1989. *Power From Steam. A History of the Stationary Steam Engine*. Cambridge: Cambridge University Press.

——. 1996. 'James Watt, mechanical engineer', *History of Technology* 18: 59–79.

——. 1996–97. 'The origins of James Watt's perfect engine', *Transactions of the Newcomen Society* 68: 85–107.

——. 1998a. 'How James Watt invented the separate condenser (part I)', *Bulletin of the Scientific Instrument Society* 57: 26–29.

——. 1998b. 'How James Watt invented the separate condenser (part II)', *Bulletin of the Scientific Instrument Society* 58: 6–10.

——. 1999. 'James Watt's barometers', *Bulletin of the Scientific Instrument Society* 60: 5–10.

——. 2002a. *James Watt. Volume 1: His Time in Scotland, 1736–1774*. Ashbourne: Landmark Publishing.

——. 2002b. 'Richard Roberts'. In John Cantrell and Gillian Cookson, eds, *Henry Maudslay & the Pioneers of the Machine Age*, pp. 54–73. Stroud and Charleston: Tempus.

—— and A.J. Pacey. 1972. 'The measurement of power in early steam-driven textile mills', *Technology and Culture* 13: 25–43.

Hilton, Boyd. 1991. *The Age of Atonement. The Influence of Evangelicalism on Social and Economic Thought 1785–1865*. Oxford: Clarendon Press. First published 1988.

Hincks, John. 1832. *Sermons and Occasional Services, Selected from the Papers of the Late Rev. John Hincks, with a Memoir of the Author, by John H. Thom*. Ed. J.H. Thom. London: Longmans.

Hobsbawm, Eric. 1962. *The Age of Revolution. Europe, 1789–1848*. London: Weidenfeld and Nicolson.

——. 1969. *Industry and Empire*. Harmondsworth: Penguin.

Hodder, Edwin. 1890. *Sir George Burns, Bart. His Time and Friends*. London: Hodder & Stoughton.

Holt, Alfred. 1877–78. 'Review of the progress of steam shipping during the last quarter of a century [and discussion]', *Minutes of Proceedings of the Institution of Civil Engineers* 51: 2–135.

——. 1911. *Fragmentary Autobiography of Alfred Holt*. Privately printed.

Houghton, Walter. 1957. *The Victorian Frame of Mind, 1830–1870*. New Haven and London: Yale University Press.

Howard, Bridget. 2002. *Mr Lean and the Engine Reporters*. Redruth: Trevithick Society.

Howarth, O.J.R. 1931. *The British Association for the Advancement of Science. A Retrospect, 1831–1931*. London: BAAS.

Howie, Will and Mike Chrimes (eds). 1987. *Thames Tunnel to Channel Tunnel: 150 Years of Civil Engineering. Selected Papers from the Journal of the Institution of Civil Engineers Published to Celebrate its 150th Anniversary*. London: Thomas Telford.

Howse, D. 1980. *Greenwich Time and the Discovery of the Longitude*. Oxford and New York: Oxford University Press.

Hubbard, Geoffrey. 1965. *Cooke and Wheatstone and the Invention of the Electric Telegraph*. London: Routledge & Kegan Paul.

Hughes, Thomas P. 1983. *Networks of Power. Electrification in Western Society, 1880–1930*. Baltimore: Johns Hopkins University Press.

——. 1987. 'The evolution of large technological systems'. In Wiebe E. Bijker, Thomas P. Hughes and Trevor Pinch, eds, *The Social Construction of Technological Systems. New Directions in the Sociology and History of Technology*, pp. 51–82. Cambridge, MA and London: MIT Press.

——. 1989. *American Genesis. A Century of Invention and Technological Enthusiasm, 1870–1970*. New York: Viking.

——. 2004. *Human-Built World. How to Think about Technology and Culture*. Chicago and London: University of Chicago Press.

Hume, John and Michael Moss. 1975. *Clyde Shipbuilding from Old Photographs*. London and Sydney: B. T. Batsford.

Hunt, Bruce. 1991. 'Michael Faraday, cable telegraphy and the rise of field theory', *History of Technology* 13: 1–19.

——. 1994. 'The ohm is where the art is: British telegraph engineers and the development of electrical standards', *Osiris* 9: 48–63.

——. 1996. 'Scientists, engineers and Wildman Whitehouse: measurement and credibility in early cable telegraphy', *British Journal for the History of Science* 29: 155–69.

——. 1997. 'Doing science in a global empire: cable telegraphy and electrical physics in Victorian Britain'. In Bernard Lightman, ed., *Victorian Science in Context*, pp. 312–33. Chicago: University of Chicago Press.

——. 1998. 'Insulation for an empire: gutta-percha and the development of electrical measurement in Victorian Britain'. In F.A.J.L. James, ed., *Semaphores to Short Waves*, pp. 85–104. RSA: London.

Hunt, Lynn (ed.). 1989. *The New Cultural History*. Berkeley: University of California Press.

Hutchison, Keith. 1981. 'W.J.M. Rankine and the rise of thermodynamics', *British Journal for the History of Science* 14: 1–26.

Hyde, Francis E. 1956. *Blue Funnel. A History of Alfred Holt and Company of Liverpool from 1865 to 1914*. Liverpool: Liverpool University Press.

——. 1975. *Cunard and the North Atlantic 1840–1973. A History of Shipping and Financial Management*. London and Basingstoke: Macmillan.

Iliffe, Rob. 1995. 'Material doubts: Hooke, artisan culture and the exchange of information in 1670s' London', *British Journal for the History of Science* 28: 285–318.

Ince, Laurence. 2002. 'Maudslay, Sons & Field, 1831–1904'. In John Cantrell and Gillian Cookson, eds, *Henry Maudslay & the Pioneers of the Machine Age*, pp. 166–84. Stroud and Charleston: Tempus.

Inkster, Ian and Jack Morrell. 1983. *Metropolis and Province. Science in British Culture 1780–1850*. London: Hutchinson.

Israel, Paul. 1989. *From the Machine Shop to the Industrial Laboratory. Telegraphy and the Changing Context of American Invention, 1830–1920*. New Brunswick: Rutgers University Press.

——. 1998. *Edison. A Life of Invention*. New York: John Wiley.

—— *et al.* (eds). ongoing. *The Papers of Thomas A. Edison*. Baltimore and London: Johns Hopkins University Press.

Jacob, James R. and Margaret C. Jacob. 1980. 'The Anglican origins of modern science: the metaphysical foundations of the Whig constitution', *Isis* 71: 251–67.

Jacob, Margaret C. 1976. *The Newtonians and the English Revolution, 1689–1720*. Ithaca: Cornell University Press.

Jacobi, M.H. 1836–37. 'On the application of electro-magnetism to the moving of Machines', *Annals of Electricity* 1: 408–15, 419–44.

——. 1840. 'On the principles of electro-magnetic machines', *Report of the British Association for the Advancement of Science* 10: 18–24.

James, F.A.J.L. (ed.). 1991. *The Correspondence of Michael Faraday*. London: Institution of Electrical Engineers.

——. 1997. 'Faraday in the pits, Faraday at sea: the role of the Royal Institution in changing the practice of science and technology in nineteenth-century Britain', *Proceedings of the Royal Institution* 68: 277–301.

——. 1998. *Semaphores to Short Waves*. RSA: London.

——. 1998–99. '"The civil engineer's talent": Michael Faraday, science, engineering and the English lighthouse service, 1836–1865', *Transactions of the Newcomen Society* 70: 153–60.

——. 2000. 'Michael Faraday and lighthouses'. In I. Inkster, ed., *The Golden Age. Essays in British Social and Economic History, 1850–1870*, pp. 92–104. Aldershot: Ashgate.

Janković, Vladimir. 2000. *Reading the Skies. A Cultural History of English Weather, 1650–1820*. Manchester: Manchester University Press.

Jardine, Nick, J.A. Secord and E.C. Spary (eds). 1996. *Cultures of Natural History*. Cambridge: Cambridge University Press.

Jarvis, Adrian. 1994. 'The story of the story of Robert Stephenson'. In Denis Smith, ed., *Perceptions of Great Engineers. Fact and Fantasy*, pp. 35–45. London: Science Museum.

——. 1997. *Samuel Smiles and the Construction of Victorian Values*. Thrupp: Sutton.

Jenkin, H.C. Fleeming. 1866. 'Submarine telegraphy', *North British Review* 45: 459–505.

Jepsen, Thomas C. 1995. 'Women telegraphers in the railroad depot', *Railroad History* 173: 142–54.

——. 1996. 'Women telegraph operators on the Western Frontier', *Journal of the West* 35: 72–80.

Jevons, W. Stanley. 1866 [1865]. *The Coal Question. An Inquiry Concerning the Progress of the Nation, and the Probable Exhaustion of Our Coal Mines*. Second edition. London: Macmillan. First edition 1865.

Johns, Adrian. 1998. *The Nature of the Book. Print and Knowledge in the Making*. Chicago and London: University of Chicago Press.

Johnson, Fletcher and Allen Fowler. 1986. 'The Vanderbilts: the first family of Eastern rail tycoons'. In B. Yenne, ed., *The History of North American Railroads*, pp. 81–85. London: Bison Books.

Joint Committee. 1861. *Report of the Joint Committee appointed by the Lords of the Committee of Privy Council for Trade and the Atlantic Telegraph Company to Inquire into the*

Construction of Submarine Telegraph Cables. Together with the Minutes of Evidence and Appendix. Presented to Both Houses of Parliament by Command of Her Majesty. London: Eyre and Spottiswoode.

Jones, Jean, Hugh S. Torrens and Eric Robinson. 1994–95. 'The correspondence between James Hutton (1726–1797) and James Watt (1736–1819), with two letters from Hutton to George Clerk-Maxwell (1715–1784)', *Annals of Science* 51: 637–53 and 52: 357–82.

Jones, Peter M. 1999. 'Living the Enlightenment and the French Revolution: James Watt, Matthew Boulton, and their sons', *Historical Journal* 42: 157–82.

Jones, R.V. 1969. 'The 'plain story' of James Watt: the Wilkins Lecture 1969', *Notes and Records of the Royal Society of London* 24: 194–220.

Jordanova, Ludmilla. 2000a. *Defining Features. Scientific and Medical Portraits 1660–2000*. London: Reaktion Books in association with the National Portrait Gallery.

——. 2000b. *History in Practice*. London: Arnold.

Joule, J.P. 1887. *The Scientific Papers of James Prescott Joule*. 2 vols. London: The Physical Society of London.

Kielbowicz, Richard B. 1987. 'News gathering by mail in the age of the telegraph: adopting a new technology', *Technology and Culture* 28: 26–41.

——. 1994. 'The telegraph, censorship, and politics at the outset of the Civil War', *Civil War History* 40: 95–118.

Kieve, Jeffrey L. 1973. *The Electric Telegraph. A Social and Economic History*. Newton Abbot: David & Charles.

King-Hele, Desmond (ed.). 2003. *Charles Darwin's The life of Erasmus Darwin*. Cambridge: Cambridge University Press.

Kingery, W. David (ed.). 1996. *Learning from Things. Method and Theory of Material Culture Studies*. Washington: Smithsonian Institution Press.

Kingsley, Charles. 1851. *Yeast. A Problem*. London: King.

Kirby, Richard Shelton, Sidney Withington, Arthur Burr Darling and Frederick Gridley Kilgour. 1956. *Engineering in History*. New York, Toronto and London: McGraw Hill.

Kirby, Maurice W. 1993. *The Origins of Railway Enterprise. The Stockton and Darlington Railway, 1821–1863*. Cambridge: Cambridge University Press.

Kirkaldy, Adam W. 1914. *British Shipping. Its History, Organisation and Importance*. London: Kegan Paul, Trench, Trubner. Reprinted Newton Abbot: David & Charles, 1970.

Kirkland, Edward C. 1965. *Charles Francis Adams, Jr. 1835–1915. The Patrician at Bay*. Cambridge, MA: Harvard University Press.

Kirsch, David A. 2000. *The Electric Vehicle and the Burden of History*. New Brunswick and London: Rutgers.

Knight, David. 1986. *The Age of Science. The Scientific World-View in the Nineteenth Century*. Oxford: Blackwell.

——. 1992. *Humphry Davy. Science and Power*. Oxford: Blackwell.

Kohler, Peter C. 2004. 'Empresses of the sea', *Ships Monthly* 39: 22–24.

Kuhn, Thomas S. 1961. 'Sadi Carnot and the Cagnard engine', *Isis* 52: 567–74.

Lampe, David. 1963. *The Tunnel. The Story of the World's First Tunnel Under a Navigable River Dug Beneath the Thames 1824–42*. London: Harrap.

Landes, David S. 1983. *Revolution in Time. Clocks and the Making of the Modern World*. Cambridge, MA: Harvard University Press.

Lardner, Dionysius. 1836. *The Steam Engine Familiarly Explained and Illustrated, with its Applications to Navigation and Railways*. Sixth edition. London: Taylor and Walton.

Law, R.J. 1969. *James Watt and the Separate Condenser*. London: HMSO.

Lawrence, Christopher and Steven Shapin (eds). 1998. *Science Incarnate. Historical Embodiments of Natural Knowledge*. Chicago: University of Chicago Press.

Layton, Edwin T., jun. 1971. 'Mirror-image twins: the communities of science and technology in 19th-century America', *Technology and Culture* 12: 562–80.

——. 1974. 'Technology as knowledge', *Technology and Culture* 15: 31–41.

Le Fleming, H.M. 1961. *Ships of the Blue Funnel Line*. Southampton: Adlard Coles.

Lefebvre, Henri. 1991. *The Production of Space*. Trans. D. Nicholson-Smith. Oxford: Blackwell. First published 1974.

Lightman, Bernard (ed.). 1997. *Victorian Science in Context*. Chicago: University of Chicago Press.

Lindqvist, Svante. 1984. *Technology on Trial. The Introduction of Steam Power Technology into Sweden, 1715–1736*. Stockholm: Almqvist.

——, Marika Hedin and Ulf Larsson (eds). 2000. *Museums of Modern Science*. Canton: Science History Publications.

Lindsay, W.S. 1874–76. *History of Merchant Shipping and Ancient Commerce*. 4 vols. London: Sampson Low, Marston, Low and Searle. Reprinted New York: AMS Press, 1965.

Lingwood, J.E. 1977. 'The steam conquistadores: a history of the Pacific Steam Navigation Company', *Sea Breezes* 51: 97–115.

Livingstone, David N. 2003. *Putting Science in its Place. Geographies of Scientific Knowledge*. Chicago: University of Chicago Press.

Lubar, Steven and Brooke Hindle. 1986. *Engines of Change. The American Industrial Revolution, 1790–1860*. Washington, DC and London: Smithsonian Institution.

—— and W. David Kingery (eds). 1995. *History from Things. Essays on Material Culture*. Washington: Smithsonian Books.

Lundgren, Anders and Bernadette Bensaude-Vincent (eds). 2000. *Communicating Chemistry. Textbooks and their Audiences, 1789–1939*. Canton, MA: Science History Publications.

Lyall, Heather. 1991. *Vanishing Glasgow. Through the Lens of George Washington Wilson, T & R Annan and Sons, William Graham, Oscar Marzaroli and Others*. Aberdeen: AUL Publishing.

Lynch, A.C. 1985. 'History of the electrical units and early standards', *Institution of Electrical Engineers Proceedings A* 132: 564–73.

MacDermot, E.T. 1964. *History of the Great Western Railway*. Revised C.R. Clinker. London: Ian Allan. First published London: Great Western Railway, 1927–31.

Macdonald, Sharon. 2002. *Behind the Scenes at the Science Museum*. Oxford and New York: Berg.

MacKenzie, Donald and Judy Wajcman (eds). 1999. *The Social Shaping of Technology*. Second edition. Buckingham: Open University Press. First edition 1985.

Macleod, Donald. 1876. *Memoir of Norman Macleod, D. D.* 2 vols. London: Daldy, Isbister.

MacLeod, Christine. 1988. *Inventing the Industrial Revolution. The English Patent System, 1660–1800*. Cambridge: Cambridge University Press.

——. 1998. 'James Watt, heroic invention and the idea of the industrial revolution'. In Maxine Berg and Kristine Bruland, eds, *Technological Revolutions in Europe. Historical Perspectives*, pp. 96–115. Cheltenham: Edward Elgar.

Marsden, Ben. 1992a. 'Engineering science in Glasgow: economy, efficiency and measurement as prime movers in the differentiation of an academic discipline', *British Journal for the History of Science* 25: 319–46.

——. 1992b. 'Engineering science in Glasgow: W.J.M. Rankine and the motive power of air'. PhD diss., University of Kent at Canterbury.

——. 1996. 'Fighting cruelty: Lewis Gompertz and the Animals' Friend Society for the Prevention of Cruelty to Animals' (paper delivered at University of Manchester).

——. 1998a. 'Blowing hot and cold: reports and retorts on the status of the air-engine as success or failure, 1830–1855', *History of Science* 36: 373–420.

——. 1998b. '"A most important trespass": Lewis Gordon and the Glasgow chair of civil engineering and mechanics 1840–1855'. In Crosbie Smith and Jon Agar, eds, *Making Space for Science. Territorial Themes in the Shaping of Knowledge*, pp. 87–117. Basingstoke: Macmillan.

——. 2000. 'The professional and the professorial: engineering under cover in the early Victorian universities' (paper delivered at St Louis 'Three Societies' conference).

——. 2001. 'Re-reading Isambard Kingdom Brunel: a case study in cultures of reading and writing in nineteenth-century British engineering' (paper delivered at Brunel University).

——. 2002. *Watt's Perfect Engine. Steam and the Age of Invention*. Cambridge: Icon.

——. 2004a. 'James Hann', *Dictionary of National Biography*. Oxford: Oxford University Press (forthcoming).

——. 2004b. '"The progeny of these two Fellows": Robert Willis, William Whewell and the sciences of mechanism, mechanics and machinery in early Victorian Britain', *British Journal for the History of Science* (forthcoming).

Marshall, F.C. 1872. 'On the progress and development of the marine engine', *Proceedings. Institution of Mechanical Engineers [1872]*: 449–509.

McCloy, Shelby T. 1952. *French Inventions of the Eighteenth Century*. Lexington: University of Kentucky Press.

McDowell, R.B. and Webb, D.A. 1982. *Trinity College Dublin, 1592–1952. An Academic History*. Cambridge: Cambridge University Press.

McNeil, Ian (ed.). 1990. *An Encyclopedia of the History of Technology*. London and New York: Routledge.

Miller, David P. 1986. 'The revival of the physical sciences in Britain', *Osiris* (new series) 2: 107–34.

——. 2000. '"Puffing Jamie": the commercial and ideological importance of being a "philosopher" in the case of the reputation of James Watt', *History of Science* 38: 1–24.

Miller, Hugh. 1842. 'The two conflicts', *The Witness*, 25 May 1842.

Miller, R. Kalley. 1870. 'The proposed chair of natural philosophy', *Cambridge University Reporter* 1: 118–19.

Mogg, Edward. 1841. *Mogg's Great Western Railway and Windsor, Bath, and Bristol Guide*. London: Edward Mogg.

Moore, James R. 1979. *The Post-Darwinian Controversies. A Study of the Protestant Struggle to Come to Terms with Darwin in Great Britain and America, 1870–1900*. Cambridge and New York: Cambridge University Press.

Morrell, Jack. 1969a. 'Practical chemistry in the University of Edinburgh, 1799–1843', *Ambix* 16: 66–80.

——. 1969b. 'Thomas Thomson: professor of chemistry and university reformer', *British Journal for the History of Science* 4: 245–65.

——. 1971. 'Individualism and the structure of British science in 1830', *Historical Studies in the Physical Sciences* 3: 183–204.

——. 1997. *Science at Oxford 1914–1939. Transforming an Arts University*. Oxford: Clarendon Press.

——. 2004. *John Phillips and the Business of Victorian Science*. Aldershot: Ashgate.

—— and Arnold Thackray. 1981. *Gentlemen of Science. Early Years of the British Associa-tion for the Advancement of Science*. Oxford: Clarendon Press.

—— (eds). 1984. *Gentlemen of Science. Early Correspondence of the British Association for the Advancement of Science*. London: Royal Historical Society.

Morus, Iwan Rhys. 1991a. 'Correlation and control: William Robert Grove and the construction of a new philosophy of scientific reform', *Studies in History and Philosophy of Science* 22: 589–621.

——. 1991b. 'Telegraphy and the technology of display: the electricians and Samuel Morse', *History of Technology* 13: 20–40.

——. 1992. 'Different experimental lives: Michael Faraday and William Sturgeon', *History of Science* 30: 1–28.

——. 1993. 'Currents from the underworld: electricity and the technology of display in early Victorian England', *Isis* 84: 50–69.

——. 1996a. 'Manufacturing nature: science, technology and Victorian consumer culture', *British Journal for the History of Science* 29: 403–34.

——. 1996b. 'The electric Ariel: telegraphy and commercial culture in early Victorian England'. *Victorian Studies* 39: 339–78.

——. 1998. *Frankenstein's Children. Electricity, Exhibition, and Experiment in Early Nineteenth-Century London*. Princeton: Princeton University Press.

——. 2000. ' "The nervous system of Britain": space, time and the electric telegraph in the Victorian age', *British Journal for the History of Science* 33: 455–75.

——, Simon Schaffer and J.A. Secord. 1992. 'Scientific London'. In Celina Fox, ed., *London. World City, 1800–1840*, pp. 129–42. New Haven: Yale University Press.

Moseley, Henry. 1843. *The Mechanical Principles of Engineering and Architecture*. London: Longman.

Moss, Michael and John R. Hume. 1986. *Shipbuilders to the World. 125 Years of Harland and Wolff, Belfast 1861–1986*. Belfast: Blackstaff Press.

Moyal, Ann. 1987. 'The history of telecommunication in Australia: aspects of the technological experience, 1854–1930'. In Nathan Reingold and Marc Rothenberg, eds, *Scientific Colonialism. A Cross-Cultural Comparison*, pp. 35–54. Washington and London: Smithsonian Institution Press.

Muirhead, J.P. 1846. *Correspondence of the Late James Watt on his Discovery of the Theory of the Composition of Water*. London: John Murray.

——. 1854. *The Origins and Progress of the Mechanical Inventions of James Watt*. 3 vols. London: John Murray.

——. 1858. *Life of James Watt*. London: John Murray.

Munro, J. Forbes. 2003. *Maritime Enterprise and Empire. Sir William Mackinnon and his Business Network, 1823–1893*. Woodbridge: Boydell Press.

Murchison, Roderick. 1838. 'Presidential address', *Report of the British Association for the Advancement of Science* 8: xxxi–xliv.

—— and Edward Sabine. 1840. 'Address', *Report of the British Association for the Advancement of Science* 10: xxxv–xlviii.

Musk, George. 1989. *Canadian Pacific. The Story of the Famous Shipping Line*. Newton Abbot: David & Charles. First published 1981.

Napier, James. 1904. *Life of Robert Napier of West Shandon*. Edinburgh and London: Blackwood.

Nasmyth, James. 1897. *James Nasmyth, Engineer. An Autobiography*. Ed. Samuel Smiles. London: Murray.

Neeley, Kathryn A. 2001. *Mary Somerville. Science, Illumination, and the Female Mind*. Cambridge: Cambridge University Press.

Nenadic, Stana. 1994. 'Middle-rank consumers and domestic culture in Edinburgh and Glasgow 1720–1840', *Past & Present* 145: 122–56.

Nickles, David Paul. 1999. 'Telegraph diplomats: the United States' relations with France in 1848 and 1870', *Technology and Culture* 40: 1–25.

Noakes, Richard J. 1999. 'Telegraphy is an occult art: Cromwell Fleetwood Varley and the diffusion of electricity to the other world', *British Journal for the History of Science* 32: 421–59.

Noble, Celia. 1938. *The Brunels. Father and Son*. London: Cobden-Sanderson.

Ord-Hume, Arthur W.J.G. 1977. *Perpetual Motion. The History of an Obsession*. London: Allen and Unwin.

Osborne, Brian D. 1995. *The Ingenious Mr Bell. A Life of Henry Bell (1767–1830). Pioneer of Steam Navigation*. Glendaruel: Argyll Publishing.

Ottley, George. 1983. *A Bibliography of British Railway History*. Second edition. London: HMSO.

Outram, Dorinda. 1995. *The Enlightenment*. Cambridge and New York: Cambridge University Press.

Pacey, Arnold. 1992. *The Maze of Ingenuity. Ideas and Idealism in the Development of Technology*. Second edition. Cambridge, MA and London: MIT Press.

——. 1999. *Meaning in Technology*. Cambridge, MA and London: MIT Press.

Perkin, Harold. 1971. *The Age of the Railway*. Newton Abbot: David & Charles.

Perkins, Veronica Davis. 1998. 'Whose line is it anyway? Women, opportunity and change, 1830–1920'. In F.A.J.L. James, ed., *Semaphores to Short Waves*, pp. 60–70. RSA: London.

Petroski, Henry. 1993. *The Evolution of Useful Things*. London: Pavilion.

Pickstone, John. 2000. *Ways of Knowing. A New History of Science, Technology and Medicine*. Manchester: Manchester University Press.

Pinch, Trevor J. and Wiebe E. Bijker. 1987. 'The social construction of facts and artifacts: or how the sociology of science and the sociology of technology might benefit each other'. In Wiebe E. Bijker, Thomas P. Hughes and Trevor Pinch, eds, *The Social Construction of Technological Systems. New Directions in the Sociology and History of Technology*, pp. 17–50. Cambridge, MA and London: MIT Press.

Pole, William (ed.). 1877. *The Life of Sir William Fairbairn, Bart. Partly Written by Himself*. London: Longmans, Green. Reprinted ed. A.E. Musson. Newton Abbot: David & Charles, 1970.

——. 1888. *The Life of Sir William Siemens*. London: John Murray.

Pollard, Sidney and Paul Robertson. 1979. *The British Shipbuilding Industry, 1870–1914*. Cambridge, MA and London: Harvard University Press.

Pool, Ithiel de Sola (ed.). 1977. *The Social Impact of the Telephone*. Cambridge, MA: MIT Press.

——. 1983. *Forecasting the Telephone. A Retrospective Technology Assessment*. Norward: Ablex Publishing.

Porter, Dale H. 1998. *The Life and Times of Sir Goldsworthy Gurney, Gentleman Scientist and Inventor, 1793–1875*. London: Associated University Presses.

Porter, Roy S. 1977. *The Making of Geology. Earth Science in Britain, 1660–1815*. Cambridge: Cambridge University Press.

Post, Robert C. 1974. 'Electro-magnetism as a motive power: Robert Davidson's *Galvani* of 1842', *Railroad History* 130: 5–22.

——. 1983. 'Reflections of American Science and Technology at the New York Crystal Palace Exhibition of 1853', *Journal of American Studies* 17: 337–56.

Potts, Alex. 1980. *Sir Francis Chantrey 1781–1841. Sculptor of the Great*. London: National Portrait Gallery.

Preece, Clive. 1982. 'The Durham engineer students of 1838', *Transactions of the Architectural and Archaeological Society of Durham and Northumberland* 6: 71–74.

Prosser, Thomas. 1854. 'On unchanged steam', *Report of the British Association for the Advancement of Science* 24: 159.

Pugsley, Sir Alfred (ed.). 1976. *The Works of Isambard Kingdom Brunel. An Engineering Appreciation*. London and Bristol: Institution of Civil Engineers and University of Bristol.

Pumfrey, Stephen. 1991. 'Ideas above his station: a social study of Hooke's curatorship of experiments', *History of Science* 19: 1–44.

——. 2002. *Latitude and the Magnetic Earth. The True Story of Queen Elizabeth's Most Distinguished Man of Science*. Cambridge: Icon.

Purbrick, Louise (ed.). 2001. *The Great Exhibition of 1851. New Interdisciplinary Essays*. Manchester: Manchester University Press.

Rankine, W.J. Macquorn. 1854. 'On the means of realizing the advantages of the air-engine', *Report of the British Association for the Advancement of Science* 24: 159–60.

——. 1855. 'On the means of realizing the advantages of the air-engine', *Edinburgh New Philosophical Journal* 1 (new series): 1–32.

——. 1856. *Introductory Lecture on the Harmony of Theory and Practice in Mechanics, Delivered to the Class of Civil Engineering and Mechanics in the University of Glasgow*. London and Glasgow: Richard Griffin.

——. 1857. *Introductory Lecture on the Science of the Engineer, Delivered to the Class of Civil Engineering and Mechanics in the University of Glasgow*. London and Glasgow: Richard Griffin.

——. 1864. 'On units of measure', *Report of the British Association for the Advancement of Science* 34: 188.

——. 1871. *A Memoir of John Elder. Engineer and Shipbuilder*. Edinburgh and London: Blackwood.

——. 1876. *A Manual of the Steam Engine and Other Prime Movers*. Eighth edition. London: Charles Griffin.

Rastrick, John. 1829. *Liverpool and Manchester Railway. Report to the Directors on the Comparative Merits of Loco-Motive and Fixed Engines, as a Moving Power*. Second edition. Birmingham: Wrightson.

Read, Donald. 1992. *The Power of News. The History of Reuters, 1849–1989*. Oxford: Oxford University Press.

Reader, W.J. 1987. *A History of the Institution of Electrical Engineers 1871–1971*. London: Peter Peregrinus.

——. 1991. '"The engineer must be a scientific man": the origins of the Society of Telegraph Engineers', *History of Technology* 13: 112–18.

Redondi, Pietro. 1980. *L'accueil des idées de Sadi Carnot et la technologie française de 1820 à 1860*. Paris: Vrin.

Reingold, Nathan. 1975. 'Edward Sabine'. In C.C. Gillispie, ed., *Dictionary of Scientific Biography*, pp. 49–53. 16 vols. New York: Charles Scribner.

Reingold, Nathan and Marc Rothenberg (eds). 1987. *Scientific Colonialism. A Cross-Cultural Comparison*. Washington and London: Smithsonian Institution Press.

Revel, Jacques. 1991. 'Knowledge of the territory', *Science in Context* 4: 133–61.

Richards, Thomas. 1993. *The Imperial Archive. Knowledge and the Fantasy of Empire*. London: Verso.

Richards, William Carey. 1853. *A Day in the New York Crystal Palace, and How to Make the Most of It*. New York: G.P. Putnam.

Riddell, John F. 1979. *Clyde Navigation. A History of the Development and Deepening of the River Clyde*. Edinburgh: John Donald.

Ritchie, G.S. 1995. *The Admiralty Chart. British Naval Hydrography in the Nineteenth Century*. Durham: 1995. First edition. London: Hollis & Carter, 1967.

Ritvo, Harriet. 1987. *The Animal Estate. The English and Other Creatures in the Victorian Age*. Cambridge, MA and London: Harvard University Press, 1987.

Robb, Johstone Fraser. 1993. 'Scotts of Greenock. Shipbuilders and engineers 1820–1920. A family enterprise'. PhD diss., University of Glasgow.

Robinson, Eric. 1954. 'Training captains of industry: the education of Matthew Robinson Boulton (1770–1842) and the younger James Watt (1769–1848)', *Annals of Science* 10: 301–13.

——. 1956. 'James Watt and the tea kettle: a myth justified', *History Today* 6: 261–65.

——. 1964. 'Matthew Boulton and the art of parliamentary lobbying', *Historical Journal* 7: 209–29.

——. 1969. 'James Watt, engineer and man of science'. *Notes and Records of the Royal Society of London* 24: 221–32.

——. 1972. 'James Watt and the law of patents', *Technology and Culture* 13: 115–39.

—— and A.E. Musson. 1969. *James Watt and the Steam Revolution. A Documentary History*. London: Adams and Dart.

—— and Douglas McKie (eds). 1970. *Partners in Science. Letters of James Watt and Joseph Black*. London: Constable.

Robison, John. 1797. 'Steam' and 'Steam engine'. In *Encyclopaedia Britannica*, vol. xvii, pp. 733–43 (Steam) and 743–72 (Steam engine). Third edition. 18 vols. Edinburgh: Bell and Macfarquhar.

——. 1822. *A System of Mechanical Philosophy*. Ed. David Brewster. 4 vols. Edinburgh: John Murray.

——. 1839. 'Notes on Daguerre's photography', *Edinburgh New Philosophical Journal* 27: 155–57.

Rolt, L.T.C. 1957. *Isambard Kingdom Brunel*. London: Longmans.

——. 1970. *Victorian Engineering*. London: Allen Lane.

—— and John Scott Allen. 1977. *The Steam Engine of Thomas Newcomen*. Hartington: Moorland and New York: Science History Publications.

Ronalds, Francis. 1823. *Descriptions of an Electrical Telegraph, and of Some Other Electric Apparatus*. London: R. Hunter.

Rosenberg, Nathan (ed.). 1969. *The American System of Manufactures. The Report of the Committee on the Machinery of the United States 1855, and the Special Reports of George Wallis and Joseph Whitworth 1854*. Edinburgh: Edinburgh University Press.

Ross, Ian S. 1995. *The Life of Adam Smith*. Oxford: Clarendon Press.

Ross, Sydney. 1962. 'Scientist: the story of a word', *Annals of Science* 16: 65–85.

Rudwick, Martin J.S. 1976. 'The emergence of a visual language for geological science, 1760–1840', *History of Science* 14: 148–95.

——. 1985. *The Great Devonian Controversy. The Shaping of Scientific Knowledge among Gentlemanly Specialists*. Chicago: University of Chicago Press.

——. 1992. *Scenes from Deep Time. Early Pictorial Representations of the Prehistoric World*. Chicago: University of Chicago Press.

Ruskin, John. 1903–08. *The Works of John Ruskin*. Eds E.T. Cook and A. Wedderburn. 39 vols. London: George Allen.

Russell, John Scott. 1854. 'On the progress of naval architecture and steam navigation, including a notice of a large ship of the Eastern Steam Navigation Company', *Report of the British Association for the Advancement of Science* 24: 160–61.

Russell, William Howard. 1865. *The Atlantic Telegraph*. Reprinted Newton Abbot: David & Charles, 1972.

Sanderson, Michael. 1972. *The Universities and British Industry, 1850–1970*. London: Routledge.

Satow, Michael and Ray Desmond. 1980. *Railways of the Raj*. London: Scolar.

Schaffer, Simon. 1983. 'Natural philosophy and public spectacle in the eighteenth century', *History of Science* 21: 1–43.

——. 1988. 'Astronomers mark time: discipline and the personal equation', *Science in Context* 2: 115–45.

——. 1991. 'The history and geography of the intellectual world: Whewell's politics of language'. In Menachem Fisch and Simon Schaffer, eds, *William Whewell. A Composite Portrait*, pp. 201–31. Oxford and New York: Clarendon Press.

——. 1992. 'Late Victorian metrology and its instrumentation: a manufactory of ohms'. In Robert Bud and S.E. Cozzens, eds, *Invisible Connections. Instruments, Institutions, and Science*, pp. 23–56. Bellingham, Washington: Spie Optical Engineering Press.

——. 1994. 'Babbage's intelligence: calculating engines and the factory system', *Critical Inquiry* 21: 203–27.

——. 1995. 'The show that never ends: perpetual motion in the early eighteenth century', *British Journal for the History of Science* 28: 157–90.

——. 1996. 'Babbage's dancer and the impressarios of mechanism'. In Francis Spufford and Jenny Uglow, eds, *Cultural Babbage. Technology, Time and Invention*, pp. 53–80. London and Boston: Faber & Faber.

Schivelbusch, Wolfgang. 1980. *The Railway Journey. Trains and Travel in the Nineteenth Century*. Trans. Anselm Hollo. Oxford: Blackwell.

——. 1995. *Disenchanted Night. The Industrialization of Light in the Nineteenth Century*. Berkeley: University of California Press.

Schofield, Robert E. 1963. *The Lunar Society of Birmingham*. Oxford: Clarendon Press.

——. 1966. 'The Lunar Society of Birmingham: a bicentenary appraisal', *Notes and Records of the Royal Society of London* 21: 144–61.

Scoresby, William. 1854a. 'On the loss of the "Tayleur", and the changes in the action of compasses in iron ships', *Report of the British Association for the Advancement of Science* 33: 49–53.

——. 1854b. 'An inquiry into the principles and measures on which safety in the navigation of iron ships may be reasonably looked for', *Report of the British Association for the Advancement of Science* 33: 53–54.

——. 1854c. 'An inquiry into the principles and measures on which safety in the navigation of iron ships may be reasonably looked for', *Report of the British Association for the Advancement of Science* 33: 161–62.

——. 1859. *Journal of a Voyage to Australia and round the World for Magnetical Research*. Ed. A. Smith. London: Longman, Green, Longman & Roberts.

[Scotts]. 1906. *Two Centuries of Shipbuilding by the Scotts at Greenock*. London: Offices of 'Engineering'.

Scowen, F. 1976–77. 'Transoceanic submarine telegraphy', *Newcomen Society Transactions* 48: 1–10.

Secord, Anne. 1994. 'Science in the pub: artisan botanists in early 19th-century Lancashire', *History of Science* 32: 269–315.

——. 1996. 'Artisan botany'. In Nick Jardine, J.A. Secord and E.C. Spary, eds, *Cultures of Natural History*, pp. 378–93. Cambridge: Cambridge University Press.

Secord, J.A. 1981–82. 'King of Siluria: Roderick Murchison and the Imperial theme in nineteenth-century British geology', *Victorian Studies* 25: 413–42.

——. 1986a. *Controversy in Victorian Geology. The Cambrian–Silurian Dispute.* Princeton: Princeton University Press.

——. 1986b. 'The Geological Survey of Great Britain as a research school: 1839–1855', *History of Science* 24: 223–75.

——. 2000. *Victorian Sensation. The Extraordinary Publication, Reception, and Secret Authorship of Vestiges of the Natural History of Creation.* Chicago: University of Chicago Press.

——. 2003. 'From Miller to the Millennium'. In L. Borley, ed., *Celebrating the Life and Times of Hugh Miller*, pp. 328–37. Cromarty: Cromarty Arts Trust.

Sedgwick, Adam. 1833. 'Presidential address', *Report of the British Association for the Advancement of Science* 3: xxvii–xxxii.

Sekon, G.A. 1895. *A History of the Great Western Railway. Being the Story of the Broad Gauge.* London: Digby, Long.

Serpell, James. 1986. *In the Company of Animals. A Study of Human–Animal Relationships.* Oxford: Blackwell.

Shapin, Steven. 1981. 'Of gods and kings: natural philosophy and politics in the Leibniz–Clarke disputes', *Isis* 72: 187–215.

——. 1984. 'Pump and circumstance: Robert Boyle's literary technology', *Social Studies of Science* 14: 481–520.

——. 1988. 'The house of experiment in seventeenth-century England', *Isis* 79: 373–404.

——. 1991. '"A scholar and a gentleman": the problematic identity of the scientific practitioner in early modern England', *History of Science* 29: 279–327.

——. 1994. *A Social History of Truth. Civility and Science in Seventeenth-Century England.* Chicago and London: University of Chicago Press.

——. 1996. *The Scientific Revolution.* Chicago and London: University of Chicago Press.

—— and Simon Schaffer. 1985. *Leviathan and the Air-Pump. Hobbes, Boyle, and the Experimental Life.* Princeton: Princeton University Press.

Shaw, Isaac. 1970 [1831]. *Views of the Most Interesting Scenery on the Liverpool and Manchester Railway.* Newcastle: Graham.

Shields, John. 1949. *Clyde Built.* Glasgow: Maclellan.

Shinn, Terry. 1980. *L'École polytechnique, 1794–1914.* Paris: Presses Universitaires de la Fondation Nationale des Sciences Politiques.

Shortland, Michael (ed.). 1996. *Hugh Miller and the Controversies of Victorian Science.* Oxford: Clarendon Press.

Siemens, Werner von. 1845. 'Ueber die Unwendung der erhitzten Luft als Triebkraft', *Dingler's Polytechnisches Journal* 97: 324–29.

——. 1966. *Inventor and Entrepreneur. Recollections of Werner von Siemens.* Second English edition. London: Lund Humphries.

Silliman, Benjamin. 1838. 'Notice of the electro-magnetic machine of Mr Thomas Davenport, of Brandon, near Rutland, Vermont, U.S.', *Annals of Electricity* 2: 257–64.

Simmons, Jack. 1991. *The Victorian Railway.* New York: Thames and Hudson.

—— and Gordon Biddle (eds). 1997. *The Oxford Companion to British Railway History from 1603 to the 1990s.* Oxford: Oxford University Press.

Singer, Charles (ed.). 1954–58. *A History of Technology.* 5 vols. Oxford: Clarendon Press.

Skelton, Oscar. 1986. 'The evolution of Canada's railway network'. In B. Yenne, ed., *The History of North American Railroads*, pp. 123–61. London: Bison Books.

Slaven, Anthony. 1975. *The Development of the West of Scotland: 1750–1960*. London: Routledge & Kegan Paul.

Slotton, Hugh Richard. 1994. *Patronage, Practice, and the Culture of American Science. Alexander Dallas Bache and the U.S. Coast Survey*. Cambridge: Cambridge University Press, 1994.

Smiles, Samuel. 1860. *Self-Help; with Illustrations of Character and Conduct*. London: John Murray.

——. 1861–62. *Lives of the Engineers, with an Account of their Principal Works, Comprising also a History of Inland Communication in Britain*. 3 vols. London: Murray.

——. 1865. *Boulton and Watt. Principally from the Original Soho MSS; Comprising also a History of the Invention and Introduction of the Steam-Engine*. London: John Murray.

——. 1878. *Lives of the Engineers. The Steam-Engine. Boulton and Watt*. Revised edition. London: John Murray.

——. 2002 [1866]. *Self-Help; with Illustrations of Character, Conduct, and Perseverance*. Ed. P.W. Sinnema. Oxford: Oxford University Press. Second edition. First published 1866.

Smith, Adam. 1976 [1776]. *An Inquiry into the Nature and Causes of the Wealth of Nations*. Eds R.H. Campbell and A.S. Skinner. 2 vols. Oxford: Clarendon Press.

Smith, Alan. 1977–78. 'Steam and the city: the Committee of Proprietors of the Invention for Raising Water by Fire, 1715–1735', *Transactions of the Newcomen Society* 49: 5–20.

Smith, Barbara M.D. and J.L. Moilliet. 1967. 'James Keir of the Lunar Society', *Notes and Records of the Royal Society of London* 22: 144–54.

Smith, Crosbie. 1985. 'Geologists and mathematicians: the rise of physical geology'. In P.M. Harman, ed., *Wranglers and Physicists. Studies in Cambridge Physics in the Nineteenth Century*, pp. 49–83. Manchester: Manchester University Press.

——. 1989. 'William Hopkins and the shaping of dynamical geology: 1830–1860', *British Journal for the History of Science* 22: 27–52.

——. 1998a. *The Science of Energy. A Cultural History of Energy Physics in Victorian Britain*. Chicago and London: University of Chicago Press.

——. 1998b. '"Nowhere but in a Great Town": William Thomson's spiral of classroom credibility'. In Crosbie Smith and Jon Agar, eds, *Making Space for Science. Territorial Themes in the Shaping of Knowledge*, pp. 118–46. Basingstoke: Macmillan.

—— and Ian Higginson. 2001. 'Consuming energies: Henry Adams and the "tyranny of thermodynamics"', *Interdisciplinary Science Reviews* 26: 103–11.

—— and Ian Higginson. 2004. ' "Improvised Europeans": science and reform in the *North American Review*'. In Geoffrey Cantor and Sally Shuttleworth, eds, *Science Serialized. Representation of the Sciences in Nineteenth-Century Periodicals*, pp. 149–79. Cambridge, MA and London: MIT Press.

——, Ian Higginson and Phillip Wolstenholme. 2003a. ' "Avoiding equally extravagance and parsimony": the moral economy of the ocean steamship', *Technology and Culture* 44: 443–69.

——, Ian Higginson and Phillip Wolstenholme. 2003b. ' "Imitations of God's own works": making trustworthy the ocean steamship', *History of Science* 41: 379–426.

—— and M. Norton Wise. 1989. *Energy and Empire. A Biographical Study of Lord Kelvin*. Cambridge: Cambridge University Press.

Snelders, H.A.M. 1990. 'Oersted's discovery of electromagnetism'. In Andrew Cunningham and N. Jardine, eds, *Romanticism and the Sciences*, pp. 228–40. Cambridge: Cambridge University Press.

Sobel, Dava. 1996. *Longitude. The True Story of a Lone Genius who Solved the Greatest Scientific Problem of his Time*. London: Fourth Estate.

Sorrenson, Richard. 1996. 'The ship as a scientific instrument in the eighteenth century', *Osiris* 11: 221–36.

Stafford, R.A. 1989. *Scientist of Empire. Sir Roderick Murchison, Scientific Exploration and Victorian Imperialism*. Cambridge: Cambridge University Press.

Staley, Richard. 1993. *Empires of Physics. A Guide to the Exhibition*. Cambridge: Whipple Museum of the History of Science.

Standage, Tom. 1998. *The Victorian Internet. The Remarkable Story of the Telegraph and the Nineteenth Century's Online Pioneers*. London: Weidenfeld and Nicolson.

Staudenmaier, John M. 1989a. *Technology's Storytellers. Reweaving the Human Fabric*. Cambridge, MA and London: MIT Press.

——. 1989b. 'The politics of successful technologies'. In Stephen H. Cutcliffe and Robert C. Post, eds, *In Context: History and the History of Technology. Essays in Honor of Melvin Kranzberg*, pp. 150–71. Bethlehem, London and Toronto: Lehigh University Press/Associated Universities Press.

Stephens, C. 1989. 'The most reliable time: William Bond, the New England railroads and time awareness in 19th-century America', *Technology and Culture* 30: 1–24.

Stevenson, Robert Louis. 1907. *Memoir of Fleeming Jenkin, F.R.S., LL.D.* London: Cassell.

Stewart, Larry. 1992. *The Rise of Public Science. Rhetoric, Technology, and Natural Philosophy in Newtonian Britain, 1660–1750*. Cambridge: Cambridge University Press.

Sturgeon, William. 1836–37. 'Description of an electro-magnetic engine for turning machinery', *Annals of Electricity* 1: 75–78.

Swade, Doran. 2001. *The Cogwheel Brain. Charles Babbage and the Quest to Build the First Computer*. London: Abacus.

Swinbank, Peter. 1969. 'James Watt and his shop', *Glasgow University Gazette* 59: 5–8.

Tann, Jennifer. 1974. 'Suppliers of parts: the relationship between Boulton and Watt and the suppliers of engine components, 1775–1795', *Birmingham and Warwickshire Archaeological Society Transactions* 86: 167–77.

——. 1978. 'Marketing methods in the international steam engine market: the case of Boulton and Watt', *Journal of Economic History* 38: 363–91.

——. 1979–80. 'Mr Hornblower and his crew: Watt engine pirates at the end of the 18th century', *Transactions of the Newcomen Society* 51: 95–109.

Taylor, Dr. 1841. *Steam Superseded: An Account of the Newly-Invented Electro-Magnetic Engine, for the Propulsion of Locomotives, Ships, Mills, &c. as also to the Processes of Spinning, Turning, Grinding, Sawing, Polishing &c. and Every Species of Mechanical Movement*. London: Sherwood, Gilbert and Piper.

Thackray, Arnold. 1974. 'Natural knowledge in cultural context: the Manchester model', *American Historical Review* 79: 672–709.

Thomas, R.H.G. 1980. *The Liverpool & Manchester Railway*. London: Batsford.

Thompson, E.P. 1967. 'Time, work-discipline and industrial capitalism', *Past & Present* 38: 56–97.

Thompson, Robert Luther. 1947. *Wiring a Continent. The History of the Telegraph Industry in the United States 1832–1866*. Princeton: Princeton University Press.

Thompson, Silvanus P. 1910. *The Life of William Thomson. Baron Kelvin of Largs*. 2 vols. London: Macmillan.

Tolstoy, L.N. 1957 [1869]. *War and Peace*. 2 vols. Trans. R. Edmonds. Harmondsworth: Penguin. First published 1865–69.

Topham, Jonathan. 2000. 'Scientific publishing and the reading of science in early nineteenth-century Britain: a historiographical survey and guide to sources', *Studies in History and Philosophy of Science* 31A: 559–612.

Torrens, Hugh. 1994. 'Jonathan Hornblower (1753–1815) and the steam engine: a historiographic analysis'. In Denis Smith, ed., *Perceptions of Great Engineers. Fact and Fantasy*, pp. 23–34. London: Science Museum.

——. 1995. 'Mary Anning (1799–1847) of Lyme: "the greatest fossilist the world ever knew"', *British Journal for the History of Science* 28: 257–84.

——. 2002. *The Practice of British Geology, 1750–1850*. Aldershot: Ashgate Variorum.

Trevithick, Francis. 1872. *Life of Richard Trevithick, with an Account of His Inventions*. London: Spon.

Tucker, Jennifer. 1997. 'Photography as witness, detective, and impostor: visual representation in Victorian science'. In Bernard Lightman, ed., *Victorian Science in Context*, pp. 378–408. Chicago: University of Chicago Press.

Tunbridge, Paul. 1992. *Lord Kelvin. His Influence on Electrical Measurements and Units*. London: Peter Peregrinus for Institution of Electrical Engineers.

Turner, James. 1980. *Reckoning with the Beast. Animals, Pain and Humanity in the Victorian Mind*. Baltimore: Johns Hopkins University Press.

Uglow, Jenny. 2002. *The Lunar Men. The Friends who Made the Future*. London: Faber & Faber.

Ure, Andrew. 1835. *The Philosophy of Manufactures; or an Exposition of the Scientific, Moral and Commercial Economy of the Factory System of Great Britain*. London: Charles Knight.

van der Pols, K. 1973–74. 'Early steam pumping engines in the Netherlands', *Transactions of the Newcomen Society* 46: 13–16.

Vaughan, Adrian. 1991. *Isambard Kingdom Brunel. Engineering Knight-Errant*. London: John Murray.

Vignoles, O.J. 1889. *Life of Charles Blacker Vignoles*. London: Longmans, Green.

Wachorst, Wyn. 1981. *Thomas Alva Edison. An American Myth*. Cambridge, MA: MIT Press.

Walker, Charles. 1969. *Thomas Brassey. Railway Builder*. London: Muller.

Walker, James. 1839. 'Address of the President to the annual general meeting, January 1839', *Minutes of Proceedings of the Institution of Civil Engineers* 1: 17–18.

——. 1841. 'Address of the President to the annual general meeting, February 1841', *Minutes of Proceedings of the Institution of Civil Engineers* 3: 25–26.

Walker, James Scott. 1830. *An Accurate Description of the Liverpool and Manchester Railway, the Tunnel, the Bridges, and Other Works throughout the Line, with a Sketch of the Objects which it Presents Interesting to the Traveller or Tourist*. Manchester: Liverpool and Cheshire Antiquarian Society.

Warwick, Andrew. 2003. *Masters of Theory. Cambridge and the Rise of Mathematical Physics*. Chicago and London: University of Chicago Press.

Watson, Garth. 1989. *The Smeatonians. The Society of Civil Engineers*. London: Thomas Telford.

Watters, Brian. 1998. *Where Iron Runs Like Water! A New History of Carron Iron Works, 1759–1982*. Edinburgh: John Donald.

Watts, Isaac, F.K. Barnes, J.R. Napier and W.J.M. Rankine. 1866. *Shipbuilding, Theoretical and Practical*. London: William MacKenzie.

Weiss, John Hubbel. 1982. *Making of Technological Man. The Social Origins of French Engineering Education*. London and Cambridge, MA: MIT Press.

Whipple, A.B.C. 1980. *The Clipper Ships*. Amsterdam: Time-Life Books.

Whiting, Charles Edwin. 1932. *The University of Durham 1832–1932*. London: Sheldon Press.

Whitworth, Joseph. 1854. *New York Industrial Exhibition. Special Report of Mr Joseph Whitworth*. London: Harrison and Sons.

Wiener, Martin. *English Culture and the Decline of the Industrial Spirit, 1850–1980*. Cambridge: Cambridge University Press.

Williams, Archibald. 1904. *The Romance of Modern Locomotion. Containing Interesting Descriptions (in Non-technical Language) of the Rise and Development of the Railroad Systems in all Parts of the World*. London: C. Arthur Pearson.

Williamson, G. 1856. *Memorials of the Lineage, Early Life, Education, and Development of the Genius of James Watt*. Edinburgh: Constable

Willis, Robert. 1841. *Principles of Mechanism, Designed for the Use of Students in the Universities, and for Engineering Students Generally*. London: J.W. Parker.

——. 1851. *A System of Apparatus for the Use of Lecturers and Experimenters in Mechanical Philosophy*. London: John Weale.

Wilson, George. 1852. *Electricity and the Electric Telegraph*. London: Longman.

——. 1855. *What is Technology? An Inaugural Lecture Delivered in the University of Edinburgh on November 7, 1855*. Edinburgh: Sutherland and Knox and London: Simpkin, Marshall.

Winter, Alison. 1994. ' "Compasses all awry": the iron ship and the ambiguity of cultural authority in Victorian Britain', *Victorian Studies* 38: 69–98.

——. 1998. *Mesmerized. Powers of Mind in Victorian Britain*. Chicago: University of Chicago Press.

Wise, M. Norton (ed.). 1995. *The Values of Precision*. Princeton: Princeton University Press.

—— (with the collaboration of Crosbie Smith). 1989–90. 'Work and waste: political economy and natural philosophy in nineteenth-century Britain (I)–(III)', *History of Science* 27: 263–301, 391–449; 28: 221–61.

Wishaw, Francis. 1842. *The Railways of Great Britain and Ireland Practically Described and Illustrated*. Second edition. London: John Weale. Reprinted Newton Abbot: David & Charles, 1969.

Wood, Nicholas. 1825. *A Practical Treatise on Rail-Roads, and Interior Communication in General*. London: Knight & Lacey.

Wood, Paul (ed.). 2000. *The Scottish Enlightenment. Essays in Reinterpretation*. Rochester, NY and Woodbridge: University of Rochester Press.

Yates, Joanne. 1996. 'The telegraph's effects on nineteenth-century markets and firms', *Business and Economic History* 15: 149–93.

Yenne, Bill (ed.). 1986a. *The History of North American Railroads*. London: Bison Books.

Yenne, Bill. 1986b. 'The big four and the transcontinental railroad'. In B. Yenne, ed., *The History of North American Railroads*, pp. 55–79. London: Bison Books.

Yeo, Richard R. 2001. *Encyclopaedic Visions. Scientific Dictionaries and Enlightenment Culture*. Cambridge: Cambridge University Press.

Youatt, William. 1831. *The Horse; with a Treatise on Draught*. London: Society for the Diffusion of Useful Knowledge.

Zola, Émile. 1890. *La bête humaine*. Paris: Charpentier.

索　引

A

阿尔比恩磨坊　70，80，162，308

阿尔弗雷德·霍尔特　120，141，144，147，150-153，266，293，295，309

阿奇博尔德·史密斯　31，33，36，291

B

半岛和东方航运公司　37，124，152，207

北不列颠评论　287，296

北美评论　111，131-132，198，203-204

本杰明·西利曼　90

编码　217，222，224，227，233，237，274

布鲁克斯·亚当斯　45，194，197

C

查尔斯·巴贝奇　9，24，39，154，193，274

查尔斯·弗朗西斯·亚当斯　111，197-198，204，217

查尔斯·惠特斯通　227，254，303

查尔斯·威廉·西门子　275

D

大卫·布鲁斯特　59，174，287，296，298

大西部铁路　83，117，126，155，173，175-179，181-186，189，191，231-235，238，241

大西洋电报公司　247-248，250-251，253-258，260

丹尼尔·古奇　176，179，186，256-258

译后记

英国技术史学者本·马斯登与克罗斯比·史密斯在肯特大学资深学者的建议下为"历史入门"系列丛书撰写了一部19世纪英国技术简史，即出版于2004年的《工程帝国：19世纪英国技术文化史》。正如副标题所示，本书为一部技术文化史，它更为关注技术发展与社会、经济和文化的关系，作者运用当代视角分析了1760—1914年期间大英帝国扩张中的技术所呈现的复杂性和动态交互性。

本书围绕19世纪影响大英帝国扩张进程的工程技术史展开了一幅生动画卷，两位作者提出了技术产生和发展中的问题导向与文化偶然性因素，他们更为关注技术背后的经济商业历史和社会背景，技术被文化形塑的过程，以及作为文化的一部分的技术如何塑造了19世纪的英国文化。全书第一章从地质领域的测绘、测量开篇，介绍了为帝国划定书面与现实版图的技术的发展；第二章从多维度阐释了支撑蒸汽文明的技术如何取得突破、建构文化并在工业革命以来的动力竞争中取胜；第三章讲述了铁质蒸汽船产业的发展和壮大，这项推动帝国殖民与商业版图扩张的关键技术正是站在前两项技术的肩膀上而产生飞跃的；第四章围绕帝国版图内铁路的指数级扩张背后的技术突破、规制竞争和文化宣传，展示了铁路的力量与速度如何进一步扩大帝国的影响力；第五章聚焦于横跨陆地、贯穿海底的电学实验如何推动电报技术成功，指出通信网络的大范围扩张将大英帝国的影响力扩展到"文明存在的每一寸土地"，大英帝国对整个世界的权力与影响力也由此达到巅峰。

书中翔实的案例表明，在19世纪的英国各项主要技术领域中，理论研究、材料实验和仪器建造环环相扣，工程师、科学家与实业家紧密相连，英国科学促进会对技术的发展、更替，乃至推广应用发挥了至关重要的作用，这一时代的工程技术专家们围绕帝国商业与文明拓展的实际需求建构了相应的规则、制度和人才体系。当然，本书也绝非"只为胜者立传"，两位作者同样讲述了每项技术发展背后的种种"失败"与艰难，进步技术在演进过程中如何克服信誉与信任的危机，最终成为推进帝国发展的原动力。

本书的翻译和出版是多人辛勤付出和努力推动的结果。前言、导言至第三章由王唯滢翻译，第四章和索引由郭帅翻译，第五章和结语由余蓓蕾翻译，王唯滢负责全书统校。译稿承蒙中国科普研究所王丽慧研究员和中国科学院大学李斌教授的悉心指导与大力支持，中国科学技术出版社的孙红霞老师和张晶晶老师的高度负责，认真地推动了译稿的每一轮审校与修改。由于译者学识与能力有限，译文中难免有疏漏与不足之处，敬请各位读者斧正和提出宝贵意见。

译　者

2024 年 1 月 5 日